国家林业和草原局普通高等教育"十四五"规划教材

# 概率论与数理统计

张晓宇　王　鹏　主　编
孙佳楠　赵俊光　副主编

中国林业出版社
China Forestry Publishing House

**图书在版编目(CIP)数据**

概率论与数理统计 / 张晓宇，王鹏主编. — 北京：中国林业出版社，2024.11. —（国家林业和草原局普通高等教育"十四五"规划教材）．—ISBN 978-7-5219-2757-3

Ⅰ.O21

中国国家版本馆 CIP 数据核字第 2024S8Y305 号

责任编辑：范立鹏
责任校对：苏 梅
封面设计：周周设计局

出版发行 中国林业出版社
　　　　　（100009，北京市西城区刘海胡同 7 号，电话 83143626）
电子邮箱 jiaocaipublic@163.com
网址 https://www.cfph.net
印刷 北京中科印刷有限公司
版次 2024 年 11 月第 1 版
印次 2024 年 11 月第 1 次
开本 787mm×1092mm 1/16
印张 20.5
字数 490 千字
定价 58.00 元

# 《概率论与数理统计》
# 编写人员

主　编：张晓宇　王　鹏
副主编：孙佳楠　赵俊光
编　者：（按姓氏拼音排序）
　　　　蒋媛媛　北京工业大学
　　　　刘旭华　中国农业大学
　　　　孙佳楠　北京林业大学
　　　　王　丽　中国矿业大学（北京）
　　　　王　鹏　北京林业大学
　　　　闫　亮　河北经贸大学
　　　　张晓宇　北京林业大学
　　　　赵桂梅　北方工业大学
　　　　赵俊光　北京林业大学

# 前　言

在当今科学技术飞速发展、信息数据海量涌现的时代背景下，概率论与数理统计作为数学的重要分支，在经济社会与科学技术的发展中发挥着至关重要的作用。概率论与数理统计不仅为我们提供了理解和分析随机现象的有力工具，还在数据分析、模型构建、风险评估、科学决策、质量控制、金融保险、医学统计、工程技术等多个领域发挥着不可替代的作用。此外，概率论与数理统计在人工智能、大数据分析等新兴领域也展现了巨大的应用潜力，为预测模型和决策支持系统的构建提供了科学依据。

"概率论与数理统计"是高等院校工科、理科、经济、管理、生物、农林、医学等非数学类专业的一门公共基础课程。本教材编写按照教育部高等学校数学基础课程教学指导委员会制定的《工科类本科数学基础课程教学基本要求》和教育部高等农林院校理科基础课程教学指导委员会制定的《高等农林院校理科基础课程教学基本要求》，同时参考教育部考试中心制定的《全国硕士研究生入学统一考试数学考试大纲》编写。全书共 10 章，第 1~4 章是概率论部分，包括随机事件与概率、一维随机变量、二维随机变量、大数定律与中心极限定理；第 5~9 章是数理统计部分，包括数理统计基础、参数估计、假设检验、方差分析、回归分析；第 10 章介绍了 R 语言软件在数理统计中的应用。

为了便于读者更好地学习和掌握所学内容，本教材每章都配备了丰富翔实的例题，这些例题涉及生态、管理、经济、生物统计等多个领域，既有对基本概念和定理起到巩固强化作用的基础练习，又有对实际应用场景进行逼真模拟和巧妙拓展的综合性题目，有一定的广度和深度，力求让读者在解题过程中深化对知识的理解，逐步培养运用所学知识解决实际问题的能力。针对重要知识点，部分章节配有对应的微课堂视频；对于经典统计分析案例，附有相应计算机编程代码和程序操作运行视频，读者可从教材的线上数字课程网站下载使用。此外，在每章末介绍了一位概率统计学科的数学家，旨在激发读者对概率统计学科的兴趣，赋予这门学科更为丰富和深刻的历史人文色彩。

本教材是编写团队在总结多年授课讲义与课题研究成果基础上编写的，由张晓宇和王鹏担任主编，孙佳楠和赵俊光担任副主编。具体编写分工如下：第 1 章由闫亮和蒋媛媛编写，第 2 章由刘旭华编写，第 3 章由赵桂梅和王丽编写，第 4 章由王鹏编写，第 5 章、第 7 章和第 10 章由赵俊光编写，第 6 章由孙佳楠编写，第 8 章和第 9 章由张晓宇编写，全书最后由张晓宇统稿、定稿。

本教材编写完稿之后承李永慈老师和雷霆老师审阅，他们提出了很多宝贵意见；龚慧莹、周子杨、卢凯燕、姜俊泽协助编者进行书稿整理，芦滕和陈辰协助编者对部分内容进行了核对，陈秋彤、汤博婷和曹荣参与了部分例题的完善。在此表示衷心感谢。

本教材作为高等院校农林、生物、经济等学科专业的教科书和硕士研究生入学考试及统计工作者的参考书，力求反映数学理论的严谨性、方法的多样性和广泛性，但囿于概率统计学科的复杂性及我们的写作水平，难免遗有疏漏与不当之处，敬请读者指正，以便今后修改完善。

编 者

2024 年 11 月

# 目　录

前　言

**第1章　随机事件与概率** ……………………………………………………… (1)
 1.1　随机事件 ………………………………………………………………… (1)
 1.2　频率与等可能概型 ……………………………………………………… (4)
 1.3　概率的定义与性质 ……………………………………………………… (10)
 1.4　条件概率 ………………………………………………………………… (13)
 1.5　独立性 …………………………………………………………………… (18)
 习　题 ………………………………………………………………………… (22)

**第2章　一维随机变量** ………………………………………………………… (26)
 2.1　随机变量与分布函数 …………………………………………………… (27)
 2.2　离散型随机变量 ………………………………………………………… (31)
 2.3　连续型随机变量 ………………………………………………………… (36)
 2.4　随机变量的函数的分布 ………………………………………………… (43)
 2.5　数字特征 ………………………………………………………………… (47)
 习　题 ………………………………………………………………………… (57)

**第3章　二维随机变量** ………………………………………………………… (61)
 3.1　联合分布 ………………………………………………………………… (61)
 3.2　边缘分布与条件分布 …………………………………………………… (65)
 3.3　二维随机变量的函数的分布 …………………………………………… (75)
 3.4　数字特征 ………………………………………………………………… (83)
 习　题 ………………………………………………………………………… (94)

**第4章　大数定律与中心极限定理** …………………………………………… (99)
 4.1　大数定律 ………………………………………………………………… (99)
 4.2　中心极限定理 …………………………………………………………… (101)
 习　题 ………………………………………………………………………… (105)

**第5章　数理统计基础** ………………………………………………………… (107)
 5.1　总体和样本 ……………………………………………………………… (107)
 5.2　样本数据的图表显示 …………………………………………………… (110)
 5.3　统计量与抽样分布 ……………………………………………………… (114)
 习　题 ………………………………………………………………………… (123)

## 第6章 参数估计 (126)

- 6.1 点估计方法：矩估计法 (126)
- 6.2 点估计方法：最大似然估计法 (128)
- 6.3 点估计的评选标准 (131)
- 6.4 区间估计 (133)
- 习　题 (140)

## 第7章 假设检验 (144)

- 7.1 假设检验的基本概念 (144)
- 7.2 正态总体均值的假设检验 (148)
- 7.3 正态总体方差的假设检验 (157)
- 7.4 比率的假设检验 (165)
- 7.5 分布的假设检验 (167)
- 7.6 非参数检验 (173)
- 习　题 (178)

## 第8章 方差分析 (183)

- 8.1 单因素方差分析 (183)
- 8.2 多重比较 (192)
- 8.3 双因素方差分析 (195)
- 习　题 (203)

## 第9章 回归分析 (206)

- 9.1 一元线性回归 (206)
- 9.2 常用曲线回归的线性化方法 (217)
- 9.3 多元线性回归 (220)
- 习　题 (224)

## 第10章 R语言应用介绍 (227)

- 10.1 R语言简介 (227)
- 10.2 创建数据 (230)
- 10.3 数值处理函数 (236)
- 10.4 R语言作图 (238)
- 10.5 参数估计 (249)
- 10.6 假设检验 (253)
- 10.7 方差分析与回归分析 (262)

**参考文献** (270)

**附　录** (271)

**附　表** (277)

**习题答案** (309)

# 第 1 章

# 随机事件与概率

在人们的日常生活中有很多现象：太阳东升西落，汽油遇火燃烧，阴天可能下雨……这些现象归纳起来大体可以分为两类：一类现象在一定条件下必然发生，如太阳总是东升西落，点火必定引起汽油燃烧；另一类现象在一定条件下可能发生也可能不发生，如阴天可能下雨也可能不下雨。我们分别称这两类现象为**确定性现象**和**随机现象**。

云课堂

概率论与数理统计的研究对象是随机现象。随机现象的主要特点是具有不确定性，即在一定条件下它可能发生也可能不发生，表现随机性，但在大量重复观察下，它的结果却呈现某种规律性。以一个人的着装为例，从一两次不同的着装很难判断其着装爱好，但观察其多次着装的特点后，就能大致判断他喜欢穿哪种颜色和款式的服装。这种在大量重复试验或观察中所呈现的规律性称为**统计规律性**。概率论与数理统计就是研究和揭示随机现象统计规律的一门学科。

## 1.1 随机事件

### 1.1.1 随机试验和随机事件

**定义 1-1** **随机试验**是指具有以下 3 个特点的试验：①可以在相同条件下重复进行；②所有可能结果不止一个，并且能事先明确试验的所有可能结果；③试验前不能确定哪一个结果会出现。

云课堂

在数学上，常使用符号 $E$ 来表示随机试验。例如，掷一颗骰子，它可能出现的所有点数为 1, 2, 3, 4, 5, 6。掷骰子前我们只知道必有一个点数出现，但不能确定出现哪个点数，且这个试验可以重复进行，所以掷骰子就是一个随机试验。下面再举一些随机试验的例子。

$E_1$：抛一枚硬币，观察正面、反面出现的情况。
$E_2$：掷一颗均匀的骰子，观察出现的点数。
$E_3$：观察某一时间段通过某一路口的车辆数量。
$E_4$：观察某一电子元件的寿命。
$E_5$：将一枚硬币连抛 3 次，考察正面、反面出现的情况。

$E_6$：将一枚硬币连抛 3 次，考察正面出现的次数。

**定义 1-2**  随机试验 $E$ 的所有可能结果组成的集合称为该试验的**样本空间**，用 $\Omega$ 表示。样本空间的元素即试验的每个结果，称为**样本点**。

研究随机现象首先要确定样本空间。下面看一些例子。

**例 1-1**  考虑连抛两次硬币的随机试验。我们可以用"正"和"反"分别表示硬币正面朝上和反面朝上，那么该随机试验有 4 个样本点：$\omega_1=$"正正"，$\omega_2=$"正反"，$\omega_3=$"反正"，$\omega_4=$"反反"。这 4 个样本点组成了该随机试验的样本空间 $\Omega=\{\omega_1, \omega_2, \omega_3, \omega_4\}$。该样本空间中只有有限个样本点。

**例 1-2**  考虑某平台客服在一昼夜接到的呼叫次数。不同的时间，客服接到的呼叫总次数不同，因此这是一个随机试验。从实际情况看，呼叫次数具有一定的上限，但这个上限很难确定，该样本空间可假设为由所有非负整数组成的集合，即 $\Omega=\{0, 1, 2, 3, \cdots\}$。该样本空间包含无穷多个样本点，但这些样本点可以按某种次序逐一排列出来。

**例 1-3**  考虑某地区的气温。如果对该地区的气温没有可用信息，稳妥的做法是使用 $\Omega=(-\infty, +\infty)$ 作为样本空间。如果知道该地区的历史最低气温 $m$ 和最高气温 $M$，那么可以使用 $\Omega=[m-c, M+c]$ 作为样本空间，这里的 $c$ 是一个已知常数。$\Omega=[m-c, M+c]$ 中有无穷多个样本点，且无法按某种次序逐一排列这些样本点，它有不可列无穷多个样本点。

**定义 1-3**  样本空间的子集称为**随机事件**，简称**事件**，常用大写字母 $A, B, C$ 等表示。

以掷一颗骰子为例，样本空间 $\Omega=\{1, 2, 3, 4, 5, 6\}$，$A=\{6\}$ 和 $B=\{2, 4, 6\}$ 是两个子集，其中，$A=\{6\}$ 表示事件"出现 6 点"，$B=\{2, 4, 6\}$ 表示事件"出现偶数点"。只包含一个样本点的事件称为**基本事件**，包含多个样本点的事件称为**复合事件**。

**定义 1-4**  在一次随机试验中，当随机事件 $A$ 中某个样本点出现时，称为**随机事件 $A$ 发生**。

空集 $\varnothing$ 是 $\Omega$ 的子集，由于它不包含任一样本点，因此 $\varnothing$ 代表不可能发生的事件，称为**不可能事件**。$\Omega$ 自身也是 $\Omega$ 的子集，由于它包含了随机试验的所有样本点，因此 $\Omega$ 代表必然发生的事件，称为**必然事件**。

**例 1-4**  考虑连抛两次硬币的随机试验。样本空间 $\Omega=\{\omega_1, \omega_2, \omega_3, \omega_4\}$，其中，$\omega_1=$"正正"，$\omega_2=$"正反"，$\omega_3=$"反正"，$\omega_4=$"反反"。

随机事件"至少出现一个正面"可以表示为 $A=\{\omega_1, \omega_2, \omega_3\}$；"最多出现一个正面"可以表示为 $B=\{\omega_2, \omega_3, \omega_4\}$；"恰好出现一个正面"可以表示为 $C=\{\omega_2, \omega_3\}$；"两次同面"可以表示为 $D=\{\omega_1, \omega_4\}$。如果试验结果为 $\omega_1$，那么事件 $A, D$ 都发生，事件 $B, C$ 没有发生。由于 $C, D$ 两个集合没有相同元素，因此这两个事件在一次试验中不可能同时发生。由于 $C \subset B$，因此只要事件 $C$ 发生，事件 $B$ 就一定发生。

在上例中可以看到，许多随机事件之间存在一定的关系。为了利用简单事件的概率计算复杂事件的概率，需要研究事件之间的关系以及事件的运算规则。

## 1.1.2  随机事件的关系与运算

随机事件与集合对应，因而事件间的关系与事件运算自然按照集合论中集合之间的关系和集合运算来处理。下面给出这些关系和运算在概率论中的提法,并根据"事件发生"的含义给出它们在概率论中的含义。

设随机试验 $E$ 的样本空间为 $\Omega$,则 $A$,$B$,$A_k$ 都是 $\Omega$ 的子集($k=1,2,\cdots$)。

**(1) 随机事件的运算**

回顾集合的基本运算,有助于理解随机事件的运算。

两个集合的并 $A \cup B$ 是由 $A$,$B$ 的所有元素组成的集合(相同元素只计入一次),在概率论中,$A \cup B$ 称为事件 $A$ 与事件 $B$ 的**和事件**。事件 $A \cup B$ 发生当且仅当在一次试验中事件 $A$,$B$ 至少一个发生。类似地,称 $\bigcup_{i=1}^{n} A_i$ 为 $n$ 个事件 $A_1$,$A_2$,$\cdots$,$A_n$ 的和事件,称 $\bigcup_{i=1}^{\infty} A_i$ 为可列个事件 $A_1$,$A_2$,$\cdots$,$A_n$,$\cdots$ 的和事件。

云课堂

两个集合的交 $A \cap B$ 是由 $A$,$B$ 中相同元素组成的集合。在概率论中,$A \cap B$ 称为事件 $A$ 与事件 $B$ 的**积事件**,$A \cap B$ 也简记为 $AB$。事件 $A \cap B$ 发生当且仅当在一次试验中事件 $A$,$B$ 都发生。类似地,称 $\bigcap_{i=1}^{n} A_i$ 为 $n$ 个事件 $A_1$,$A_2$,$\cdots$,$A_n$ 的积事件,称 $\bigcap_{i=1}^{\infty} A_i$ 为可列个事件 $A_1$,$A_2$,$\cdots$,$A_n$,$\cdots$ 的积事件。

两个集合的差 $A-B$ 是从集合 $A$ 中去掉属于集合 $B$ 的元素后剩下的元素组成的集合。在概率论中,$A-B$ 称为事件 $A$ 与事件 $B$ 的**差事件**。事件 $A-B$ 发生当且仅当在一次试验中事件 $A$ 发生且事件 $B$ 不发生。

**(2) 随机事件的关系**

若 $A \subset B$,则称事件 $A$ 包含于事件 $B$,或称事件 $B$ 包含事件 $A$。从集合的角度看,$A \subset B$ 的充要条件是集合 $A$ 的元素都在集合 $B$ 中;从概率论的角度看,$A \subset B$ 的充要条件是事件 $A$ 发生必然导致事件 $B$ 发生。

若 $A \subset B$ 且 $B \subset A$,则称事件 $A$ 与事件 $B$ **相等**,记为 $A=B$。例如,在掷一颗骰子的随机试验中,"出现偶数"和"出现 2 的倍数"两个随机事件相同。

若事件 $A$,$B$ 不可能同时发生,则称事件 $A$,$B$ **互不相容**,也称事件 $A$,$B$ **互斥**。从集合的角度来看,$A$,$B$ 互斥意味着两个集合没有相同的元素,即 $A$,$B$ 互斥等价于 $A \cap B = \varnothing$。

若一次试验中事件 $A$,$B$ 有且只有一个发生,那么称 $A$,$B$ 互为**对立事件**(或称逆事件)。从集合的角度来看,$A$,$B$ 互为对立事件当且仅当 $A \cap B = \varnothing$,$A \cup B = \Omega$。$A$ 的对立事件记为 $\bar{A}$,有 $\bar{A} = \Omega - A$。

集合的运算与关系也可以用几何图形来展示,如图 1-1 所示,称为**文氏图**。

利用文氏图分析随机事件的运算与关系非常直观。例如,设 $A \cap B = \varnothing$,容易得到 $A \subset \bar{B}$,$B \subset \bar{A}$。另外,根据文氏图易得 $A - B = A - AB = A\bar{B}$。

正确使用集合的符号表示复杂的随机事件是计算其对应概率的基础。在进行事件运算时,常采用以下运算律。设 $A$,$B$,$C$ 为随机事件,则有

交换律:$A \cup B = B \cup A$;$A \cap B = B \cap A$。

结合律:$A \cup (B \cup C) = (A \cup B) \cup C$;$A \cap (B \cap C) = (A \cap B) \cap C$。

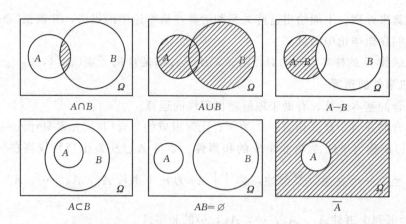

图 1-1 集合的运算与关系

分配律：$A\cup(B\cap C)=(A\cup B)\cap(A\cup C)$。
$A\cap(B\cup C)=(A\cap B)\cup(A\cap C)$。

德摩根律：$\overline{A\cup B}=\overline{A}\cap\overline{B}$，$\overline{A\cap B}=\overline{A}\cup\overline{B}$。

例题解析

**例 1-5** 设 $A$，$B$，$C$ 是某个随机试验中的 3 个事件，规定符号 $A$ 表示随机事件 $A$ 发生，符号 $\overline{A}$ 表示随机事件 $A$ 不发生，则

① "$A$ 与 $B$ 发生，$C$ 不发生"可表示为 $A\cap B\cap \overline{C}$。

② "$A$，$B$，$C$ 至少一个发生"可表示为 $A\cup B\cup C$。

③ "$A$，$B$，$C$ 至少有两个发生"可表示为 $AB\cup BC\cup AC$。

④ "$A$，$B$，$C$ 恰好发生两个"可表示为 $AB\overline{C}\cup A\overline{B}C\cup \overline{A}BC$。

⑤ "$A$，$B$，$C$ 不多于一个事件发生"可表示为 $A\overline{B}\,\overline{C}\cup \overline{A}B\overline{C}\cup \overline{A}\,\overline{B}C\cup \overline{A}\,\overline{B}\,\overline{C}$。

## 1.2 频率与等可能概型

概率一词常用来度量随机试验中某个随机事件发生的可能性。假设有一枚质地均匀的硬币，人们最初通过多次重复随机试验，用硬币正面（或反面）朝上的频率来估算其对应的概率。

### 1.2.1 频率

云课堂

**定义 1-5** 在相同条件下，重复进行 $n$ 次随机试验，在这 $n$ 次试验中，随机事件 $A$ 发生的次数 $n_A$ 称为事件 $A$ 发生的**频数**，比值 $n_A/n$ 称为 $A$ 的**频率**，用 $f_n(A)$ 表示 $n$ 次随机试验中 $A$ 发生的频率，即

$$f_n(A)=\frac{n_A}{n}=\frac{\text{事件 }A\text{ 发生的次数}}{\text{随机试验的总次数}} \tag{1-1}$$

**例 1-6** 抛硬币试验。为了研究硬币正面朝上的概率，这里进行了抛硬币的试验，试验方案如下：将一枚硬币抛掷 500 次，分别记录前 5 次、50 次、500 次中硬币正面朝上的频率，见表 1-1 中实验序号 1 对应的行，其中，$n_H$ 表示硬币正面朝上的次数，$f_n(H)$ 表示硬币正面朝上的频率。将此过程重复 10 遍，所有结果见表 1-1。

历史上多位学者都进行过抛硬币试验，其结果见表 1-2。从表中数据可以看到，当试验次数较少时，正面朝上的频率变化较大，当试验次数较多时，正面朝上的频率在 0.5 附近小幅波动，这表明频率具有稳定性，因此可以使用 0.5 作为硬币正面朝上的概率的估计值。

表 1-1　抛硬币试验结果

| 实验序号 | $n=5$ | | $n=50$ | | $n=500$ | |
| --- | --- | --- | --- | --- | --- | --- |
| | $n_H$ | $f_n(H)$ | $n_H$ | $f_n(H)$ | $n_H$ | $f_n(H)$ |
| 1 | 1 | 0.2 | 27 | 0.54 | 240 | 0.48 |
| 2 | 3 | 0.6 | 29 | 0.58 | 261 | 0.522 |
| 3 | 3 | 0.6 | 23 | 0.46 | 234 | 0.468 |
| 4 | 3 | 0.6 | 21 | 0.42 | 242 | 0.484 |
| 5 | 2 | 0.4 | 23 | 0.46 | 250 | 0.5 |
| 6 | 2 | 0.4 | 24 | 0.48 | 250 | 0.5 |
| 7 | 3 | 0.6 | 25 | 0.5 | 241 | 0.482 |
| 8 | 2 | 0.4 | 24 | 0.48 | 229 | 0.458 |
| 9 | 2 | 0.4 | 20 | 0.4 | 228 | 0.456 |
| 10 | 4 | 0.8 | 26 | 0.52 | 253 | 0.506 |

表 1-2　历史上抛硬币试验的若干结果

| 试验者 | 试验次数 $n$ | 正面次数 $n_A$ | 频率 $f_n(A)$ |
| --- | --- | --- | --- |
| 德摩根 | 2 048 | 1 061 | 0.518 1 |
| 蒲丰 | 4 040 | 2 048 | 0.506 9 |
| 皮尔逊 | 12 000 | 6 019 | 0.501 6 |
| 皮尔逊 | 24 000 | 12 012 | 0.500 5 |

从上例可以看出，随着试验次数的变化，$A$ 发生的频率 $f_n(A)$ 尽管不断变化，但当 $n$ 足够大时，频率 $f_n(A)$ 稳定在某一常数 $a$ 附近，这个常数 $a$ 称为频率的**稳定值**，可以用它近似事件 $A$ 发生的概率。例如，在足球比赛中，点球的命中概率可以使用频率来估计。曾经有人对 1930—1988 年世界各地 53 274 场重大足球比赛进行统计，在判罚的 15 382 个点球中，有 11 172 个射中，频率为 0.726，这个值就可以作为点球命中概率的近似值。

频率方法要求试验次数足够大，使频率稳定在某一个常数附近。这个方法直观，易于操作，但进行大量重复随机试验时需要花费较多的时间和成本。因此，需要引入其他方法来确定概率。

## 1.2.2　古典概型

古典概型是历史上早期研究概率的经典方法，在概率论发展过程中占有非常重要的地位。

**定义 1-6**　设随机试验 $E$ 的样本空间只包含有限个样本点，并且一次试验中每个样本点发生的可能性相同，则称该试验为**等可能概型**，也称**古典概型**。

云课堂

设随机试验 $E$ 的样本空间 $\Omega$ 中含有 $n$ 个样本点,每个样本点发生的概率都是 $\dfrac{1}{n}$,若随机事件 $A$ 含有 $k$ 个样本点,则 $A$ 发生的概率为

$$P(A)=\frac{k}{n}=\frac{A \text{ 包含样本点的个数}}{\Omega \text{ 包含样本点的个数}} \tag{1-2}$$

**例 1-7** 考虑一元二次方程 $x^2+Bx+C=0$,其中,$B,C$ 分别是将一枚骰子连续掷两次先后出现的点数。求方程有实根的概率 $p$ 和有重根的概率 $q$。

**解** 一枚骰子掷两次,第一次的结果为 $B$,第二次的结果为 $C$,则样本空间为

$$\Omega=\{(B,C)|B=1,2,3,4,5,6,C=1,2,3,4,5,6\}$$

$\Omega$ 中有 36 个样本点,且每个样本点发生的可能性相同。

**令** $A_i(i=1,2)$ 分别表示"方程有实根"和"方程有重根",则

$$A_1=\{\Delta=B^2-4C\geqslant 0\}=\left\{C\leqslant\frac{B^2}{4}\right\} \quad A_2=\{\Delta=B^2-4C=0\}=\left\{C=\frac{B^2}{4}\right\}$$

满足条件 $C\leqslant\dfrac{B^2}{4}$ 的样本点为

$$\left\{\begin{array}{l}(2,1),(3,1),(3,2),(4,1),(4,2),(4,3),(4,4),(5,1),(5,2),(5,3),\\(5,4),(5,5),(5,6),(6,1),(6,2),(6,3),(6,4),(6,5),(6,6)\end{array}\right\}$$

随机事件 $A_1$ 含有 19 个样本点,因此方程有实根的概率为

$$p=P(A_1)=\frac{19}{36}$$

满足条件 $C=\dfrac{B^2}{4}$ 的样本点为 $\{(2,1),(4,4)\}$,随机事件 $A_2$ 含有 2 个样本点,因此方程有重根的概率为

$$q=P(A_2)=\frac{2}{36}=\frac{1}{18}$$

使用古典概型求随机事件的概率时,计数随机事件包含样本点个数与抽样方式有关(有放回抽样和不放回抽样)。常用的计数方法有加法原理、乘法原理以及排列组合公式。

**定义 1-7** 从 $1,2,\cdots,n$ 中任取一个数,每个数被取到的概率相等,这种取法称为**随机抽样**。从 $1,2,\cdots,n$ 中依次随机取 $r$ 个数,每次取出一个数记录结果后放回再取下一个数,这种取法称为**有放回抽样**。每次取出一个数记录结果后不放回去,从剩下的数中再取下一个数,这种取法称为**不放回抽样**。

①加法原理。完成某件事情,有 $k$ 类方法,其中,第一类方法中有 $n_1$ 种方法,第二类方法中有 $n_2$ 种方法,$\cdots$,则完成这件事情总共有 $n_1+n_2+\cdots+n_k$ 种方法。

②乘法原理。完成某件事情,分 $m$ 个步骤,第一个步骤有 $n_1$ 种方法,第二个步骤有 $n_2$ 种方法,$\cdots$,则完成这件事情总共有 $n_1 n_2 \cdots n_m$ 种方法。

③排列。从 $1,2,\cdots,n$ 中不放回地随机抽取 $r(r\leqslant n)$ 个数,考虑先后次序,抽取的结果称为一个排列。第一个数有 $n$ 种取法,第二个数有 $n-1$ 种取法,$\cdots$,第 $r$ 个数有 $n-r+1$ 种取法,根据乘法原理,共有 $n\cdot(n-1)\cdot(n-2)\cdot\cdots\cdot(n-r+1)$ 个排列。通常排列公式表示为

$$P_n^r = n \cdot (n-1) \cdot (n-2) \cdot \cdots \cdot (n-r+1) = \frac{n!}{(n-r)!} \tag{1-3}$$

④组合。从 $1, 2, \cdots, n$ 中不放回地随机抽取 $r(r \leqslant n)$ 个数,不考虑先后次序,抽取的结果称为一个组合。由于 $r$ 个数组成的 $r!$ 个排列对应一个组合,由排列公式去掉重复的部分可以得到以下组合公式

$$C_n^r = \frac{P_n^r}{r!} = \frac{n \cdot (n-1) \cdot (n-2) \cdot \cdots \cdot (n-r+1)}{r!} = \frac{n!}{r!(n-r)!} \tag{1-4}$$

⑤重复排列。从 $1, 2, \cdots, n$ 中有放回地随机抽取 $r$ 个数,考虑先后次序,抽取的结果称为一个重复排列。根据乘法原理,共有 $n \cdot n \cdot \cdots \cdot n = n^r$ 个重复排列。

⑥重复组合。从 $1, 2, \cdots, n$ 中有放回地抽取 $r$ 个数,不考虑数的先后次序,抽取结果称为一个有重复组合,共有 $C_{n-1+r}^r$ 种可能的有重复组合。

**【注】**有重复组合公式可按如下方式得到:以 $1, 2, 3, 4, 5$ 共 5 个数字为例,从 5 个数字中有放回地抽取 3 个数,如 $\{3, 2, 2\}$ 和 $\{1, 1, 1\}$ 就是两种可能的结果,$\{3, 2, 2\}$ 可以表示为 12003045,其含义为:数字 2 后的 2 个 0 说明数字 2 取到两次,数字 3 后的 1 个 0 说明数字 3 取到 1 次;类似地,$\{1, 1, 1\}$ 可表示为 10002345。因此,有重复组合就相当于将 $2, 3, 4, 5$ 与 $0, 0, 0$ 共 7 个数字放在数字 1 之后的 7 个位置上,只需要从 7 个位置中选出 3 个位置放 $0, 0, 0$,其余位置放 $2, 3, 4, 5$,则得到一个有重复组合,因此共有 $C_{5-1+3}^3$ 种可能。

**例 1-8** 我国古代典籍《周易》用"卦"描述万物的变化。每一"重卦"由从下到上排列的 6 个爻(yáo)组成,爻分为阳爻"—"和阴爻"- -"。例如,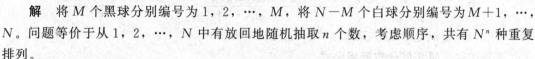是一重卦,由 3 个阳爻和 3 个阴爻排列而成。在所有重卦中随机取一重卦,求该重卦恰有 2 个阴爻的概率。

例题解析

**解** 根据乘法原理,6 个爻组成的重卦共有 $2^6 = 64$ 种,即样本空间含有 64 个样本点。
设"重卦恰有 2 个阴爻"为事件 $A$,利用组合公式可得事件 $A$ 含有 $C_6^2 = 15$ 个样本点,所以 $P(A) = \frac{15}{64}$。

**例 1-9** 有放回抽样模型。设一个袋中装有 $N$ 个球,其中,$M$ 个黑球,$N - M$ 个白球,从袋子中有放回地随机取出 $n$ 个球,求:
① 第 $k(1 \leqslant k \leqslant n)$ 次取到黑球的概率。
② $n$ 个球中有 $m(1 \leqslant m \leqslant n)$ 个黑球的概率。

例题解析

**解** 将 $M$ 个黑球分别编号为 $1, 2, \cdots, M$,将 $N - M$ 个白球分别编号为 $M+1, \cdots, N$。问题等价于从 $1, 2, \cdots, N$ 中有放回地随机抽取 $n$ 个数,考虑顺序,共有 $N^n$ 种重复排列。

①"第 $k$ 次取到黑球"的样本点对应满足如下条件的重复排列:排列的第 $k$ 个数从 $1, 2, \cdots, M$ 中随机抽取,共有 $M$ 种取法;排列的其他 $n-1$ 个数从 $1, 2, \cdots, N$ 中有放回地随机抽样得到,共有 $N^{n-1}$ 种取法。由乘法原理可知随机事件"第 $k$ 次取到黑球"有 $M \cdot N^{n-1}$ 个样本点,因此其概率为 $P = \frac{M \cdot N^{n-1}}{N^n} = \frac{M}{N}$。

实际上,由于是有放回抽样,故第 $k$ 次取球时,仍然是从 $M$ 个黑球、$N - M$ 个白球

中随机抽取一球,根据古典概型,取得黑球的概率显然为 $P=\dfrac{M}{N}$。

② "$n$ 个球中有 $m$ 个黑球"的样本点对应满足如下条件的重复排列:排列中有 $m$ 个数从 $1,2,\cdots,M$ 中有放回地随机抽样得到,共有 $M^m$ 种取法;其余 $n-m$ 个数从 $M+1,\cdots,N$ 中有放回地随机抽样得到,共有 $(N-M)^{n-m}$ 种取法。考虑 $m$ 个黑球出现的位置有 $C_n^m$ 种可能,根据乘法原理,事件"$n$ 个球中有 $m$ 个黑球"含有 $C_n^m \cdot M^m \cdot (N-M)^{n-m}$ 个样本点,故其概率为

$$P = \frac{C_n^m \cdot M^m \cdot (N-M)^{n-m}}{N^n} = C_n^m \cdot \left(\frac{M}{N}\right)^m \cdot \left(\frac{N-M}{N}\right)^{n-m}$$

式中,$\dfrac{M}{N}$ 是黑球的比例;$\dfrac{N-M}{N}$ 是白球的比例。

该公式称为**二项分布概率公式**。

**例 1-10** 不放回抽样模型。设一个袋中装有 $N$ 个球,其中,$M$ 个黑球,$N-M$ 个白球,从袋子中不放回地随机取出 $n(n \leqslant N)$ 个球,求:

① 第 $k(1 \leqslant k \leqslant n)$ 次取到黑球的概率。

② $n$ 个球中有 $m$ 个黑球的概率。

**解** 将 $M$ 个黑球分别编号为 $1,2,\cdots,M$,将 $N-M$ 个白球分别编号为 $M+1,\cdots,N$。问题等价于从 $1,2,\cdots,N$ 中不放回地随机抽取 $n$ 个数,考虑顺序,共有 $P_N^n$ 种排列。

① "第 $k$ 次取到黑球"的样本点对应满足如下条件的排列:排列的第 $k$ 个数从 $1,2,\cdots,M$ 中抽取,共有 $M$ 种取法;排列的其他 $n-1$ 个数从 $1,2,\cdots,N$ 除掉第 $k$ 次取完剩下的 $N-1$ 个数中不放回地随机抽样得到,共有 $P_{N-1}^{n-1}$ 种取法。根据乘法原理,随机事件"第 $k$ 次取到黑球"含有 $M \cdot P_{N-1}^{n-1}$ 个样本点,其概率为

$$P = \frac{M \cdot P_{N-1}^{n-1}}{P_N^n} = \frac{M \cdot (N-1) \cdot \cdots \cdot (N-n+1)}{N \cdot (N-1) \cdot \cdots \cdot (N-n+1)} = \frac{M}{N}$$

② "$n$ 个球中有 $m$ 个黑球"的样本点对应满足如下条件的排列:排列中有 $m$ 个数从 $1,2,\cdots,M$ 中不放回地随机抽样得到,共有 $P_M^m$ 种取法;其余 $n-m$ 个数从 $M+1,\cdots,N$ 中不放回地随机抽样得到,共有 $P_{N-M}^{n-m}$ 种取法。考虑 $m$ 个黑球出现的位置有 $C_n^m$ 种可能,根据乘法原理,"$n$ 个球中有 $m$ 个黑球"含有 $C_n^m \cdot P_M^m \cdot P_{N-M}^{n-m}$ 个样本点,故其概率为

$$P = \frac{C_n^m \cdot P_M^m \cdot P_{N-M}^{n-m}}{P_N^n} = \frac{C_n^m \cdot C_M^m \cdot m! \cdot C_{N-M}^{n-m} \cdot (n-m)!}{C_N^n \cdot n!} = \frac{C_M^m \cdot C_{N-M}^{n-m}}{C_N^n}$$

式中,$m$ 应满足 $0 \leqslant m \leqslant M$,$0 \leqslant n-m \leqslant N-M$。

该公式称为**超几何分布概率公式**。

【注】本题也可以不考虑顺序,用组合公式求解,得到的结果是一样的。

**例 1-11** 盒子模型。将 $n$ 个球逐一放到 $N(N \geqslant n)$ 个盒子中,假设每个球放到各个盒子的概率相等,且每个盒子所放球数不限,求恰好有 $n$ 个盒子各有一球的概率。

**解** 将 $N$ 个盒子编号为 $1,2,\cdots,N$,"$n$ 个球逐一放到 $N(N \geqslant n)$ 个盒子中"相当于从 $1,2,\cdots,N$ 中有放回地随机抽取 $n$ 个数,考虑顺序,其结果是重复排列,共有 $N^n$ 种排列。

"恰好有 $n$ 个盒子各有一球"相当于从 $1,2,\cdots,N$ 中随机抽取 $n$ 个不同的数对应的排列。根据乘法原理可知共有 $P_N^n$ 个排列,故所求概率为

$$P=\frac{P_N^n}{N^n}=\frac{N!}{(N-n)!\times N^n}$$

盒子模型可以应用到很多实际问题中,如非常有名的"生日问题"。

**例 1-12** 生日问题。假设每人的生日在一年中的任一天是等可能的,求 $n(n\leqslant 365)$ 个人生日各不相同的概率 $p_n$。

**解** 把 $n$ 个人看成是 $n$ 个球,将一年 365 天看成是 $N=365$ 个盒子,则"$n$ 个人生日全不相同"就相当于"恰好有 $n$ 个盒子各有一球",所以 $n$ 个人生日各不相同的概率为

$$\begin{aligned}p_n&=\frac{N!}{(N-n)!\times N^n}=\frac{365!}{(365-n)!\times 365^n}\\&=\frac{(365-n+1)\times(365-n+2)\times\cdots\times(365-1)\times 365}{365^n}\\&=\frac{365-n+1}{365}\times\frac{365-n+2}{365}\times\cdots\times\frac{365-1}{365}\times\frac{365}{365}\\&=\left(1-\frac{n-1}{365}\right)\times\left(1-\frac{n-2}{365}\right)\times\cdots\times\left(1-\frac{1}{365}\right)\times 1\\&=\left(1-\frac{1}{365}\right)\times\left(1-\frac{2}{365}\right)\times\cdots\times\left(1-\frac{n-1}{365}\right)\end{aligned}$$

进一步可知,$n$ 个人中至少有两个人生日相同的概率为 $1-p_n$。对不同的 $n$,可以求得 $p_n$ 和 $1-p_n$ 的值,见表 1-3。

表 1-3  $p_n$ 的近似值

| $n$ | 10 | 20 | 30 | 40 | 50 | 60 |
|---|---|---|---|---|---|---|
| $p_n$ | 0.883 1 | 0.588 6 | 0.293 7 | 0.108 8 | 0.029 6 | 0.005 9 |
| $1-p_n$ | 0.116 9 | 0.411 4 | 0.706 3 | 0.891 2 | 0.970 4 | 0.994 1 |

一年有 365 天,直觉上我们可能认为 30 人中至少有两人生日相同的概率应该比较小,甚至 60 人中至少有两人生日相同的概率也不会太大。但是,根据表 1-3,30 人中至少有两人生日相同的概率达 0.706 3,60 人中至少有两人生日相同的概率高达 0.994 1。

## 1.2.3  几何概型

**定义 1-8** 若随机试验 $E$ 的样本空间 $\Omega$ 充满某个区域,且试验后发生的样本点落在样本空间的子集 $A$ 内的概率只与 $A$ 的度量(长度、面积或体积等)有关,而与 $A$ 的形状或位置无关,这类随机试验称为**几何概型**。

在几何概型中,设 $\Omega$ 是样本空间,$A$ 是样本空间的某个子集,则事件 $A$ 发生的概率为

$$P(A)=\frac{A\text{ 的度量(长度、面积或体积等)}}{\Omega\text{ 的度量(长度、面积或体积等)}} \tag{1-5}$$

设几何概型的样本空间 $\Omega$ 是一个平面区域,$A$ 与 $B$ 是 $\Omega$ 内的两个子区域,如图 1-2

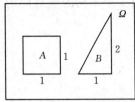

图 1-2

所示。根据几何概型可知，只要 $A$ 与 $B$ 的面积相等，试验结果的样本点落在 $A$ 与 $B$ 内的概率就是相等的。

**例 1-13** 等车时间。设公共汽车站从中午 12 时到下午 1 时每隔 15 分钟来一班车。假设某乘客这段时间内到达车站的时间是等可能的，那么该乘客候车时间不超过 5 分钟的概率为多少？

**解** 假设乘客到达车站的时间为样本空间 $\Omega$，把 12 时记为 0，下午 1 时记为 60，则 $\Omega=\{x\,|\,0\leqslant x\leqslant 60\}$。乘客候车时间不超过 5 分钟记为随机事件 $A$，则有

$$A=\{10<x<15\}\cup\{25<x<30\}\cup\{40<x<45\}\cup\{55<x<60\}$$

由于乘客到达车站的时间是等可能的，因此 $A$ 对应区间的长度（20）除以 $\Omega$ 的长度（60）就是事件 $A$ 发生的概率，即乘客候车时间不超过 5 分钟的概率为 $\dfrac{1}{3}$。

**例 1-14** 会面问题。甲、乙两人约定上午 8 时到 9 时之间在某地会面，并约定先到者等候另一个人 15 分钟，过时即可离去，求两人能会面的概率。

**解** 用 $x$ 和 $y$ 分别表示甲、乙两人到达约会地点的时间（以分钟为单位），则样本点为数对 $(x,y)$，样本空间可表示为

$$\Omega=\{(x,y)\,|\,0\leqslant x\leqslant 60,\ 0\leqslant y\leqslant 60\}$$

事件"两人能会面"可表示为

$$A=\{(x,y)\,|\,0\leqslant x\leqslant 60,\ 0\leqslant y\leqslant 60,\ |x-y|\leqslant 15\}$$

如图 1-3 所示，可得"两人能会面"的概率为

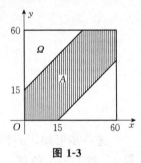

图 1-3

$$P=\dfrac{60^2-\dfrac{1}{2}\times 45^2\times 2}{60^2}=\dfrac{21}{48}$$

## 1.3 概率的定义与性质

上一节介绍了用频率、古典概型和几何概型确定概率的方法，这些方法有一定的适用范围，存在局限性。1933 年，苏联数学家柯尔莫哥洛夫首次提出了概率的公理化定义。

### 1.3.1 概率的公理化定义

**定义 1-9** 设随机试验 $E$ 的样本空间为 $\Omega$，根据集合函数 $P(\cdot)$ 对随机试验的每一事件赋予一个实数 $A$，记为 $P(A)$，如果 $P(\cdot)$ 满足以下条件：

① 非负性。对任一随机事件 $A$，有 $P(A)\geqslant 0$。
② 规范性。必然事件的概率为 1，即 $P(\Omega)=1$。
③ 可列可加性。两两互不相容的事件 $A_1,A_2,\cdots,A_n,\cdots$ 满足

$$P(A_1\cup A_2\cup\cdots\cup A_n\cup\cdots)=P(A_1)+P(A_2)+\cdots+P(A_n)+\cdots$$

那么称 $P(A)$ 为事件 $A$ 的概率。

概率的公理化定义提供了一个严谨的概率理论框架，规定了概率必须满足的 3 个基本

性质：非负性、规范性和可列可加性。基于概率的公理化定义，可以推导概率的其他重要性质，如条件概率、独立性、全概率公式、贝叶斯公式等。这些性质与公式是求解复杂事件概率的重要工具。

## 1.3.2 概率的性质

不可能事件发生的概率应该为0，这一性质并没有以公理的形式出现在概率的定义中，下面根据概率的公理化定义推导这一性质。

云课堂

**性质1-1** $P(\varnothing)=0$。

**证明** 易知 $\Omega, \varnothing, \varnothing, \cdots, \varnothing, \cdots$ 是可列个两两互不相容的事件，且
$$\Omega \cup \varnothing \cup \varnothing \cup \cdots \cup \varnothing \cup \cdots = \Omega$$

根据可列可加性得
$$P(\Omega)=P(\Omega \cup \varnothing \cup \cdots \cup \varnothing \cup \cdots)=P(\Omega)+P(\varnothing)+\cdots+P(\varnothing)+\cdots$$

由规范性 $P(\Omega)=1$ 可得
$$P(\varnothing)+\cdots+P(\varnothing)+\cdots=0$$

再由非负性得
$$P(\varnothing)=0$$

概率的可列可加性说明，对于可列个两两互不相容的事件，它们的和事件的概率等于各事件的概率之和。对于有限个两两互不相容的事件，这一结论仍然成立。

**性质1-2** 有限可加性。设有限个事件 $A_1, A_2, \cdots, A_n$ 两两互不相容，则 $P\left(\bigcup\limits_{i=1}^{n} A_i\right)=\sum\limits_{i=1}^{n} P(A_i)$。

**证明** 由条件可知，可列个事件 $A_1, A_2, \cdots, A_n, \varnothing, \varnothing, \varnothing, \cdots$ 两两互不相容。根据可列可加性有
$$P(A_1 \cup \cdots \cup A_n \cup \varnothing \cup \varnothing \cup \cdots) = P(A_1)+\cdots+P(A_n)+P(\varnothing)+P(\varnothing)+\cdots$$

将 $A_1 \cup \cdots \cup A_n \cup \varnothing \cup \varnothing \cup \cdots = A_1 \cup \cdots \cup A_n$ 和 $P(\varnothing)=0$ 代入上式得
$$P(A_1 \cup \cdots \cup A_n)=P(A_1)+\cdots+P(A_n)$$

使用有限可加性可以推导更多计算概率的公式。

**性质1-3** 对立事件的概率或逆事件的概率。对任一事件 $A$，有 $P(\bar{A})=1-P(A)$。

**证明** $A$ 与 $\bar{A}$ 互不相容，且 $A \cup \bar{A}=\Omega$，根据有限可加性得
$$1=P(\Omega)=P(A \cup \bar{A})=P(A)+P(\bar{A})$$
$$P(\bar{A})=1-P(A)$$

**性质1-4** 减法公式。设 $A, B$ 是两个事件，则
$$P(A-B)=P(A)-P(AB)$$

特别当 $B \subset A$ 时，$P(A-B)=P(A)-P(B)$。

**证明** 由图1-4可知，$A-B$ 与 $AB$ 互不相容，且 $(A-B) \cup AB=A$，故 $P(A)=P[(A-B) \cup AB]=P(A-B)+P(AB)$，移项即得 $P(A-B)=P(A)-P(AB)$。当 $B \subset A$ 时，$AB=B$，故 $P(A-B)=P(A)-P(B)$。

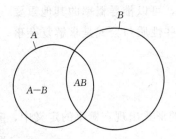

图 1-4  $A-B$ 与 $AB$ 的关系

**性质 1-5**  单调性。设 $A$，$B$ 是两个事件，若 $B \subset A$，则
$$P(B) \leqslant P(A)$$

**证明**  当 $B \subset A$ 时，$P(A-B)=P(A)-P(B)$，由概率的非负性可知 $P(A-B)=P(A)-P(B) \geqslant 0$，故 $P(B) \leqslant P(A)$。

**性质 1-6**  有界性。设 $A$ 是任一事件，则 $0 \leqslant P(A) \leqslant 1$。

**证明**  因 $A \subset \Omega$，由单调性得 $P(A) \leqslant P(\Omega)=1$。再由概率的非负性得
$$0 \leqslant P(A) \leqslant 1$$

**性质 1-7**  加法公式。设 $A$，$B$ 是两个事件，则
$$P(A \cup B)=P(A)+P(B)-P(AB)$$

**证明**  由图 1-5 可知 $A \cup B=(A-B) \cup AB \cup (B-A)$，且 $A-B$，$AB$，$B-A$ 两两互不相容，由有限可加性和减法公式得

$$\begin{aligned}
P(A \cup B) &= P[(A-B) \cup AB \cup (B-A)] \\
&= P(A-B)+P(AB)+P(B-A) \\
&= P(A)-P(AB)+P(AB)+P(B)-P(AB) \\
&= P(A)+P(B)-P(AB)
\end{aligned}$$

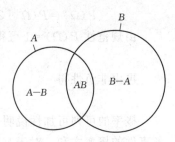

图 1-5  $A \cup B$ 的分解

加法公式可以推广到有限多个事件的并集的情形，例如，$P(A \cup B \cup C)=P(A)+P(B)+P(C)-P(AB)-P(AC)-P(BC)+P(ABC)$。一般地，对于任意 $n$ 个事件 $A_1$，$A_2$，$\cdots$，$A_n$，可以用归纳法得

$$P\left(\bigcup_{i=1}^{n} A_i\right)=\sum_{i=1}^{n} P(A_i)-\sum_{1 \leqslant i<j \leqslant n} P(A_i A_j)+\sum_{1 \leqslant i<j<k \leqslant n} P(A_i A_j A_k)+\cdots$$
$$+(-1)^{n-1} P(A_1 A_2 \cdots A_n)$$

**例 1-15**  设随机事件 $A$，$B$ 及 $A \cup B$ 的概率分别是 $0.4$，$0.3$，$0.6$，求 $P(A\overline{B})$。

**解**  由 $P(A \cup B)=P(A)+P(B)-P(AB)$ 得 $P(AB)=P(A)+P(B)-P(A \cup B)=0.1$，故 $P(A\overline{B})=P(A-B)=P(A)-P(AB)=0.3$。

**例 1-16**  已知 $P(A)=P(B)=P(C)=\dfrac{1}{4}$，$P(AB)=0$，$P(AC)=\dfrac{1}{6}$，$P(BC)=\dfrac{1}{6}$，求事件 $A$，$B$，$C$ 都不发生的概率。

**解**  因为 $P(AB)=0$，$ABC \subset AB$，所以 $P(ABC)=0$。所求概率为
$$\begin{aligned}
P(\overline{A}\,\overline{B}\,\overline{C}) &= P(\overline{A \cup B \cup C})=1-P(A \cup B \cup C) \\
&= 1-[P(A)+P(B)+P(C)-P(AB)-P(AC)-P(BC)+P(ABC)] \\
&= 1-\left(\frac{1}{4}+\frac{1}{4}+\frac{1}{4}-0-\frac{1}{6}-\frac{1}{6}+0\right)=\frac{7}{12}
\end{aligned}$$

**例 1-17**  掷一枚均匀的骰子 $n$ 次，求出现的点数之积能被 10 整除的概率。

**解**  每次掷骰子有 6 种结果，故 $n$ 次掷骰子对应的样本空间有 $6^n$ 种结果。用 $A$ 表示 $n$ 次掷骰子的结果至少出现一次 5 点，用 $B$ 表示 $n$ 次掷骰子的结果至少出

现一次偶数,由古典概型得

$$P(\overline{A})=\frac{5^n}{6^n} \qquad P(\overline{B})=\frac{3^n}{6^n} \qquad P(\overline{A}\,\overline{B})=\frac{2^n}{6^n}$$

故出现的点数之积能被 10 整除的概率为

$$P(AB)=1-P(\overline{AB})=1-P(\overline{A}\cup\overline{B})$$
$$=1-[P(\overline{A})+P(\overline{B})-P(\overline{A}\,\overline{B})]=1-\frac{5^n+3^n-2^n}{6^n}$$

**例 1-18** 一个袋子装有 $n$ 个球,分别标有号码 $1,2,\cdots,n$,从袋子中有放回地随机取 $k$ 次球,每次取 1 个。求所取 $k$ 个球的号码中最大者为 $m(1\leqslant m\leqslant n)$ 的概率。

**解** 用 $A_i$ 表示取出的 $k$ 个球的号码都不超过 $i$,则 $A_i\subset A_{i+1}$。由古典概型得

$$P(A_i)=\frac{i^k}{n^k} \qquad (i=1,2,\cdots,n)$$

所取 $k$ 个球的号码中最大者为 $m$ 可表示为 $A_m-A_{m-1}$,故其概率为

$$P(A_m-A_{m-1})=P(A_m)-P(A_mA_{m-1})=P(A_m)-P(A_{m-1})=\frac{m^k-(m-1)^k}{n^k}$$

## 1.4 条件概率

在成年人中,肺癌发病率为 0.05%,但是在抽烟的成年人中,肺癌发病率为 0.2%。0.05% 和 0.2% 两个数字都描述了一个人患肺癌的概率。不同之处在于:当不知道一个人是否抽烟时,只能判断他患肺癌的概率为 0.05%,但如果得知该人抽烟时,则可以说他患肺癌的概率为 0.2%。这里抽烟是判断患肺癌概率更大的一个条件,这个条件提供了更多信息,所求出的概率更接近真实情况。为了进行区分,称 0.05% 为无条件概率,0.2% 为条件概率。再看一个例子,一个盒子中有 5 个黑球和 5 个白球,从中无放回地随机抽取 2 个球,由古典概型可知第二次抽到黑球的概率为 $\frac{1}{2}$,但如果已知第一次抽到的球为黑球,则第二次抽到黑球的概率为 $\frac{4}{9}$。$\frac{1}{2}$ 和 $\frac{4}{9}$ 都是第二次抽到黑球的概率,但前者是在不知道第一次抽取结果下求得的概率,而后者是在已知第一次取到黑球的条件下的概率。因此,$\frac{1}{2}$ 是无条件概率,$\frac{4}{9}$ 是条件概率。

云课堂

先在古典概型下对条件概率进行分析。假设随机试验 $E$ 为古典概型,样本空间 $\Omega$ 中有 $n$ 个样本点,随机事件 $A$ 和 $B$ 分别有 $n_A$ 和 $n_B$ 个样本点,$A\cap B$ 有 $k$ 个样本点。在 $B$ 发生的条件下 $A$ 发生的概率用符号 $P(A|B)$ 来表示。在 $B$ 发生的条件下,所有可能发生的样本点不再是 $\Omega$,而是集合 $B$ 包含的样本点,当 $B$ 中属于 $A$ 的那些样本点(也就是 $A\cap B$ 的样本点)出现时意味着 $A$ 发生,由此可以得到 $P(A|B)=\frac{k}{n_B}$,此式可以变形为 $P(A|B)=\frac{k}{n_B}=\frac{k/n}{n_B/n}=\frac{P(A\cap B)}{P(B)}$,由此引入条件概率的数学定义。

### 1.4.1 条件概率公式

**定义 1-10** 设 $A$ 和 $B$ 是样本空间 $\Omega$ 中的两个随机事件,且 $P(B)>0$,在事件 $B$ 已经发生的条件下,事件 $A$ 发生的概率称为**条件概率**,记为 $P(A|B)$,其定义式为

$$P(A|B)=\frac{P(AB)}{P(B)}$$

后文出现条件概率 $P(A|B)$ 时,都假定已满足 $P(B)>0$。

**例 1-19** 设某种动物寿命超过 20 年的概率为 0.8,超过 25 年的概率为 0.4。现在有一只 20 岁的这种动物,求它能活到 25 岁以上的概率。

**解** 设事件 $B=$ "动物能活 20 年以上",$A=$ "动物能活 25 年以上",根据题意,$P(A)=0.4$,$P(B)=0.8$。

由 $A \subset B$ 得 $BA=A$,故 $P(AB)=P(A)=0.4$。由条件概率公式得

$$P(A|B)=\frac{P(AB)}{P(B)}=\frac{0.4}{0.8}=0.5$$

可以验证条件概率 $P(A|B)$ 满足概率的公理化定义,即

① 非负性。$P(A|B) \geqslant 0$。
② 规范性。$P(\Omega|B)=1$。
③ 可列可加性。若 $A_1,A_2,\cdots,A_n,\cdots$ 是两两互不相容的事件,则有

$$P\left(\bigcup_{n=1}^{\infty} A_n \bigg| B\right)=\sum_{n=1}^{\infty} P(A_n|B)$$

条件概率也有与概率相同的性质,如:

$$P(\varnothing|B)=0$$
$$P(\overline{A}|B)=1-P(A|B)$$
$$P(A_1 \cup A_2|B)=P(A_1|B)+P(A_2|B)-P(A_1 A_2|B)$$
$$P(A-C|B)=P(A|B)-P(AC|B)$$

**例 1-20** 设 $A,B$ 为两个随机事件,已知 $P(A)=P(B)=\frac{1}{3}$,$P(A|B)=\frac{1}{6}$,求 $P(\overline{A}|\overline{B})$。

**解** 根据条件概率 $P(A|B)=\frac{P(AB)}{P(B)}$ 得 $P(AB)=P(B)P(A|B)=\frac{1}{18}$,故

$$P(\overline{A}|\overline{B})=1-P(A|\overline{B})=1-\frac{P(A\overline{B})}{P(\overline{B})}=1-\frac{P(A)-P(AB)}{1-P(B)}=\frac{7}{12}$$

由条件概率公式可以导出 3 个重要概率公式:乘法公式、全概率公式和贝叶斯公式。

### 1.4.2 乘法公式

**定理 1-1** 乘法公式。设 $A,B,C$ 为随机事件。
① 若 $P(A)>0$,则

$$P(AB)=P(A) \cdot P(B|A) \tag{1-6}$$

②若 $P(AB)>0$，则
$$P(ABC)=P(A)\cdot P(B|A)\cdot P(C|AB) \tag{1-7}$$

**证明** ① $P(A)>0$ 时，由条件概率 $P(B|A)=\dfrac{P(AB)}{P(A)}$ 得
$$P(AB)=P(A)\cdot P(B|A)$$

②由 $P(AB)>0$ 及 $AB \subset A$ 可得 $P(A) \geqslant P(AB)>0$，根据条件概率公式可得
$$P(A)\cdot P(B|A)\cdot P(C|AB)=P(A)\cdot \dfrac{P(AB)}{P(A)} \cdot \dfrac{P(ABC)}{P(AB)}=P(ABC)$$

乘法公式可以推广到任意 $n$ 个事件的交事件的情形：
$$P(A_1 A_2 A_3 \cdots A_n)=P(A_1)P(A_2|A_1)P(A_3|A_1A_2)\cdots P(A_n|A_1A_2\cdots A_{n-1}) \tag{1-8}$$
其中，$P(A_1 A_2 \cdots A_{n-1})>0$。

**例 1-21** 围棋选手甲、乙共下两局棋。$A_1$ 表示甲第一局获胜，$A_2$ 表示甲第二局获胜。已知甲第一局获胜的概率为 0.7，甲第一局获胜的条件下第二局获胜的概率为 0.8，求甲两局都获胜的概率。

**解** 已知 $P(A_1)=0.7$，$P(A_2|A_1)=0.8$，由乘法公式得
$$P(A_1 A_2)=P(A_1)\cdot P(A_2|A_1)=0.56$$

**例 1-22** 假设 100 件产品中有 10 件次品，不放回地随机抽取 1 件，连续抽 3 次，求第三次才抽到次品的概率。

**解** 设 $A_i$ 表示第 $i$ 次抽到正品，其中 $i=1, 2, 3$。根据乘法公式得
$$P(A_1 A_2 \overline{A_3})=P(A_1)P(A_2|A_1)P(\overline{A_3}|A_1A_2)=\dfrac{90}{100}\cdot \dfrac{89}{99}\cdot \dfrac{10}{98}=0.0826$$

### 1.4.3 全概率公式

将复杂事件的概率转化为简单事件的概率是概率论中非常重要的解题方法。设事件 $A$ 较为复杂，其概率不易直接求解，一种思路是将事件 $A$ 分解为多个两两互不相容的事件的并集。

**定义 1-11** 设随机试验 $E$ 的样本空间为 $\Omega$，$B_1, B_2, \cdots, B_n$ 是 $\Omega$ 的子集，若① $B_1, B_2, \cdots, B_n$ 两两互不相容，即 $B_i \cap B_j = \varnothing (i \neq j)$；② $B_1 \cup B_2 \cup \cdots \cup B_n = \Omega$，则称 $B_1, B_2, \cdots, B_n$ 是样本空间 $\Omega$ 的一个**分割**。

如图 1-6 所示，$B_1, B_2, B_3$ 是样本空间 $\Omega$ 的一个分割，事件 $A$ 与 $B_1, B_2, B_3$ 的交集分别为 $AB_1, AB_2, AB_3$，其中 $AB_1, AB_2, AB_3$ 两两互不相容，显然有 $A = AB_1 \cup AB_2 \cup AB_3$，由有限可加性与乘法公式得

$$\begin{aligned}P(A)&=P(AB_1)+P(AB_2)+P(AB_3)\\&=P(B_1)P(A|B_1)+P(B_2)P(A|B_2)\\&\quad+P(B_3)P(A|B_3)\end{aligned}$$

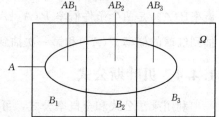

**图 1-6** 样本空间的划分

**定理 1-2** 设 $B_1, B_2, \cdots, B_n$ 是样本空间 $\Omega$ 的一个分割，若 $P(B_i)>0$，其中 $i=1, 2, \cdots, n$，则对任一随机事件 $A$ 有

$$P(A) = \sum_{i=1}^{n} P(B_i)P(A|B_i) \qquad (1\text{-}9)$$

式(1-9)称为**全概率公式**。

**证明** 根据 $B_1$, $B_2$, $\cdots$, $B_n$ 是样本空间 $\Omega$ 的一个分割，则

$$A = A \cap \Omega = A \cap (B_1 \cup B_2 \cup \cdots \cup B_n) = (AB_1) \cup (AB_2) \cup \cdots \cup (AB_n)$$

且 $AB_1$, $AB_2$, $\cdots$, $AB_n$ 两两互不相容，由有限可加性得

$$P(A) = P(AB_1) + P(AB_2) + \cdots + P(AB_n)$$

由乘法公式 $P(AB_i) = P(B_i)P(A|B_i)$，其中 $i = 1, 2, \cdots, n$，有

$$P(A) = \sum_{i=1}^{n} P(B_i)P(A|B_i)$$

**例 1-23** 设袋子中装有 $n$ 个红球，$m$ 个白球，从中不放回地随机抽取两球，求第二次抽到红球的概率。

**解** 用 $A_i$ 表示第 $i$ 次抽到红球($i = 1, 2$)，$A_1$ 与 $\overline{A_1}$ 是样本空间的一个分割。由题意可知：

$$P(A_1) = \frac{n}{n+m} \qquad P(\overline{A_1}) = \frac{m}{n+m}$$

$$P(A_2|A_1) = \frac{n-1}{n+m-1} \qquad P(A_2|\overline{A_1}) = \frac{n}{n+m-1}$$

利用全概率公式得

$$P(A_2) = P(A_1)P(A_2|A_1) + P(\overline{A_1})P(A_2|\overline{A_1})$$

$$= \frac{n}{n+m} \cdot \frac{n-1}{n+m-1} + \frac{m}{n+m} \cdot \frac{n}{n+m-1}$$

$$= \frac{n(n-1) + mn}{(n+m)(n+m-1)} = \frac{n}{n+m}$$

当第一次抽到红球时，第二次抽到红球的概率 $P(A_2|A_1) = \frac{n-1}{n+m-1}$ 小于第一次抽到红球的概率 $\frac{n}{n+m}$；当第一次抽到白球时，第二次抽到红球的概率 $P(A_2|\overline{A_1}) = \frac{n}{n+m-1}$ 大于第一次抽到红球的概率 $\frac{n}{n+m}$。当第一次抽球结果未知时，第二次抽到红球的无条件概率 $P(A_2)$ 是两个条件概率 $P(A_2|A_1)$，$P(A_2|\overline{A_1})$ 的加权组合，其中，权重正是第一次抽到红球的概率 $P(A_1)$ 和第一次抽到白球的概率 $P(\overline{A_1})$。

### 1.4.4 贝叶斯公式

利用乘法公式和全概率公式，可以得到贝叶斯公式。

**定理 1-3** 贝叶斯公式。设 $B_1$, $B_2$, $\cdots$, $B_n$ 是样本空间 $\Omega$ 的一个分割，若 $P(A) > 0$，$P(B_i) > 0$，$i = 1, 2, \cdots, n$，则

$$P(B_i|A) = \frac{P(B_i)P(A|B_i)}{\sum_{k=1}^{n} P(B_k)P(A|B_k)} \tag{1-10}$$

**证明** 由条件概率的定义知 $P(B_i|A) = \dfrac{P(B_iA)}{P(A)}$，根据乘法公式和全概率公式有

$$P(B_iA) = P(B_i)P(A|B_i) \qquad P(A) = \sum_{k=1}^{n} P(B_k)P(A|B_k)$$

代入可得

$$P(B_i|A) = \frac{P(B_i)P(A|B_i)}{\sum_{k=1}^{n} P(B_k)P(A|B_k)}$$

**例 1-24** 某地区居民的肝癌发病率为 0.000 4，现用甲胎蛋白法进行普查。医学研究表明，使用甲胎蛋白法时，患有肝癌者的化验结果 99% 呈阳性（检查结果显示患者患病），未患肝癌者的化验结果 99.9% 呈阴性（检查结果显示患者未患肝癌）。某人的检查结果呈阳性。求被检查者患有肝癌的概率。

**解** 记 $B$ 为事件"被检查者患有肝癌"，$A$ 为事件"检查结果呈阳性"，已知 $P(B) = 0.000\,4$，$P(\overline{B}) = 0.999\,6$，$P(A|B) = 0.99$，$P(\overline{A}|\overline{B}) = 0.999$。根据贝叶斯公式，得

$$\begin{aligned}
P(B|A) &= \frac{P(B)P(A|B)}{P(B)P(A|B) + P(\overline{B})P(A|\overline{B})} \\
&= \frac{0.000\,4 \times 0.99}{0.000\,4 \times 0.99 + 0.999\,6 \times 0.001} \\
&= 0.284
\end{aligned}$$

其中，$P(A|\overline{B}) = 1 - P(\overline{A}|\overline{B}) = 0.001$。

在例 1-24 中，"被检查者患有肝癌"（事件 $B$）和"被检查者不患肝癌"（事件 $\overline{B}$）都可能导致"检查结果是阳性"（事件 $A$），因此，可以将 $B$ 和 $\overline{B}$ 看成是 $A$ 发生的原因。在检查前，根据以往的数据可知 $P(B) = 0.000\,4$，$P(\overline{B}) = 0.999\,6$，称为事件 $B$ 和 $\overline{B}$ 发生的"先验概率"。在"检查结果呈阳性"的条件下，求得 $P(B|A) = 0.284$，称为事件 $B$ 发生的"后验概率"。因此，贝叶斯公式可以根据结果求各个原因的概率。再如，某地区发生了一起盗窃案，根据已经掌握的资料，嫌疑人为张三（$B_1$）和李四（$B_2$），其可能性分别为 $P(B_1)$ 和 $P(B_2)$（即先验概率），经过进一步调查发现一些证据（事件 $A$），此时张三和李四为嫌疑人的可能性调整为 $P(B_1|A)$ 和 $P(B_2|A)$（即后验概率）。借助贝叶斯公式对事件发生的可能性有了更深刻的认识。

**例 1-25** 保险公司认为车险投保者可以分为两类：一类为易出事故者；另一类为不易出事故者。统计结果表明，一个易出事故者在一年内发生事故的概率为 0.4，而安全者在一年内发生事故的概率为 0.2。

① 假设易出事故者占人口的比例为 30%，现有一个新的投保人来投保，求该顾客在购买保单后一年内将出事故的概率。

② 假定投保者在购买车险后一年内出了事故，求该投保者是易出事故者的概率。

**解** 用 $A$ 表示"新投保者在购买保单后一年内将出事故"，用 $B$ 表示"新投保者为易出

事故者",由题意知 $P(B)=0.3$,$P(\overline{B})=0.7$,$P(A|B)=0.4$,$P(A|\overline{B})=0.2$。

① 由全概率公式得
$$P(A)=P(B)P(A|B)+P(\overline{B})P(A|\overline{B})=0.26$$

② 由贝叶斯公式得
$$P(B|A)=\frac{P(AB)}{P(A)}=\frac{P(B)P(A|B)}{P(A)}=\frac{0.3\times 0.4}{0.26}\approx 0.46$$

## 1.5 独立性

例题解析

连续抛掷两次硬币,$A$ 表示"第一次硬币正面朝上",$B$ 表示"第二次硬币反面朝上"。如果事件 $A$ 的发生与否与事件 $B$ 的发生与否不相互影响,那么从直观上理解,事件 $A$ 与 $B$ 即为相互独立的事件。

从条件概率的角度看,$P(B|A)$ 表示在事件 $A$ 发生的条件下,事件 $B$ 发生的概率。一般地,条件概率 $P(B|A)$ 与无条件概率 $P(B)$ 不相等。若 $P(B|A)=P(B)$,则说明事件 $A$ 的发生不影响事件 $B$ 发生的概率。从 $P(B|A)=P(B)$ 可以得到 $P(AB)=P(A)P(B)$,由此给出两个事件独立的定义。

### 1.5.1 两个事件的相互独立性

**定义 1-12** 对任意两个随机事件 $A$ 和 $B$,若满足
$$P(AB)=P(A)P(B) \tag{1-11}$$
则称**事件 $A$ 和 $B$ 相互独立**。若式(1-11)不成立,则称 $A$ 与 $B$ **不相互独立**。

**例 1-26** 从一副 52 张(不含大王和小王)的扑克牌中随机抽取 1 张,用 $A$ 表示事件"取到黑桃",用 $B$ 表示事件"取到 8",问 $A$,$B$ 是否相互独立。

**解** 样本空间 $\Omega$ 中有 52 个样本点。事件 $A$ 含 13 个样本点,事件 $B$ 含 4 个样本点,事件 $AB$ 含 1 个样本点,故
$$P(A)=\frac{13}{52} \quad P(B)=\frac{4}{52} \quad P(AB)=\frac{1}{52}$$

有 $P(AB)=P(A)P(B)$,因此 $A$,$B$ 相互独立。

在实际生活中,常常根据事实经验和逻辑推理判断两个事件是否相互独立,如果两个事件之间没有关联或者关联很微弱,那么就认为两个事件相互独立。但从概率论角度判断两个事件相互独立,需要验证式(1-11)是否成立。

关于事件间相互独立性,要注意以下几点:

① 若 $P(A)>0$,则 $A$ 和 $B$ 相互独立,等价于 $P(B|A)=P(B)$。

② 当 $B=\Omega$ 或 $B=\varnothing$ 时,式(1-11)总成立,这说明必然事件 $\Omega$、不可能事件 $\varnothing$ 与随机事件 $A$ 相互独立。

③ $A$,$B$ 相互独立,$B$,$C$ 相互独立,并不能得出 $A$,$C$ 相互独立的结论,即**独立性不具有传递性**。例如,连抛两次硬币,$A$ 表示"第一次硬币正面朝上",$B$ 表示"第二次硬币反面朝上",$C$ 表示"第一次硬币反面朝上",则由古典概型可得

$$P(A)=P(B)=P(C)=\frac{1}{2} \quad P(AB)=\frac{1}{4} \quad P(BC)=\frac{1}{4} \quad P(AC)=0$$

由相互独立的定义可知 $A$ 和 $B$ 相互独立，$B$ 和 $C$ 相互独立，$A$ 和 $C$ 不相互独立。

④$A$，$B$ 相互独立与互不相容是不同的概念。当 $A$ 和 $B$ 相互独立时，$A$ 和 $B$ 可能相容也可能互不相容。例如，$\Omega$ 与非空集合 $A$ 相互独立，且 $\Omega$ 与 $A$ 相容。$\Omega$ 与 $\varnothing$ 相互独立，且 $\Omega$ 与 $\varnothing$ 互不相容。同理，当 $A$，$B$ 互不相容时，$A$ 和 $B$ 可能相互独立也可能不相互独立。但是，如果 $P(A)>0$，$P(B)>0$，那么"$A$，$B$ 相互独立"与"$A$，$B$ 互不相容"不能同时成立，见下例。

**例 1-27** 若 $P(A)>0$，$P(B)>0$，证明 $A$，$B$ 相互独立与互不相容不能同时成立。

**证明** 当 $A$，$B$ 相互独立时，$P(AB)=P(A)P(B)>0$，则 $AB\neq\varnothing$，即 $A$ 和 $B$ 相容。

当 $A$，$B$ 互不相容时，$AB=\varnothing$，$P(AB)=0$，则 $P(AB)\neq P(A)P(B)$，即 $A$ 和 $B$ 不相互独立。

**性质 1-8** 对任意两个随机事件 $A$ 和 $B$，若 $A$ 和 $B$ 相互独立，则 $A$ 和 $\overline{B}$ 相互独立，$\overline{A}$ 和 $B$ 相互独立，$\overline{A}$ 和 $\overline{B}$ 相互独立。

**证明** 根据 $A$，$B$ 相互独立，即 $P(AB)=P(A)P(B)$，由概率性质得

$$P(A\overline{B})=P(A)-P(A)P(B)=P(A)[1-P(B)]=P(A)P(\overline{B})$$

这表明 $A$，$\overline{B}$ 相互独立。类似地可证 $\overline{A}$ 和 $B$ 相互独立，$\overline{A}$ 和 $\overline{B}$ 相互独立。

**例 1-28** 甲、乙两个射手彼此独立地向同一目标射击，设甲射中目标的概率为 0.9，乙射中目标的概率为 0.8。求目标被击中的概率。

**解** 用 $A$ 表示事件"甲射中目标"，用 $B$ 表示事件"乙射中目标"，则"目标被击中"可表示为 $A\cup B$。由加法公式和独立性可得

$$P(A\cup B)=P(A)+P(B)-P(AB)$$
$$=P(A)+P(B)-P(A)P(B)$$
$$=0.9+0.8-0.9\times 0.8$$
$$=0.98$$

本题也可用逆事件公式求解：

$$P(A\cup B)=1-P(\overline{A\cup B})=1-P(\overline{A}\cap\overline{B})=1-P(\overline{A})P(\overline{B})$$
$$=1-0.1\times 0.2=0.98$$

**例 1-29** 设 $0<P(A)<1$，$0<P(B)<1$，$P(A|B)+P(\overline{A}|\overline{B})=1$，那么下列正确的选项是( )。

(A)$A$ 与 $B$ 相互独立　　　　　　(B)$A$ 与 $B$ 相互对立

(C)$A$ 与 $B$ 互不相容　　　　　　(D)$A$ 与 $B$ 不相互独立

**解** 由 $P(A|B)+P(\overline{A}|\overline{B})=1$ 得

$$P(A|B)=1-P(\overline{A}|\overline{B})=P(A|\overline{B})$$

由条件概率公式及概率性质可知：

$$P(A|B)=\frac{P(AB)}{P(B)} \qquad P(A|\overline{B})=\frac{P(A\overline{B})}{P(\overline{B})}=\frac{P(A)-P(AB)}{1-P(B)}$$

可得

$$P(AB)[1-P(B)]=P(B)[P(A)-P(AB)]$$

化简得

$$P(AB)=P(A)P(B)$$

故选项(A)正确。

### 1.5.2 多个事件的相互独立性

**定义 1-13** 设 $A,B,C$ 是 3 个随机事件，满足等式：

$$\begin{cases} P(AB)=P(A)P(B) \\ P(AC)=P(A)P(C) \\ P(BC)=P(B)P(C) \\ P(ABC)=P(A)P(B)P(C) \end{cases} \tag{1-12}$$

则称 $A,B,C$ 相互独立。

类似地，设 $A_1,A_2,\cdots,A_n$ 是 $n$ 个随机事件，如果对于其中任意 2 个，任意 3 个，$\cdots$，任意 $n$ 个事件的积事件的概率，都等于各事件概率的乘积，则称事件 $A_1$，$A_2,\cdots,A_n$ 相互独立。

从定义可以看出，$n$ 个相互独立事件 $A_1,A_2,\cdots,A_n$ 中任意 $k$ 个事件也相互独立 $(2\leqslant k\leqslant n)$。另外，与性质 1-8 类似，可以证明：将 $A_1,A_2,\cdots,A_n$ 中任意多个事件换成它们各自的对立事件，得到的 $n$ 个事件仍然相互独立。

**例 1-30** 设随机事件 $A,B,C$ 相互独立，证明 $A\cup B$ 与 $C$ 相互独立。

**证明** 由已知 $A,B,C$ 相互独立，有

$$\begin{aligned} P[(A\cup B)\cap C] &= P(AC\cup BC) = P(AC)+P(BC)-P(ABC) \\ &= P(A)P(C)+P(B)P(C)-P(A)P(B)P(C) \\ &= [P(A)+P(B)-P(A)P(B)]P(C) \\ &= P(A\cup B)P(C) \end{aligned}$$

可得 $A\cup B$ 与 $C$ 相互独立。

类似地，若 $A,B,C$ 相互独立，则 $AB$ 与 $C$ 相互独立，$A-B$ 与 $C$ 相互独立。

在相互独立的条件下，多个事件的积事件的概率等于各个事件概率的乘积。实际上，相互独立的多个事件的和事件也可以利用独立性质简化计算。例如，设 $A_1,A_2,\cdots,A_n$ 相互独立，则

$$\begin{aligned} P(A_1\cup A_2\cup\cdots\cup A_n) &= 1-P(\overline{A_1\cup A_2\cup\cdots\cup A_n}) \\ &= 1-P(\overline{A_1}\cap\overline{A_2}\cap\cdots\cap\overline{A_n}) \\ &= 1-P(\overline{A_1})P(\overline{A_2})\cdots P(\overline{A_n}) \end{aligned}$$

**例 1-31** 如图 1-7 所示，由 $n$ 个元件组成一个系统，至少有一个元件工作时整个系统才算正常。如果元件 $i$ 工作的概率为 $p_i$，且各元件是否工作相互独立 ($i=1,\cdots,n$)，求该系统正常工作的概率。

**解** 令 $A_i$ 表示事件"第 $i$ 个元件工作"，则系统正常工作可表示为 $\bigcup_{i=1}^{n} A_i$，由 $A_1,\cdots,A_n$ 相互独立可知 $\overline{A_1},\cdots,\overline{A_n}$ 相互独立，则

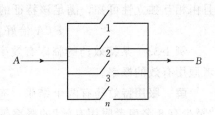

图 1-7 并联系统

$$P\left(\bigcup_{i=1}^{n} A_i\right) = 1 - P\left(\overline{\bigcup_{i=1}^{n} A_i}\right) = 1 - P\left(\bigcap_{i=1}^{n} \overline{A_i}\right) = 1 - \prod_{i=1}^{n} P(\overline{A_i})$$

$$= 1 - \prod_{i=1}^{n} [1 - P(A_i)] = 1 - \prod_{i=1}^{n}(1 - p_i)$$

**例 1-32** 我国民间常言"三个臭皮匠顶得上一个诸葛亮"，试运用独立性知识来验证。

**解** 记 $A$ 为事件"诸葛亮成功解决问题"，$B$ 为事件"一号臭皮匠成功解决问题"，$C$ 为事件"二号臭皮匠成功解决问题"，$D$ 为事件"三号臭皮匠成功解决问题"，不妨设 $P(A)=0.75$，$P(B)=P(C)=P(D)=0.4$。

事件"问题可以被三个臭皮匠解决"$=B\cup C\cup D$，易得

$$P(B\cup C\cup D) = 1 - P(\overline{B\cup C\cup D}) = 1 - P(\overline{B}\,\overline{C}\,\overline{D})$$

$$= 1 - P(\overline{B})P(\overline{C})P(\overline{D}) = 0.784$$

这从概率的角度印证了团队协作、集思广益的重要性。

## 1.5.3 随机试验的独立性

利用随机事件的相互独立性可以定义两个或更多个随机试验的相互独立性。

**定义 1-14** 设随机试验 $E_1$ 和 $E_2$，若 $E_1$ 的任一事件与 $E_2$ 的任一事件都相互独立，则称试验 $E_1$ 和 $E_2$ 相互独立。

类似地，如果 $E_1$ 的任一事件，$E_2$ 的任一事件，$\cdots$，$E_n$ 的任一事件都相互独立，则称试验 $E_1,E_2,\cdots,E_n$ 相互独立。如果这 $n$ 个独立试验还是相同的，则称其为 $n$ 重独立重复试验。如果在 $n$ 重独立重复试验中，每次试验的可能结果只有两个：$A$ 或 $\overline{A}$，则称该试验为 $n$ 重伯努利试验。例如，在相同条件下连抛硬币 $n$ 次是 $n$ 重伯努利试验。

**定理 1-4** 在 $n$ 重伯努利试验中，假设每次试验的可能结果为 $A$ 或 $\overline{A}$，且 $A$ 发生的概率 $p$，则 $n$ 次试验中 $A$ 恰好发生 $k(1\leqslant k\leqslant n)$ 次的概率为

$$P(A \text{ 恰好发生 } k \text{ 次}) = C_n^k p^k (1-p)^{n-k} \tag{1-13}$$

**证明** $n$ 重伯努利试验的样本点可表示为 $\omega=(\omega_1,\omega_2,\cdots,\omega_n)$，其中，$\omega_i$ 为第 $i$ 次试验的结果，$\omega_i$ 为 $A$ 或 $\overline{A}$。

随机事件"$A$ 恰好发生 $k$ 次"的样本点 $\omega=(\omega_1,\omega_2,\cdots,\omega_n)$ 的特征为 $\omega_1,\omega_2,\cdots,\omega_n$ 中有 $k$ 个为 $A$，有 $n-k$ 个为 $\overline{A}$。考虑 $A$ 出现的位置，满足该特征的样本点共有 $C_n^k$ 个，

且由相互独立性可知，满足该特征的一个样本点发生的概率为 $p^k(1-p)^{n-k}$，因此
$$P(A \text{ 恰好发生 } k \text{ 次}) = C_n^k p^k (1-p)^{n-k} \tag{1-14}$$

**例 1-33**　某特效药的临床有效率为 0.95，随机选取 10 名患者服用，求至少有 8 名患者服用有效的概率。

**解**　服用特效药有两个结果：有效或无效，10 名患者服用相当于 10 重伯努利试验。"至少有 8 名患者服用有效"的概率等于"恰好有 8 名患者服用有效""恰好有 9 名患者服用有效"和"恰好有 10 名患者服用有效"的概率之和，由定理 1-4，所求概率为

$$C_{10}^8 \cdot 0.95^8 \cdot 0.05^2 + C_{10}^9 \cdot 0.95^9 \cdot 0.05^1 + C_{10}^{10} \cdot 0.95^{10} \cdot 0.05^0$$
$$= 0.0746 + 0.3151 + 0.5988$$
$$= 0.9885$$

## 习　题

1. 写出下列随机试验的样本空间：

(1) 盒子中有 3 个红球、2 个白球，随机从盒子中取出 2 球，记录取出球的结果。

(2) 盒子中有 1 个红球、1 个白球、1 个黄球，随机从盒子中取出 1 个球，不放回地再从盒子中取出 1 个球，记录取出球的结果。

(3) 抛 3 枚硬币，记录硬币正反面的结果。

(4) 连抛 1 枚硬币，直至出现反面时停止，记录硬币正反面的结果。

2. 设 $A,B,C$ 为 3 个随机事件，用 $A,B,C$ 的运算关系表示下列各事件：

(1) $A,B,C$ 都发生。

(2) $A,B,C$ 不都发生。

(3) $A,B,C$ 都不发生。

(4) $A,B$ 发生，$C$ 不发生。

(5) $A,B,C$ 至少有一个发生。

(6) $A,B,C$ 至少有两个发生。

(7) $A,B,C$ 至多有一个发生。

(8) $A,B,C$ 至多有两个发生。

(9) $A,B,C$ 恰好有一个发生。

(10) $A,B,C$ 恰好有两个发生。

3. 判断下列命题是否正确。

(1) $(A \cup B) - B = A$。

(2) $(A - B) \cup B = A$。

4. 将两封信随机地投入标号为 1，2，3，4，5，6 的 6 个邮筒，求第三个邮筒恰好投入一封信的概率。

5. 设 6 件产品中有 2 件不合格品。从中随机取出 2 件，求取出的 2 件中全是合格品、仅有一件合格品和没有合格品的概率(分有放回和不放回两种情形)。

6. 口袋中有 4 个白球、3 个黑球，从中任取两个，求取到的两个球颜色相同的概率。

7. 甲口袋有 4 个白球、3 个黑球，乙口袋中有 3 个白球、4 个黑球。随机从两个口袋中各取一球，求取到的两个球颜色相同的概率。

8. 连掷 3 次骰子，记录其点数。

(1)求3次骰子最大点数为4的概率。

(2)求3次骰子最小点数为4的概率。

9. 把"A, C, I, I, S, S, S, T, T, T"10个字母分别写在10张相同的卡片上,并且将卡片放入同一盒子。现从盒子中随机一张一张地将卡片全部取出,按先后顺序排成一列,求拼成单词"STATISTICS"的概率。

10. 16名学生中有4名优秀生,随机将16名学生分成4个4人小组,求下列事件的概率:

(1)每个小组各有1名优秀生。

(2)4名优秀生分到同一个小组。

(3)4名优秀生中有3名分到同一个小组。

11. 将5个球随机放入3个盒子,求3个盒子中都有球的概率。

12. 在区间(0, 1)中随机地取两个数,求:

(1)随机事件"两数之和小于1.5"的概率。

(2)随机事件"两数之积小于0.5"的概率。

13. 随机地向半圆区域 $D=\{(x, y) \mid 0<y<\sqrt{4x-x^2}\}$ 内掷一点,点落在半圆内任何区域的概率与该区域的面积成正比,求原点与该点的连线与 $x$ 轴的夹角小于 $\frac{\pi}{4}$ 的概率。

14. 调查某城市居民消费水平时,发现有15%家庭已购买洗碗机,12%已购买扫地机器人,20%已购买轿车,其中有6%的家庭已购买洗碗机和扫地机器人,10%已购买洗碗机和轿车,5%已购买扫地机器人和轿车,3种电器都购买的有2%。求下列事件的概率:

(1)只购买洗碗机。

(2)只购买1种电器。

(3)至少购买1种电器。

(4)至多购买两种电器。

(5)3种电器都未购买。

(6)只购买洗碗机和扫地机器人。

15. 从A, B, C, D, E, F中任意选出3个不同的字母,求下列事件的概率:

(1)3个字母中不含A和D。

(2)3个字母中不含A或D。

(3)3个字母中含A但不含D。

16. 已知 $P(A)=\frac{1}{2}$,$P(B)=\frac{1}{3}$,$P(B \mid \overline{A})=\frac{1}{4}$,求 $P(A \cup B)$,$P(A \mid \overline{B})$。

17. 掷两枚质地均匀的骰子,已知两枚骰子点数之和为8,求第一枚点数为3的概率。

18. 盒子里有4个白球、5个红球,不放回地随机抽取4个球。已知抽取的球中有3个白球,求第一个球和第三个球是白球的概率。

19. 盒子里有1个白球、1个红球,每次从盒子中随机取出1个球,如果取出白球,则将白球放回盒子,并且再放入1个白球到盒子里,直到取出黑球为止,求取了 $n$ 次都没有取到黑球的概率。

20. 袋子中有3个白球、2个黑球,随机取出1个球,然后放回,并同时再放进与取出的球同色的球1个,再取第2个球,这样连续取3次,求取出的3次球中前两次是黑球,第3次是白球的概率。

21. 某学生的"一卡通"丢了,丢在教室、路上概率分别为0.7、0.3,而在上述两个地方被找到的概率分别为0.5、0.3,求找到"一卡通"的概率。

22. 第一只盒子装有5只红球、4只白球,第二只盒子装有3只红球、2只白球。先从第一只盒子中任取2只球放入第二只盒子,然后从第二只盒子中任取一球,求取到白球的概率。

23. 数学老师出了一道 4 个选项的单项选择题,如果学生不会解答则随机猜测一个选项。老师认为某学生能正确解答的概率是 0.2,考试后,该学生的答案正确,求学生是靠随机猜测得到正确答案的概率。

24. 有两个盒子,第一个盒子中有 2 个白球、4 个红球,第二个盒子中有 1 个白球、1 个红球。甲随机从第一个盒子中取一个球放入第二个盒子,然后乙随机从第二个盒子中取一个球。
(1)求乙从第二个盒子中取到白球的概率。
(2)已知乙从第二个盒子中取出的球是白球,求甲从第一个盒子中取出放入第二个盒子的球是白球的概率。

25. 某学生在找工作过程中,如果得到了强有力的推荐,有 80% 的可能找到工作;如果得到了一般的推荐,有 40% 的可能找到工作;如果得到较弱的推荐,只有 10% 的可能找到工作。学生得到强有力的推荐、一般的推荐、较弱的推荐的概率分别为 0.7, 0.2, 0.1。
(1)求学生找到新工作的概率。
(2)已知学生找到了新工作,求该生得到强有力的推荐的概率。

26. 玻璃杯成箱出售,每箱 9 只,假设各箱含 0,1,2 只残次品的概率分别为 0.8, 0.1 和 0.1,顾客欲购一箱玻璃杯,在购买时售货员随意取一箱,顾客打开箱子随机地查看 3 只,若无残次品,则顾客将买下该箱玻璃杯,否则退回,试求:
(1)顾客买下该箱的概率。
(2)在顾客买下的一箱玻璃杯中没有残次品的概率。

27. 一种快速检查某产品是否合格的技术,把真正的合格品确认为合格品的概率为 0.98,把不合格品误判为合格品的概率为 0.05。现从一批产品中随机检查一件产品,经快速检查为合格品。假设这批产品中 96% 是合格品,求检查的这件产品是合格品的概率。

28. 设两两独立的 3 个随机事件 $A, B, C$ 满足条件:$ABC = \varnothing$,$P(A) = P(B) = P(C)$,且 $P(A \cup B \cup C) = \dfrac{9}{16}$,求 $P(A)$。

29. 设两个相互独立的事件 $A$ 和 $B$ 都不发生的概率为 $\dfrac{1}{9}$,$A$ 发生但 $B$ 不发生的概率与 $B$ 发生但 $A$ 不发生的概率相等,求 $P(A)$。

30. 对同一目标进行 3 次独立射击,第一、二、三次射击的命中率分别为 0.4, 0.6, 0.8。求:
(1)3 次射击中恰好有一次击中目标的概率。
(2)3 次射击中至少有一次击中目标的概率。

31. 盒子中有红、黄、白、黑各 1 只球,随机地从盒子中取 1 只球,事件 $A$ 为"取的球为红球或黄球",事件 $B$ 为"取的球为红球或白球",事件 $C$ 为"取的球为红球或黑球",证明 $A, B, C$ 两两独立,但不是相互独立。

32. 一个由 4 个部件组成的系统,至少有 2 个部件运行时此系统才能正常工作。假设 4 个部件运行相互独立,且每个部件运行的概率都为 $p$,求该系统正常工作的概率。

33. 某公司经理有 7 个顾问,现为某决策是否可行分别征求每个顾问的意见,并按多数人的意见作出决策。假设顾问独立提供意见,且每个顾问贡献正确意见的概率为 0.7,求公司经理作出正确决策的概率。

34. 有一台机床生产某种产品。机床安装正确时生产出合格品的概率为 0.9,机床安装不正确时生产出合格品的概率为 0.3。已知机床安装正确的概率为 0.75。
(1)若生产的第一个产品为合格品,求机床安装正确的概率。
(2)若生产的前三个产品都为合格品,求机床安装正确的概率。

## 著名学者小传

柯尔莫哥洛夫(1903—1987)，苏联数学家，是 20 世纪最有影响的数学家之一，对开创现代数学的好几个分支都作出了重大贡献。1925 年，柯尔莫哥洛夫毕业于莫斯科大学，1929 年研究生毕业，成为莫斯科大学数学研究所研究员，1939 年当选为苏联科学院院士，1966 年当选为苏联教育科学院院士，被选为荷兰皇家学会、英国皇家学会、美国国家科学院、法国科学院、罗马尼亚科学院以及其他多个国家科学院的会员或院士。由于柯尔莫哥洛夫的卓越成就，他 7 次荣膺列宁勋章，并被授予苏联社会主义劳动英雄的称号，1980 年荣获沃尔夫奖，1986 年荣获罗巴切夫斯基奖。

柯尔莫哥洛夫是现代概率论的开拓者之一。1933 年，柯尔莫哥洛夫的专著《概率论的基础》出版，书中第一次在测度论基础上建立了概率论的严密公理体系，提出了概率论的公理定义，在公理的框架内系统地给出了概率论理论体系，奠定了近代概率论的基础，从而使概率论建立在完全严格的数学基础之上。这一光辉成就使他名垂史册。

柯尔莫哥洛夫是随机过程论的奠基人之一。20 世纪 30 年代，他建立了马尔可夫过程的两个基本方程，他的论文《概率论的解析方法》为现代马尔可夫随机过程论和揭示概率论与常微分方程及二阶偏微分方程的深刻联系奠定了基础。

柯尔莫哥洛夫在数学的许多分支都提出了不少独创的思想，导入了崭新的方法，构成了新的理论，对推动现代数学发展作出了卓越的贡献。他的论著总计有 230 多种，涉及的领域包括实变函数论、测度论、集论、积分论、三角级数、数学基础论、拓扑空间论、泛函分析、概率论、动力系统、统计力学、数理统计、信息论等多个分支。

在半个多世纪的漫长学术生涯里，柯尔莫哥洛夫不断提出新问题、构建新思想、创造新方法，在世界数学舞台上保持着历久不衰的生命力，这得益于他健康的体魄，他酷爱体育锻炼，被称为"户外数学家"。柯尔莫哥洛夫喜爱俄国诗与美术，尤其热爱油画与建筑，他将诗体学看成是自己科学研究的一个领域。他热爱学生，对学生严格要求并且指导有方，他直接指导的学生有 67 人，他们大多数成为了世界级的数学家，其中 14 人成为苏联科学院的院士。

纵观柯尔莫哥洛夫的一生，无论在纯粹数学还是应用数学方面，在确定性现象的数学还是随机数学方面，在数学研究还是数学教育方面，他都作出了杰出的贡献。柯尔莫哥洛夫为科学事业贡献了他光辉的一生，是一位具有高尚道德品质和崇高的无私奉献精神的科学巨人！

# 第 2 章

# 一维随机变量

第 1 章指出了概率论的研究对象为具有统计规律性的随机现象，其研究方法通常通过做随机试验观察试验结果，并借助概率论理论知识进行计算。随机试验 $E$ 的结果可以用样本空间 $\Omega$ 来表示，通过研究每个样本点发生的概率，求出随机事件的概率。虽然这种研究方法非常完善，但比较烦琐，更多时候人们关心的并不是每个样本点的具体情况。以抛硬币为例，连抛 3 次硬币，其样本空间为

$$\Omega = \{HHH, HHT, HTH, THH, HTT, THT, TTH, TTT\}$$
$$= \{\omega_1, \omega_2, \omega_3, \omega_4, \omega_5, \omega_6, \omega_7, \omega_8\}$$

其中，样本点 $\omega_2 = HHT$ 表示"投掷结果为第一次为正面，第二次为正面，第三次为反面"，其他样本点的含义类似。实际上，我们只关心 3 次试验中正面出现的总次数，而不关心哪一次出现正面，哪一次出现反面。因此，可以引入一个变量 $X$ 来表示"3 次试验中正面出现的次数"。例如，$X=2$ 表示"在 3 次试验中出现了 2 次正面"，这种表示方法简单明了。实际上，变量 $X$ 可以理解为定义在样本空间 $\Omega$ 上的函数，对应法则如下：

$$X = \begin{cases} 3, & \omega = \omega_1 \\ 2, & \omega = \omega_2, \omega_3, \omega_4 \\ 1, & \omega = \omega_5, \omega_6, \omega_7 \\ 0, & \omega = \omega_8 \end{cases}$$

对随机试验，根据所关心的问题总可以引入一个变量 $X$，$X$ 的值由随机试验的结果 $\omega$ 决定，将样本点与 $X$ 的值对应起来。如上例中，随机事件 $A$ "3 次试验中出现 1 次正面"用样本点表示为 $A = \{\omega_5, \omega_6, \omega_7\}$，用变量表示为 $A = \{X=1\}$。由于 $X$ 的值由随机试验的结果决定，因此 $X$ 的值也具有随机性。这种取值带有随机性的变量 $X$ 称为**随机变量**。随机变量的取值具有随机性，是其本质特点，与之对应的是随机变量取值具有概率性，根据古典概型可得 $P(X=0) = \dfrac{1}{8}$，$P(X=1) = \dfrac{3}{8}$。

随机变量是研究随机现象的一个重要工具，也是概率论中最基本的概念之一。随机现象的统计规律性反映在随机变量上，表现为随机变量的取值及其对应的概率，也称为随机变量的**统计规律性**。本章将重点介绍如何描述一维随机变量的统计规律性。

## 2.1 随机变量与分布函数

### 2.1.1 随机变量

**定义 2-1** 设随机试验的样本空间为 $\Omega=\{\omega\}$，$X=X(\omega)$ 是定义在样本空间 $\Omega$ 上的实值单值函数，称 $X=X(\omega)$ 为**随机变量**。

在概率论中，常常用大写字母 $X$，$Y$ 或希腊字母 $\xi$，$\eta$ 等表示随机变量，用小写字母 $x$，$y$ 表示实数，即随机变量的取值。

**例 2-1** 随机变量实例。

①一位质量检验员在检查 20 个产品时关心的是其中不合格品的个数，记 20 个产品中不合格品的个数为 $X$。在检查产品之前，$X$ 的取值可能是 $0,1,\cdots,20$ 中的任何一个数，且无法确定取哪个数；只有在检查完成后，才能确定 $X$ 的具体值。$X$ 可以看成是一个随机变量。随机变量的特点是：在试验之前，它的值有多种可能，只有在试验完成后才能确定其取值。例如，在检查完成后发现有 2 个不合格品，可以将 2 称为随机变量 $X$ 的观察值。

②超市经理关心每位顾客购买商品数量和顾客付款等待时间的情况。将顾客购买商品件数记为 $X$，顾客付款等待时间记为 $Y$，则 $X$ 和 $Y$ 都是随机变量。通过收集数据，若 $P(X\leqslant 1)$ 较大，则说明大部分顾客购买的商品不超过一件，此时经理需要改变商品的进货种类以吸引顾客的购物兴趣。同理，若 $P(Y>10)$ 较大，说明顾客付款等待时间比较长，经理需要增加付款窗口以方便顾客和促进业务。虽然随机变量 $X$ 和 $Y$ 的取值都是无穷多个，但是它们是有区别的。$X$ 的取值可以按一定的顺序列出，如 $0,1,2,3,4,5,\cdots$，而 $Y$ 的取值只能用区间 $[0,+\infty)$ 表示，不能一一列举。

**定义 2-2** 如果一个随机变量的取值为有限个或可列无穷个，则称该随机变量为**离散型随机变量**。如果一个随机变量的取值充满某个区间，则称该随机变量为**连续型随机变量**。

【注】以上虽然给出了连续型随机变量的形式定义，但并不是其严格定义，本书将在连续型随机变量一节中给出其严格定义。需要指出的是，除了离散型随机变量和连续型随机变量之外，还存在非离散非连续型的随机变量。例如，设随机变量 $X$ 的取值为区间 $(1,3)$ 和孤立点 5，这样的 $X$ 就是非离散非连续型随机变量。

随机变量 $X$ 的具体定义要根据关心的实际问题给出，用随机变量表示随机事件更为简单明了。例如，$\{X\leqslant a\}$ 可以表示 $\{\omega:X(\omega)\leqslant a\}$，即规定：
$$\{X\leqslant a\}=\{\omega:X(\omega)\leqslant a\}$$

由此可知，$\{X\leqslant a\}$ 是样本空间的子集。特别地，$\{X\leqslant +\infty\}=\Omega$ 是必然事件，$\{X\leqslant -\infty\}=\varnothing$ 是不可能事件。

**例 2-2** 袋中有 5 只球，编号为 $1,2,3,4,5$，随机同时抽取 3 只，以 $X$ 表示取出球的最大号码，求下列随机事件的概率：

① $P(X=1)$，$P(X=2)$。

②$P(X=3)$,$P(X=4)$,$P(X=5)$。

③$P(X\leqslant0)$,$P(X\leqslant2)$,$P(X\leqslant3)$,$P(X\leqslant4.5)$。

**解** 从 5 只球中任取 3 只,有 $C_5^3=10$ 种取法,每种取法的概率为 $\dfrac{1}{10}$,随机变量 $X$ 的值可能为 3,4,5,则

①$P(X=1)=0$,$P(X=2)=0$。

②$X=3$ 相当于取出 3 只球的号码为 $\{1,2,3\}$,故 $P(X=3)=\dfrac{1}{10}$。

类似地,可得 $P(X=4)=\dfrac{3}{10}$,$P(X=5)=\dfrac{6}{10}$。

③$P(X\leqslant0)=0$,$P(X\leqslant2)=0$,$P(X\leqslant3)=P(X=3)=\dfrac{1}{10}$,$P(X\leqslant4.5)=P(X=3)+P(X=4)=\dfrac{2}{5}$。

随机变量的统计规律性可以归结为事件 $\{X\leqslant a\}$ 的概率,其中,$a\in R$,概率 $P(X\leqslant a)$ 与 $a$ 的值有关,记为 $F(a)=P(X\leqslant a)$,如果能求出 $F(a)$ 的表达式,那么就得到了随机变量 $X$ 的统计规律性。因此,$F(a)=P(X\leqslant a)$ 就是随机变量统计规律性的一种表达方式,称为 $X$ 的**分布函数**,它描述了 $X$ 的取值是按照何种规律分布的。

## 2.1.2 随机变量的分布函数

**定义 2-3** 设 $X$ 为随机变量,对任意实数 $x$,随机事件 $\{X\leqslant x\}$ 的概率是 $x$ 的函数,记为

$$F(x)=P(X\leqslant x) \qquad (2-1)$$

函数 $F(x)$ 称为随机变量 $X$ 的**累积概率分布函数**,简称**分布函数**。

【注】①分布函数的定义域总是实数集。

②分布函数的本质定义是一个描述"概率的累积过程"的函数,它适用于离散型和连续型随机变量。若将随机变量 $X$ 看成是数轴上随机点的坐标,则分布函数 $F(x)$ 在点 $a$ 的函数值表示 $X$ 落在区间 $(-\infty,a]$ 上的概率。

③实际上,根据随机变量 $X$ 的分布函数可以计算出 $X$ 落在任意区间 $(x_1,x_2]$ 上的概率。因此,分布函数完整地描述了随机变量的统计分布规律。

④当存在多个随机变量时,通常将随机变量作为下标表示分布函数。例如,用 $F_X(x)$、$F_Y(x)$ 分别表示随机变量 $X$、$Y$ 的分布函数。需要注意的是,这两个函数的自变量都用了普通变量 $x$ 来表示,因为函数的自变量使用哪个字母表示是无关紧要的。为了形式上的一致性,有时会使用 $F_Y(y)$ 表示随机变量 $Y$ 的分布函数,实际上 $F_Y(x)$ 和 $F_Y(y)$ 是同一个函数,只是自变量用了不同的字母表示。当只有一个随机变量时,省略下标。

例题解析

**例 2-3** 袋中有 5 只球,编号为 1,2,3,4,5。从袋中同时任取 3 只,以 $X$ 表示取出的 3 只球中的最大号码,求随机变量的分布函数。

**解** $X$ 的分布函数为 $F(x)=P(X\leqslant x)$。

由例 2-2 可知,随机变量 $X$ 可能取 3,4,5,因此,当 $x<3$ 时,$\{X\leqslant x\}$ 是不可能事件。

$$F(x)=P(X\leqslant x)=0$$

当 $3\leqslant x<4$ 时，$\{X\leqslant x\}=\{X=3\}$：

$$F(x)=P(X\leqslant x)=P(X=3)=\frac{1}{10}$$

当 $4\leqslant x<5$ 时：

$$F(x)=P(X\leqslant x)=P(X=3)+P(X=4)=\frac{2}{5}$$

当 $x\geqslant 5$ 时：

$$F(x)=P(X\leqslant x)=P(X=3)+P(X=4)+P(X=5)=1$$

因此

$$F(x)=\begin{cases}0, & x<3 \\ \dfrac{1}{10}, & 3\leqslant x<4 \\ \dfrac{2}{5}, & 4\leqslant x<5 \\ 1, & x\geqslant 5\end{cases}$$

**例 2-4** 一个靶子是半径为 2 米的圆盘，假设击中靶上任一同心圆盘上的点的概率与该圆盘的面积成正比，如果射击都能中靶，以 $X$ 表示弹着点与圆心的距离。试求随机变量 $X$ 的分布函数。

**解** 由题意可知，随机变量 $X$ 的取值范围为 $[0,2]$，因此，当 $x<0$ 时，$\{X\leqslant x\}$ 是不可能事件；当 $x>2$ 时，$\{X\leqslant x\}$ 是必然事件。

当 $0\leqslant x\leqslant 2$ 时，$\{0\leqslant X\leqslant x\}$ 表示"弹着点落在半径为 $x$ 的圆内"。由已知"对应概率与圆的面积 $\pi x^2$ 成正比"，故 $P(0\leqslant X\leqslant x)=k\pi x^2$，其中，$k$ 是常数。

为了确定 $k$ 值，取 $x=2$，有 $P(0\leqslant X\leqslant 2)=2^2\pi k$，显然 $P(0\leqslant X\leqslant 2)=1$，得 $k=\dfrac{1}{4\pi}$，即 $P(0\leqslant X\leqslant x)=\dfrac{x^2}{4}$。于是

$$F(x)=P(X\leqslant x)=P(X<0)+P(0\leqslant X\leqslant x)=\frac{x^2}{4}$$

综上所述，$X$ 的分布函数为

$$F(x)=\begin{cases}0, & x<0 \\ \dfrac{x^2}{4}, & 0\leqslant x\leqslant 2 \\ 1, & x>2\end{cases}$$

【注】本题也可以使用几何概型求解。

分布函数 $F(x)$ 具有以下基本性质：

① 有界性。对任意实数 $x$，$0\leqslant F(x)\leqslant 1$，且

$$F(-\infty)=\lim_{x\to-\infty}F(x)=0 \quad F(+\infty)=\lim_{x\to+\infty}F(x)=1$$

② 单调性。$F(x)$ 是一个单调不减函数，即当 $x_1<x_2$ 时，$F(x_1)\leqslant F(x_2)$。

③右连续性。$F(x)$ 是 $x$ 的右连续函数，即对任意的实数 $x_0$，有 $\lim\limits_{x \to x_0^+} F(x) = F(x_0)$（证略）。

任何满足上述 3 个基本性质的函数都可以作为某个随机变量的分布函数。这 3 个基本性质是判别某个函数能否作为分布函数的必要条件。

**例 2-5** 设 $F_1(x)$ 与 $F_2(x)$ 分别为随机变量 $X_1$ 与 $X_2$ 的分布函数。$F(x)=aF_1(x)-bF_2(x)$ 是某一随机变量的分布函数，则下列正确的是（　　）。

(A) $a = \dfrac{3}{5}$，$b = -\dfrac{2}{5}$　　　　　　　(B) $a = \dfrac{2}{3}$，$b = \dfrac{2}{3}$

(C) $a = -\dfrac{1}{2}$，$b = \dfrac{3}{2}$　　　　　　　(D) $a = \dfrac{1}{2}$，$b = -\dfrac{3}{2}$

**解** 由 $\lim\limits_{x \to +\infty} F(x) = 1$，结合已知条件得
$$\lim_{x \to +\infty} F(x) = F(+\infty) = aF_1(+\infty) - bF_2(+\infty) = a - b = 1$$
只有选项(A)满足 $a - b = 1$。

利用随机变量 $X$ 的分布函数可以计算 $X$ 的取值落在任意集合的概率。例如，对任意的实数 $a$ 与 $b$，有

① $P(X \leqslant a) = F(a)$，$P(X > a) = 1 - F(a)$。

② $P(X < a) = \lim\limits_{x \to a^-} F(x) = F(a^-)$。

③ $P(X = a) = P(X \leqslant a) - P(X < a) = F(a) - F(a^-)$。

④ $P(a < X \leqslant b) = P(X \leqslant b) - P(X \leqslant a) = F(b) - F(a)$；

$P(a \leqslant X \leqslant b) = P(X \leqslant b) - P(X < a) = F(b) - F(a^-)$；

$P(a < X < b) = P(X < b) - P(X \leqslant a) = F(b^-) - F(a)$；

$P(a \leqslant X < b) = P(X < b) - P(X < a) = F(b^-) - F(a^-)$。

**例 2-6** 设随机变量 $X$ 的分布函数为
$$F(x) = \begin{cases} 0, & x < 0 \\ \dfrac{x}{3}, & 0 \leqslant x < 1 \\ \dfrac{x}{2}, & 1 \leqslant x < 2 \\ 1, & x \geqslant 2 \end{cases}$$

求：① $P\left(\dfrac{1}{2} < X \leqslant \dfrac{3}{2}\right)$；② $P\left(X > \dfrac{1}{2}\right)$；③ $P\left(X > \dfrac{3}{2}\right)$。

**解** ① $P\left(\dfrac{1}{2} < X \leqslant \dfrac{3}{2}\right) = F\left(\dfrac{3}{2}\right) - F\left(\dfrac{1}{2}\right) = \dfrac{3}{4} - \dfrac{1}{6} = \dfrac{7}{12}$。

② $P\left(X > \dfrac{1}{2}\right) = 1 - P\left(X \leqslant \dfrac{1}{2}\right) = 1 - F\left(\dfrac{1}{2}\right) = 1 - \dfrac{1}{6} = \dfrac{5}{6}$。

③ $P\left(X > \dfrac{3}{2}\right) = 1 - F\left(\dfrac{3}{2}\right) = 1 - \dfrac{3}{4} = \dfrac{1}{4}$。

## 2.2 离散型随机变量

随机变量的统计规律性可以由分布函数描述,通过分布函数可以计算出随机变量的任意取值范围的概率。除了分布函数,还有其他方式可以描述随机变量的统计规律性吗?

回顾 2.1 节中例 2-3,随机变量 $X$ 只可能取 3,4,5 三个数,且 $P(X=3)=\frac{1}{10}$,$P(X=4)=\frac{3}{10}$,$P(X=5)=\frac{6}{10}$,这些概率可以清楚地描述随机变量 $X$ 的统计规律性。

### 2.2.1 离散型随机变量的分布律

**定义 2-4** 设离散型随机变量 $X$ 的所有可能取值为 $a_1, a_2, \cdots, a_n, \cdots$,称随机变量 $X$ 取各个值的概率 $P(X=a_k)=p_k(k=1, 2, \cdots, n, \cdots)$ 为随机变量 $X$ 的**概率分布律**,简称**分布律**。

分布律通常以表格的形式展示,如

| $X$ | $a_1$ | $a_2$ | $\cdots$ | $a_n$ | $\cdots$ |
|---|---|---|---|---|---|
| $P$ | $p_1$ | $p_2$ | $\cdots$ | $p_n$ | $\cdots$ |

表格直观地描述了随机变量 $X$ 取各个值的概率规律。

分布律的性质:① $p_k \geqslant 0$,$k=1, 2, \cdots$;② $\sum_{k=1}^{\infty} p_k = 1$。

**例 2-7** 袋中有 5 只球,编号为 1,2,3,4,5,在袋中同时任取 3 只,以 $X$ 表示取出的 3 只球中的最大号码,写出随机变量 $X$ 的分布律。

**解** 从 5 只球中任取 3 只,共有 $C_5^3=10$ 种取法,每种取法的概率为 0.1。

随机变量 $X$ 的可能值为 3,4,5,当 $X=3$ 时,相当于取出 3 只球的号码为 $\{1, 2, 3\}$,故 $P(X=3)=0.1$。

类似地,可求出 $P(X=4)=0.3$,$P(X=5)=0.6$,所以 $X$ 的分布律为

| $X$ | 3 | 4 | 5 |
|---|---|---|---|
| $P$ | 0.1 | 0.3 | 0.6 |

由例 2-7 可知,在具体求离散型随机变量 $X$ 的分布律时,关键是求出 $X$ 的所有可能取值及取这些值的概率。

**例 2-8** 设随机变量 $X$ 的分布律为

| $X$ | $-1$ | 0 | 1 |
|---|---|---|---|
| $P$ | $\frac{1}{4}$ | $\frac{1}{2}$ | $\frac{1}{4}$ |

求 $X$ 的分布函数。

**解** 分布函数的定义为 $F(x)=P(X\leqslant x)$，$x\in R$。

当 $x<-1$ 时，$\{X\leqslant x\}=\varnothing$，故 $F(x)=0$。

当 $-1\leqslant x<0$ 时，$\{X\leqslant x\}=\{X=-1\}$，故 $F(x)=P(X=-1)=\dfrac{1}{4}$。

当 $0\leqslant x<1$ 时，$\{X\leqslant x\}=\{X=-1\}\bigcup\{X=0\}$，故 $F(x)=P(X=-1)+P(X=0)=\dfrac{3}{4}$。

当 $x\geqslant 1$ 时，$\{X\leqslant x\}=\{X=-1\}\bigcup\{X=0\}\bigcup\{X=1\}$，有
$$F(x)=P(X=-1)+P(X=0)+P(X=1)=1$$

所以 $X$ 的分布函数为

$$F(x)=\begin{cases}0, & x<-1\\ \dfrac{1}{4}, & -1\leqslant x<0\\ \dfrac{3}{4}, & 0\leqslant x<1\\ 1, & x\geqslant 1\end{cases}$$

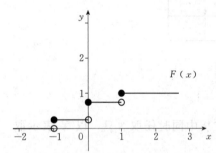

图 2-1 离散随机变量的分布函数

由例 2-8 可知，一维离散型随机变量的分布函数 $F(x)$ 为阶梯函数，其图形如图 2-1 所示。一维离散型随机变量的分布函数图像具有以下特点：

① 从左往右看，图形是逐步升高的水平线段。

② 线段的左端点为实心点，右端点为空心点。

③ 函数的间断点对应于随机变量的取值，且"跃度"（间断点左、右函数值的差）是随机变量取值的概率。

反之，如果一个分布函数具有这 3 种性质，则其对应的随机变量一定是离散型随机变量。

**例 2-9** 乒乓球作为中国的"国球"，在全民运动中十分常见。现甲、乙选手进行 3 局单打比赛。设每一局甲获胜的概率为 0.6，乙获胜的概率为 0.4。以 $X$ 表示甲获胜的局数。

① 求 $X$ 的概率分布律。

② 假设每局比赛的胜负相互独立，求甲至少获胜两局的概率。

**解** ① 由题设可知，$X$ 的可能取值为 0，1，2，3。记 $A_i=$"第 $i$ 局甲获胜"，其中 $i=1,2,3$。由 $P(A_i)=0.6$ 且 $A_1$，$A_2$，$A_3$ 相互独立（$i=1,2,3$），故
$$P(X=0)=P(\overline{A_1}\overline{A_2}\overline{A_3})=P(\overline{A_1})P(\overline{A_2})P(\overline{A_3})=0.4\times 0.4\times 0.4=0.064$$
$$P(X=1)=P(A_1\overline{A_2}\overline{A_3}\bigcup\overline{A_1}A_2\overline{A_3}\bigcup\overline{A_1}\overline{A_2}A_3)$$
$$=P(A_1)P(\overline{A_2})P(\overline{A_3})+P(\overline{A_1})P(A_2)P(\overline{A_3})+P(\overline{A_1})P(\overline{A_2})P(A_3)$$
$$=0.6\times 0.4\times 0.4\times 3=0.288$$
$$P(X=2)=P(A_1A_2\overline{A_3}\bigcup A_1\overline{A_2}A_3\bigcup\overline{A_1}A_2A_3)$$
$$=P(A_1)P(A_2)P(\overline{A_3})+P(A_1)P(\overline{A_2})P(A_3)+P(\overline{A_1})P(A_2)P(A_3$$

$$=0.6\times0.6\times0.4\times3=0.432$$
$$P(X=3)=P(A_1A_2A_3)=P(A_1)P(A_2)P(A_3)=0.6\times0.6\times0.6=0.216$$
所以 $X$ 的分布律为

| $X$ | 0 | 1 | 2 | 3 |
|---|---|---|---|---|
| $P$ | 0.064 | 0.288 | 0.432 | 0.216 |

② $P(X\geqslant 2)=P(X=2)+P(X=3)=0.432+0.216=0.648$

### 2.2.2 常用的几种离散型随机变量

**(1) 0-1 分布**

抛一枚硬币，观察哪一面朝上。定义随机变量 $X$，"正面朝上"对应 1，"反面朝上"对应 0，分布律为 $P(X=1)=0.5$，$P(X=0)=0.5$。实际上，任何伯努利试验都可以定义一个只取 1 和 0 的随机变量，其分布律为

$$P(X=1)=p \quad P(X=0)=1-p$$

**定义 2-5** 设随机变量 $X$ 只取 1 和 0，分布律为

$$P(X=k)=p^k(1-p)^{1-k} \quad k=0,1; \quad (0<p<1)$$

则称 $X$ 服从 0-1 **分布**，也称为**两点分布**，记为 $X\sim B(1,p)$。

【**注**】0-1 分布 $B(1,p)$ 代表的是一类分布而不是一个分布，当给定 $p$ 的值时 $B(1,p)$ 才是一个具体的分布，比如 $B\left(1,\dfrac{1}{2}\right)$ 和 $B\left(1,\dfrac{1}{3}\right)$ 是两个不同的 0-1 分布，称 $B(1,p)$ 中的 $p$ 为分布的参数。

在许多随机现象中，当关心的问题只有两种可能的情况时，可以定义一个服从 0-1 分布的离散型随机变量来研究。例如，新生儿的性别登记，检查产品的合格与否等。

**(2) 二项分布**

**定义 2-6** 设随机变量 $X$ 的取值为 $0,1,2,\cdots,n$，分布律为

$$P(X=k)=C_n^k p^k(1-p)^{n-k} \quad (k=0,1,\cdots,n) \tag{2-2}$$

则称 $X$ 服从参数为 $n$ 和 $p(0<p<1)$ 的二项分布，记为 $X\sim B(n,p)$。

回顾定理 1-4 可知，式(2-2)就是 $n$ 重伯努利试验中随机事件 $A$ 发生 $k$ 次的概率。

当 $n=1$ 时，二项分布就是 0-1 分布。实际上，二项分布和 0-1 分布有更紧密的联系。假设做 $n$ 重伯努利试验，它由 $n$ 个相同的、独立进行的一重伯努利试验组成，将第 $i$ 个伯努利试验中 $A$ 出现的次数记为 $X_i$，易知 $X_i$ 服从相同的两点分布 $B(1,p)$，且它们的和 $X_1+X_2+\cdots+X_n$ 就是 $n$ 重伯努利试验中 $A$ 出现的总次数 $(i=1,2,\cdots,n)$，若记 $X=X_1+X_2+\cdots+X_n$，则 $X\sim B(n,p)$。因此，服从二项分布的随机变量可以表示为 $n$ 个服从 0-1 分布的随机变量之和。

**例 2-10** 某大楼装有 5 个相同类型的供水设备，调查表明在任一时刻每个设备被使用的概率为 0.1，求在同一时刻：
① 恰有 2 个设备被使用的概率。
② 至少有 3 个设备被使用的概率。

例题解析

③至多有 3 个设备被使用的概率。

④至少有 1 个设备被使用的概率。

**解** 设 $X$ 表示在同一时刻被使用的设备数，则 $X \sim B(5, 0.1)$。利用二项分布的概率公式得

① $P(X=2) = C_5^2 0.1^2 0.9^3 = 0.0729$。

② $P(X \geqslant 3) = \sum_{k=3}^{5} C_5^k 0.1^k 0.9^{5-k} = 0.00856$。

③ $P(X \leqslant 3) = \sum_{k=0}^{3} C_5^k 0.1^k 0.9^{5-k} = 0.99954$。

④ $P(X \geqslant 1) = 1 - P\{X=0\} = 1 - C_5^0 0.1^0 0.9^5 = 1 - 0.9^5 = 0.40951$。

**例 2-11** 假设未戴口罩时与某传染病患者交谈 2 分钟被感染的概率为 0.5，在正确佩戴口罩的情形下这一概率降至 0.1。试求：

①在未戴口罩的条件下，与 10 位患者分别交谈 2 分钟被感染的概率。

②在正确佩戴口罩的条件下，与 10 位患者分别交谈 2 分钟被感染的概率。

**解** 设 10 次谈话中被感染的次数为 $X$，则 $X \sim B(10, p)$，与 10 位患者分别交谈 2 分钟被感染的概率为 $P(X \geqslant 1) = 1 - P(X=0)$。

①未戴口罩时，$p = 0.5$，则
$$P(X \geqslant 1) = 1 - P(X=0) = 1 - (1-p)^{10} = 1 - 0.5^{10} = 0.999$$

②正确佩戴口罩时，$p = 0.1$，则
$$P(X \geqslant 1) = 1 - P(X=0) = 1 - (1-p)^{10} = 1 - 0.9^{10} = 0.651$$

未戴口罩时 10 次谈话中至少一次被感染的概率为 0.999，这几乎是必然会发生的。戴上口罩后，这一概率降低至 0.651。这个例子表明了面对传染病时，采取有效的防护措施对于降低感染风险的重要性。尽管防护措施不能完全保证不被感染，但是可以极大地降低被感染的概率。

**例 2-12** 甲每次射击的命中率为 0.05，独立射击 100 次，试求至少击中 1 次的概率。

**解** 设 $X$ 表示射击命中的次数，则 $X \sim B(100, 0.05)$，有
$$P(X \geqslant 1) = 1 - P(X=0) = 1 - (1-0.05)^{100} = 1 - 0.95^{100} = 0.994$$

尽管每次射击命中目标的概率很小，只有 0.05，但如果进行 100 次射击，就几乎可以确定能够成功地击中目标。这一事实说明，即使在单次尝试中成功的概率很小，只要不断尝试，最终几乎一定会取得成功。

**(3) 泊松分布**

**定义 2-7** 设随机变量 $X$ 的取值为 $0, 1, 2, \cdots$，分布律为
$$P(X=k) = \frac{\lambda^k}{k!} e^{-\lambda} \quad (k=0, 1, 2, \cdots)$$

则称 $X$ 服从参数为 $\lambda(\lambda > 0)$ 的泊松分布，记为 $X \sim \pi(\lambda)$。

服从泊松分布的随机变量可能有可列无穷多个取值。泊松分布由法国数学家泊松 (Poisson, 1781—1840) 于 1837 年首次提出。服从泊松分布的随机变量通常与实际应用中的计数有关。例如，一本书每页中印刷错误的数量，某个地区一天内邮寄丢失的信件数

量，某个地区在特定时间段内发生交通事故的次数等都近似服从泊松分布。

**例 2-13** 设一本书一页中出现印刷错误的个数服从参数为 $\lambda=0.5$ 的泊松分布，试求此书一页至多出现 1 个印刷错误的概率。

**解** 设 $X$ 表示一页中出现印刷错误的个数，由已知 $X\sim\pi(0.5)$，则一页中至多出现 1 个印刷错误的概率为

$$P(X\leqslant 1)=\frac{0.5^0}{0!}\mathrm{e}^{-0.5}+\frac{0.5^1}{1!}\mathrm{e}^{-0.5}=0.91$$

**定理 2-1** 泊松定理。设 $\lambda>0$ 是一个常数，$n$ 是正整数，$p_n$ 是一个数列，且 $0\leqslant p_n\leqslant 1$，如果 $\lim\limits_{n\to\infty}np_n=\lambda$，则

$$\lim_{n\to\infty}C_n^k p_n^k(1-p_n)^{n-k}=\frac{\lambda^k}{k!}\mathrm{e}^{-\lambda} \quad (k=0,1,\cdots)$$

**证明** 记 $np_n=\lambda_n$，即 $p_n=\lambda_n/n$，可得

$$C_n^k p_n^k(1-p_n)^{n-k}=\frac{n(n-1)\cdots(n-k+1)}{k!}\left(\frac{\lambda_n}{n}\right)^k\left(1-\frac{\lambda_n}{n}\right)^{n-k}$$

$$=\frac{\lambda_n^k}{k!}\left(1-\frac{1}{n}\right)\left(1-\frac{2}{n}\right)\cdots\left(1-\frac{k-1}{n}\right)\left(1-\frac{\lambda_n}{n}\right)^{n-k}$$

对固定的 $k$ 有

$$\lim_{n\to\infty}\lambda_n=\lambda \quad \lim_{n\to\infty}\left(1-\frac{\lambda_n}{n}\right)^{n-k}=\mathrm{e}^{-\lambda} \quad \lim_{n\to\infty}\left(1-\frac{1}{n}\right)\cdots\left(1-\frac{k-1}{n}\right)=1$$

从而 $\lim\limits_{n\to\infty}C_n^k p_n^k(1-p_n)^{n-k}=\dfrac{\lambda^k}{k!}\mathrm{e}^{-\lambda}$ 对任意的 $k$ 都成立。

设 $X\sim B(n,p)$，当 $n$ 较大时概率 $P(X=k)=C_n^k p^k(1-p)^{n-k}$ 的计算量非常大。根据泊松定理，当 $n$ 很大、$p$ 很小时，可以用泊松分布近似二项分布。

表 2-1 给出了按二项分布直接计算与利用泊松分布作近似的一些具体数据。从表中可以看出，当 $n$ 越大和 $p$ 越小时，近似程度越好。

**表 2-1 二项分布与泊松近似的比较**

| $k$ | 二项分布按 $C_n^k p^k(1-p)^{n-k}$ 计算 | | | | 泊松近似按 $\dfrac{(np)^k}{k!}\mathrm{e}^{-np}$ 计算 |
|---|---|---|---|---|---|
| | $n=10$<br>$p=0.1$ | $n=20$<br>$p=0.05$ | $n=40$<br>$p=0.025$ | $n=100$<br>$p=0.01$ | $np=1$ |
| 0 | 0.349 | 0.358 | 0.363 | 0.366 | 0.368 |
| 1 | 0.385 | 0.377 | 0.372 | 0.370 | 0.368 |
| 2 | 0.194 | 0.189 | 0.186 | 0.185 | 0.184 |
| 3 | 0.057 | 0.060 | 0.060 | 0.061 | 0.061 |
| 4 | 0.011 | 0.013 | 0.014 | 0.015 | 0.015 |
| >4 | 0.004 | 0.003 | 0.005 | 0.003 | 0.004 |

**例 2-14** 已知一种疾病的发病率为 0.001，某单位共有 2 000 人。求该单位患有这种疾病的人数不超过 5 人的概率。

**解** 设 X 表示该单位患有这种疾病的人数，则 $X \sim B(2\,000, 0.001)$，所求概率为

$$P(X \leqslant 5) = \sum_{k=0}^{5} C_{2\,000}^{k} \cdot 0.001^{k} \cdot 0.999^{2\,000-k}$$

这个概率的计算量很大。由于 $n$ 很大，$p$ 很小，用泊松近似得

$$P(X \leqslant 5) \approx \sum_{k=0}^{5} \frac{2^{k}}{k!} e^{-2} = 0.983$$

因此，该单位患有该疾病的人数不超过 5 人的概率约为 0.983。

**例 2-15** 中国高铁建设飞速发展。若在单位时间内车票的需求量服从参数为 12 的泊松分布，问每单位时间需多少票存量才能有 90% 以上的把握满足乘客的需求？

**解** 设 $X$ 表示单位时间内车票的需求量，则 $X \sim \pi(12)$。设每单位时间票存量为 $n$，根据题意，$n$ 为满足不等式 $P(X \leqslant n) \geqslant 0.9$ 的最小正整数。

查附表 2 可得 $P(X \leqslant 16) = 0.8987$，$P(X \leqslant 17) = 0.9370$。因此，每单位时间保证票存量为 17 张时，才能有 90% 以上的把握满足顾客的需求。

## 2.3 连续型随机变量

设随机变量 $X$ 的分布函数为 $F(x) = \begin{cases} 0, & x < 0 \\ x, & 0 \leqslant x < 1 \\ 1, & x \geqslant 1 \end{cases}$，由离散型随机变量的性质可知，$X$ 一定不是离散型随机变量。

①对于任何实数 $a$，由于 $F(x)$ 是连续函数，有

$$P(X = a) = F(a) - F(a^{-}) = 0$$

即 $X$ 在任意点处的概率为 0，因此这样的随机变量不能使用离散型随机变量分布律的方法描述统计规律性。

②设 $a, b$ 是区间 $(0, 1)$ 中的两个实数，则

$$P(a < X \leqslant b) = F(b) - F(a) = b - a = \int_{a}^{b} 1 \mathrm{d}x$$

这说明随机变量在区间 $(a, b)$ 上的概率可以表示成 $\int_{a}^{b} f(x) \mathrm{d}x$，即区间 $(a, b)$ 上的概率等于某个函数 $f(x)$ 在区间 $(a, b)$ 上的积分。

### 2.3.1 连续型随机变量的概率密度函数

**定义 2-8** 设随机变量 $X$ 的分布函数为 $F(x)$，如果存在非负可积函数 $f(x)$，对任意的 $x$，得

$$F(x) = P(X \leqslant x) = \int_{-\infty}^{x} f(t) \mathrm{d}t \tag{2-3}$$

则称 $X$ 是**连续型随机变量**，$f(x)$ 是 $X$ 的**概率密度函数**，简称**概率密度**。

【**注**】①如果一个随机变量在任意区间上的概率可以用一个非负函数的积分表示，那么该随机变量就是连续型随机变量，这个非负函数就是概率密度函数。

②概率密度函数是用来描述连续型随机变量概率分布的函数,其函数值不具有概率的含义,因此,概率密度函数在某些点处的函数值可能会大于1。

③如果一个连续型随机变量在一个区间上的概率密度函数恒为0,那么该随机变量在该区间上取值的概率为0。

④连续型随机变量的分布函数一定是连续函数。在分布函数 $F(x)$ 的可导点处,有 $F'(x)=f(x)$。

由定义2-8可以得到概率密度函数 $f(x)$ 的两个基本性质:

①非负性。$f(x) \geqslant 0$,对任意 $x \in R$。

②规范性。$\int_{-\infty}^{+\infty} f(x) \mathrm{d}x = 1$。

连续型随机变量的概率密度函数必须满足这两个性质。反之,若某个函数满足这两个性质,则该函数可以作为一个概率密度函数。

设 $X$ 是连续型随机变量,其分布函数 $F(x)$ 是连续函数,对任意实数 $a$,有
$$P(X=a)=F(a)-F(a^-)=0$$

即连续型随机变量在任意点的概率必为0,但这并不意味着 $\{X=a\}$ 是不可能事件,这也说明概率为0的随机事件不一定是不可能事件。基于这一特点,连续型随机变量 $X$ 在闭区间 $[a,b]$ 和开区间 $(a,b)$ 上取值的概率相等,于是有

$$P(a \leqslant X \leqslant b) = P(a < X \leqslant b) = P(a \leqslant X < b) = P(a < X < b)$$
$$= F(b) - F(a) = \int_{-\infty}^{b} f(t) \mathrm{d}t - \int_{-\infty}^{a} f(t) \mathrm{d}t = \int_{a}^{b} f(t) \mathrm{d}t \tag{2-4}$$

从几何上看,积分与曲边梯形的面积对应,因此概率可以用概率密度函数的图形在对应区间上与 $x$ 轴围成的曲边梯形的面积来表示,如图2-2所示。

根据式(2-4),假设 $\Delta x$ 是一个正数,则
$$P(x < X \leqslant x + \Delta x) = F(x + \Delta x) - F(x)$$
$$= F'(\xi) \cdot \Delta x$$
$$= f(\xi) \cdot \Delta x$$

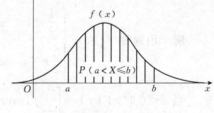

图 2-2 连续型随机变量的概率

其中,$x < \xi < x + \Delta x$,当 $\Delta x$ 足够小时,区间 $(x, x+\Delta x)$ 非常小,近似地有 $f(\xi) = f(x)$。因此 $P(x < X \leqslant x + \Delta x) \approx f(x) \cdot \Delta x$,即概率密度乘以区间长度是相应概率的近似值。

**例 2-16** 向区间(0,1)上任意投点,假设点一定落在区间(0,1)内,用 $X$ 表示这个点的坐标。设这个点落在(0,1)内任一小区间的概率与这个小区间的长度成正比,而与小区间位置无关。求 $X$ 的分布函数和密度函数。

**解** 记 $X$ 的分布函数为 $F(x) = P(X \leqslant x)$,由题意知 $X$ 的取值范围是(0,1)。

当 $x < 0$ 时,$\{X \leqslant x\}$ 是不可能事件,此时 $F(x)=0$;当 $x \geqslant 1$ 时,$\{X \leqslant x\}$ 是必然事件,此时 $F(x)=1$。当 $0 \leqslant x < 1$ 时,有
$$F(x) = P(X \leqslant x) = P(X < 0) + P(0 \leqslant X \leqslant x) = kx$$

其中,$k$ 为正比例系数。因为 $1 = F(1) = k$,所以得 $k=1$。

于是 $X$ 的分布函数为

$$F(x)=\begin{cases}0, & x<0\\ x, & 0\leqslant x<1\\ 1, & x\geqslant 1\end{cases}$$

当 $x<0$ 或 $x>1$ 时，$f(x)=F'(x)=0$。

当 $0<x<1$ 时，$f(x)=F'(x)=1$。

于是 $X$ 的密度函数为

$$f(x)=\begin{cases}1, & 0<x<1\\ 0, & \text{其他}\end{cases}$$

**例 2-17** 设随机变量 $X$ 的概率密度为

$$f(x)=\begin{cases}0.4, & 0\leqslant x\leqslant 1\\ 0.2, & 3\leqslant x\leqslant 6\\ 0, & \text{其他}\end{cases}$$

求 $P\left(X\geqslant\dfrac{1}{2}\right)$，$P(X\geqslant 4)$。

**解** $P\left(X\geqslant\dfrac{1}{2}\right)=\int_{\frac{1}{2}}^{+\infty}f(x)\mathrm{d}x=\int_{\frac{1}{2}}^{1}0.4\mathrm{d}x+\int_{3}^{6}0.2\mathrm{d}x=0.2+0.6=0.8$

$P(X\geqslant 4)=\int_{4}^{+\infty}f(x)\mathrm{d}x=\int_{4}^{6}0.2\mathrm{d}x=0.4$

例题解析

**例 2-18** 已知随机变量 $X$ 的概率密度函数 $f(x)=\dfrac{1}{2}\mathrm{e}^{-|x|}$，其中 $-\infty<x<+\infty$，求 $X$ 的分布函数 $F(x)$。

**解** 由题知 $f(x)=\begin{cases}\dfrac{1}{2}\mathrm{e}^{x}, & x<0\\ \dfrac{1}{2}\mathrm{e}^{-x}, & x\geqslant 0\end{cases}$。

当 $x<0$ 时，$F(x)=\int_{-\infty}^{x}f(t)\mathrm{d}t=\int_{-\infty}^{x}\dfrac{1}{2}\mathrm{e}^{t}\mathrm{d}t=\dfrac{1}{2}\mathrm{e}^{x}$。

当 $x\geqslant 0$ 时，$F(x)=\int_{-\infty}^{0}f(t)\mathrm{d}t+\int_{0}^{x}f(t)\mathrm{d}t=\int_{-\infty}^{0}\dfrac{1}{2}\mathrm{e}^{t}\mathrm{d}t+\int_{0}^{x}\dfrac{1}{2}\mathrm{e}^{-t}\mathrm{d}t=1-\dfrac{1}{2}\mathrm{e}^{-x}$。

所以 $X$ 的分布函数为 $F(x)=\begin{cases}\dfrac{1}{2}\mathrm{e}^{x}, & x<0\\ 1-\dfrac{1}{2}\mathrm{e}^{-x}, & x\geqslant 0\end{cases}$。

### 2.3.2 几种常用的连续型随机变量

本章介绍了 3 种描述随机变量统计规律性的方法：分布函数、分布律和概率密度函数，统称随机变量的概率分布，简称分布。对任意随机变量都可以使用分布函数表示其概率分布，但对离散型随机变量，使用分布律更为方便；对连续型随机变量，常使用概率密度函数表示其分布。

### (1) 均匀分布

**定义 2-9** 若随机变量 $X$ 的概率密度函数为

$$f(x)=\begin{cases}\dfrac{1}{b-a}, & a<x<b \\ 0, & \text{其他}\end{cases} \tag{2-5}$$

其中，$a$ 和 $b$ 为参数，则称 $X$ 服从区间 $(a,b)$ 上的均匀分布，记为 $X\sim U(a,b)$。
可以求出 $X$ 的分布函数为

$$F(x)=\begin{cases}0, & x<a \\ \dfrac{x-a}{b-a}, & a\leqslant x<b \\ 1, & x\geqslant b\end{cases} \tag{2-6}$$

均匀分布的概率密度函数和分布函数的图形如图 2-3 所示。

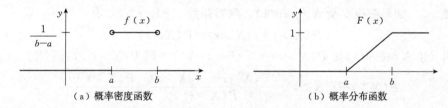

(a) 概率密度函数　　　　　　(b) 概率分布函数

**图 2-3　均匀分布的概率密度函数和分布函数**

均匀分布 $U(a,b)$ 的密度函数在 $(a,b)$ 上为常数 $\dfrac{1}{b-a}$，故 $X$ 落在区间 $(a,b)$ 中任意等长度的子区间内的概率相等，与子区间的位置无关。事实上，对于任一长度为 $l$ 的子区间 $(c,c+l)$，其中 $a\leqslant c<c+l\leqslant b$，有

$$P(c<X<c+l)=\int_c^{c+l}f(x)\mathrm{d}x=\int_c^{c+l}\dfrac{1}{b-a}\mathrm{d}x=\dfrac{l}{b-a}$$

**例 2-19** 设随机变量 $Y$ 在 $(1,5)$ 上服从均匀分布，求方程 $x^2+Yx+1=0$ 有实根的概率。

**解** 由题意知 $Y$ 的概率密度函数为

$$f_Y(y)=\begin{cases}\dfrac{1}{4}, & 1<y<5 \\ 0, & y\leqslant 1 \text{ 或 } y\geqslant 5\end{cases}$$

方程 $x^2+Yx+1=0$ 有实根的条件是 $\Delta=Y^2-4\geqslant 0$，即 $Y\geqslant 2$ 或 $Y\leqslant -2$。故方程有实根的概率为

$$P(Y\geqslant 2)+P(Y\leqslant -2)=\int_2^{+\infty}f_Y(y)\mathrm{d}y+\int_{-\infty}^{-2}f_Y(y)\mathrm{d}y$$
$$=\int_2^5\dfrac{1}{4}\mathrm{d}y+\int_{-\infty}^{-2}0\mathrm{d}y=\dfrac{3}{4}$$

### (2) 指数分布

**定义 2-10** 若随机变量 $X$ 的概率密度函数为

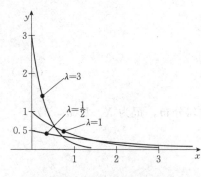

图 2-4 指数分布的密度函数

$$f(x)=\begin{cases}\lambda e^{-\lambda x}, & x\geqslant 0\\ 0, & x<0\end{cases} \quad (2\text{-}7)$$

其中，$\lambda>0$ 是参数，则称 $X$ 服从参数为 $\lambda$ 的指数分布，记为 $X\sim\exp(\lambda)$。$X$ 的分布函数为

$$F(x)=\begin{cases}1-e^{-\lambda x} & x\geqslant 0,\\ 0, & x<0\end{cases} \quad (2\text{-}8)$$

图 2-4 分别画出了 $\lambda=\dfrac{1}{2}$，$\lambda=1$，$\lambda=3$ 时 $f(x)$ 的图形。

指数分布常被用作描述各种寿命的分布，如电子元器件的寿命、动物的寿命、电话的通话时间、服务系统中的等待时间等，它们都近似服从指数分布。指数分布在可靠性与排队论中有着广泛的应用。

**定理 2-2** 如果随机变量 $X\sim\exp(\lambda)$，则对任意 $s>0$，$t>0$，有

$$P(X>s+t\mid X>s)=P(X>t) \quad (2\text{-}9)$$

**证明** 由 $X\sim\exp(\lambda)$ 知 $P(X>s)=1-F(s)=e^{-\lambda s}$。因为 $\{X>s+t\}\subseteq\{X>s\}$，故

$$P(X>s+t\mid X>s)=\dfrac{P(X>s+t,X>s)}{P(X>s)}=\dfrac{P(X>s+t)}{P(X>s)}$$

$$=\dfrac{e^{-\lambda(s+t)}}{e^{-\lambda s}}=e^{-\lambda t}=P(X>t)$$

式(2-9)称为**无记忆性**。设 $X$ 表示某种产品的使用寿命(单位：小时)，且 $X$ 服从指数分布。式(2-9)表明：已知此产品使用了 $s$（小时）没发生故障，而再能使用 $t$（小时）不发生故障的概率[即 $P(X>s+t\mid X>s)$]与已使用的时长 $s$（小时）无关，只相当于重新开始使用 $t$（小时）的概率[即 $P(X>t)$]，即对已使用过的时长 $s$（小时）没有记忆。

**例 2-20** 已知某类元件的使用寿命 $T$ 服从参数 $\lambda=\dfrac{1}{10\,000}$ 的指数分布(单位：小时)。从这类元件中任取一个，求其使用寿命超过 2 000 小时的概率。

**解** 设任取的元件的使用寿命为 $X$，则

$$P(X>2\,000)=1-F(2\,000)=1-(1-e^{-\frac{1}{10\,000}\times 2\,000})=e^{-\frac{1}{5}}$$

**(3) 正态分布**

**定义 2-11** 若随机变量 $X$ 的概率密度函数为

$$f(x)=\dfrac{1}{\sqrt{2\pi}\,\sigma}e^{-\frac{(x-\mu)^2}{2\sigma^2}} \quad (-\infty<x<\infty) \quad (2\text{-}10)$$

则称 $X$ 服从参数为 $\mu$，$\sigma$ 的正态分布，记为 $X\sim N(\mu,\sigma^2)$，其中，参数 $\mu$ 可取任意实数，$\sigma>0$。如图 2-5(a)所示，$f(x)$ 的图形是一条钟形曲线，中间高、两边低，左右关于 $x=\mu$ 对称，$\mu$ 是正态分布的中心。$X$ 的分布函数为

$$F(x)=\int_{-\infty}^{x}f(t)\mathrm{d}t=\int_{-\infty}^{x}\dfrac{1}{\sqrt{2\pi}\,\sigma}e^{-\frac{(t-\mu)^2}{2\sigma^2}}\mathrm{d}t \quad (2\text{-}11)$$

它是一条光滑上升的"S"形曲线，如图 2-5(b)所示。

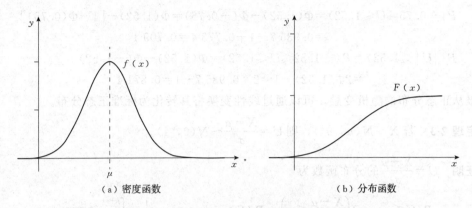

(a) 密度函数    (b) 分布函数

**图 2-5   正态分布的概率密度函数和分布函数**

图 2-6 给出了随参数 $\mu$ 和 $\sigma$ 变化时相应正态密度曲线的变化情况。

从图 2-6(a)可以看出：如果固定 $\sigma$，改变 $\mu$ 的值，则 $f(x)$ 的图形沿 $x$ 轴平移而形状不变。也就是说，正态密度函数的位置由参数 $\mu$ 所确定，因此称 $\mu$ 为**位置参数**。

从图 2-6(b)可以看出：如果 $\mu$ 固定，改变 $\sigma$ 的值，则 $f(x)$ 的图形位置不变，但形状发生变化。$\sigma$ 小时曲线高而瘦，$\sigma$ 大时曲线矮而胖。也就是说，正态密度函数的形状由参数 $\sigma$ 所确定，因此称 $\sigma$ 为**形状参数**，也称**尺度参数**。

在正态分布 $N(\mu,\sigma^2)$ 中，当 $\mu=0$，$\sigma=1$ 时，称 $N(0,1)$ 为**标准正态分布**，其密度函数用符号 $\varphi(x)$ 表示，分布函数用符号 $\Phi(x)$ 表示，即

$$\varphi(x)=\frac{1}{\sqrt{2\pi}}e^{-\frac{x^2}{2}} \qquad \Phi(x)=\int_{-\infty}^{x}\frac{1}{\sqrt{2\pi}}e^{-\frac{t^2}{2}}dt \tag{2-12}$$

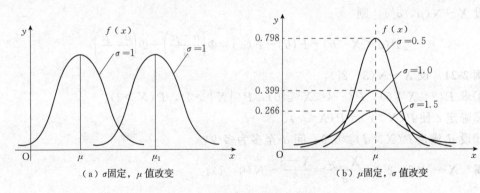

(a) $\sigma$ 固定，$\mu$ 值改变    (b) $\mu$ 固定，$\sigma$ 值改变

**图 2-6   正态分布的概率密度函数**

由密度函数和分布函数的性质可以得到

$$\Phi(-x)=1-\Phi(x) \tag{2-13}$$

附表 1 给出了自变量 $x$ 取部分非负数时 $\Phi(x)$ 的函数值，当 $x$ 取负数时，利用式(2-13)可以得到其对应的函数值。设随机变量 $U\sim N(0,1)$，则

$$P(U<1.52)=\Phi(1.52)=0.9357$$
$$P(U>1.52)=1-\Phi(1.52)=1-0.935=0.0643$$
$$P(U<-1.52)=\Phi(-1.52)=1-\Phi(1.52)=0.0643$$

$$P(-0.75 \leqslant U \leqslant 1.52) = \Phi(1.52) - \Phi(-0.75) = \Phi(1.52) - [1 - \Phi(0.75)]$$
$$= 0.9357 - 1 + 0.7734 = 0.7091$$
$$P(|U| \leqslant 1.52) = P(-1.52 \leqslant U \leqslant 1.52) = \Phi(1.52) - \Phi(-1.52)$$
$$= 2\Phi(1.52) - 1 = 2 \times 0.9357 - 1 = 0.8714$$

服从正态分布的随机变量,可以通过线性变换将其转化为标准正态分布。

**定理 2-3** 若 $X \sim N(\mu, \sigma^2)$,则 $U = \dfrac{X - \mu}{\sigma} \sim N(0, 1)$。

**证明** $U = \dfrac{X - \mu}{\sigma}$ 的分布函数为

$$P(U \leqslant x) = P\left(\frac{X - \mu}{\sigma} \leqslant x\right) = P(X \leqslant \mu + \sigma x) = \frac{1}{\sqrt{2\pi}\sigma} \int_{-\infty}^{\mu + \sigma x} e^{-\frac{(t-\mu)^2}{2\sigma^2}} dt$$

令 $\dfrac{t - \mu}{\sigma} = u$,得

$$P(U \leqslant x) = \frac{1}{\sqrt{2\pi}} \int_{-\infty}^{x} e^{-u^2/2} du = \Phi(x)$$

由此知 $U = \dfrac{X - \mu}{\sigma} \sim N(0, 1)$。

根据定理 2-3,若 $X \sim N(\mu, \sigma^2)$,则 $X$ 的分布函数可以表示为

$$F(x) = P(X \leqslant x) = P\left(\frac{X - \mu}{\sigma} \leqslant \frac{x - \mu}{\sigma}\right) = \Phi\left(\frac{x - \mu}{\sigma}\right) \tag{2-14}$$

即正态分布的分布函数可以表示为标准正态分布的分布函数的复合函数。

设 $X \sim N(\mu, \sigma^2)$,则

$$P(a < X < b) = F(b) - F(a) = \Phi\left(\frac{b - \mu}{\sigma}\right) - \Phi\left(\frac{a - \mu}{\sigma}\right)$$

**例 2-21** 设 $X \sim N(3, 2^2)$。

① 求 $P(2 < X \leqslant 5)$,$P(-4 < X \leqslant 10)$,$P(|X| > 2)$,$P(X > 3)$。
② 确定 $c$ 使 $P(X > c) = P(X \leqslant c)$。
③ 设 $d$ 满足 $P(X > d) \geqslant 0.9$,问 $d$ 至多为多少?

**解** $X \sim N(3, 2^2)$,$\dfrac{X - \mu}{\sigma} = \dfrac{X - 3}{2} \sim N(0, 1)$。

① $P(2 < X \leqslant 5) = \Phi\left(\dfrac{5 - 3}{2}\right) - \Phi\left(\dfrac{2 - 3}{2}\right) = \Phi(1) - \Phi\left(-\dfrac{1}{2}\right)$

$$= \Phi(1) - \left[1 - \Phi\left(\frac{1}{2}\right)\right] = 0.8413 - 1 + 0.6915 = 0.5328。$$

$P(-4 < X \leqslant 10) = \Phi\left(\dfrac{10 - 3}{2}\right) - \Phi\left(\dfrac{-4 - 3}{2}\right) = \Phi\left(\dfrac{7}{2}\right) - \Phi\left(-\dfrac{7}{2}\right)$

$$= 2\Phi\left(\frac{7}{2}\right) - 1 = 0.9996。$$

$P(|X| > 2) = P(X > 2) + P(X < -2) = 1 - P(X \leqslant 2) + P(X < -2)$

$$= 1 - \Phi\left(-\frac{1}{2}\right) + \Phi\left(-\frac{5}{2}\right) = 0.6977.$$

$P(X>3) = 1 - P(X \leqslant 3) = 1 - \Phi(0) = 1 - 0.5 = 0.5.$

② 由 $P(X>c) = P(X \leqslant c)$，有 $1 - P(X \leqslant c) = P(X \leqslant c)$，则

$$P(X \leqslant c) = \Phi\left(\frac{c-3}{2}\right) = \frac{1}{2}$$

得 $\frac{c-3}{2} = 0$，$c = 3$。

③ $P(X>d) = 1 - P(X \leqslant d) = 1 - \Phi\left(\frac{d-3}{2}\right) \geqslant 0.9$。

得 $\Phi\left(\frac{d-3}{2}\right) \leqslant 0.1$，进一步得 $\Phi\left(\frac{3-d}{2}\right) = 1 - \Phi\left(\frac{d-3}{2}\right) \geqslant 0.9$。

由附表 1 知 $\Phi(1.29) = 0.9015$，故可令 $\frac{3-d}{2} \geqslant 1.29$，得 $d \leqslant 0.42$。

**例 2-22** 设 $X \sim N(\mu, \sigma^2)$，求 $P(|X-\mu|<k\sigma)$，其中，$k=1, 2, 3$。

**解** 利用定理 2-3 得

$$P(|X-\mu|<k\sigma) = P\left(\left|\frac{X-\mu}{\sigma}\right|<k\right) = P\left(-k<\frac{X-\mu}{\sigma}<k\right)$$
$$= \Phi(k) - \Phi(-k) = 2\Phi(k) - 1$$

查附表 1 得

$$P(|X-\mu|<k\sigma) = 2\Phi(k) - 1 = \begin{cases} 0.6826, & k=1 \\ 0.9545, & k=2 \\ 0.9973, & k=3 \end{cases}$$

从例 2-22 可知：尽管在正态分布中随机变量 $X$ 的取值范围是 $(-\infty, \infty)$，但 99.73% 的值落在 $(\mu-3\sigma, \mu+3\sigma)$ 内。这个性质被称为正态分布的"**3σ 原则**"。正态分布的"3σ 原则"在实际工作中很有用，工业生产上用的控制图和一些产品质量指数都是根据"3σ 原则"制定的。

在自然和社会现象中，许多随机变量都服从或近似服从正态分布。例如，一个地区的成年男性的身高、测量某零件长度的误差等。正态分布在概率论与数理统计的理论研究和实际应用中具有重要的作用。

## 2.4 随机变量的函数的分布

在概率论中，研究随机变量的概率分布是一个核心问题。在实际应用中，常常需要研究一个随机变量作为另一个或多个随机变量的函数的情况。例如，当测量圆轴截面的半径 $X$ 时，可能更关心的是其对应的截面面积 $Y = \pi X^2$。

已知随机变量 $X$ 的概率分布，且 $Y = g(X)$，则 $Y$ 也是一个随机变量。由于 $Y$ 的取值完全由 $X$ 决定，因此随机变量 $Y$ 的概率分布完全由随机变量 $X$ 的概率分布所决定。本节的任务是由 $X$ 的概率分布来推导 $Y$ 的概率分布，即随机变量的函数的分布。

## 2.4.1 离散型随机变量的函数的分布

设 $X$ 是离散型随机变量，则 $Y=g(X)$ 也是离散型随机变量。求 $Y$ 的分布律，需要确定 $Y$ 的所有可能取值 $k$，以及对应的概率 $P(Y=k)$。

设离散型随机变量 $X$ 的分布律为

| $X$ | $a_1$ | $a_2$ | $\cdots$ | $a_n$ | $\cdots$ |
|---|---|---|---|---|---|
| $P$ | $p_1$ | $p_2$ | $\cdots$ | $p_n$ | $\cdots$ |

则 $Y=g(X)$ 的分布律可表示为

| $Y=g(X)$ | $g(a_1)$ | $g(a_2)$ | $\cdots$ | $g(a_n)$ | $\cdots$ |
|---|---|---|---|---|---|
| $P$ | $p_1$ | $p_2$ | $\cdots$ | $p_n$ | $\cdots$ |

当 $g(a_1), g(a_2), \cdots, g(a_n), \cdots$ 中有些值相等时，把那些相等的值对应的概率相加即可。

**例 2-23** 已知 $X$ 的分布律为

| $X$ | 0 | 1 | 2 | 3 | 4 | 5 |
|---|---|---|---|---|---|---|
| $P$ | $\frac{1}{12}$ | $\frac{1}{6}$ | $\frac{1}{3}$ | $\frac{1}{12}$ | $\frac{2}{9}$ | $\frac{1}{9}$ |

求 $Y=(X-2)^2$ 的分布律。

**解** 记 $g(x)=(x-2)^2$，易得

$$g(0)=g(4)=4 \quad g(1)=g(3)=1 \quad g(2)=0 \quad g(5)=9$$

因此

$$P(Y=0)=P(X=2)=\frac{1}{3}$$

$$P(Y=1)=P(X=1)+P(X=3)=\frac{1}{6}+\frac{1}{12}=\frac{1}{4}$$

$$P(Y=4)=P(X=0)+P\{X=4\}=\frac{1}{12}+\frac{2}{9}=\frac{11}{36}$$

$$P(Y=9)=P(X=5)=\frac{1}{9}$$

则 $Y=(X-2)^2$ 的分布律为

| $Y$ | 0 | 1 | 4 | 9 |
|---|---|---|---|---|
| $P$ | $\frac{1}{3}$ | $\frac{1}{4}$ | $\frac{11}{36}$ | $\frac{1}{9}$ |

**例 2-24** 设随机变量 $X$ 的分布律为

$$P(X=k)=\frac{1}{2^k} \quad (k=1,2,3,\cdots)$$

求随机变量 $Y=\sin\left(\dfrac{\pi}{2}X\right)$ 的分布律。

**解** $Y$ 的可能取值为 $-1,0,1$，有

$$P(Y=0)=P(X=2)+P(X=4)+P(X=6)+\cdots=\dfrac{1}{2^2}+\dfrac{1}{2^4}+\dfrac{1}{2^6}+\cdots=\dfrac{1}{3}$$

$$P(Y=-1)=P(X=3)+P(X=7)+P(X=11)+\cdots=\dfrac{1}{2^3}+\dfrac{1}{2^7}+\dfrac{1}{2^{11}}+\cdots=\dfrac{2}{15}$$

$$P(Y=1)=1-P(Y=0)-P(Y=-1)=\dfrac{8}{15}$$

则 $Y=\sin\left(\dfrac{\pi}{2}X\right)$ 的分布律为

| $Y$ | $-1$ | $0$ | $1$ |
|---|---|---|---|
| $P$ | $\dfrac{2}{15}$ | $\dfrac{1}{3}$ | $\dfrac{8}{15}$ |

## 2.4.2 连续型随机变量的函数的分布

设 $X$ 是连续型随机变量，其函数 $Y=g(X)$ 的概率分布问题相对较为复杂，$Y$ 可能是离散型随机变量，也可能是连续型随机变量。如果 $Y=g(X)$ 仍然是离散型随机变量，那么只需要确定 $Y=g(X)$ 的所有可能取值以及对应的概率，得到分布律。例如，设 $X\sim N(0,1)$，$Y=\begin{cases}1,&X>0\\0,&X\leqslant 0\end{cases}$。此时 $Y$ 是离散型随机变量，可以求出

$$P(Y=1)=P(X>0)=\dfrac{1}{2}$$

$$P(Y=0)=P(X\leqslant 0)=\dfrac{1}{2}$$

当 $Y=g(X)$ 是连续型随机变量时，求 $Y=g(X)$ 的分布则相对复杂一些，其基本思路是先求 $Y$ 的分布函数，对分布函数求导数得到概率密度函数。

**例 2-25** 设随机变量 $X$ 服从区间 $(0,2)$ 上的均匀分布，求随机变量 $Y=X^2$ 的概率密度 $f_Y(y)$。

**解** $Y$ 的分布函数为 $F_Y(y)=P(Y\leqslant y)$，由 $Y=X^2$ 知 $Y$ 的取值范围是 $(0,4)$，当 $y\leqslant 0$ 时 $F_Y(y)=0$。当 $y\geqslant 4$ 时，$F_Y(y)=1$。当 $0<y<4$ 时，有

$$F_Y(y)=P(Y\leqslant y)=P(X^2\leqslant y)=P(-\sqrt{y}\leqslant X\leqslant \sqrt{y})=F_X(\sqrt{y})-F_X(-\sqrt{y})$$

两端求导得

$$f_Y(y)=F'_Y(y)=F'_X(\sqrt{y})\cdot\dfrac{1}{2\sqrt{y}}-F'_X(-\sqrt{y})\cdot\left(-\dfrac{1}{2\sqrt{y}}\right)$$

$$=f_X(\sqrt{y})\cdot\dfrac{1}{2\sqrt{y}}+f_X(-\sqrt{y})\cdot\dfrac{1}{2\sqrt{y}}$$

例题解析

则 $Y$ 的概率密度函数为

$$f_Y(y) = \begin{cases} \dfrac{1}{4\sqrt{y}}, & 0<y<4 \\ 0, & \text{其他} \end{cases}$$

**例 2-26** 设 $X \sim N(0,1)$，求 $Y = 2X^2 + 1$ 的概率密度函数。

**解** 显然 $Y = 2X^2 + 1$ 的取值范围是 $(1, +\infty)$。当 $y \leqslant 1$ 时，$\{Y \leqslant y\}$ 是不可能事件，$F_Y(y) = P(Y \leqslant y) = 0$。从而 $f_Y(y) = 0$。当 $y > 1$ 时，有

$$F_Y(y) = P(Y \leqslant y) = P(2X^2 + 1 \leqslant y) = P\left(-\sqrt{\dfrac{y-1}{2}} \leqslant X \leqslant \sqrt{\dfrac{y-1}{2}}\right)$$

$$= \Phi\left(\sqrt{\dfrac{y-1}{2}}\right) - \Phi\left(-\sqrt{\dfrac{y-1}{2}}\right)$$

$$f_Y(y) = F_Y'(y) = \varphi\left(\sqrt{\dfrac{y-1}{2}}\right) \cdot \left(\sqrt{\dfrac{y-1}{2}}\right)' - \varphi\left(-\sqrt{\dfrac{y-1}{2}}\right)\left(-\sqrt{\dfrac{y-1}{2}}\right)'$$

由于 $\varphi(x) = \dfrac{1}{\sqrt{2\pi}} e^{-\frac{x^2}{2}}$，故 $f_Y(y) = \dfrac{1}{2\sqrt{\pi(y-1)}} e^{-\frac{y-1}{4}}$。

因此 $Y$ 的概率密度函数为

$$f_Y(y) = \begin{cases} \dfrac{1}{2\sqrt{\pi(y-1)}} e^{-\frac{y-1}{4}}, & y > 1 \\ 0, & y \leqslant 1 \end{cases}$$

**定理 2-4** 设 $X$ 是连续型随机变量，概率密度函数为 $f_X(x)$。$Y = g(X)$ 是随机变量 $X$ 的函数。若 $y = g(x)$ 严格单调，其反函数 $h(y)$ 有连续导函数，则 $Y = g(X)$ 的概率密度函数为

$$f_Y(y) = \begin{cases} f_X[h(y)] \cdot |h'(y)|, & a<y<b \\ 0, & \text{其他} \end{cases} \tag{2-15}$$

其中，$a$，$b$ 分别是随机变量 $Y$ 的最小值和最大值（$a$ 可能是 $-\infty$，$b$ 可能是 $+\infty$）。

**证明** 不妨设 $g(x)$ 是严格单调增函数，这时它的反函数 $h(y)$ 也是严格单调增函数，且 $h'(y) > 0$。记 $a$，$b$ 分别为 $Y$ 的最小值和最大值，则

当 $y < a$ 时，$F_Y(y) = P(Y \leqslant y) = 0$；当 $y > b$ 时，$F_Y(y) = P(Y \leqslant y) = 1$；当 $a \leqslant y \leqslant b$ 时，$F_Y(y) = P(Y \leqslant y) = P[g(X) \leqslant y] = P[X \leqslant h(y)] = \int_{-\infty}^{h(y)} f_X(x) \mathrm{d}x$。

对分布函数求导得到 $Y$ 的密度函数为

$$f_Y(y) = F_Y'(y) = \begin{cases} f_X[h(y)] h'(y), & a<y<b \\ 0, & \text{其他} \end{cases}$$

同理，当 $g(x)$ 是严格单调减函数时，结论也成立。但此时要注意 $h'(y) < 0$，需要加绝对值符号。

**定理 2-5** 设随机变量 $X$ 服从正态分布 $N(\mu, \sigma^2)$，则当 $a \neq 0$ 时，有

$$Y = aX + b \sim N(a\mu + b, a^2\sigma^2)$$

**证明** 当 $a > 0$ 时，$Y = aX + b$ 是严格单调增函数，取值范围是 $(-\infty, +\infty)$，其反

函数为 $X=(Y-b)/a$。由定理 2-4 可得 $Y=aX+b$ 的密度函数为

$$f_Y(y)=f_X\left(\frac{y-b}{a}\right)\frac{1}{a}=\frac{1}{\sqrt{2\pi}\sigma}\exp\left[-\frac{1}{2\sigma^2}\left(\frac{y-b}{a}-\mu\right)^2\right]\frac{1}{a}$$

$$=\frac{1}{\sqrt{2\pi}(a\sigma)}\exp\left[-\frac{(y-a\mu-b)^2}{2a^2\sigma^2}\right]$$

即 $Y\sim N(a\mu+b,\ a^2\sigma^2)$。

当 $a<0$ 时，$Y=aX+b$ 是严格单调减函数，取值范围是 $(-\infty,+\infty)$，其反函数为 $X=(Y-b)/a$。由定理 2-4 可得 $Y=aX+b$ 的密度函数为

$$f_Y(y)=\frac{1}{\sqrt{2\pi}|a|\sigma}\exp\left[-\frac{(y-a\mu-b)^2}{2a^2\sigma^2}\right]$$

即 $Y\sim N(a\mu+b,\ a^2\sigma^2)$。

定理 2-5 表明，服从正态分布的随机变量的线性变换仍服从正态分布。若取 $a=1/\sigma$，$b=-\mu/\sigma$，则 $Y=aX+b\sim N(0,1)$，这正是定理 2-3 的结论。

**例 2-27**  设 $X\sim N(0,1)$，求 $Y=\mathrm{e}^X$ 的概率密度。

**解**  $X$ 的概率密度为 $f_X(x)=\dfrac{1}{\sqrt{2\pi}}\mathrm{e}^{-\frac{x^2}{2}}$，其中 $-\infty<x<+\infty$。$Y=\mathrm{e}^X$ 的取值范围是 $(0,+\infty)$，且其反函数为 $X=\ln Y$。当 $y>0$ 时，有

$$f_Y(y)=f_X[h(y)]|h'(y)|=f_X[\ln y]|(\ln y)'|=\frac{1}{\sqrt{2\pi}y}\mathrm{e}^{-\frac{1}{2}(\ln y)^2}$$

因此，$Y=\mathrm{e}^X$ 的概率密度函数为

$$f_Y(y)=\begin{cases}\dfrac{1}{\sqrt{2\pi}y}\mathrm{e}^{-\frac{1}{2}(\ln y)^2}, & y>0\\ 0, & y\leqslant 0\end{cases}$$

## 2.5 数字特征

随机变量的概率分布（分布函数、概率密度函数和分布律）能够全面地描述随机变量的统计规律性。然而，在实际问题中，人们可能更关注随机变量在某些方面的特征。例如，一个学校的学生身高是一个随机变量，不同学生有不同的身高值。人们常常关心所有学生的平均身高，以及每位学生身高与平均身高的偏离程度。评价灯泡的寿命时，既需要注意灯泡的平均寿命，又需要注意灯泡寿命与平均寿命的偏离程度，平均寿命较大，偏离程度较小，灯泡质量就较好。这种由随机变量的分布所确定的，能刻画随机变量某一方面的特征的常数统称**数字特征**，它在理论和实际应用中都很重要。

云课堂

### 2.5.1 数学期望

设随机试验 $E$ 的样本空间为 $\Omega=\{\omega\}$，$X=X(\omega)$ 是定义在样本空间上的随机变量，分布律为

| $X$ | $a$ | $b$ | $c$ |
|---|---|---|---|
| $P$ | $p_1$ | $p_2$ | $p_3$ |

每次试验可以观察到随机变量的一个值,假设做了 $n$ 次随机试验,得到了 $n$ 个观测值。不妨设这 $n$ 个值中有 $n_1$ 个 $a$,$n_2$ 个 $b$,$n_3$ 个 $c$,于是 $n$ 个观测值的平均值就是

$$A_n = \frac{n_1 \cdot a + n_2 \cdot b + n_3 \cdot c}{n} = \frac{n_1}{n} \cdot a + \frac{n_2}{n} \cdot b + \frac{n_3}{n} \cdot c$$

其中,$\frac{n_1}{n}$ 是试验中出现结果 $a$ 的频率,根据频率的稳定性,当 $n \to \infty$ 时频率无限接近概率,即 $\frac{n_1}{n}$ 的极限就是 $p_1$。类似地,$\frac{n_2}{n}$ 的极限就是 $p_2$,$\frac{n_3}{n}$ 的极限就是 $p_3$,于是 $A_n$ 的"极限"为

$$p_1 \cdot a + p_2 \cdot b + p_3 \cdot c \tag{2-16}$$

式(2-16)可以理解为随机变量 $X$ 的所有可能取值 $a$,$b$,$c$ 的"加权平均值",其中每个值的概率就是对应的"权重"。由此得到了随机变量的数学期望的定义。

**定义 2-12** 设离散型随机变量 $X$ 的分布律为

$$P(X = x_k) = p_k \quad (k = 1, 2, \cdots) \tag{2-17}$$

若级数 $\sum_{k=1}^{\infty} x_k p_k$ 绝对收敛,则称 $\sum_{k=1}^{\infty} x_k p_k$ 为随机变量 $X$ 的**数学期望**,记为 $E(X)$,即

$$E(X) = \sum_{k=1}^{\infty} x_k p_k \tag{2-18}$$

设连续型随机变量 $X$ 的概率密度函数为 $f(x)$,若广义积分 $\int_{-\infty}^{+\infty} x \cdot f(x) \mathrm{d}x$ 绝对收敛,则称 $\int_{-\infty}^{+\infty} x \cdot f(x) \mathrm{d}x$ 为随机变量 $X$ 的**数学期望**,即

$$E(X) = \int_{-\infty}^{+\infty} x \cdot f(x) \mathrm{d}x \tag{2-19}$$

**【注】**数学期望的本质是随机变量所有可能取值的加权平均。数学期望 $E(X)$ 由 $X$ 的概率分布决定,因此可以将随机变量的数学期望称为**概率分布的数学期望**。

数学期望在实际生活生产中应用广泛,常作为随机变量 $X$ 分布的代表值(一种统计指标),用于与同类指标进行比较。例如,磁带上的缺陷数量为随机变量,两个不同品牌磁带质量的优劣无法通过缺陷数量的概率分布直观比较。但是,磁带缺陷数量的数学期望是一个确定的数值,可以通过比较不同品牌磁带缺陷数量的数学期望来衡量磁带的质量。

例题解析

**例 2-28** 筛查某种疾病的方法是做检测,可以采用"单检"或"混检"。所谓"单检",即一个人的样本使用一个采样管并检验一次。所谓"混检",就是 $k$ 个人的样本使用一个采样管并检验一次,结果为阴性时说明该组成员都未感染,结果为阳性时说明该组成员至少有一个人感染,需要每人再进行"单检"以便发现阳性成员。假设该疾病的发病率为 $p$,且得此疾病相互独立。现有 $N$ 个人要做检测,求 $k$ 人"混检"方案下每个人的平均检验次数(不考虑检测结果出现假阳性)。

**解** "混检"方案下,每个人需要检测的次数为随机变量,记为 $X$。

当该组检测结果为阴性时,该组只需要检测一次,相当于每个人检测 $\frac{1}{k}$ 次,这种情形说明 $k$ 个人都未感染此疾病,其概率为 $(1-p)^k$。当该组检测结果为阳性时,该组需要检测 $(1+k)$ 次,相当于每个人检测 $\left(1+\frac{1}{k}\right)$ 次,这种情形说明 $k$ 个人中至少 1 人感染此疾病,其概率为 $1-(1-p)^k$。因此每个人需要检测的次数 $X$ 的分布律为

| $X$ | $\frac{1}{k}$ | $1+\frac{1}{k}$ |
|---|---|---|
| $P$ | $(1-p)^k$ | $1-(1-p)^k$ |

由数学期望的计算公式得

$$E(X)=\frac{1}{k}\cdot(1-p)^k+\left(1+\frac{1}{k}\right)\cdot[1-(1-p)^k]=1-(1-p)^k+\frac{1}{k}$$

当 $1-(1-p)^k+\frac{1}{k}<1$ 时,说明"混检"方案下每个人需要检测的次数小于 1,比"单检"方案效率更高。

不等式 $1-(1-p)^k+\frac{1}{k}<1$ 是否成立,由发病率 $p$ 和每组人数 $k$ 共同决定。因此,不能笼统地说"单检"和"混检"哪个方案更好。一般地,要先对发病率 $p$ 进行估计(见第 6 章参数估计),在此基础上再确定分组时每组内的人数 $k$。例如,当 $p=0.1$ 时,组内不同人数 $k$ 的值对应的每人需要检测的平均次数见表 2-2 所列。

表 2-2  $p=0.1$ 时 $E(X)$ 的值

| $k$ | 2 | 3 | 4 | 5 | 8 | 10 | 30 | 33 | 34 |
|---|---|---|---|---|---|---|---|---|---|
| $E(X)$ | 0.690 | 0.604 | 0.594 | 0.610 | 0.695 | 0.751 | 0.991 | 0.994 | 1.0016 |

因此,对发病率 $p=0.1$,4 人一组进行"混检",平均检测次数最少,工作量可减少约 40%。当 34 人一组进行"混检"时,每人需要检测的次数超过 1,"混检"不如"单检"效率高。

不同的发病率,应设计不同的分组方案。表 2-3 给出了不同发病率对应的最佳分组人数。

表 2-3  不同发病率 $p$ 对应的最佳分组人数

| $p$ | 0.14 | 0.10 | 0.08 | 0.06 | 0.04 | 0.02 | 0.01 |
|---|---|---|---|---|---|---|---|
| $k$ | 3 | 4 | 4 | 5 | 6 | 8 | 11 |
| $E(X)$ | 0.697 | 0.594 | 0.534 | 0.466 | 0.384 | 0.274 | 0.205 |

从表 2-3 中可以看出:发病率 $p$ 越小,"混检"的效益越大。例如,在 $p=0.01$ 时,以 11 人为一组进行"混检",则检测工作量可减少 80% 左右。

**例 2-29** 一种福利彩票称为"幸运 35 选 7",即购买彩票时从 01,02,…,35 共 35 个号码中任选 7 个号码,开奖时从 01,02,…,35 中不重复地选出 7 个基本号码和一个特殊号码。中各等奖的规则见表 2-4。

表 2-4 幸运 35 选 7 的中奖规则

| 中奖级别 | 中奖规则 | 中奖级别 | 中奖规则 |
|---|---|---|---|
| 一等奖 | 7 个基本号码全中 | 五等奖 | 中 5 个基本号码 |
| 二等奖 | 中 6 个基本号码及特殊号码 | 六等奖 | 中 4 个基本号码及特殊号码 |
| 三等奖 | 中 6 个基本号码 | 七等奖 | 中 4 个基本号码,或中 3 个基本号码及特殊号码 |
| 四等奖 | 中 5 个基本号码及特殊号码 | | |

假设一等奖到七等奖的奖金分别为 5 000 000 元、500 000 元、50 000 元、5 000 元、500 元、50 元、5 元,规定只领取其中最高额的奖金。试求每张彩票的平均所得奖金额。

**解** 样本空间中共有 $C_{35}^7$ 个样本点,且每个样本点是等可能的。用 $A_i$ 表示中 $i$ 等奖,其中,$i=1,2,\cdots,7$,利用古典概型可得

$$p_1 = P(A_1) = \frac{C_7^7 C_1^0 C_{27}^0}{C_{35}^7} = \frac{1}{6\ 724\ 520} \qquad p_2 = P(A_2) = \frac{C_7^6 C_1^1 C_{27}^0}{C_{35}^7} = \frac{7}{672\ 450}$$

$$p_3 = P(A_3) = \frac{C_7^6 C_1^0 C_{27}^1}{C_{35}^7} = \frac{189}{6\ 724\ 520} \qquad p_4 = P(A_4) = \frac{C_7^5 C_1^1 C_{27}^1}{C_{35}^7} = \frac{567}{6\ 724\ 520}$$

$$p_5 = P(A_5) = \frac{C_7^5 C_1^0 C_{27}^2}{C_{35}^7} = \frac{7\ 371}{6\ 724\ 520} \qquad p_6 = P(A_6) = \frac{C_7^4 C_1^1 C_{27}^2}{C_{35}^7} = \frac{12\ 285}{6\ 724\ 520}$$

$$p_7 = P(A_7) = \frac{C_7^4 C_1^0 C_{27}^3 + C_7^3 C_1^1 C_{27}^3}{C_{35}^7} = \frac{204\ 750}{6\ 724\ 520}$$

未中奖的概率为 $p_8 = 1 - \sum_{i=1}^{7} p_i = \frac{6\ 499\ 350}{6\ 724\ 520}$。

设 $X$ 为一张彩票的奖金额,则 $X$ 的分布律为

| $X$ | $5 \times 10^6$ | $5 \times 10^5$ | $5 \times 10^4$ | $5 \times 10^3$ | 500 | 50 | 5 | 0 |
|---|---|---|---|---|---|---|---|---|
| $P$ | $p_1$ | $p_2$ | $p_3$ | $p_4$ | $p_5$ | $p_6$ | $p_7$ | $p_8$ |

所以每张彩票的平均所得奖金额为

$$E(X) = 5 \times 10^6 \times p_1 + 5 \times 10^5 \times p_2 + \cdots + 5 \times p_7 + 0 \times p_8 = 3.88$$

假设每张福利彩票售价 5 元,各有一个兑奖号,每售出 100 万张设一个开奖组。每一开奖组把筹得的 500 万元中的 388 万元以奖金形式返回给彩民,其余 112 万元则可用于福利事业及管理费用。从这个例子也可以看出,彩票中奖与否是随机的,但一种彩票的平均所得奖金额是可以预先算出的。在我国,彩票发行由民政部门管理,计算平均所得奖金额是设计一种类型彩票的基础,只有当收益主要用于公益事业才被允许发行彩票。

**例 2-30** 某新产品在未来市场上的占有率 $X$ 是仅在区间 $(0,1)$ 上取值的随机变量,它的密度函数为

$$f(x)=\begin{cases}4(1-x)^3, & 0<x<1\\ 0, & \text{其他}\end{cases}$$

试求该产品的平均市场占有率。

**解** 平均市场占有率就是占有率 $X$ 的数学期望，故

$$E(X)=\int_{-\infty}^{+\infty}f(x)\mathrm{d}x=\int_0^1 x\cdot 4(1-x)^3\mathrm{d}x$$

$$=\int_0^1(4x-12x^2+12x^3-4x^4)\mathrm{d}x=\frac{1}{5}$$

按照随机变量 $X$ 的数学期望 $E(X)$ 的定义，$E(X)$ 由其分布唯一确定。已知随机变量 $X$ 的概率分布，求 $X$ 的函数 $g(X)$ 的数学期望时，可以先求出 $Y=g(X)$ 的概率分布，再求出 $E(Y)$。

**例 2-31** 设随机变量 $X$ 的分布律为

| $X$ | $-2$ | 0 | 2 |
|---|---|---|---|
| $P$ | 0.4 | 0.3 | 0.3 |

求 $Y=X^2$ 的数学期望 $E(Y)$。

**解** $Y=X^2$ 的分布律为

| $Y=X^2$ | 4 | 0 | 4 |
|---|---|---|---|
| $P$ | 0.4 | 0.3 | 0.3 |

得 $P(Y=0)=0.3$，$P(Y=4)=0.7$。因此 $Y$ 的数学期望为

$$E(Y)=0\times 0.3+4\times 0.7=2.8$$

根据 $X$ 的概率分布求 $Y=g(X)$ 的数学期望时，当 $Y$ 是连续型随机变量时，先求 $Y$ 的概率分布往往计算量较大。实际上，可以直接利用 $X$ 的概率分布求得 $Y$ 的数学期望，而不需要求出 $Y$ 的概率分布。

**定理 2-6** 设 $X$ 是随机变量，$Y=g(X)$。

①如果 $X$ 是离散型随机变量，且分布律为

$$P(X=x_k)=p_k \quad (k=1, 2, \cdots)$$

则

$$E(Y)=E[g(X)]=\sum_{k=1}^{\infty}g(x_k)P(X=x_k) \tag{2-20}$$

②如果 $X$ 是连续型随机变量，且密度函数为 $f(x)$，则

$$E(Y)=E[g(X)]=\int_{-\infty}^{+\infty}g(x)\cdot f(x)\mathrm{d}x \tag{2-21}$$

定理的重要意义在于求 $E(Y)$ 时，不必算出 $Y$ 的分布律或概率密度，只需利用 $X$ 的分布律或概率密度就可以了。定理的证明超出了本书的范围，下面只对特殊情况进行证明。

**证明** 设 $X$ 是连续型随机变量，且 $y=g(x)$ 满足定理 2-4 的条件。根据定理 2-4，$Y=g(X)$ 的概率密度函数为

$$f_Y(y) = \begin{cases} f_X[h(y)] \cdot |h'(y)|, & a<y<b \\ 0, & 其他 \end{cases}$$

于是

$$E(Y) = \int_{-\infty}^{\infty} y f_Y(y) \mathrm{d}y = \int_a^b y f_X[h(y)] |h'(y)| \mathrm{d}y$$

当 $h'(y) > 0$ 时，

$$E(Y) = \int_{-\infty}^{\infty} y f_Y(y) \mathrm{d}y = \int_a^b y f_X[h(y)] h'(y) \mathrm{d}y = \int_{-\infty}^{+\infty} g(x) f_X(x) \mathrm{d}x$$

同理可证 $h'(y) < 0$ 的情形。

现根据定理 2-6 证明数学期望的两个常用性质，以下均假定所涉及的数学期望是存在的。

**性质 2-1** 设 $C$ 是任意常数，则 $E(C) = C$。

**证明** 可以将常数 $C$ 看成仅取一个值的随机变量 $X$，即 $P(X=C) = 1$，则

$$E(C) = E(X) = C \times 1 = C$$

**性质 2-2** 设 $X$ 是随机变量，$a$，$b$ 为常数，则

$$E(aX+b) = aE(X) + b$$

**证明** 假设 $X$ 为连续型随机变量，其概率密度为 $f(x)$，则

$$E(aX+b) = \int_{-\infty}^{+\infty} (ax+b) \cdot f(x) \mathrm{d}x$$

$$= a \cdot \int_{-\infty}^{+\infty} x \cdot f(x) \mathrm{d}x + b \cdot \int_{-\infty}^{+\infty} f(x) \mathrm{d}x = aEX + b$$

**例 2-32** 设随机变量 $X$ 的概率密度为 $f(x) = \begin{cases} \mathrm{e}^{-x}, & x>0 \\ 0, & x \leqslant 0 \end{cases}$，求 $Y = \mathrm{e}^{-2X}$ 的数学期望。

**解** 由式 (2-21) 可得

$$E(\mathrm{e}^{-2X}) = \int_{-\infty}^{+\infty} \mathrm{e}^{-2x} f(x) \mathrm{d}x = \int_0^{+\infty} \mathrm{e}^{-2x} \mathrm{e}^{-x} \mathrm{d}x = \frac{1}{3}$$

### 2.5.2 方差

如果两个随机变量 $X$ 和 $Y$ 的概率分布相同，那么它们的数学期望一定相同；反之，如果两个随机变量的数学期望相同，并不能说明它们的概率分布相同。因此，数学期望相同的两个随机变量，只能说它们的平均值相同，但在其他方面可能存在很大的差异。下面介绍一个具体实例。

某个年级有两个班，每个班各有 50 名学生。期末考试时，两个班的平均成绩都是 90 分，因此从平均值的角度来看，无法比较两个班的成绩优劣。假设一班的成绩大部分集中在 85~95 分，而二班的成绩在 95~100 分的学生较多，同时在 70 分以下的学生也较多。也就是说，一班的成绩大部分集中在平均值 90 分附近，而二班的成绩离平均值 90 分较远，有很多学生成绩很好（95 分以上），同时也有很多学生成绩较低（70 分以下）。因此，可以说一班成绩比较集中，而二班成绩比较分散。

随机变量 $X$ 的取值是集中在数学期望 $E(X)$ 附近还是远离 $E(X)$ 呢？这可以通过 $|X-E(X)|$ 的大小反映，考虑到绝对值在数学上不好处理，可以使用 $[X-E(X)]^2$ 代替 $|X-E(X)|$。$[X-E(X)]^2$ 是一个随机变量，用它的数学期望 $E[X-E(X)]^2$ 作为衡量随机变量取值分散程度的数字特征，这个数字特征称为**随机变量的方差**。

**定义 2-13** 设 $X$ 是一个随机变量，如果 $E[X-E(X)]^2$ 存在，则称 $E[X-E(X)]^2$ 是随机变量 $X$ 的**方差**，记为 $D(X)$ 或 $\text{Var}(X)$，则

$$D(X) = E[X-E(X)]^2 \tag{2-22}$$

称 $\sigma(X) = \sqrt{D(X)}$ 为随机变量 $X$ 的**标准差**。

随机变量 $X$ 的方差 $D(X)$ 反映了 $X$ 的取值与其数学期望 $E(X)$ 的偏离程度。当 $D(X)$ 较小时，意味着 $X$ 的取值集中在 $E(X)$ 附近；反之，当 $D(X)$ 较大时，则意味着 $X$ 的取值离 $E(X)$ 较远，取值比较分散。因此，$D(X)$ 是衡量随机变量取值分散程度的一个数字特征。方差和标准差都可以用来刻画随机变量取值的分散程度，它们的差别在于量纲不同。标准差与所讨论的随机变量、数学期望有相同的量纲，而方差的单位是随机变量单位的平方。

求 $D(X)$ 实际上就是求 $g(X) = [X-E(X)]^2$ 的数学期望，即随机变量 $X$ 的函数的数学期望。对于离散型随机变量，有

$$D(X) = \sum_{k=1}^{\infty} [x_k - E(X)]^2 p_k \tag{2-23}$$

其中，$P(X=x_k) = p_k$ 是 $X$ 的分布律（$k=1, 2, \cdots$）。

对于连续型随机变量，有

$$D(X) = \int_{-\infty}^{+\infty} [X-E(X)]^2 f(x) dx \tag{2-24}$$

其中，$f(x)$ 是 $X$ 的概率密度。

根据数学期望的定义及性质，可得

$$D(X) = E(X^2) - [E(X)]^2 \tag{2-25}$$

其推导过程如下：

$$D(X) = E[X-E(X)]^2 = E[X^2 - 2X \cdot E(X) + (EX)^2]$$
$$= E(X^2) - 2E(X) \cdot E(X) + [(E(X)]^2 = E(X^2) - [E(X)]^2$$

下面给出方差的两个常用性质。

**性质 2-3** 设 $C$ 是常数，则 $D(C) = 0$。

**证明** 若 $C$ 是常数，则

$$D(C) = E[C-E(C)]^2 = E(C-C)^2 = 0$$

**性质 2-4** 设 $X$ 是随机变量，$a$ 和 $b$ 为常数，则

$$D(aX+b) = a^2 D(X)$$

**证明** 根据方差的定义和数学期望的性质得

$$D(aX+b) = E[(aX+b) - E(aX+b)]^2 = E[aX - aE(X)]^2$$
$$= a^2 E[X-E(X)]^2 = a^2 D(X)$$

**例 2-33** 某投资者有一笔资金计划投入通信或物流，其收益与市场状态有关。若将未来市场分为好、中、差 3 个等级，其发生的概率分别为 0.4，0.4，0.2。通过调查，投资

者认为投资通信的收益 $X$(万元)和投资物流的收益 $Y$(万元)的分布律分别为

| $X$ | 10 | 5 | 2 |
|---|---|---|---|
| $P$ | 0.4 | 0.4 | 0.2 |

| $Y$ | 9 | 5 | 1 |
|---|---|---|---|
| $P$ | 0.4 | 0.4 | 0.2 |

试问该投资者应如何投资？

**解** 根据数学期望(即平均收益)的定义，有
$$E(X)=10\times 0.4+5\times 0.4+2\times 0.2=6.4$$
$$E(Y)=9\times 0.4+5\times 0.4+1\times 0.2=5.8$$

从平均收益看，投资通信收益大，比投资物流多收益 0.6 万元。

再计算方差：
$$D(X)=(10-6.4)^2\times 0.4+(5-6.4)^2\times 0.4+(2-6.4)^2\times 0.2=9.84$$
$$D(Y)=(9-5.8)^2\times 0.4+(5-5.8)^2\times 0.4+(1-5.8)^2\times 0.2=8.96$$

标准差为 $\sigma(X)=3.14$，$\sigma(Y)=2.99$。标准差越大，则收益的波动大，从而风险也越大。

资金投向何处不仅要看平均收益，还要看风险。此例从标准差看，投资通信的风险比投资物流的风险大一些。综合权衡收益与风险，该投资者可以选择投资通信，虽然风险要多一些，但平均收益多 0.6 万元。

方差用来描述随机变量取值的分散程度，其值总是大于或等于 0。当方差较小时，说明随机变量的取值集中在数学期望附近的概率较大。

**定理 2-7** 切比雪夫(Chebyshev，1821—1894)不等式。设随机变量 $X$ 的数学期望和方差都存在，则对任意常数 $\varepsilon>0$，有

$$P(|X-E(X)|\geqslant \varepsilon)\leqslant \frac{D(X)}{\varepsilon^2} \tag{2-26}$$

或

$$P(|X-E(X)|<\varepsilon)\geqslant 1-\frac{D(X)}{\varepsilon^2} \tag{2-27}$$

**证明** 以连续型随机变量为例进行证明。设 $X$ 是一个连续型随机变量，其密度函数为 $f(x)$。记 $E(X)=a$，则

$$P(|X-a|\geqslant \varepsilon)=P(X-a\geqslant \varepsilon)+P(X-a\leqslant -\varepsilon)$$
$$=\int_{a+\varepsilon}^{+\infty}f(x)\mathrm{d}x+\int_{-\infty}^{a-\varepsilon}f(x)\mathrm{d}x$$
$$=\int_{a+\varepsilon}^{+\infty}f(x)\mathrm{d}x+\int_{-\infty}^{a-\varepsilon}f(x)\mathrm{d}x$$

当 $x\geqslant a+\varepsilon$ 或 $x\leqslant a-\varepsilon$ 时，都有 $\left(\dfrac{x-a}{\varepsilon}\right)^2\geqslant 1$，故

$$P(|X-a|\geqslant \varepsilon)=\int_{a+\varepsilon}^{+\infty}f(x)\mathrm{d}x+\int_{-\infty}^{a-\varepsilon}f(x)\mathrm{d}x$$
$$\leqslant \int_{a+\varepsilon}^{+\infty}\left(\frac{x-a}{\varepsilon}\right)^2 f(x)\mathrm{d}x+\int_{-\infty}^{a-\varepsilon}\left(\frac{x-a}{\varepsilon}\right)^2 f(x)\mathrm{d}x$$

$$\leqslant \int_{-\infty}^{+\infty} \left(\frac{x-a}{\varepsilon}\right)^2 f(x)\mathrm{d}x = \frac{1}{\varepsilon^2} \int_{-\infty}^{+\infty} (x-a)^2 f(x)\mathrm{d}x = \frac{D(X)}{\varepsilon^2}$$

同理可证明离散型随机变量也满足。

根据切比雪夫不等式可知，当随机变量 $X$ 的方差为 0 时，$X$ 的取值集中在一点(数学期望)上的概率为 1。

**性质 2-5** 设随机变量 $X$ 的方差存在，则 $D(X)=0$ 的充要条件是 $X$ 取 $E(X)$ 的概率为 1，即 $P\{X=E(X)\}=1$。

**证明** ①充分性。设 $P[X=E(X)]=1$，有 $P\{X^2=[E(X)]^2\}=1$，则 $E(X^2)=[E(X)]^2$，可得 $D(X)=E(X)^2-[E(X)]^2=0$。

②必要性。设 $D(X)=0$。用反证法证明 $P[X=E(X)]=1$。假设 $P[X=E(X)]<1$，则存在数 $\varepsilon>0$，得
$$P[|X-E(X)|\geqslant\varepsilon]>0 \tag{2-28}$$

但由切比雪夫不等式，对于任意 $\varepsilon>0$，都有
$$P(|X-E(X)|\geqslant\varepsilon)\leqslant\frac{D(X)}{\varepsilon^2}=0$$

即对于任意 $\varepsilon>0$ 都有 $P[|X-E(X)|\geqslant\varepsilon]=0$，这与式(2-28)矛盾，于是假设不成立，则 $P[X=E(X)]=1$。

### 2.5.3 常见分布的数学期望和方差

**例 2-34** 设 $X\sim B(1,p)$，求 $E(X)$，$D(X)$。

**解** $X$ 的分布律为 $P(X=0)=1-p$，$P(X=1)=p$，则
$$E(X)=0\cdot(1-p)+1\cdot p=p$$
$$E(X^2)=0^2\cdot(1-p)+1^2\cdot p=p$$
$$D(X)=E(X^2)-[E(X)]^2=p-p^2=p(1-p)$$

**例 2-35** 设 $X\sim B(n,p)$，求 $E(X)$ 和 $D(X)$。

**解** 随机变量 $X$ 的分布律为
$$P(X=k)=C_n^k p^k(1-p)^{n-k} \quad (k=0,1,2,\cdots,n)$$
则
$$E(X)=\sum_{k=0}^{n} k C_n^k p^k (1-p)^{n-k}=np\sum_{k=1}^{n} C_{n-1}^{k-1} p^{k-1}(1-p)^{(n-1)-(k-1)}$$
$$=np[p+(1-p)]^{n-1}=np$$
$$E(X^2)=\sum_{k=0}^{n} k^2 C_n^k p^k (1-p)^{n-k}=\sum_{k=1}^{n}(k-1+1)kC_n^k p^k(1-p)^{n-k}$$
$$=\sum_{k=1}^{n} k(k-1)C_n^k p^k(1-p)^{n-k}+\sum_{k=1}^{n} k C_n^k p^k(1-p)^{n-k}$$
$$=\sum_{k=2}^{n} k(k-1)C_n^k p^k(1-p)^{n-k}+np$$
$$=n(n-1)p^2\sum_{k=2}^{n} C_{n-2}^{k-2} p^{k-2}(1-p)^{(n-2)-(k-2)}+np=n(n-1)p^2+np$$

$$D(X) = E(X^2) - [E(X)]^2 = n(n-1)p^2 + np - (np)^2 = np(1-p)$$

**例 2-36** 设 $X \sim \pi(\lambda)$，求 $E(X)$ 和 $D(X)$。

**解** 随机变量 $X$ 的分布律为 $P(X=k) = \dfrac{\lambda^k}{k!} e^{-\lambda}$，其中 $k = 0, 1, 2, \cdots$，故

$$E(X) = \sum_{k=0}^{\infty} k \frac{\lambda^k e^{-\lambda}}{k!} = \lambda e^{-\lambda} \sum_{k=1}^{\infty} \frac{\lambda^{k-1}}{(k-1)!} = \lambda e^{-\lambda} \cdot e^{\lambda} = \lambda$$

$$E(X^2) = \sum_{k=0}^{\infty} k^2 \frac{\lambda^k}{k!} e^{-\lambda} = \sum_{k=1}^{\infty} k \frac{\lambda^k}{(k-1)!} e^{-\lambda} = \sum_{k=1}^{\infty} [(k-1)+1] \frac{\lambda^k}{(k-1)!} e^{-\lambda}$$

$$= \lambda^2 e^{-\lambda} \sum_{k=2}^{\infty} \frac{\lambda^{k-2}}{(k-2)!} + \lambda e^{-\lambda} \sum_{k=1}^{\infty} \frac{\lambda^{k-1}}{(k-1)!} = \lambda^2 + \lambda$$

$$D(X) = E(X^2) - [E(X)]^2 = \lambda^2 + \lambda - \lambda^2 = \lambda$$

由此可知，泊松分布的数学期望与方差相等，都等于参数 $\lambda$。因为泊松分布只含一个参数 $\lambda$，只要知道它的数学期望或方差就能完全确定它的分布。

**例 2-37** 设 $X \sim U(a, b)$，求 $E(X)$ 和 $D(X)$。

**解** $X$ 的概率密度为

$$f(x) = \begin{cases} \dfrac{1}{b-a}, & a < x < b \\ 0, & \text{其他} \end{cases}$$

则

$$E(X) = \int_{-\infty}^{+\infty} x f(x) dx = \int_a^b \frac{x}{b-a} dx = \frac{a+b}{2}$$

$$D(X) = E(X^2) - [E(X)]^2 = \int_a^b \frac{x^2}{b-a} dx - \left(\frac{a+b}{2}\right)^2 = \frac{(b-a)^2}{12}$$

**例 2-38** 设 $X \sim \exp(\lambda)$，求 $E(X)$ 和 $D(X)$。

**解** $X$ 的概率密度为

$$f(x) = \begin{cases} \lambda e^{-\lambda x}, & x > 0 \\ 0, & x \leq 0 \end{cases}$$

则

$$E(X) = \int_{-\infty}^{+\infty} x f(x) dx = \int_0^{+\infty} x \cdot \lambda e^{-\lambda x} dx$$

$$= -\int_0^{+\infty} x \, de^{-\lambda x} = -\left[ x e^{-\lambda x} \Big|_0^{+\infty} - \int_0^{+\infty} e^{-\lambda x} dx \right] = \frac{1}{\lambda}$$

$$E(X^2) = \int_{-\infty}^{+\infty} x^2 f(x) dx = \int_0^{+\infty} x^2 \cdot \lambda e^{-\lambda x} dx$$

$$= -\int_0^{+\infty} x^2 \, de^{-\lambda x} = -\left[ x^2 e^{-\lambda x} \Big|_0^{+\infty} - 2\int_0^{+\infty} x e^{-\lambda x} dx \right] = \frac{2}{\lambda^2}$$

$$D(X) = E(X^2) - [E(X)]^2 = \frac{1}{\lambda^2}$$

**例 2-39** 设 $X \sim N(\mu, \sigma^2)$，求 $E(X)$ 和 $D(X)$。

**解** 令 $U = \dfrac{X-\mu}{\sigma}$，则 $U \sim N(0, 1)$，则

$$E(U) = \frac{1}{\sqrt{2\pi}} \int_{-\infty}^{+\infty} t e^{-t^2/2} dt = \frac{-1}{\sqrt{2\pi}} e^{-t^2/2} \Big|_{-\infty}^{+\infty} = 0$$

$$D(U) = E(U^2) - [E(U)]^2 = \frac{1}{\sqrt{2\pi}} \int_{-\infty}^{+\infty} t^2 e^{-t^2/2} dt = -\frac{1}{\sqrt{2\pi}} \int_{-\infty}^{+\infty} t \, de^{-t^2/2}$$

$$= \frac{-1}{\sqrt{2\pi}} t e^{-t^2/2} \Big|_{-\infty}^{+\infty} + \frac{1}{\sqrt{2\pi}} \int_{-\infty}^{+\infty} e^{-t^2/2} dt = 1$$

由 $U = \dfrac{X-\mu}{\sigma}$，有 $X = \mu + \sigma U$，故

$$E(X) = E(\mu + \sigma U) = \mu$$
$$D(X) = D(u + \sigma U) = D(\sigma U) = \sigma^2 D(U) = \sigma^2$$

正态分布 $N(\mu, \sigma^2)$ 中的两个参数 $\mu$ 和 $\sigma$ 分别就是该分布的数学期望和标准差。

## 习　题

1. 设随机变量 $X$ 的分布函数 $F(x) = \begin{cases} 0, & x < 0 \\ \dfrac{1}{3}, & 0 \leqslant x < 1 \\ 1 - e^{-2x}, & 1 \leqslant x \end{cases}$，求 $P(X=1)$。

2. 设随机变量 $X$ 的分布函数为 $F(x) = \begin{cases} a + \dfrac{b}{(1+x)^2}, & x > 0 \\ c, & x \leqslant 0 \end{cases}$。

(1) 求常数 $a, b, c$ 的值。

(2) 求 $P(-1 \leqslant X < 2)$。

3. 一汽车沿街道行驶，要通过 3 个设有红绿两种信号灯的路口，每个信号灯为红或绿与其他信号灯为红或绿相互独立，且两种信号灯显示的时间相等，以 $X$ 表示该汽车驶过这条街道途中所遇到红灯的个数，求 $X$ 的分布律和分布函数。

4. 设随机变量 $X$ 的可能取值为 $0, 1, 2$，且取这 3 个值的概率之比为 $1:1:2$，求 $X$ 的分布律。

5. 从 $1, 2, 3, 4$ 中随机取 2 个数（不重复），用 $X$ 表示两个数中的最小值，求 $X$ 的分布律。

6. 从 $1, 2, 3, 4, 5$ 中随机取 3 个数（不重复），用 $X$ 表示 3 个数中的最大值，求 $X$ 的分布律。

7. 设随机变量 $X$ 的分布律为 $P(X=k) = c \dfrac{\lambda^k}{k!} e^{-2\lambda}$，$\lambda > 0$，$k = 1, 2, \cdots$，确定常数 $c$ 的值。

8. 甲、乙两人进行投篮比赛，命中率分别为 0.6 和 0.7。两人各投篮射击 3 次，求：

(1) 两人命中次数相等的概率。

(2) 甲比乙命中次数多的概率。

9. 已知某自动生产线加工出的产品次品率为 0.02，检验人员每天抽检 6 次，每次随机取 8 件，如果发现有次品就去调整设备，求一天至少要调整设备一次的概率。

10. 某象棋大师与一位象棋爱好者对弈（和棋时算爱好者获胜），比赛规则如下：第一轮比赛对弈 10 局，当象棋大师全胜时，比赛结束，大师赢；当爱好者赢下至少 3 局时，比赛结束，爱好者赢；当爱好者赢下 1 局或 2 局时，继续第二轮比赛，两人继续对弈 5 局，如果爱好者至少赢下 1 局则爱好者赢得比赛。假设一局象棋中大师的胜率为 0.9，求：

(1) 第一轮比赛象棋大师赢得比赛的概率。

(2)需要进行第二轮比赛的概率。

(3)象棋大师在第一轮比赛中未获胜且在第二轮比赛中获胜的概率。

(4)象棋大师赢得比赛的概率。

11. 设一本书中每页的印刷错误数量 $X$ 服从参数为 2 的泊松分布。求随意抽查的 4 页中无印刷错误的概率。

12. 假设一次试验中成功的概率为 $p$，失败的概率为 $q=1-p(0<p<1)$。现独立重复做试验。当第一次成功时停止试验，试验的总次数记为 $X$。

(1)证明 $X$ 的分布律为 $P(X=k)=(1-p)^{k-1}p$，其中，$k=1,2,\cdots$[注：该分布称为几何分布，记为 $X\sim Ge(p)$]。

(2)证明对任意正整数 $m$ 和 $n$，有 $P(X>m+n\mid X>m)=P(X>n)$（该性质称为几何分布的无记忆性）。

13. 袋中有 9 个球，其中有 3 个白球、6 个黑球。现从中不放回任意取出 3 个球，如果 3 个球中有 1 个白球、2 个黑球，则试验停止，否则将 3 个球放回袋中重新抽取 3 个球，直至取到 1 个白球、2 个黑球为止，用 $X$ 表示抽取次数，求 $X$ 的分布律。

14. 假设一次试验成功的概率为 $p$，失败的概率为 $q=1-p(0<p<1)$。现独立重复做试验。当第 $r$ 次成功时停止试验，试验的总次数记为 $X$。证明 $X$ 的分布律为 $P(X=k)=C_{k-1}^{r-1}p^r(1-p)^{k-r}$，其中 $k=r,r+1,\cdots$[注：该分布称为帕斯卡分布或负二项分布，记为 $X\sim Nb(r,p)$]。

15. 某人进行定点投篮训练，投中两次就结束投篮。假设每次投中的概率为 $p$，求需要投篮 5 次才能结束训练的概率。

16. 设连续型随机变量 $X$ 的分布函数为 $F(x)=\begin{cases}0, & x<0\\ \dfrac{x}{2}, & 0\leqslant x<1\\ x-\dfrac{1}{2}, & 1\leqslant x<1.5\\ 1, & x\geqslant 1.5\end{cases}$，求：

(1) $P(0.4<X\leqslant 1.3)$，$P(X>0.5)$，$P(1.7<X\leqslant 2)$。

(2) $X$ 的概率密度函数。

17. 设随机变量 $X$ 的概率密度为 $f(x)=\begin{cases}\dfrac{1}{6}, & -2<x<0\\ \dfrac{1}{3}, & 1<x<3\\ 0, & 其他\end{cases}$，求 $P(X^2\leqslant 5)$。

18. 设随机变量 $X$ 的概率密度 $f(x)=Ae^{x(1-x)}(-\infty<x<+\infty)$，试求常数 $A$。

19. 设随机变量 $X$ 的密度函数为 $f(x)=\begin{cases}0, & x<0\\ \dfrac{k}{1+x^2}, & x\geqslant 0\end{cases}$，求：(1)常数 $k$；(2) $X$ 的分布函数 $F(x)$；

(3) $P\left(\arctan X<\dfrac{\pi}{4}\right)$。

20. 设连续型随机变量 $X$ 的分布函数为 $F(x)=\begin{cases}0, & x<0\\ Ax^2, & 0\leqslant x<1\\ 1, & x\geqslant 1\end{cases}$，求：(1)常数 $A$；(2) $X$ 落在 $\left(-1,\dfrac{1}{2}\right)$ 及 $\left(\dfrac{1}{3},2\right)$ 内的概率；(3) $X$ 的概率密度。

21. 设随机变量 $X$ 的概率密度函数 $f(x)$ 满足 $f(2+x)=f(2-x)$，且 $\int_0^4 f(x)\,dx=0.6$，求 $P(X<0)$。

22. 设随机变量 $X$ 的概率密度 $f(x)$ 满足 $f(-x)=f(x)$，$F(x)$ 是 $X$ 的分布函数，证明：(1) $F(0)=\dfrac{1}{2}$；(2) $F(-x)=1-F(x)$；(3) 对任意非负数 $a$，有 $P(|X|\leqslant a)=2F(a)-1$。

23. 设随机变量 $X\sim N(20,\sigma^2)$，已知 $P(X>44)=0.023$，求 $P(8<X<32)$。

24. 已知随机变量 $X$ 服从参数 $\lambda=1$ 的指数分布，求概率 $P\left[\max\left(X,\dfrac{1}{X}\right)\leqslant 3\right]$。

25. 设随机变量 $X\sim U(2,6)$，现对 $X$ 进行 4 次独立观测，求至少有两次观测值大于 4 的概率。

26. 设离散型随机变量 $X$ 的分布律为

| $X$ | $-2$ | $-1$ | $0$ | $1$ | $2$ | $3$ |
|---|---|---|---|---|---|---|
| $P$ | 0.1 | 0.2 | 0.1 | 0.3 | 0.2 | 0.1 |

求随机变量 $Y=3X^2-5$ 的分布律。

27. 设随机变量 $X$ 的分布函数为 $F(x)=\begin{cases}0, & x<-2\\ 0.3, & -2\leqslant x<-1\\ 0.6, & -1\leqslant x<1\\ 1, & x\geqslant 1\end{cases}$，$Y=\cos\dfrac{\pi X}{6}$，求 $|Y|$ 的分布函数。

28. 设随机变量 $X$ 服从标准正态分布，求随机变量 $Y=\max\{X,1\}$ 的分布函数。

29. 设随机变量 $X$ 服从参数为 $\lambda$ 的指数分布，求随机变量 $Y=\min\{X,1\}$ 的分布函数。

30. 已知随机变量 $X$ 的概率密度为 $f(x)=\begin{cases}|x|, & |x|\leqslant 1\\ 0, & 其他\end{cases}$，求 $Y=X^2$ 的概率密度 $f_Y(y)$。

31. 设随机变量 $X$ 服从参数为 5 的指数分布，证明：随机变量 $Y=1-e^{-5X}$ 在区间 $(0,1)$ 上服从均匀分布。

32. 已知随机变量 $X$ 的概率密度为 $f(x)=\dfrac{1}{2}e^{-|x|}$，$-\infty<x<+\infty$，求 $Y=X^2+1$ 的概率密度。

33. 随机变量 $X$ 在 $\left(-\dfrac{\pi}{2},\dfrac{\pi}{2}\right)$ 上服从均匀分布，令 $Y=\sin X$，求随机变量 $Y$ 的概率密度。

34. 已知随机变量 $X\sim N(0,1)$，求：

(1) $Y=\begin{cases}1, & X\geqslant 1\\ -1, & X<1\end{cases}$ 的分布函数。

(2) $Y=e^X$ 的分布函数。

(3) $Y=|X|$ 的分布函数，结果可以用标准正态分布函数 $\Phi(x)$ 表示。

35. 设随机变量 $X$ 在区间 $[-2,2]$ 上服从均匀分布，随机变量 $Y=\begin{cases}1, & X>0\\ 0, & X=0\\ -1, & X<0\end{cases}$，求 $E(Y)$ 和 $D(Y)$。

36. 设随机变量 $X$ 的概率密度为 $f(x)=\begin{cases}\dfrac{2}{\pi(1+x^2)}, & |x|<1\\ 0, & |x|\geqslant 1\end{cases}$，求 $E(X)$ 和 $D(X)$。

37. 设连续型随机变量 $X$ 的分布函数为 $F(x)=\begin{cases}1-\dfrac{1}{x^2}, & x\geqslant 1\\ 0, & x<1\end{cases}$，求 $X$ 的数学期望。

38. 设随机变量 $X$ 服从参数为 1 的指数分布，求 $E(3X+e^{-5X})$。

39. 设随机变量 $X \sim N(0, \sigma^2)$,求 $E(|X|)$。

40. 游客乘电梯从底层到电视塔顶层观光,电梯于每个整点的第 10 分钟、30 分钟和 50 分钟从底层起行,假设一游客在早 8:00 的第 $X$ 分钟到达底层候梯处,且 $X$ 在 $(0, 60)$ 上服从均匀分布,求该游客等候时间的数学期望。

41. 设 $X$ 的均值和方差都存在,$D(X) \neq 0$,令 $Y = \dfrac{X - E(X)}{\sqrt{D(X)}}$,求 $E(Y)$ 和 $D(Y)$。

42. 已知连续型随机变量 $X$ 的概率密度函数为 $f(x) = \dfrac{1}{\sqrt{8\pi}} e^{-\frac{x^2 - 2x + 1}{8}}$,求 $E(X)$ 和 $D(X)$。

## 著名学者小传

许宝騄(1910—1970),祖籍浙江杭州,出生于北京,数学家。"中央研究院"第一届院士、中国科学院学部委员,北京大学数学系教授。1928 年就读于燕京大学化学系,1930 年转入清华大学算学系改学数学,1933 年毕业,1934 年至 1936 年担任北京大学数学系任助教。1936 年公费赴英国留学,在伦敦大学作研究生,同时也在剑桥大学学习。1938 年开始在伦敦大学兼任讲师,同年取得哲学博士学位,1940 年又获博士学位。回国后,受聘为北京大学教授,并在国立西南联合大学任教。1945—1947 年应邀先后在美国加利福尼亚大学伯克利分校、哥伦比亚大学和北卡罗莱纳州立大学讲学,为访问教授。1947—1970 年担任北京大学数学系教授。1955 年当选为中国科学院院士,是第四届全国政协委员。

许宝騄被公认为在数理统计和概率论方面第一个具有国际声望的中国数学家,在内曼—皮尔逊理论、参数估计理论、多元分析、极限理论等方面取得卓越成就,是多元统计分析学科的开拓者之一,最先发现线性假设的似然比检验($F$ 检验)的优良性,给出了多元统计中若干重要分布的推导,推动了矩阵论在多元统计中的应用,与 H. Robbins 一起提出的完全收敛的概念是对强大数定律的重要加强。

20 世纪 50 年代以来,他长期患病,但仍以顽强的毅力坚持工作。1956 年北京大学设立了中国国内第一个概率统计教研室,许宝騄为首任主任。与此同时,许宝騄组织力量开设课程编写教材,以集体的笔名发表论文,开展"请进来"和"走出去"的国际学术交流活动,为中国的科学事业和培养中国年轻一代的数理统计工作者作出了很大贡献,推动了我国统计科学与教育的现代化。

为了纪念他,1980 年,北京大学举行了"许宝騄七十诞辰纪念会"。1979 年,美国《统计年刊》发表了国外几位著名学者纪念他的文章,介绍了他的生平和工作。他出版的著作有《许宝騄文集》(1981)、《抽样论》(1982)、《许宝騄论文选集》(1983,英文版)。

# 第 3 章

# 二维随机变量

在第 2 章中，一维随机变量的概率分布全面刻画了随机变量的统计规律，数字特征刻画了随机变量的特点。在实际生活中，很多随机试验的结果需要同时使用两个或者两个以上的随机变量来描述。例如，为了研究某一地区学龄前儿童的发育情况，对该地区的儿童进行抽查。设样本空间 $\Omega=\{$该地区学龄前所有儿童$\}$，每个儿童都对应一个身高 $H$ 和体重 $W$，那么 $H$ 和 $W$ 是定义在样本空间 $\Omega$ 上的两个随机变量。仅仅研究 $H$ 和 $W$ 的概率分布并不能反映儿童的发育情况。例如，$P(H>1.1)=0.7$ 表示有 70% 的儿童身高超过 1.1 米，但这并不能说明有 70% 的儿童发育情况良好，因为身体高而体重轻的儿童也可能被视为发育不良。由此看来，研究儿童的发育情况，需要将身高 $H$ 和体重 $W$ 作为一个整体来考虑，称 $(H,W)$ 为二维随机变量。

与二维随机变量类似，可以定义 $n$ 维随机变量。本章重点学习二维随机变量的概率分布及其数字特征。

## 3.1 联合分布

### 3.1.1 联合分布函数

**定义 3-1** 设随机试验 $E$ 的样本空间为 $\Omega=\{\omega\}$，$X=X(\omega)$ 和 $Y=Y(\omega)$ 是定义在样本空间 $\Omega$ 上的两个随机变量，称 $(X,Y)$ 为**二维随机变量**。

二维随机变量的规律不仅与随机变量 $X$ 和 $Y$ 有关，还依赖于这两个随机变量之间的相互关系。与一维随机变量类似，可以使用联合分布函数来描述二维随机变量的规律。

**定义 3-2** 设 $(X,Y)$ 是二维随机变量，对于任意实数 $x$ 和 $y$，二元函数 $F(x,y)=P[(X\leqslant x)\cap(Y\leqslant y)]\triangleq P(X\leqslant x,Y\leqslant y)$ 称为 $(X,Y)$ 的分布函数，又称 $X$ 和 $Y$ 的联合分布函数。

一维随机变量 $X$ 的分布函数 $F(x)$ 表示 $X$ 落在区间 $(-\infty,x]$ 内的概率。类似地，$X$ 和 $Y$ 的联合分布函数 $F(x,y)$ 表示二维随机变量 $(X,Y)$ 落在平面直角坐标系中点 $(x,y)$ 左下方的无穷矩形中的概率（图 3-1）。

如图 3-1 所示，$(X,Y)$ 落在有限矩形 $D=\{(x,y)|a<x\leqslant b,c<y\leqslant d\}$ 内的概率为

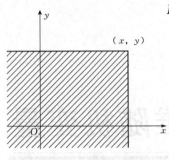

图 3-1 联合分布函数

$$P(a<X\leq b, c<Y\leq d)=F(b,d)-F(a,d)-F(b,c)+F(a,c) \quad (3-1)$$

**例 3-1** 设随机变量 $(X, Y)$ 的分布函数为

$$F(x, y)=\begin{cases} 1-2^{-x}-2^{-y}+2^{-x-y}, & x\geq 0, y\geq 0 \\ 0, & \text{其他} \end{cases}$$

求 $P(1<X\leq 2, 3<Y\leq 5)$。

**解** 由式(3-1)得

$$P(1<X\leq 2, 3<Y\leq 5)=F(2,5)-F(1,5)-F(2,3)+F(1,3)=\frac{3}{128}$$

二维随机变量的分布函数 $F(x, y)$ 需要满足下列性质：

**性质 3-1** 有界性。对任意的 $x$ 和 $y$，$0\leq F(x, y)\leq 1$ 且

$$F(x, -\infty)=\lim_{y\to -\infty}F(x, y)=0$$

$$F(-\infty, y)=\lim_{x\to -\infty}F(x, y)=0$$

$$F(+\infty, +\infty)=\lim_{x,y\to +\infty}F(x, y)=1$$

**性质 3-2** 单调性。$F(x, y)$ 分别是 $x$ 和 $y$ 的单调不减函数，即对于任意固定的 $y$，当 $x_2>x_1$ 时，$F(x_2, y)\geq F(x_1, y)$；对于任意固定的 $x$，当 $y_2>y_1$ 时，$F(x, y_2)\geq F(x, y_1)$。

**性质 3-3** 右连续性。$F(x, y)$ 分别是变量 $x$ 和 $y$ 的右连续函数，即

$$F(x+0, y)=F(x, y) \quad F(x, y+0)=F(x, y)$$

**性质 3-4** 对任意 $a<b, c<d$，满足

$$F(b, d)-F(a, d)-F(b, c)+F(a, c)\geq 0 \quad (3-2)$$

由式(3-1)可知，式(3-2)实际上就是要求联合分布函数 $F(x, y)$ 保证 $P(a<X\leq b, c<Y\leq d)\geq 0$，这一点无法由有界性、单调性和右连续性得到保证，需要单独列出。例如，可以验证二元函数

$$G(x, y)=\begin{cases} 0, & x+y<0 \\ 1, & x+y\geq 0 \end{cases}$$

满足有界性、单调性和右连续性，但不满足性质 3-4。取 $a=c=-1, b=d=1$，则

$$G(b, d)-G(a, d)-G(b, c)+G(a, c)=1-1-1+0=-1<0$$

这说明 $G(x, y)$ 不能作为二维随机变量的分布函数。

## 3.1.2 联合分布律

**定义 3-3** 如果二维随机变量 $(X, Y)$ 只取有限个或可列个数对 $(x_i, y_j)$，则 $(X, Y)$ 是二维离散型随机变量，称

$$P(X=x_i, Y=y_j)=p_{ij} \quad (i=1, 2, \cdots; j=1, 2, \cdots) \quad (3-3)$$

为 $(X, Y)$ 的**分布律**，或者称为 $X$ 和 $Y$ 的**联合分布律**。$X$ 和 $Y$ 的联合分布律可以表示为下面形式的表格：

| $X$ | $Y$ | | | | |
|---|---|---|---|---|---|
| | $y_1$ | $y_2$ | ⋯ | $y_j$ | ⋯ |
| $x_1$ | $p_{11}$ | $p_{12}$ | ⋯ | $p_{1j}$ | ⋯ |
| $x_2$ | $p_{21}$ | $p_{22}$ | ⋯ | $p_{2j}$ | ⋯ |
| ⋯ | ⋯ | ⋯ | ⋯ | ⋯ | ⋯ |
| $x_i$ | $p_{i1}$ | $p_{i2}$ | ⋯ | $p_{ij}$ | ⋯ |
| ⋯ | ⋯ | ⋯ | ⋯ | ⋯ | ⋯ |

联合分布律的**充要条件**为:

**非负性**: $p_{ij} \geqslant 0$。

**正则性**: $\sum\limits_{i=1}^{\infty}\sum\limits_{j=1}^{\infty} p_{ij}=1$。

确定二维离散型随机变量的联合分布律,关键是要确定二维随机变量可能取的所有数对及其发生的概率。

**例 3-2** 盒子里装有 3 个黑球、2 个红球、2 个白球,任选 4 个球,以 $X$ 表示取到黑球的个数,$Y$ 表示取到红球的个数,求 $X$ 和 $Y$ 的联合分布律。

**解** $(X, Y)$ 的所有可能取值为 $(0,0)$, $(0,1)$, $(0,2)$, $(1,0)$, $(1,1)$, $(1,2)$, $(2,0)$, $(2,1)$, $(2,2)$, $(3,0)$, $(3,1)$, $(3,2)$。

例题解析

根据古典概型,有

$$P(X=0, Y=2)=\frac{C_3^0 \times C_2^2 \times C_2^2}{C_7^4}=\frac{1}{35} \qquad P(X=1, Y=1)=\frac{C_3^1 \times C_2^2 \times C_2^2}{C_7^4}=\frac{6}{35}$$

$$P(X=1, Y=2)=\frac{C_3^1 \times C_2^2 \times C_2^1}{C_7^4}=\frac{6}{35} \qquad P(X=2, Y=1)=\frac{C_3^2 \times C_2^2 \times C_2^1}{C_7^4}=\frac{12}{35}$$

$$P(X=2, Y=0)=\frac{C_3^2 \times C_2^0 \times C_2^2}{C_7^4}=\frac{3}{35} \qquad P(X=2, Y=2)=\frac{C_3^2 \times C_2^2 \times C_2^0}{C_7^4}=\frac{3}{35}$$

$$P(X=3, Y=0)=\frac{C_3^3 \times C_2^0 \times C_2^1}{C_7^4}=\frac{2}{35} \qquad P(X=3, Y=1)=\frac{C_3^3 \times C_2^1 \times C_2^0}{C_7^4}=\frac{2}{35}$$

故 $X$ 和 $Y$ 的联合分布律为

| $X$ | $Y$ | | |
|---|---|---|---|
| | 0 | 1 | 2 |
| 0 | 0 | 0 | $\frac{1}{35}$ |
| 1 | 0 | $\frac{6}{35}$ | $\frac{6}{35}$ |
| 2 | $\frac{3}{35}$ | $\frac{12}{35}$ | $\frac{3}{35}$ |
| 3 | $\frac{2}{35}$ | $\frac{2}{35}$ | 0 |

**例 3-3** 设 $(X,Y)$ 的分布律为

| X | Y | | |
|---|---|---|---|
| | 1 | 2 | 3 |
| 0 | 0.1 | 0.1 | 0.3 |
| 1 | 0.25 | 0 | 0.25 |

求：① $P(X=0)$；② $P(Y\leqslant 2)$；③ $P(X<1, Y\leqslant 2)$；④ $P(X+Y=2)$。

**解** ① $P(X=0)=P(X=0, Y=1)+P(X=0, Y=2)+P(X=0, Y=3)$
$=0.1+0.1+0.3=0.5$。

② $P(Y\leqslant 2)=P(X=0, Y=1)+P(X=0, Y=2)+P(X=1, Y=1)$
$+P(X=1, Y=2)$
$=0.1+0.1+0.25+0=0.45$。

③ $P(X<1, Y\leqslant 2)=P(X=0, Y=1)+P(X=0, Y=2)=0.1+0.1=0.2$。

④ $P(X+Y=2)=P(X=0, Y=2)+P(X=1, Y=1)=0.1+0.25=0.35$。

例题解析

### 3.1.3 联合概率密度函数

**定义 3-4** 设二维随机变量 $(X,Y)$ 的分布函数为 $F(x,y)$，如果存在非负可积函数 $f(x,y)$，对任意的 $x$ 和 $y$ 都满足

$$F(x,y)=\int_{-\infty}^{x}\int_{-\infty}^{y}f(u,v)\mathrm{d}v\mathrm{d}u \tag{3-4}$$

则称 $(X,Y)$ 为**二维连续型随机变量**，函数 $f(x,y)$ 称为 $(X,Y)$ 的**概率密度函数**，也称为 $X$ 和 $Y$ 的**联合概率密度函数**。

由式(3-4)可知，在 $F(x,y)$ 偏导数存在的点 $(x,y)$ 处，有

$$f(x,y)=\frac{\partial^2 F(x,y)}{\partial x \partial y} \tag{3-5}$$

与一维随机变量的概率密度函数的性质一样，$f(x,y)$ 是二维随机变量的联合概率密度函数的充要条件为

**非负性**：$f(x,y)\geqslant 0$。

**正则性**：$\int_{-\infty}^{+\infty}\int_{-\infty}^{+\infty}f(x,y)\mathrm{d}x\mathrm{d}y=1$。

给出联合概率密度函数 $f(x,y)$，就可以求有关事件的概率。若 $G$ 为平面上的一个区域，则事件 $\{(X,Y)\in G\}$ 的概率可表示为 $f(x,y)$ 在 $G$ 上的**二重积分**，即

$$P[(X,Y)\in G]=\iint_{G}f(x,y)\mathrm{d}x\mathrm{d}y \tag{3-6}$$

例题解析

**例 3-4** 设二维随机变量 $(X,Y)$ 的概率密度函数为

$$f(x,y)=\begin{cases}6x, & 0\leqslant x\leqslant y\leqslant 1\\ 0, & 其他\end{cases}$$

求 $P(X+Y\leqslant 1)$。

**解** $f(x,y)$ 取值非零对应的区域为 $D=\{(x,y)|0\leqslant x\leqslant y\leqslant 1\}$，所求概率对应的

区域为 $G=\{(x,y)|x+y\leqslant 1\}$，$D$ 与 $G$ 的交集如图 3-2 所示阴影部分，故

$$P(X+Y\leqslant 1)=\iint_G f(x,y)\mathrm{d}x\mathrm{d}y$$
$$=\int_0^{\frac{1}{2}}\mathrm{d}x\int_x^{1-x}6x\mathrm{d}y$$
$$=\int_0^{\frac{1}{2}}6x(1-2x)\mathrm{d}x$$
$$=\frac{1}{4}$$

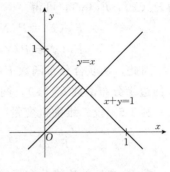

图 3-2　例 3-4 的积分区域

下面给出两个常用的二维连续型随机变量。

**(1) 二维均匀分布**

**定义 3-5**　设二维随机变量 $(X,Y)$ 的联合概率密度函数为

$$f(x,y)=\begin{cases}\dfrac{1}{S(D)},&(x,y)\in D\\ 0,&\text{其他}\end{cases}$$

其中，$S(D)$ 表示平面区域 $D$ 的面积，则称 $(X,Y)$ 服从区域 $D$ 上的**均匀分布**，记为 $(X,Y)\sim U(D)$。

二维均匀分布所描述的随机现象是向平面区域 $D$ 中随机投点，二维随机变量 $(X,Y)$ 的取值在 $D$ 中均匀分布，坐标 $(X,Y)$ 落在区域 $D$ 的任意子区域 $G$ 中的概率，只与 $G$ 的面积有关，而与 $G$ 的位置无关，即

$$P[(X,Y)\in G]=\iint_G f(x,y)\mathrm{d}x\mathrm{d}y=\iint_G\frac{1}{S(D)}\mathrm{d}x\mathrm{d}y=\frac{S(G)}{S(D)}$$

这正是几何概型的计算公式。

**(2) 二维正态分布**

**定义 3-6**　设二维随机变量 $(X,Y)$ 的联合概率密度函数为

$$f(x,y)=\frac{1}{2\pi\sigma_1\sigma_2\sqrt{1-\rho^2}}\cdot\exp\left\{-\frac{1}{2(1-\rho^2)}\cdot\left[\frac{(x-\mu_1)^2}{\sigma_1^2}-2\rho\frac{(x-\mu_1)(y-\mu_2)}{\sigma_1\sigma_2}+\frac{(y-\mu_2)^2}{\sigma_2^2}\right]\right\}$$

则称 $(X,Y)$ 服从**二维正态分布**，记为 $(X,Y)\sim N(\mu_1,\mu_2,\sigma_1^2,\sigma_2^2,\rho)$，其中，5 个参数 $\mu_1,\mu_2,\sigma_1,\sigma_2,\rho$ 的取值范围分别为 $-\infty<\mu_i<+\infty$，$\sigma_i>0$，$-1<\rho<1$，$i=1,2$。

## 3.2　边缘分布与条件分布

二维随机变量 $(X,Y)$ 作为一个整体，其统计规律性可以用联合分布表示。$X$ 和 $Y$ 分别具有各自的概率分布，称为**边缘分布**。边缘分布可以通过边缘分布函数、边缘分布律和边缘概率密度函数 3 种表示形式来描述。

### 3.2.1　边缘分布

设二维随机变量 $(X,Y)$ 的联合分布函数为 $F(x,y)$，$X$ 和 $Y$ 的边缘分布函数分别记

为 $F_X(x)$，$F_Y(y)$，可得
$$F_X(x)=P(X\leqslant x)=P(X\leqslant x, Y<+\infty)=F(x, +\infty)$$
$$F_Y(y)=P(Y\leqslant y)=P(X<+\infty, Y\leqslant y)=F(+\infty, y)$$
(3-7)

因此，从联合分布函数 $F(x, y)$ 出发，只需要令 $y\to+\infty$ 求出 $F(x, y)$ 的极限就是 $X$ 的边缘分布函数 $F_X(x)$，同理可得 $Y$ 的边缘分布函数 $F_Y(y)$。

**例 3-5** 设二维随机变量 $(X, Y)$ 的联合分布函数为
$$F(x, y)=\begin{cases} 1-\mathrm{e}^{-x}-\mathrm{e}^{-y}+\mathrm{e}^{-x-y-\lambda xy}, & x>0, y>0 \\ 0, & \text{其他} \end{cases}$$
求 $X$ 与 $Y$ 的边缘分布函数。

**解** 由式(3-7)可得
$$F_X(x)=F(x, \infty)=\begin{cases} 1-\mathrm{e}^{-x}, & x>0 \\ 0, & x\leqslant 0 \end{cases}$$
$$F_Y(y)=F(\infty, y)=\begin{cases} 1-\mathrm{e}^{-y}, & y>0 \\ 0, & y\leqslant 0 \end{cases}$$

两个边缘分布函数都与参数 $\lambda$ 无关。不同的 $\lambda$ 对应不同的联合分布函数，但两个边缘分布函数保持不变。这说明仅仅凭借**边缘分布函数无法确定联合分布函数**。

**(1) 离散型随机变量的边缘分布**

设二维离散型随机变量 $(X, Y)$ 的联合分布律为
$$P(X=x_i, Y=y_j)=p_{ij} \quad (i=1, 2, \cdots; j=1, 2, \cdots)$$
$X$ 的边缘分布律为概率 $P(X=x_i)$，其中 $i=1, 2, \cdots$，根据联合分布律可得
$$P(X=x_i)=P(X=x_i, Y=y_1)+P(X=x_i, Y=y_2)+\cdots=\sum_{j=1}^{\infty} p_{ij} \quad (i=1, 2, \cdots)$$

因此，根据联合分布律 $P(X=x_i, Y=y_j)=p_{ij}$ 求 $X$ 的边缘分布律时，只需要将随机变量 $Y$ 的所有可能取值相应的概率求和即可，引入记号 $\sum_{j=1}^{\infty} p_{ij}=p_{i\cdot}$，$p_{i\cdot}$ 中的符号 · 表示对 $p_{ij}$ 中的所有 $j$ 求和。类似地，可得随机变量 $Y$ 的边缘分布律 $p_{\cdot j}$。因此，$X$ 和 $Y$ 的边缘分布律分别为

$$\begin{cases} p_{i\cdot}=P(X=x_i)=\sum_{j=1}^{\infty} P(X=x_i, Y=y_j)=\sum_{j=1}^{\infty} p_{ij} & (i=1, 2, \cdots) \\ p_{\cdot j}=P(Y=y_j)=\sum_{i=1}^{\infty} P(X=x_i, Y=y_j)=\sum_{i=1}^{\infty} p_{ij} & (j=1, 2, \cdots) \end{cases}$$
(3-8)

例题解析

**例 3-6** 设随机变量 $X$ 在 1，2，3，4 四个整数中随机地取一值，另一随机变量 $Y$ 在 1 到 $X$ 中随机地取一值，求 $(X, Y)$ 的联合分布律及 $X$ 和 $Y$ 的边缘分布律。

**解** $X$ 可能的取值为 $i=1, 2, 3, 4$，$Y$ 可能的取值为 $j=1, \cdots, i$。由乘法公式得
$$P(X=i, Y=j)=P(Y=j|X=i)\cdot P(X=i)=\begin{cases} \dfrac{1}{4}\cdot\dfrac{1}{i}, & j\leqslant i \\ 0, & j>i \end{cases}$$

故得 $X$ 和 $Y$ 的联合分布律为

| X | Y | | | |
|---|---|---|---|---|
| | 1 | 2 | 3 | 4 |
| 1 | $\frac{1}{4}$ | 0 | 0 | 0 |
| 2 | $\frac{1}{8}$ | $\frac{1}{8}$ | 0 | 0 |
| 3 | $\frac{1}{12}$ | $\frac{1}{12}$ | $\frac{1}{12}$ | 0 |
| 4 | $\frac{1}{16}$ | $\frac{1}{16}$ | $\frac{1}{16}$ | $\frac{1}{16}$ |

利用 $p_{i\cdot}=\sum_j p_{ij}$ 和 $p_{\cdot j}=\sum_i p_{ij}$ 可以得到 $X$ 和 $Y$ 的边缘分布律,并写在联合分布律表格的边缘上。

| X | Y | | | | $P(X=x_i)=p_{i\cdot}$ |
|---|---|---|---|---|---|
| | 1 | 2 | 3 | 4 | |
| 1 | $\frac{1}{4}$ | 0 | 0 | 0 | $\frac{1}{4}$ |
| 2 | $\frac{1}{8}$ | $\frac{1}{8}$ | 0 | 0 | $\frac{1}{4}$ |
| 3 | $\frac{1}{12}$ | $\frac{1}{12}$ | $\frac{1}{12}$ | 0 | $\frac{1}{4}$ |
| 4 | $\frac{1}{16}$ | $\frac{1}{16}$ | $\frac{1}{16}$ | $\frac{1}{16}$ | $\frac{1}{4}$ |
| $P(Y=y_j)=p_{\cdot j}$ | $\frac{25}{48}$ | $\frac{13}{48}$ | $\frac{7}{48}$ | $\frac{3}{48}$ | 1 |

**例 3-7** 设随机变量 $X_1$ 的分布律为

| $X_1$ | $-1$ | 0 | 1 |
|---|---|---|---|
| $P$ | $\frac{1}{4}$ | $\frac{1}{2}$ | $\frac{1}{4}$ |

例题解析

随机变量 $X_2$ 与 $X_1$ 有相同的分布,且满足 $P(X_1X_2=0)=1$,求 $X_1$ 和 $X_2$ 的联合分布律,并求 $P(X_1=X_2)$。

**解** 由 $P(X_1X_2=0)=1$ 可得 $P(X_1X_2\neq 0)=0$,因为
$$P(X_1X_2\neq 0)=P(X_1=-1, X_2=-1)+P(X_1=-1, X_2=1)$$
$$+P(X_1=1, X_2=-1)+P(X_1=1, X_2=1)$$

故
$$P(X_1=-1, X_2=-1)=0 \quad P(X_1=-1, X_2=1)=0$$
$$P(X_1=1, X_2=-1)=0 \quad P(X_1=1, X_2=1)=0$$

由以上条件求出，$X_1$，$X_2$ 的联合概率分布如下表所列。

| $X_1$ | $X_2$ | | | $p_{·j}$ |
|---|---|---|---|---|
| | $-1$ | $0$ | $1$ | |
| $-1$ | $0$ | $\frac{1}{4}$ | $0$ | $\frac{1}{4}$ |
| $0$ | $\frac{1}{4}$ | $0$ | $\frac{1}{4}$ | $\frac{1}{2}$ |
| $1$ | $0$ | $\frac{1}{4}$ | $0$ | $\frac{1}{4}$ |
| $p_{i·}$ | $\frac{1}{4}$ | $\frac{1}{2}$ | $\frac{1}{4}$ | $1$ |

进一步得

$$P(X_1=X_2)=P(X_1=-1,\ X_2=-1)+P(X_1=0,\ X_2=0)$$
$$+P(X_1=1,\ X_2=1)=0$$

**(2) 连续型随机变量的边缘分布**

设二维连续型随机变量 $(X,Y)$ 的联合概率密度函数为 $f(x,y)$，则 $X$ 的边缘分布函数为

$$F_X(x)=F(x,\ +\infty)=\int_{-\infty}^{x}\left[\int_{-\infty}^{+\infty}f(u,v)\mathrm{d}v\right]\mathrm{d}u$$

求导可得 $X$ 的边缘概率密度函数为

$$f_X(x)=F'_X(x)=\int_{-\infty}^{+\infty}f(x,v)\mathrm{d}v=\int_{-\infty}^{+\infty}f(x,y)\mathrm{d}y$$

类似地，可得随机变量 $Y$ 的边缘概率密度函数。因此，$X$ 和 $Y$ 的边缘概率密度函数分别为

$$f_X(x)=\int_{-\infty}^{+\infty}f(x,y)\mathrm{d}y,\ f_Y(y)=\int_{-\infty}^{+\infty}f(x,y)\mathrm{d}x \tag{3-9}$$

由联合概率密度函数求边缘概率密度函数时，要注意积分区域的确定。

例题解析

**例 3-8** 设平面区域 $D$ 由曲线 $y=\dfrac{1}{x}$ 及直线 $y=0$，$x=1$，$x=\mathrm{e}^2$ 所围成。二维随机变量 $(X,Y)$ 在区域 $D$ 上服从均匀分布，求 $X$ 和 $Y$ 的边缘概率密度函数。

**解** 区域 $D$ 如图 3-3 中阴影部分所示，$D$ 的面积为

$$S_D=\int_1^{\mathrm{e}^2}\frac{1}{x}\mathrm{d}x=\ln x\Big|_1^{\mathrm{e}^2}=2$$

$X$ 和 $Y$ 的联合概率密度函数为

$$f(x,y)=\begin{cases}\dfrac{1}{2}, & (x,y)\in D\\ 0, & \text{其他}\end{cases}$$

显然 $X$ 的取值范围是 $(1, e^2)$。当 $x \leqslant 1$ 或 $x \geqslant e^2$ 时，$f_X(x) = 0$。

当 $1 < x < e^2$ 时，
$$f_X(x) = \int_{-\infty}^{+\infty} f(x, y) dy = \int_0^{\frac{1}{x}} \frac{1}{2} dy = \frac{1}{2x}$$

因此，$X$ 的边缘概率密度函数为
$$f_X(x) = \begin{cases} \dfrac{1}{2x}, & 1 < x < e^2 \\ 0, & \text{其他} \end{cases}$$

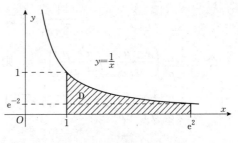

图 3-3　例 3-8 的区域 $D$

$Y$ 的取值范围是 $(0, 1)$。当 $y \leqslant 0$ 或 $y \geqslant 1$ 时，$f_Y(y) = 0$。

当 $0 < y < e^{-2}$ 时，
$$f_Y(y) = \int_{-\infty}^{+\infty} f(x, y) dx = \int_1^{e^2} \frac{1}{2} dx = \frac{1}{2}(e^2 - 1)$$

当 $e^{-2} \leqslant y < 1$ 时，
$$f_Y(y) = \int_{-\infty}^{+\infty} f(x, y) dx = \int_1^{\frac{1}{y}} \frac{1}{2} dx = \frac{1}{2}\left(\frac{1}{y} - 1\right)$$

因此，$Y$ 的边缘概率密度函数为
$$f_Y(y) = \begin{cases} \dfrac{1}{2}(e^2 - 1), & 0 < y < e^{-2} \\ \dfrac{1}{2}\left(\dfrac{1}{y} - 1\right), & e^{-2} \leqslant y < 1 \\ 0, & \text{其他} \end{cases}$$

由例 3-8 可知，当 $(X, Y)$ 的联合分布是均匀分布时，其边缘分布不一定是均匀分布。但是，下面的定理说明二维正态分布的边缘分布一定还是正态分布。

**定理 3-1**　设 $(X, Y) \sim N(\mu_1, \mu_2, \sigma_1, \sigma_2, \rho)$，则 $X$ 和 $Y$ 的边缘分布仍然是正态分布，且
$$X \sim N(\mu_1, \sigma_1^2) \qquad Y \sim N(\mu_2, \sigma_2^2)$$

**证明**　$(X, Y)$ 的联合概率密度函数为
$$f(x, y) = \frac{1}{2\pi\sigma_1\sigma_2\sqrt{1-\rho^2}} \cdot \exp\left\{-\frac{1}{2(1-\rho^2)} \cdot \left[\frac{(x-\mu_1)^2}{\sigma_1^2} - 2\rho\frac{(x-\mu_1)(y-\mu_2)}{\sigma_1\sigma_2} + \frac{(y-\mu_2)^2}{\sigma_2^2}\right]\right\}$$

配方
$$\frac{(x-\mu_1)^2}{\sigma_1^2} + \frac{(y-\mu_2)^2}{\sigma_2^2} - 2\rho\frac{(x-\mu_1)(y-\mu_2)}{\sigma_1\sigma_2} = \left(\frac{y-\mu_2}{\sigma_2} - \rho\frac{x-\mu_1}{\sigma_1}\right)^2 - (1-\rho^2)\left(\frac{x-\mu_1}{\sigma_1}\right)^2$$

于是
$$f(x, y) = \frac{1}{\sqrt{2\pi} \cdot \sigma_1} e^{-\frac{(x-\mu_1)^2}{2\sigma_1^2}} \cdot \frac{1}{\sqrt{2\pi} \cdot \sigma_2\sqrt{1-\rho^2}} e^{-\frac{1}{2(1-\rho^2)}\left(\frac{y-\mu_2}{\sigma_2} - \rho\frac{x-\mu_1}{\sigma_1}\right)^2}$$

于是 $X$ 的边缘概率密度函数为
$$f_X(x) = \int_{-\infty}^{+\infty} f(x, y) dy$$

$$= \frac{1}{\sqrt{2\pi}\sigma_1} e^{-\frac{(x-\mu_1)^2}{2\sigma_1^2}} \cdot \int_{-\infty}^{+\infty} \frac{1}{\sqrt{2\pi}\sigma_2\sqrt{1-\rho^2}} e^{-\frac{1}{2(1-\rho^2)}\left(\frac{y-\mu_2}{\sigma_2}-\rho\frac{x-\mu_1}{\sigma_1}\right)^2} dy$$

令 $\dfrac{1}{\sqrt{1-\rho^2}}\left(\dfrac{y-\mu_2}{\sigma_2}-\rho\dfrac{x-\mu_1}{\sigma_1}\right)=t$，则

$$\int_{-\infty}^{+\infty} \frac{1}{\sqrt{2\pi}\sigma_2\sqrt{1-\rho^2}} e^{-\frac{1}{2(1-\rho^2)}\left(\frac{y-\mu_2}{\sigma_2}-\rho\frac{x-\mu_1}{\sigma_1}\right)^2} dy = \int_{-\infty}^{+\infty} \frac{1}{\sqrt{2\pi}\sigma_2\sqrt{1-\rho^2}} e^{-\frac{t^2}{2}} \cdot \sigma_2\sqrt{1-\rho^2}\, dt$$

$$=\int_{-\infty}^{+\infty} \frac{1}{\sqrt{2\pi}} e^{-\frac{t^2}{2}}\, dt = 1$$

因此，$X$ 的边缘概率密度函数为 $f_X(x) = \dfrac{1}{\sqrt{2\pi}\sigma_1} e^{-\frac{(x-\mu_1)^2}{2\sigma_1^2}}$，即 $X\sim N(\mu_1,\sigma_1^2)$。

类似可证 $Y\sim N(\mu_2,\sigma_2^2)$。

可以看到，二维正态分布的两个边缘分布都是一维正态分布，并且它们都不依赖参数 $\rho$。对于给定的 $\mu_1$，$\mu_2$，$\sigma_1$，$\sigma_2$，不同的 $\rho$ 对应不同的二维正态分布，但它们的边缘分布都是相同的。这表明，仅仅由 $X$ 和 $Y$ 的边缘分布，通常无法确定随机变量 $X$ 和 $Y$ 的联合分布。

### 3.2.2 随机变量的独立性

对二维随机变量 $(X,Y)$，$X$ 和 $Y$ 之间通常会存在某种联系。例如，$X$ 表示身高，$Y$ 表示体重，它们的取值有一定的关联。但有些情况，如扔两次骰子，$X$ 表示第一次骰子的点数，$Y$ 表示第二次骰子的点数，$X$ 和 $Y$ 的取值互不影响。此时，称 $X$ 和 $Y$ 相互独立。本书 1.5 节介绍了两个随机事件相互独立的定义，这里用随机事件相互独立的定义给出两个随机变量相互独立的定义。

**定义 3-7** 设 $(X,Y)$ 是二维随机变量，$A$，$B$ 是实数集 $R$ 的任意两个子集，如果

$$P(X\in A, Y\in B) = P(X\in A)\cdot P(Y\in B)$$

总成立，则称**随机变量 $X$ 和 $Y$ 相互独立**。

利用上述定义来验证两个随机变量的独立性并不容易，下面将利用分布函数、分布律和概率密度函数给出两个随机变量相互独立的等价定义。

**定义 3-8** 设 $F(x,y)$ 是二维随机变量 $(X,Y)$ 的联合分布函数，$F_X(x)$ 和 $F_Y(y)$ 分别是 $X$ 和 $Y$ 的边缘分布函数。如果对所有实数 $x$ 和 $y$ 都有

$$F(x,y) = F_X(x)\cdot F_Y(y) \tag{3-10}$$

则称**随机变量 $X$ 和 $Y$ 相互独立**。

设 $(X,Y)$ 是离散型随机变量，$p_{ij}$ 是二维随机变量 $(X,Y)$ 的联合分布律，$p_{i\cdot}$ 和 $p_{\cdot j}$ 分别是 $X$，$Y$ 的边缘分布律，如果对所有 $i$，$j$ 都有

$$p_{ij} = p_{i\cdot}\cdot p_{\cdot j} \tag{3-11}$$

则称**随机变量 $X$ 和 $Y$ 相互独立**。

设 $(X,Y)$ 是连续型随机变量，$f(x,y)$ 是二维随机变量 $(X,Y)$ 的联合概率密度函数，$f_X(x)$ 和 $f_Y(y)$ 分别是 $X$，$Y$ 的边缘概率密度函数。如果

$$f(x,y) = f_X(x)\cdot f_Y(y) \tag{3-12}$$

在平面上几乎处处*成立，则称随机变量 $X$ 和 $Y$ 相互独立。

由式(3-11)可知例 3-6 中的随机变量 $X$ 和 $Y$ 不相互独立，由式(3-12)可知例 3-8 中的随机变量 $X$ 和 $Y$ 不相互独立。

**例 3-9** 一个电子仪器由两个部件构成，以 $X$ 和 $Y$ 分别表示两个部件的寿命（单位：千小时）。已知 $X$ 和 $Y$ 的联合分布函数为

$$F(x,y)=\begin{cases}1-\mathrm{e}^{-0.5x}-\mathrm{e}^{-0.5y}+\mathrm{e}^{-0.5(x+y)}, & x\geqslant 0, y\geqslant 0\\ 0, & 其他\end{cases}$$

问 $X,Y$ 是否相互独立？

**解** 由 $F(x,y)$ 易知 $X,Y$ 的边缘分布函数

$$F_X(x)=F(x,+\infty)=\begin{cases}1-\mathrm{e}^{-0.5x}, & x\geqslant 0\\ 0, & x<0\end{cases}$$

$$F_Y(y)=F(+\infty,y)=\begin{cases}1-\mathrm{e}^{-0.5y}, & y\geqslant 0\\ 0, & y<0\end{cases}$$

对任意实数 $x,y$，都有 $F(x,y)=F_X(x)F_Y(y)$，故 $X,Y$ 相互独立。

由定义 3-7 可知，当随机变量 $X$ 和 $Y$ 相互独立时，可由边缘概率分布求得联合概率分布。

**例 3-10** 从 $(0,1)$ 中任取两个数，求两数之和小于 1.2 的概率。

**解** 分别记两个数为 $X$ 和 $Y$，则 $X$ 和 $Y$ 都服从 $(0,1)$ 上的均匀分布，由于 $X$ 和 $Y$ 的取值相互没有任何影响，故 $X$ 和 $Y$ 相互独立，联合密度函数为

$$f(x,y)=f_X(x)f_Y(y)=\begin{cases}1, & 0<x<1, 0<y<1\\ 0, & 其他\end{cases}$$

事件 $\{X+Y<1.2\}$ 的非零区域如图 3-4 所示，其概率为

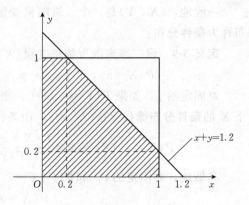

图 3-4 例 3-10 示意

$$P(X+Y<1.2)=\int_0^{0.2}\int_0^1 1\mathrm{d}y\mathrm{d}x+\int_{0.2}^1\int_0^{1.2-x}1\mathrm{d}y\mathrm{d}x$$

$$=0.2+\int_{0.2}^1(1.2-x)\mathrm{d}x=0.68$$

**例 3-11** 设二维随机变量 $(X,Y)\sim N(\mu_1,\mu_2,\sigma_1,\sigma_2,\rho)$，证明：$X$ 与 $Y$ 相互独立的充要条件是 $\rho=0$。

**证明** $(X,Y)$ 的联合概率密度函数为

$$f(x,y)=\frac{1}{2\pi\sigma_1\sigma_2\sqrt{1-\rho^2}}\cdot\exp\left\{-\frac{1}{2(1-\rho^2)}\cdot\left[\frac{(x-\mu_1)^2}{\sigma_1^2}-2\rho\frac{(x-\mu_1)(y-\mu_2)}{\sigma_1\sigma_2}+\frac{(y-\mu_2)^2}{\sigma_2^2}\right]\right\}$$

由定理 3-1 可知，$X$ 和 $Y$ 的概率密度函数为

---

\* 在平面上除面积为零的集合以外，处处成立。

$$f_X(x)=\frac{1}{\sqrt{2\pi}\sigma_1}\exp\left\{-\frac{(x-\mu_1)^2}{2\sigma_1^2}\right\} \qquad f_Y(y)=\frac{1}{\sqrt{2\pi}\sigma_2}\exp\left\{-\frac{(y-\mu_2)^2}{2\sigma_2^2}\right\}$$

① 充分性。若 $\rho=0$，显然有 $f(x,y)=f_X(x)f_Y(y)$，故 $X$ 与 $Y$ 相互独立。

② 必要性。若 $X$ 与 $Y$ 相互独立，则 $f(x,y)=f_X(x)f_Y(y)$ 对所有 $x,y$ 都成立。特别地，令 $x=\mu_1$，$y=\mu_2$，由 $f(x,y)=f_X(x)f_Y(y)$ 可得

$$\frac{1}{2\pi\sigma_1\sigma_2\sqrt{1-\rho^2}}=\frac{1}{\sqrt{2\pi}\sigma_1}\cdot\frac{1}{\sqrt{2\pi}\sigma_2}$$

则 $\rho=0$。

## 3.2.3 条件分布

研究父亲身高 $X$ 与子女身高 $Y$ 的关系，通常关注的是父亲身高对子女身高的影响。任选 100 个身高为 1.6 米的父亲，测量其子女的身高值，其统计规律性记为分布 $f$；再任选 100 名身高为 1.8 米的父亲，测量其子女的身高值，其统计规律性记为分布 $g$。分布 $f$ 和 $g$ 分别是在 $X=1.6$ 米和 $X=1.8$ 的条件下得到的，称其为条件分布。相应地，如果在选取子女测量身高时，不固定父亲的身高值，则得到的分布称为无条件分布。不难理解，无条件分布与条件分布一般是不相同的。

一般地，$(X,Y)$ 是一个二维随机变量，在给定 $X=x$ 的条件下随机变量 $Y$ 的概率分布称为**条件分布**。

**定义 3-9** 设二维离散型随机变量 $(X,Y)$ 的联合分布律为

$$P(X=x_i, Y=y_j)=p_{ij} \qquad (i=1,2,\cdots; j=1,2,\cdots)$$

对固定的 $j$，如果 $P(Y=y_j)>0$，则条件概率 $P(X=x_i|Y=y_j)$ 称为 $Y=y_j$ 的条件下 $X$ 的**条件分布律**$(i=1,2,\cdots)$，由条件概率公式容易得到

$$P(X=x_i|Y=y_j)=\frac{P(X=x_i,Y=y_j)}{P(Y=y_j)}=\frac{p_{ij}}{p_{\cdot j}} \qquad (i=1,2,\cdots) \tag{3-13}$$

类似地，对固定的 $i$，如果 $P(X=x_i)>0$，则 $X=x_i$ 的条件下 $Y$ 的条件分布律为

$$P(Y=y_j|X=x_i)=\frac{P(X=x_i,Y=y_j)}{P(X=x_i)}=\frac{p_{ij}}{p_{i\cdot}} \qquad (j=1,2,\cdots) \tag{3-14}$$

**例 3-12** 设二维离散随机变量 $(X,Y)$ 的联合分布律为

$$P(X=1,Y=1)=P(X=2,Y=1)=\frac{1}{8}$$

$$P(X=1,Y=2)=\frac{1}{4}$$

$$P(X=2,Y=2)=\frac{1}{2}$$

求已知 $Y=i$ 的条件下 $X$ 的条件分布律$(i=1,2)$。

**解** 易得 $Y$ 的边缘分布律为

$$P(Y=1)=\frac{1}{8}+\frac{1}{8}=\frac{1}{4} \qquad P(Y=2)=\frac{1}{4}+\frac{1}{2}=\frac{3}{4}$$

当 $Y=1$ 时，$X$ 的条件分布律为

$$P(X=1|Y=1)=\frac{P(X=1, Y=1)}{P(Y=1)}=\frac{1}{2}$$

$$P(X=2|Y=1)=\frac{P(X=2, Y=1)}{P(Y=1)}=\frac{1}{2}$$

当 $Y=2$ 时，$X$ 的条件分布律为

$$P(X=1|Y=2)=\frac{P(X=1, Y=2)}{P(Y=2)}=\frac{1}{3}$$

$$P(X=2|Y=2)=\frac{P(X=2, Y=2)}{P(Y=2)}=\frac{2}{3}$$

**例 3-13** 设在一段时间内某一商店的顾客人数 $X$ 服从泊松分布 $\pi(\lambda)$，每个顾客购买某种商品的概率为 $p$，并且每位顾客是否购买该种商品相互独立。求商店的顾客购买这种物品的人数 $Y$ 的分布律。

例题解析

**解** 由题意知

$$P(X=m)=\frac{\lambda^m}{m!}\mathrm{e}^{-\lambda} \quad (m=0, 1, 2, \cdots)$$

在进入商店的人数 $X=m$ 的条件下，购买某种物品的人数 $Y$ 的条件分布为二项分布 $B(m, p)$，即

$$P(Y=k|X=m)=C_m^k p^k (1-p)^{m-k} \quad (k=0, 1, 2, \cdots, m)$$

由全概率公式有

$$\begin{aligned}
P(Y=k) &= \sum_{m=k}^{\infty} P(X=m)P(Y=k|X=m) \\
&= \sum_{m=k}^{\infty} \frac{\lambda^m}{m!}\mathrm{e}^{-\lambda} \cdot \frac{m!}{k!(m-k)!} p^k (1-p)^{m-k} \\
&= \mathrm{e}^{-\lambda} \sum_{m=k}^{\infty} \frac{\lambda^m}{k!(m-k)!} p^k (1-p)^{m-k} \\
&= \mathrm{e}^{-\lambda} \frac{(\lambda p)^k}{k!} \sum_{m=k}^{\infty} \frac{[(1-p)\lambda]^{m-k}}{(m-k)!} \\
&= \frac{(\lambda p)^k}{k!} \mathrm{e}^{-\lambda} \mathrm{e}^{\lambda(1-p)} = \frac{(\lambda p)^k}{k!} \mathrm{e}^{-\lambda p} \quad (k=0, 1, 2, \cdots)
\end{aligned}$$

这说明 $Y$ 服从参数为 $\lambda p$ 的泊松分布。

下面分析连续型随机变量的条件概率密度函数。

设二维连续型随机变量 $(X, Y)$ 的联合概率密度函数为 $f(x, y)$，边缘概率密度函数为 $f_X(x)$，$f_Y(y)$。在 $Y=y$ 的条件下 $X$ 的条件分布函数为 $P(X\leqslant x|Y=y)$。因为连续型随机变量取单点的概率为零，即 $P(Y=y)=0$，所以无法用条件概率公式直接计算 $P(X\leqslant x|Y=y)$。一个自然的想法是将 $P(X\leqslant x|Y=y)$ 看成是 $h\to 0$ 时 $P(X\leqslant x|y\leqslant Y\leqslant y+h)$ 的极限，即

$$\begin{aligned}
P(X\leqslant x|Y=y) &= \lim_{h\to 0} P(X\leqslant x|y\leqslant Y\leqslant y+h) \\
&= \lim_{h\to 0} \frac{P(X\leqslant x, y\leqslant Y\leqslant y+h)}{P(y\leqslant Y\leqslant y+h)}
\end{aligned}$$

$$= \lim_{h \to 0} \frac{\int_{-\infty}^{x} \int_{y}^{y+h} f(u, v) \mathrm{d}v \mathrm{d}u}{\int_{y}^{y+h} f_Y(v) \mathrm{d}v}$$

$$= \lim_{h \to 0} \frac{\int_{-\infty}^{x} \left\{ \frac{1}{h} \int_{y}^{y+h} f(u, v) \mathrm{d}v \right\} \mathrm{d}u}{\frac{1}{h} \int_{y}^{y+h} f_Y(v) \mathrm{d}v}$$

当 $f_Y(y)$,$f(x, y)$ 在 $y$ 处连续时,由积分中值定理可得

$$\lim_{h \to 0} \frac{1}{h} \int_{y}^{y+h} f_Y(v) \mathrm{d}v = f_Y(y) \qquad \lim_{h \to 0} \frac{1}{h} \int_{y}^{y+h} f(u, v) \mathrm{d}v = f(u, y)$$

所以

$$P(X \leqslant x \mid Y=y) = \int_{-\infty}^{x} \frac{f(u, y)}{f_Y(y)} \mathrm{d}u$$

上式左端就是在 $Y=y$ 条件下 $X$ 的条件分布函数,可记为 $F(x\mid y)$。再由概率密度函数定义知,上式右端的被积函数正是在 $Y=y$ 条件下 $X$ 的条件密度函数,记为 $f(x\mid y)$。

**定义 3-10** 设二维连续型随机变量 $(X, Y)$ 的联合概率密度为 $f(x, y)$,$X$ 和 $Y$ 的边缘概率密度函数为 $f_X(x)$ 和 $f_Y(y)$。对一切使 $f_Y(y)>0$ 的 $y$,给定 $Y=y$ 的条件下 $X$ 的条件概率密度函数为

$$f_{X\mid Y}(x\mid y) = \frac{f(x, y)}{f_Y(y)} \tag{3-15}$$

对一切使 $f_X(x)>0$ 的 $x$,给定 $X=x$ 的条件下 $Y$ 的条件概率密度函数为

$$f_{Y\mid X}(y\mid x) = \frac{f(x, y)}{f_X(x)} \tag{3-16}$$

例题解析

**例 3-14** 设平面区域 $D$ 由曲线 $y=\frac{1}{x}$ 及直线 $y=0$,$x=1$ 和 $x=\mathrm{e}^2$ 所围成。二维随机变量 $(X, Y)$ 在区域 $D$ 上服从均匀分布,求 $X$ 和 $Y$ 的条件概率密度函数。

**解** 由例 3-8 可知,$(X, Y)$ 的联合概率密度函数为

$$f(x, y) = \begin{cases} \frac{1}{2}, & (x, y) \in D \\ 0, & \text{其他} \end{cases}$$

$X$ 和 $Y$ 的边缘概率密度函数为

$$f_X(x) = \begin{cases} \frac{1}{2x}, & 1<x<\mathrm{e}^2 \\ 0, & \text{其他} \end{cases} \qquad f_Y(y) = \begin{cases} \frac{1}{2}(\mathrm{e}^2-1), & 0<y<\mathrm{e}^{-2} \\ \frac{1}{2}\left(\frac{1}{y}-1\right), & \mathrm{e}^{-2} \leqslant y<1 \\ 0, & \text{其他} \end{cases}$$

当 $1<x<\mathrm{e}^2$ 时,有

$$f_{Y\mid X}(y\mid x) = \frac{f(x, y)}{f_X(x)} = \begin{cases} x, & 0<y<\frac{1}{x} \\ 0, & \text{其他} \end{cases}$$

当 $0<y<\mathrm{e}^{-2}$ 时，有

$$f_{X|Y}(x|y)=\frac{f(x,y)}{f_Y(y)}=\begin{cases}\dfrac{1}{\mathrm{e}^2-1}, & 1<x<\mathrm{e}^2\\ 0, & \text{其他}\end{cases}$$

当 $\mathrm{e}^{-2}\leqslant y<1$ 时，有

$$f_{X|Y}(x|y)=\frac{f(x,y)}{f_Y(x)}=\begin{cases}\dfrac{y}{1-y}, & 1<x<\dfrac{1}{y}\\ 0, & \text{其他}\end{cases}$$

根据条件概率密度函数的表达式可知，当 $X=x(1<x<\mathrm{e}^2)$ 时，随机变量 $Y$ 服从 $U\left(0,\dfrac{1}{x}\right)$。当 $Y=y(0<y<\mathrm{e}^{-2})$ 时，随机变量 $X$ 服从 $U(1,\mathrm{e}^2)$。当 $Y=y(\mathrm{e}^{-2}\leqslant y<1)$ 时，随机变量 $X$ 服从 $U\left(1,\dfrac{1}{y}\right)$。

**例 3-15** 设 $X$ 在区间 $(0,1)$ 上随机地取值，当观察到 $X=x(0<x<1)$ 时，$Y$ 在区间 $(x,1)$ 上随机地取值。求 $Y$ 的概率密度函数 $f_Y(y)$。

**解** 由题意知 $X\sim U(0,1)$，其概率密度函数为

$$f_X(x)=\begin{cases}1, & 0<x<1\\ 0, & \text{其他}\end{cases}$$

对于任意给定的值 $x(0<x<1)$，在 $X=x$ 的条件下，$Y\sim U(x,1)$，故 $Y$ 的条件概率密度函数为

$$f_{Y|X}(y|x)=\begin{cases}\dfrac{1}{1-x}, & x<y<1\\ 0, & \text{其他}\end{cases}$$

由式(3-16)，$X$ 和 $Y$ 的联合概率密度函数为

$$f(x,y)=f_{Y|X}(y|x)f_X(x)=\begin{cases}\dfrac{1}{1-x}, & 0<x<y<1\\ 0, & \text{其他}\end{cases}$$

则 $Y$ 的边缘概率密度函数为

$$f_Y(y)=\int_{-\infty}^{\infty}f(x,y)\mathrm{d}x=\begin{cases}\int_0^y\dfrac{1}{1-x}\mathrm{d}x=-\ln(1-y), & 0<y<1\\ 0, & \text{其他}\end{cases}$$

## 3.3 二维随机变量的函数的分布

在第 2 章学习了随机变量的函数的分布，由随机变量 $X$ 的分布求随机变量 $Y=g(X)$ 的分布。在二维随机变量情形下，同样存在类似的问题，即由二维随机变量 $(X,Y)$ 的联合分布求一维随机变量 $Z=g(X,Y)$ 的分布。

### 3.3.1 二维离散型随机变量的函数的分布

设 $(X,Y)$ 是二维离散型随机变量，$Z=g(X,Y)$ 也是离散型随机变量，为了确定 $Z$

的概率分布，需要求出 $Z$ 的所有可能取值，并确定 $Z$ 的每个取值的概率。

**例 3-16** 设二维随机变量 $(X, Y)$ 的联合分布律为

| X | Y | | |
|---|---|---|---|
| | −1 | 0 | 1 |
| −1 | 0.2 | 0 | 0.2 |
| 0 | 0.1 | 0.1 | 0.2 |
| 1 | 0 | 0.1 | 0.1 |

$Z = X + Y$，求 $Z$ 的分布律。

**解** $Z$ 的所有可能取值为 $-2, -1, 0, 1, 2$，由联合分布可得
$$P(Z=-2) = P(X=-1, Y=-1) = 0.2$$
$$P(Z=-1) = P(X=-1, Y=0) + P(X=0, Y=-1) = 0.1$$
$$P(Z=0) = P(X=-1, Y=1) + P(X=0, Y=0) + P(X=1, Y=-1) = 0.3$$
$$P(Z=1) = P(X=1, Y=0) + P(X=0, Y=1) = 0.3$$
$$P(Z=2) = P(X=1, Y=1) = 0.1$$

则 $Z$ 的分布律为

| Z | −2 | −1 | 0 | 1 | 2 |
|---|---|---|---|---|---|
| P | 0.2 | 0.1 | 0.3 | 0.3 | 0.1 |

**例 3-17** 设随机变量 $X \sim \pi(\lambda_1)$，$Y \sim \pi(\lambda_2)$，且 $X$ 与 $Y$ 独立，证明 $Z = X+Y \sim \pi(\lambda_1 + \lambda_2)$。

**证明** $Z = X + Y$ 的所有可能取值为 $0, 1, 2, \cdots$ 等非负整数。而事件 $\{Z=k\}$ 是如下互不相容事件的并集，即
$$\{Z=k\} = \bigcup_{i=0}^{k} \{X=i, Y=k-i\}$$

根据 $X$ 和 $Y$ 的相互独立性，得
$$P(Z=k) = P\left(\bigcup_{i=0}^{k} \{X=i, Y=k-i\}\right)$$
$$= \sum_{i=0}^{k} P(X=i, Y=k-i)$$
$$= \sum_{i=0}^{k} P(X=i) P(Y=k-i)$$
$$= \sum_{i=0}^{k} \left(\frac{\lambda_1^i}{i!} e^{-\lambda_1}\right) \left(\frac{\lambda_2^{k-i}}{(k-i)!} e^{-\lambda_2}\right)$$
$$= \frac{(\lambda_1+\lambda_2)^k}{k!} e^{-(\lambda_1+\lambda_2)} \sum_{i=0}^{k} \frac{k!}{i!(k-i)!} \left(\frac{\lambda_1}{\lambda_1+\lambda_2}\right)^i \left(\frac{\lambda_2}{\lambda_1+\lambda_2}\right)^{k-i}$$
$$= \frac{(\lambda_1+\lambda_2)^k}{k!} e^{-(\lambda_1+\lambda_2)} \left(\frac{\lambda_1}{\lambda_1+\lambda_2} + \frac{\lambda_2}{\lambda_1+\lambda_2}\right)^k$$

$$= \frac{(\lambda_1+\lambda_2)^k}{k!}\mathrm{e}^{-(\lambda_1+\lambda_2)} \quad (k=0,1,\cdots)$$

这表明 $X+Y \sim \pi(\lambda_1+\lambda_2)$。

例 3-17 说明两个相互独立的服从泊松分布的随机变量之和仍然服从泊松分布。可以证明二项分布也具有这一特点，即 $X \sim B(n,p)$，$Y \sim B(m,p)$，且 $X$ 与 $Y$ 独立，则 $Z=X+Y \sim B(n+m,p)$。我们称同一类分布的独立随机变量之和仍服从此类分布为**分布具有可加性**。

### 3.3.2 二维连续型随机变量的函数的分布

设 $(X,Y)$ 是连续型随机变量，且 $Z=g(X,Y)$ 也是连续型随机变量时，要求 $Z$ 的概率分布，可以先求 $Z$ 的分布函数，再求导得到概率密度函数，这一求解思路称为**分布函数法**。

**例 3-18** 设二维随机变量 $(X,Y)$ 的概率密度为

$$f(x,y)=\begin{cases} 1, & 0<x<1,\ 0<y<2x \\ 0, & \text{其他} \end{cases}$$

求 $Z=2X-Y$ 的概率密度 $f_Z(z)$。

**解** 由联合概率密度函数可知，$(X,Y)$ 的取值范围是 $D=\{(x,y)\mid 0<x<1,\ 0<y<2x\}$，可得 $Z=2X-Y$ 的取值范围是 $(0,2)$。

当 $z \leqslant 0$ 时，$F_Z(z)=0$；当 $z \geqslant 2$ 时，$F_Z(z)=1$；当 $0<z<2$ 时，由图 3-5 得

$$F_Z(z)=P(2X-Y \leqslant z)=\iint\limits_{2x-y \leqslant z} f(x,y)\mathrm{d}x\mathrm{d}y = z-\frac{z^2}{4}$$

所以 $Z=2X-Y$ 的概率密度函数为

$$f_Z(z)=F_Z'(z)=\begin{cases} 1-\dfrac{z}{2}, & 0<z<2 \\ 0, & \text{其他} \end{cases}$$

下面利用分布函数法给出几个常用函数的概率密度函数的公式。

**定理 3-2** 设 $(X,Y)$ 是二维连续型随机变量，联合概率密度函数为 $f(x,y)$。则 $Z=X+Y$ 仍为连续型随机变量，其概率密度函数为

$$f_Z(z)=\int_{-\infty}^{+\infty} f(z-y,y)\mathrm{d}y \tag{3-17}$$

或

$$f_Z(z)=\int_{-\infty}^{+\infty} f(x,z-x)\mathrm{d}x \tag{3-18}$$

当 $X$ 和 $Y$ 相互独立时，若 $X$ 和 $Y$ 的边缘密度函数分别为 $f_X(x)$ 和 $f_Y(y)$，则式(3-17)和式(3-18)分别转化为

$$f_Z(z)=\int_{-\infty}^{+\infty} f_X(z-y)f_Y(y)\mathrm{d}y \tag{3-19}$$

或

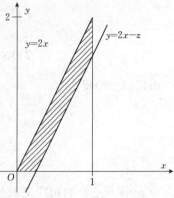

图 3-5 例 3-18 的积分区域

$$f_Z(z) = \int_{-\infty}^{+\infty} f_X(x) f_Y(z-x) \mathrm{d}x \tag{3-20}$$

**证明** $Z = X + Y$ 的分布函数为

$$F_Z(z) = P(Z \leqslant z) = \iint_{x+y \leqslant z} f(x, y) \mathrm{d}x \mathrm{d}y$$

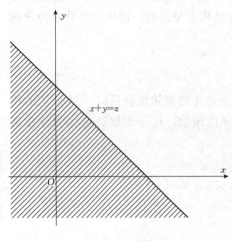

图 3-6 积分区域

积分区域 $G: \{x+y \leqslant z\}$ 是直线 $x+y=z$ 左下方的半平面（图 3-6）。将二重积分化成累次积分，得

$$F_Z(z) = \int_{-\infty}^{+\infty} \left[ \int_{-\infty}^{z-y} f(x, y) \mathrm{d}x \right] \mathrm{d}y$$

固定 $z$ 和 $y$ 对积分 $\int_{-\infty}^{z-y} f(x, y) \mathrm{d}x$ 作变量变换，令 $x = u - y$，得

$$\int_{-\infty}^{z-y} f(x, y) \mathrm{d}x = \int_{-\infty}^{z} f(u-y, y) \mathrm{d}u$$

于是

$$F_Z(z) = \int_{-\infty}^{+\infty} \left[ \int_{-\infty}^{z} f(u-y, y) \mathrm{d}u \right] \mathrm{d}y$$
$$= \int_{-\infty}^{z} \left[ \int_{-\infty}^{+\infty} f(u-y, y) \mathrm{d}y \right] \mathrm{d}u$$

由概率密度函数的定义可知，$Z$ 的概率密度函数为

$$f_Z(z) = \int_{-\infty}^{+\infty} f(z-y, y) \mathrm{d}y$$

这就是式(3-17)。类似地可证式(3-18)。

当 $X$ 和 $Y$ 相互独立时，$f(x, y) = f_X(x) f_Y(y)$，由此可得式(3-19)和式(3-20)。利用定理 3-2 可以得到正态分布的可加性。

**例 3-19** 设 $X$ 和 $Y$ 是两个相互独立的随机变量，它们都服从 $N(0, 1)$ 分布，求 $Z = X + Y$ 的概率密度函数。

**解** $X$ 和 $Y$ 的概率密度函数为

$$f_X(x) = \frac{1}{\sqrt{2\pi}} e^{-\frac{x^2}{2}} \quad (-\infty < x < \infty)$$

$$f_Y(y) = \frac{1}{\sqrt{2\pi}} e^{-\frac{y^2}{2}} \quad (-\infty < y < \infty)$$

由式(3-20)得

$$f_Z(z) = \int_{-\infty}^{+\infty} f_X(x) f_Y(z-x) \mathrm{d}x = \frac{1}{2\pi} \int_{-\infty}^{+\infty} e^{-\frac{x^2}{2}} \cdot e^{-\frac{(z-x)^2}{2}} \mathrm{d}x$$

$$= \frac{1}{2\pi} e^{-\frac{z^2}{4}} \int_{-\infty}^{+\infty} e^{-\left(x - \frac{z}{2}\right)^2} \mathrm{d}x$$

令 $t = x - \dfrac{z}{2}$，利用广义积分公式 $\int_{-\infty}^{+\infty} e^{-t^2} \mathrm{d}t = \sqrt{\pi}$ 可得

$$f_Z(z) = \frac{1}{2\pi} e^{-\frac{z^2}{4}} \int_{-\infty}^{+\infty} e^{-t^2} dt = \frac{1}{2\pi} e^{-\frac{z^2}{4}} \sqrt{\pi} = \frac{1}{2\sqrt{\pi}} e^{-\frac{z^2}{4}}$$

可知 $Z \sim N(0, 2)$。

实际上，可以得到更一般的结论。

**定理 3-3** 设 $X$，$Y$ 相互独立且 $X \sim N(\mu_1, \sigma_1^2)$，$Y \sim N(\mu_2, \sigma_2^2)$，则
$$Z = aX + bY \sim N(a\mu_1 + b\mu_2, a^2\sigma_1^2 + b^2\sigma_2^2)$$
即相互独立的正态随机变量的线性组合仍然服从正态分布。

**例 3-20** 设油电混动车活塞的直径（单位：厘米）$X \sim N(21.40, 0.03^2)$，气缸的直径 $Y \sim N(21.50, 0.04^2)$，$X$ 和 $Y$ 相互独立。任取一只活塞和一只气缸，求活塞能装入气缸的概率。

**解** 由定理 3-3 可得 $X - Y \sim N(-0.1, 0.0025)$，则
$$P(X < Y) = P(X - Y < 0) = P\left[\frac{(X-Y) - (-0.10)}{\sqrt{0.0025}} < \frac{0 - (-0.10)}{\sqrt{0.0025}}\right]$$
$$= \Phi\left(\frac{0.10}{0.05}\right) = \Phi(2) = 0.9772$$

**定理 3-4** 设 $(X, Y)$ 是二维连续型随机变量，联合概率密度函数为 $f(x, y)$。$Z = \dfrac{Y}{X}$ 和 $Z = XY$ 仍为连续型随机变量，其概率密度函数分别为

$$f_{\frac{Y}{X}}(z) = \int_{-\infty}^{+\infty} |x| f(x, xz) dx \tag{3-21}$$

$$f_{XY}(z) = \int_{-\infty}^{+\infty} \frac{1}{|x|} f\left(x, \frac{z}{x}\right) dx \tag{3-22}$$

当 $X$ 和 $Y$ 相互独立时，若 $X$ 和 $Y$ 的边缘概率密度函数分别为 $f_X(x)$ 和 $f_Y(y)$，则式(3-21)和式(3-22)分别转化为

$$f_{\frac{Y}{X}}(z) = \int_{-\infty}^{+\infty} |x| f_X(x) f_Y(xz) dy \tag{3-23}$$

$$f_{XY}(z) = \int_{-\infty}^{+\infty} \frac{1}{|x|} f_X(x) f_Y\left(\frac{z}{x}\right) dx \tag{3-24}$$

**证明** $Z = \dfrac{Y}{X}$ 的分布函数为
$$F_Z(z) = P(Z \leq z) = P\left(\frac{Y}{X} \leq z\right) = P\left(\frac{Y}{X} \leq z, X < 0\right) + P\left(\frac{Y}{X} \leq z, X > 0\right)$$

当 $z < 0$ 时，由图 3-7(a)可得
$$F_Z(z) = \iint_{G_1} f(x, y) dx dy + \iint_{G_2} f(x, y) dx dy$$
$$= \int_{-\infty}^{0} \left[\int_{zx}^{+\infty} f(x, y) dy\right] dx + \int_{0}^{+\infty} \left[\int_{-\infty}^{zx} f(x, y) dy\right] dx$$

令 $y = xu$，则
$$\int_{zx}^{+\infty} f(x, y) dy = \int_{z}^{-\infty} x f(x, xu) du \quad (x < 0)$$

$$\int_{-\infty}^{zx} f(x,y)\mathrm{d}y = \int_{-\infty}^{z} xf(x,xu)\mathrm{d}y \quad (x>0)$$

于是

$$F_Z(z) = \int_{-\infty}^{0}\left[\int_{z}^{-\infty} xf(x,xu)\mathrm{d}u\right]\mathrm{d}x + \int_{0}^{+\infty}\left[\int_{-\infty}^{z} xf(x,xu)\mathrm{d}y\right]\mathrm{d}x$$

$$= \int_{-\infty}^{0}\left[\int_{-\infty}^{z} (-x)f(x,xu)\mathrm{d}u\right]\mathrm{d}x + \int_{0}^{+\infty}\left[\int_{-\infty}^{z} xf(x,xu)\mathrm{d}y\right]\mathrm{d}x$$

$$= \int_{-\infty}^{+\infty}\left[\int_{-\infty}^{z} |x|f(x,xu)\mathrm{d}u\right]\mathrm{d}x = \int_{-\infty}^{z}\left[\int_{-\infty}^{+\infty} |x|f(x,xu)\mathrm{d}x\right]\mathrm{d}u$$

由概率密度函数的定义知，$f_Z(z) = \int_{-\infty}^{+\infty} |x|f(x,xz)\mathrm{d}x$.

当 $z>0$ 时，由图 3-7(b) 类似可得

$$f_Z(z) = \int_{-\infty}^{+\infty} |x|f(x,xz)\mathrm{d}x$$

由此证明了式(3-21)。

同理可以证明式(3-22)。

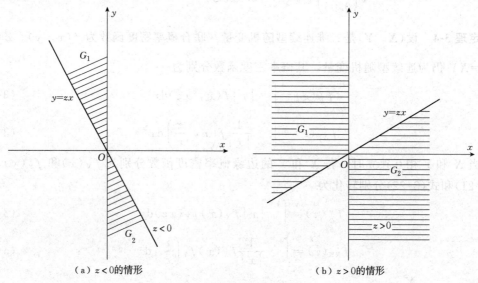

图 3-7 $\dfrac{Y}{X}$ 的概率密度函数

**例 3-21** 设二维随机变量 $(X,Y)$ 在矩形区域 $G = \{(x,y) \mid 0 \leqslant x \leqslant 2, 0 \leqslant y \leqslant 1\}$ 上服从均匀分布，试求边长分别为 $X$ 和 $Y$ 的矩形面积 $Z$ 的概率密度函数。

**解** 二维随机变量 $(X,Y)$ 的联合概率密度函数为

$$f(x,y) = \begin{cases} \dfrac{1}{2}, & 0 \leqslant x \leqslant 2, 0 \leqslant y \leqslant 1 \\ 0, & \text{其他} \end{cases}$$

由式(3-22)可得面积 $Z = XY$ 的概率密度函数为

$$f_Z(z) = \int_{-\infty}^{+\infty} \frac{1}{|x|} f\left(x, \frac{z}{x}\right) \mathrm{d}x$$

其中

$$f\left(x, \frac{z}{x}\right) = \begin{cases} \dfrac{1}{2}, & 0 \leqslant x \leqslant 2,\ 0 \leqslant \dfrac{z}{x} \leqslant 1 \\ 0, & \text{其他} \end{cases}$$

当 $z \leqslant 0$ 或 $z \geqslant 2$ 时，$f\left(x, \dfrac{z}{x}\right) = 0$，故 $f_Z(z) = 0$。

当 $0 < z < 2$ 时，$f_Z(z) = \int_{-\infty}^{+\infty} \dfrac{1}{|x|} f\left(x, \dfrac{z}{x}\right) \mathrm{d}x = \int_z^2 \dfrac{1}{x} \cdot \dfrac{1}{2} \mathrm{d}x = \dfrac{1}{2}(\ln 2 - \ln z)$。

因此，矩形面积 $Z$ 的概率密度函数为

$$f_Z(z) = \begin{cases} \dfrac{1}{2}(\ln 2 - \ln z), & 0 < z < 2 \\ 0, & \text{其他} \end{cases}$$

除了两个随机变量的和、积、商外，两个随机变量的最大值和最小值的分布也有广泛的应用。

设 $X$ 和 $Y$ 相互独立，分布函数分别为 $F_X$ 和 $F_Y$，令 $U = \max(X, Y)$，$V = \min(X, Y)$，则 $U$ 的分布函数为

$$\begin{aligned} F_U(t) &= P(U \leqslant t) = P[\max(X, Y) \leqslant t] = P(X \leqslant t, Y \leqslant t) \\ &= P(X \leqslant t) P(Y \leqslant t) = F_X(t) F_Y(t) \end{aligned}$$

$V$ 的分布函数为

$$\begin{aligned} F_V(t) &= P(V \leqslant t) = P(\min(X, Y) \leqslant t) \\ &= 1 - P[\min(X, Y) > t] = 1 - P(X > t, Y > t) = 1 - P(X > t) P(Y > t) \\ &= 1 - [1 - F_X(t)][1 - F_Y(t)] \end{aligned}$$

以上结果可以推广到 $n$ 个相互独立的随机变量。

设 $X_1, X_2, \cdots, X_n$ 是 $n$ 个相互独立的随机变量，它们的分布函数为 $F_{X_i}$，其中 $i = 1, 2, \cdots, n$，则 $M = \max\{X_1, \cdots, X_n\}$ 和 $N = \min\{X_1, \cdots, X_n\}$ 的分布函数分别为

$$F_{\max}(z) = F_{X_1}(z) \cdots F_{X_n}(z) \tag{3-25}$$

$$F_{\min}(z) = 1 - [1 - F_{X_1}(z)] \cdots [1 - F_{X_n}(z)] \tag{3-26}$$

特别地，当 $X_1, X_2, \cdots, X_n$ 相互独立且具有相同分布函数 $F(x)$ 时，则

$$F_{\max}(z) = [F(z)]^n \tag{3-27}$$

$$F_{\min}(z) = 1 - [1 - F(z)]^n \tag{3-28}$$

求导即可得到最大值和最小值的概率密度函数。

**例 3-22** 系统 $L$ 由两个相互独立的零件 $L_1$ 和 $L_2$ 组成，3 种连接方式分别为串联、并联和备用（当零件 $L_1$ 损坏时，零件 $L_2$ 开始工作），如图 3-8 所示。设 $L_1$ 和 $L_2$ 的寿命分别为 $X$ 和 $Y$，服从参数为 $\lambda_1$ 和 $\lambda_2$ 的指数分布。记系统 $L$ 的寿命为 $Z$，在 3 种连接方式下分别求 $Z$ 的概率密度函数。

**解** 由题意知，$X$ 和 $Y$ 的分布函数分别为

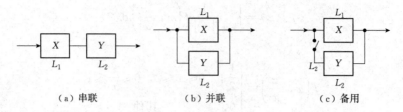

(a) 串联　　　　　(b) 并联　　　　　(c) 备用

**图 3-8　例 3-22 连接方式示意**

$$F_X(x)=\begin{cases}1-e^{-\lambda_1 x}, & x>0 \\ 0, & x\leqslant 0\end{cases} \quad F_Y(y)=\begin{cases}1-e^{-\lambda_2 y}, & y>0 \\ 0, & y\leqslant 0\end{cases}$$

① 串联连接时，$Z=\min\{X_1, X_2\}$，由式(3-26)得 $Z$ 的分布函数为

$$F_Z(z)=1-[1-F_X(z)][1-F_Y(z)]=\begin{cases}1-e^{-(\lambda_1+\lambda_2)z}, & z>0 \\ 0, & z\leqslant 0\end{cases}$$

则 $Z$ 的概率密度函数为

$$f_Z(z)=F'_Z(z)=\begin{cases}(\lambda_1+\lambda_2)e^{-(\lambda_1+\lambda_2)z}, & z>0 \\ 0, & z\leqslant 0\end{cases}$$

② 并联连接时，$Z=\max\{X_1, X_2\}$，由式(3-25) $Z$ 的分布函数为

$$F_Z(z)=F_X(z)F_Y(z)=\begin{cases}(1-e^{-\lambda_1 z})(1-e^{-\lambda_2 z}), & z>0 \\ 0, & z\leqslant 0\end{cases}$$

则 $Z$ 的概率密度函数为

$$f_Z(z)=F'_Z(z)=\begin{cases}\lambda_1 e^{-\lambda_1 z}+\lambda_2 e^{-\lambda_2 z}-(\lambda_1+\lambda_2)e^{-(\lambda_1+\lambda_2)z}, & z>0 \\ 0, & z\leqslant 0\end{cases}$$

③ 备用连接时，$Z=X_1+X_2$，由式(3-19) $Z$ 的概率密度函数为

$$f_Z(z)=\int_{-\infty}^{\infty}f_X(z-y)f_Y(y)\mathrm{d}y$$

其中

$$f_X(x)=\begin{cases}\lambda_1 e^{-\lambda_1 x}, & x>0 \\ 0, & x\leqslant 0\end{cases} \quad f_Y(y)=\begin{cases}\lambda_2 e^{-\lambda_2 y}, & y>0 \\ 0, & y\leqslant 0\end{cases}$$

则

$$f_X(z-y)f_Y(y)=\begin{cases}\lambda_1\lambda_2 e^{-\lambda_1 z}e^{-(\lambda_2-\lambda_1)y}, & z-y>0, y>0 \\ 0, & 其他\end{cases}$$

当 $z\leqslant 0$ 时，$f_X(z-y)f_Y(y)=0$，此时 $f_Z(z)=0$。

当 $z>0$ 时，$f_Z(z)=\int_{-\infty}^{\infty}f_X(z-y)f_Y(y)\mathrm{d}y=\int_0^z \lambda_1\lambda_2 e^{-\lambda_1 z}e^{-(\lambda_2-\lambda_1)y}\mathrm{d}y=\dfrac{\lambda_1\lambda_2}{\lambda_1-\lambda_2}[e^{-\lambda_2 z}-e^{-\lambda_1 z}]$。

于是 $Z$ 的概率密度函数为

$$f_Z(z)=\begin{cases}\dfrac{\lambda_1\lambda_2}{\lambda_1-\lambda_2}[e^{-\lambda_2 z}-e^{-\lambda_1 z}], & z>0 \\ 0, & z\leqslant 0\end{cases}$$

**例 3-23**　某工厂原来有 10 台设备，为了深入持续推进工业经济的高质量发展，工厂扩大后有 30 台设备用于生产加工。扩大后工人总认为设备更加频繁地需要维修，请解释其中原因。

**解** 设所有设备正常工作的时间相互独立，并且都服从参数为 $\lambda = \dfrac{1}{2\,000}$ 的指数分布 $\exp(\lambda)$。工厂扩大前 10 台设备中第一台设备需要维修的时间 $T_1 = \min\{X_1, X_2, \cdots, X_{10}\}$，且 $T_1 \sim \exp(10\lambda)$。若每台设备每天使用 10 小时，则 20 天内需要维修设备的概率为

$$P(T_1 \leqslant 200) = 1 - \exp\{-10\lambda \cdot 200\} = 1 - \exp\left(-\dfrac{2\,000}{2\,000}\right) = 0.632\,1$$

工厂扩大后，30 台机器设备中第一台设备需要维修的时间 $T_2 = \min\{X_1, X_2, \cdots, X_{30}\}$，且 $T_2 \sim \exp(30\lambda)$，则 20 天内需要维修设备的概率为

$$P(T_2 \leqslant 200) = 1 - \exp\{-30\lambda \cdot 200\} = 1 - \exp\left(-\dfrac{6\,000}{2\,000}\right) = 0.950\,2$$

表明工厂扩大后，在 20 天内需要维修设备的概率提高了很多，这就是工厂扩大后工人总认为设备更加频繁地需要维修的原因。

假设一个工厂有 100 台设备，则 20 天内需要维修设备的概率更大，为此大规模的工厂需要更加关注设备的维修问题，做好相关维修准备。

## 3.4 数字特征

第 2 章学习了用一维随机变量的数学期望和方差两个数字特征来刻画随机变量。对于二维随机变量 $(X, Y)$，仍然可以使用期望 $E(X)$，$E(Y)$ 和方差 $D(X)$，$D(Y)$ 分别来刻画 $X$ 和 $Y$ 的特征。本节将学习用来刻画 $X$ 和 $Y$ 之间关联程度的两个数字特征：协方差与相关系数。

在介绍协方差与相关系数之前，需要先学习随机变量的函数的数学期望的计算方法，即由 $(X, Y)$ 的联合分布律求 $Z = g(X, Y)$ 的数学期望。一种思路是先根据 $(X, Y)$ 的联合分布律求出 $Z = g(X, Y)$ 的概率分布函数，再用 $Z$ 的概率分布函数求 $E(Z)$。例如，连续型随机变量情形下根据 $(X, Y)$ 的联合概率密度函数求出 $Z$ 的概率密度函数 $f_Z(z)$，则 $E(Z) = \displaystyle\int_{-\infty}^{+\infty} z f_Z(z) \mathrm{d}z$。但是，根据 $(X, Y)$ 的联合概率密度函数求 $Z = g(X, Y)$ 的概率密度函数时计算量较大。另一种思路是利用 $(X, Y)$ 的联合分布直接求 $Z = g(X, Y)$ 的数学期望的方法，而不必求出 $Z = g(X, Y)$ 的概率分布，即下面的定理 3-5。

### 3.4.1 二维随机变量的函数的数学期望

定理 2-6 给出了利用一维随机变量 $X$ 的概率分布求 $Y = g(X)$ 的数学期望的方法，下面的定理给出了利用 $(X, Y)$ 的联合概率分布求 $Z = g(X, Y)$ 的数学期望的方法。

**定理 3-5** 已知二维随机变量 $(X, Y)$ 的联合分布律，$Z = g(X, Y)$。

① 设 $(X, Y)$ 是离散型随机变量且联合分布律为

$$P(X = x_i, Y = y_j) = p_{ij} \qquad (i = 1, 2, \cdots; j = 1, 2, \cdots)$$

则 $Z=g(X, Y)$ 的数学期望为

$$E(Z)=E[g(X, Y)]=\sum_{i=1}^{\infty}\sum_{j=1}^{\infty}g(x_i, y_j) \cdot P(X=x_i, Y=y_j)$$
$$=\sum_{i=1}^{\infty}\sum_{j=1}^{\infty}g(x_i, y_j) \cdot p_{ij} \qquad (3\text{-}29)$$

②设 $(X, Y)$ 是连续型随机变量且联合概率密度函数为 $f(x, y)$，则 $Z=g(X, Y)$ 的数学期望为

$$E(Z)=E[g(X, Y)]=\int_{-\infty}^{+\infty}\int_{-\infty}^{+\infty}g(x, y) \cdot f(x, y)\mathrm{d}x\mathrm{d}y \qquad (3\text{-}30)$$

这里所涉及的数学期望都假设存在。

根据定理 3-5，当 $(X, Y)$ 是连续型随机变量且联合概率密度函数为 $f(x, y)$ 时，令 $g(X, Y)=X$，则可得到 $X$ 的数学期望。

$$E(X)=\int_{-\infty}^{+\infty}\int_{-\infty}^{+\infty}x \cdot f(x, y)\mathrm{d}x\mathrm{d}y$$

类似地，有

$$E(X^2)=\int_{-\infty}^{+\infty}\int_{-\infty}^{+\infty}x^2 \cdot f(x, y)\mathrm{d}x\mathrm{d}y$$

由 $D(X)=E(X^2)-[E(X)]^2$ 可以得到 $X$ 的方差。

**例 3-24** 设 $(X, Y)$ 的联合分布律为

| X | Y | | | |
|---|---|---|---|---|
| | 0 | 1 | 2 | 3 |
| 1 | 0 | $\frac{3}{8}$ | $\frac{3}{8}$ | 0 |
| 3 | $\frac{1}{8}$ | 0 | 0 | $\frac{1}{8}$ |

求 $E(X), E(Y)$ 和 $E(XY)$。

**解** $X$ 的边缘分布律为

| X | 1 | 3 |
|---|---|---|
| P | $\frac{3}{4}$ | $\frac{1}{4}$ |

所以 $E(X)=1\times\frac{3}{4}+3\times\frac{1}{4}=\frac{3}{2}$。

$Y$ 的边缘分布律为

| Y | 0 | 1 | 2 | 3 |
|---|---|---|---|---|
| P | $\frac{1}{8}$ | $\frac{3}{8}$ | $\frac{3}{8}$ | $\frac{1}{8}$ |

所以 $E(Y) = 0 \times \dfrac{1}{8} + 1 \times \dfrac{3}{8} + 2 \times \dfrac{3}{8} + 3 \times \dfrac{1}{8} = \dfrac{3}{2}$。

$XY$ 的分布律为

| $XY$ | 0 | 1 | 2 | 3 |
|---|---|---|---|---|
| $P$ | $\dfrac{1}{8}$ | $\dfrac{3}{8}$ | $\dfrac{3}{8}$ | $\dfrac{1}{8}$ |

所以 $E(XY) = 0 \times \dfrac{1}{8} + 1 \times \dfrac{3}{8} + 2 \times \dfrac{3}{8} + 9 \times \dfrac{1}{8} = \dfrac{9}{4}$。

求 $E(XY)$ 时，也可以直接利用式(3-29)直接计算：

$$E(XY) = (1 \times 0) \times 0 + (1 \times 1) \times \dfrac{3}{8} + (1 \times 2) \times \dfrac{3}{8}$$
$$+ (1 \times 3) \times 0 + (3 \times 0) \times \dfrac{1}{8} + (3 \times 1) \times 0 + (3 \times 2) \times 0 + (3 \times 3) \times \dfrac{1}{8} = \dfrac{9}{4}$$

**例 3-25** 设二维随机变量 $(X, Y)$ 的概率密度函数为

$$f(x, y) = \begin{cases} 12y^2, & 0 \leqslant y \leqslant x \leqslant 1 \\ 0, & 其他 \end{cases}$$

求 $E(X)$，$E(Y)$ 和 $E(XY)$。

例题解析

**解** 利用式(3-30)可得

$$E(X) = \int_{-\infty}^{+\infty} \int_{-\infty}^{+\infty} x f(x, y) \mathrm{d}x \mathrm{d}y = \int_0^1 \mathrm{d}x \int_0^x x \cdot 12y^2 \mathrm{d}y = \dfrac{4}{5}$$

$$E(Y) = \int_{-\infty}^{+\infty} \int_{-\infty}^{+\infty} y f(x, y) \mathrm{d}x \mathrm{d}y = \int_0^1 \mathrm{d}x \int_0^x y \cdot 12y^2 \mathrm{d}y = \dfrac{3}{5}$$

$$E(XY) = \int_{-\infty}^{+\infty} \int_{-\infty}^{+\infty} xy f(x, y) \mathrm{d}x \mathrm{d}y = \int_0^1 \mathrm{d}x \int_0^x xy 12y^2 \mathrm{d}y = \dfrac{1}{2}$$

利用定理 3-5 可以直接求随机变量的函数的数学期望。然而，在某些所涉及的求和或求积分难以计算时，可以根据 $(X, Y)$ 的联合分布求函数 $Z = g(X, Y)$ 的分布，再求 $E(Z)$，见下例。

**例 3-26** 设 $X_1$ 和 $X_2$ 是相互独立的随机变量，且都服从指数分布 $\exp(\lambda)$。求 $Y = \max\{X_1, X_2\}$ 的数学期望。

**解** $X_1$ 和 $X_2$ 的分布函数为 $F(x) = \begin{cases} 1 - \mathrm{e}^{-\lambda x}, & x > 0 \\ 0, & x \leqslant 0 \end{cases}$。由式(3-27)可知 $Y = \max\{X_1, X_2\}$ 的分布函数为

$$F_Y(y) = [F(y)]^2 = \begin{cases} (1 - \mathrm{e}^{-\lambda y})^2, & y > 0 \\ 0, & y \leqslant 0 \end{cases}$$

求导得 $Y = \max\{X_1, X_2\}$ 的概率密度函数为

$$f_Y(y) = F_Y'(y) = \begin{cases} 2\lambda \mathrm{e}^{-\lambda y}(1 - \mathrm{e}^{-\lambda y})^2, & y > 0 \\ 0, & y \leqslant 0 \end{cases}$$

则 $Y = \max\{X_1, X_2\}$ 的数学期望为

$$E(Y) = \int_0^{+\infty} 2\lambda y(1-e^{-\lambda y})e^{-\lambda y}dy = 2\int_0^{+\infty} ye^{-\lambda y}d(\lambda y) - \int_0^{+\infty} ye^{-2\lambda y}d(2\lambda y)$$

$$= \frac{2}{\lambda}\int_0^{+\infty} ue^{-u}du - \frac{1}{2\lambda}\int_0^{+\infty} ve^{-v}dv = \frac{2}{\lambda} - \frac{1}{2\lambda} = \frac{3}{2\lambda}$$

在第 2 章中给出了数学期望与方差的一些性质,在本节中,将利用定理 3-5 进一步介绍数学期望和方差的运算性质,以下内容均假定相关的数学期望和方差存在。

**性质 3-5** 设 $(X,Y)$ 是二维随机变量。

① 恒有

$$E(X+Y) = E(X) + E(Y) \tag{3-31}$$

② 当 $X,Y$ 相互独立时,有

$$E(X \cdot Y) = E(X) \cdot E(Y) \tag{3-32}$$

$$D(X \pm Y) = D(X) + D(Y) \tag{3-33}$$

**证明** 以 $(X,Y)$ 是二维连续型随机变量为例证明,离散型随机变量的情形类似可证。设 $(X,Y)$ 的联合概率密度函数为 $f(x,y)$。

① 根据式(3-30),得

$$E(X+Y) = \int_{-\infty}^{+\infty}\int_{-\infty}^{+\infty}(x+y) \cdot f(x,y)dxdy$$

$$= \int_{-\infty}^{+\infty}\int_{-\infty}^{+\infty} x \cdot f(x,y)dxdy + \int_{-\infty}^{+\infty}\int_{-\infty}^{+\infty} y \cdot f(x,y)dxdy$$

$$= E(X) + E(Y)$$

② 当 $X,Y$ 相互独立时,$f(x,y) = f_X(x) \cdot f_Y(y)$,故

$$E(X \cdot Y) = \int_{-\infty}^{+\infty}\int_{-\infty}^{+\infty} xy \cdot f(x,y)dxdy = \int_{-\infty}^{+\infty}\int_{-\infty}^{+\infty} xy \cdot f_X(x)f_Y(y)dxdy$$

$$= \int_{-\infty}^{+\infty} xf_X(x)dx \cdot \int_{-\infty}^{+\infty} yf_Y(y)dy = E(X) \cdot E(Y)$$

利用方差的定义,得

$$D(X+Y) = E[(X+Y) - E(X+Y)]^2 = E\{[X-E(X)] + [Y-E(Y)]\}^2$$

$$= E\{[X-E(X)]^2 + [Y-E(Y)]^2 + 2[X-E(X)][Y-E(Y)]\}$$

$$= E[X-E(X)]^2 + E[Y-E(Y)]^2 + 2E\{[X-E(X)][Y-E(Y)]\}$$

由于 $X$ 和 $Y$ 相互独立,$X-E(X)$ 与 $Y-E(Y)$ 也相互独立,由式(3-32)得

$$E\{[X-E(X)][Y-E(Y)]\} = E[X-E(X)] \cdot E[Y-E(Y)] = 0$$

则

$$D(X+Y) = E[X-E(X)]^2 + E[Y-E(Y)]^2 = D(X) + D(Y)$$

类似地可证 $D(X-Y) = D(X) + D(Y)$。

式(3-31)至式(3-33)都可以推广到有限个随机变量。

设 $(X_1, \cdots, X_n)$ 是 $n$ 维随机变量,则

$$E(X_1 + \cdots + X_n) = E(X_1) + \cdots + E(X_n)$$

当 $X_1, \cdots, X_n$ 相互独立时,有

$$E(X_1 \cdot X_2 \cdot \cdots \cdot X_n) = E(X_1) \cdot E(X_2) \cdot \cdots \cdot E(X_n)$$

$$D(X_1 + \cdots + X_n) = D(X_1) + \cdots + D(X_n)$$

**例 3-27** 独立地掷 $n$ 枚质地均匀的骰子各一次，求出现的点数之和的数学期望和方差。

**解** 设第 $i$ 枚骰子的点数为 $X_i$，其中 $i=1, 2, \cdots, n$，则 $X_1, X_2, \cdots, X_n$ 相互独立且服从相同的分布，$X_i$ 的分布律为 $P(X_i=k)=\dfrac{1}{6}$，其中 $k=1, 2, \cdots, 6$。因此

$$E(X_i)=\frac{1}{6}(1+2+3+4+5+6)=\frac{7}{2}$$

$$E(X_i^2)=\frac{1}{6}(1^2+2^2+3^2+4^2+5^2+6^2)=\frac{91}{6}$$

$$D(X_i)=E(X_i^2)-[E(X_i)]^2=\frac{91}{6}-\frac{49}{4}=\frac{35}{12}$$

$n$ 枚骰子的点数之和 $X=X_1+X_2+\cdots+X_n$，由式(3-31)和式(3-33)可得

$$E(X)=E(X_1)+E(X_2)+\cdots+E(X_n)=\frac{7}{2}n$$

$$D(X)=D(X_1)+D(X_2)+\cdots+D(X_n)=\frac{35}{12}n$$

例 3-27 将 $X$ 分解为若干随机变量之和，然后用数学期望的性质求 $E(X)$ 的方法，具有一定的普遍意义，使复杂的问题简单化。

## 3.4.2 协方差

对于二维随机变量 $(X, Y)$，数字特征 $E(X), E(Y), D(X), D(Y)$ 都只能反映随机变量各自的特征，并不能反映两者之间的关系。

由性质 3-5 的证明过程可知，当 $X$ 和 $Y$ 相互独立时，有

$$E\{[X-E(X)] \cdot [Y-E(Y)]\}=E[X-E(X)] \cdot E[Y-E(Y)]=0$$

这意味着当 $E\{[X-E(X)] \cdot [Y-E(Y)]\} \neq 0$ 时，$X$ 和 $Y$ 不相互独立。因此用 $E\{[X-E(X)] \cdot [Y-E(Y)]\}$ 可以作为衡量 $X$ 和 $Y$ 之间关系的数字特征。

**定义 3-11** 设 $(X, Y)$ 是二维随机变量，若 $E\{[X-E(X)] \cdot [Y-E(Y)]\}$ 存在，则称其为随机变量 $X$ 和 $Y$ 的**协方差**，记为 $\text{Cov}(X, Y)$，即

$$\text{Cov}(X, Y)=E\{[X-E(X)] \cdot [Y-E(Y)]\} \tag{3-34}$$

显然协方差与次序无关，即 $\text{Cov}(X, Y)=\text{Cov}(Y, X)$，另外 $X$ 与 $X$ 自身的协方差就是方差，即 $\text{Cov}(X, X)=D(X)$。$X$ 与常数的协方差等于 0，即 $\text{Cov}(X, a)=0$，其中，$a$ 是任意常数。

下面的性质能简化协方差的计算。

**性质 3-6** $\text{Cov}(X, Y)=E(XY)-E(X) \cdot E(Y)$。

**证明** 由协方差的定义和数学期望的性质可知

$$\begin{aligned}
\text{Cov}(X, Y) &= E\{[X-E(X)] \cdot [Y-E(Y)]\} \\
&= E[XY-XE(Y)-YE(X)+E(X)E(Y)] \\
&= E(XY)-E(X)E(Y)-E(Y)E(X)+E(X)E(Y) \\
&= E(XY)-E(X)E(Y)
\end{aligned}$$

**性质 3-7** 设 $a$, $b$ 是任意常数, 则
$$\mathrm{Cov}(aX, bY) = ab\mathrm{Cov}(X, Y)$$

**证明** 由协方差的定义和数学期望的性质可知
$$\begin{aligned}
\mathrm{Cov}(aX, bY) &= E\{[aX - E(aX)] \cdot [bY - E(bY)]\} \\
&= E\{a[X - E(X)] \cdot b[Y - E(Y)]\} \\
&= ab \cdot E\{[X - E(X)] \cdot [Y - E(Y)]\} \\
&= ab \cdot \mathrm{Cov}(X, Y)
\end{aligned}$$

**性质 3-8** 设 $X$, $Y$, $Z$ 是 3 个随机变量, 则
$$\mathrm{Cov}(X + Y, Z) = \mathrm{Cov}(X, Z) + \mathrm{Cov}(Y, Z)$$

**证明** 利用性质 3-6 得
$$\begin{aligned}
\mathrm{Cov}(X + Y, Z) &= E[(X + Y)Z] - E(X + Y)E(Z) \\
&= E(XZ) + E(YZ) - (EX + EY)E(Z) \\
&= E(XZ) + E(YZ) - E(X) \cdot E(Z) - E(Y) \cdot E(Z) \\
&= [E(XZ) - E(X) \cdot E(Z)] + [E(YZ) - E(Y) \cdot E(Z)] \\
&= \mathrm{Cov}(X, Z) + \mathrm{Cov}(Y, Z)
\end{aligned}$$

**性质 3-9** 若随机变量 $X$ 和 $Y$ 相互独立, 则 $\mathrm{Cov}(X, Y) = 0$。

**证明** 利用性质 3-5 知, 当 $X$ 和 $Y$ 相互独立时有 $E(XY) = E(X) \cdot E(Y)$, 进一步由性质 3-6 得
$$\mathrm{Cov}(X, Y) = E(XY) - E(X) \cdot E(Y) = 0$$

【注】当 $\mathrm{Cov}(X, Y) = 0$ 时, $X$ 和 $Y$ 不一定相互独立。例如, 设 $X \sim U(-1, 1)$, 令 $Y = X^2$, 显然 $X$ 和 $Y$ 不相互独立。由于
$$E(X) = 0 \qquad E(X^3) = \int_{-1}^{1} x^3 \cdot \frac{1}{2} \mathrm{d}x = 0$$
故
$$\mathrm{Cov}(X, Y) = E(XY) - E(X) \cdot E(Y) = E(X^3) - E(X) \cdot E(X^2) = 0$$

引入协方差的概念可以简化随机变量和的方差的计算。

**性质 3-10** 对于二维随机变量 $(X, Y)$, 有
$$D(X \pm Y) = D(X) + D(Y) \pm 2\mathrm{Cov}(X, Y)$$

**证明** 由方差的定义得
$$\begin{aligned}
D(X \pm Y) &= E[(X \pm Y) - E(X \pm Y)]^2 = E\{[X - E(X)] \pm [Y - E(Y)]\}^2 \\
&= E\{[X - E(X)]^2 + [Y - E(Y)]^2 \pm 2[X - E(X)][Y - E(Y)]\} \\
&= E[X - E(X)]^2 + E[Y - E(Y)]^2 \pm 2E[X - E(X)][Y - E(Y)] \\
&= D(X) + D(Y) \pm 2\mathrm{Cov}(X, Y)
\end{aligned}$$

性质 3-10 可以推广到有限多个随机变量的情形, 即对任意 $n$ 个随机变量 $X_1$, $X_2$, $\cdots$, $X_n$, 有
$$D\left(\sum_{i=1}^{n} X_i\right) = \sum_{i=1}^{n} D(X_i) + 2 \sum_{i=1}^{n} \sum_{j=1}^{i-1} \mathrm{Cov}(X_i, X_j) \tag{3-35}$$

**例 3-28** 设二维随机变量 $(X, Y)$ 的概率密度为

$$f(x, y) = \begin{cases} 3x, & 0 < y < x < 1 \\ 0, & 其他 \end{cases}$$

求 $\mathrm{Cov}(X, Y)$ 和 $D(X-2Y+3)$。

**解** 利用协方差的计算公式

$$E(X) = \int_0^1 \int_0^x x \cdot 3x \, dy \, dx = \int_0^1 3x^3 \, dx = \frac{3}{4}$$

$$E(Y) = \int_0^1 \int_0^x y \cdot 3x \, dy \, dx = \int_0^1 \frac{3x^3}{2} \, dx = \frac{3}{8}$$

$$E(XY) = \int_0^1 \int_0^x xy \cdot 3x \, dy \, dx = \int_0^1 \frac{3x^4}{2} \, dx = \frac{3}{10}$$

因此，$\mathrm{Cov}(X, Y) = E(XY) - E(X) \cdot E(Y) = \frac{3}{160}$。

利用方差的性质得

$$D(X-2Y+3) = D(X-2Y) = DX + D(-2Y) - 2\mathrm{Cov}(X, 2Y)$$
$$= D(X) + 4D(Y) - 4\mathrm{Cov}(X, Y)$$

其中

$$E(X^2) = \int_0^1 \int_0^x x^2 \cdot 3x \, dy \, dx = \int_0^1 3x^4 \, dx = \frac{3}{5}$$

$$E(Y^2) = \int_0^1 \int_0^x y^2 \cdot 3x \, dy \, dx = \int_0^1 x^4 \, dx = \frac{1}{5}$$

则

$$D(X) = E(X^2) - [E(X)]^2 = \frac{3}{80}, \quad D(Y) = E(Y^2) - [E(Y)]^2 = \frac{19}{320}$$

于是

$$D(X-2Y+3) = D(X) + 4D(Y) - 4\mathrm{Cov}(X, Y) = \frac{1}{5}$$

**性质 3-11** 施瓦茨(Schwarz)不等式。对任意二维随机变量 $(X, Y)$，若 $X$ 与 $Y$ 的方差都存在，则有

$$[\mathrm{Cov}(X, Y)]^2 \leqslant D(X) \cdot D(Y) \tag{3-36}$$

**证明** 当 $D(X) = 0$ 时，根据性质 2-5，$X$ 等于常数的概率为 1，因而 $X$ 与 $Y$ 的协方差为 0，从而式(3-36)两端皆为 0，结论成立。

当 $D(X) > 0$ 时，构造辅助函数

$$g(t) = E\{t[X-E(X)] + [Y-E(Y)]\}^2$$
$$= E\{t^2[X-E(X)]^2 + [Y-E(Y)]^2 + 2t[X-E(X)][Y-E(Y)]\}$$
$$= t^2 D(X) + 2t \cdot \mathrm{Cov}(X, Y) + D(Y)$$

由于二次函数 $g(t)$ 恒非负，且平方项系数为正，因此其判别式小于或等于 0，即

$$\Delta = [2\mathrm{Cov}(X, Y)]^2 - 4D(X)D(Y) \leqslant 0$$

移项后即得式(3-36)。

### 3.4.3 相关系数

协方差 $\mathrm{Cov}(X, Y)$ 是有量纲的量。例如，$X$ 表示人的身高(单位：米)，$Y$ 表示人的

体重(单位:千克),那么 Cov($X$,$Y$)的量纲为(米·千克)。为了消除量纲的影响,可以用协方差除以相同量纲的量得到一个无量纲的数字特征来刻画 $X$ 和 $Y$ 的关联。

**定义 3-12** 设($X$,$Y$)是二维随机变量,且 $D(X) > 0$,$D(Y) > 0$,则称

$$\rho_{XY} = \frac{\text{Cov}(X, Y)}{\sqrt{D(X)} \cdot \sqrt{D(Y)}} = \frac{\text{Cov}(X, Y)}{\sigma_X \cdot \sigma_Y} \tag{3-37}$$

为 $X$ 与 $Y$ 的**相关系数**。

**例 3-29** 设二维随机变量($X$,$Y$)的概率密度为

$$f(x, y) = \begin{cases} 2, & x > 0, y > 0, x + y < 1 \\ 0, & \text{其他} \end{cases}$$

求 $\rho_{XY}$。

**解** 根据题意,有

$$E(X) = \int_{-\infty}^{+\infty} \int_{-\infty}^{+\infty} x f(x, y) \, dx \, dy = 2 \int_0^1 x \, dx \int_0^{1-x} dy = 2 \int_0^1 x(1-x) \, dx = \frac{1}{3}$$

$$E(Y) = \int_{-\infty}^{+\infty} \int_{-\infty}^{+\infty} y f(x, y) \, dx \, dy = 2 \int_0^1 dx \int_0^{1-x} y \, dy = \int_0^1 (1-x)^2 \, dx = \frac{1}{3}$$

$$E(XY) = \int_{-\infty}^{+\infty} \int_{-\infty}^{+\infty} xy f(x, y) \, dx \, dy = 2 \int_0^1 x \, dx \int_0^{1-x} y \, dy = \int_0^1 x(1-x)^2 \, dx = \frac{1}{12}$$

$$E(X^2) = \int_{-\infty}^{+\infty} \int_{-\infty}^{+\infty} x^2 f(x, y) \, dx \, dy = 2 \int_0^1 x^2 \, dx \int_0^{1-x} dy = 2 \int_0^1 x^2 (1-x) \, dx = \frac{1}{6}$$

$$E(Y^2) = \int_{-\infty}^{+\infty} \int_{-\infty}^{+\infty} y^2 f(x, y) \, dx \, dy = 2 \int_0^1 dx \int_0^{1-x} y^2 \, dy = \frac{2}{3} \int_0^1 (1-x)^3 \, dx = \frac{1}{6}$$

于是

$$D(X) = E(X^2) - [E(X)]^2 = \frac{1}{6} - \frac{1}{9} = \frac{1}{18}$$

$$D(Y) = E(Y^2) - [E(Y)]^2 = \frac{1}{6} - \frac{1}{9} = \frac{1}{18}$$

$$\text{Cov}(X, Y) = E(XY) - E(X)E(Y) = \frac{1}{12} - \frac{1}{3} \times \frac{1}{3} = -\frac{1}{36}$$

则

$$\rho_{XY} = \frac{\text{Cov}(X, Y)}{\sqrt{D(X)} \sqrt{D(Y)}} = -\frac{\frac{1}{36}}{\sqrt{\frac{1}{18}} \sqrt{\frac{1}{18}}} = -\frac{1}{2}$$

**性质 3-12** 对任意二维随机变量($X$,$Y$),有 $|\rho_{XY}| \leqslant 1$。

由性质 3-11 可证明得到性质 3-12。

**性质 3-13** $\rho_{XY} = 1$ 的充要条件是存在常数 $a(a > 0)$ 和 $b$,使得 $P(Y = aX + b) = 1$。$\rho_{XY} = -1$ 的充要条件是存在常数 $a(a < 0)$ 和 $b$,使得 $P(Y = aX + b) = 1$。

**证明** ① 充分性。

设 $P(Y = aX + b) = 1$,即 $P(Y - aX = b) = 1$,由性质 2-5 可知 $D(Y - aX) = 0$。由于

$$D(Y - aX) = D(Y) + a^2 D(X) - 2a \text{Cov}(X, Y)$$

$$= [a\sqrt{D(X)} - \sqrt{D(Y)}]^2 + 2a[\sqrt{D(X)}\sqrt{D(Y)} - \text{Cov}(X, Y)]$$

故 $[a\sqrt{D(X)}-\sqrt{D(Y)}]^2 = -2a[\sqrt{D(X)}\sqrt{D(Y)}-\mathrm{Cov}(X,Y)] \geqslant 0$。

由性质 3-11 可知 $\sqrt{D(X)}\sqrt{D(Y)}-\mathrm{Cov}(X,Y) \geqslant 0$。

因此，当 $a>0$ 时可得 $\sqrt{D(X)}\sqrt{D(Y)}-\mathrm{Cov}(X,Y)=0$，故 $\rho_{XY}=1$。

类似可得

$$D(Y-aX)=[a\sqrt{D(X)}+\sqrt{D(Y)}]^2-2a[\sqrt{D(X)}\sqrt{D(Y)}+\mathrm{Cov}(X,Y)]$$

当 $a<0$ 时可得 $\sqrt{D(X)}\sqrt{D(Y)}+\mathrm{Cov}(X,Y)=0$，故 $\rho_{XY}=-1$。

② 必要性。

设 $\rho_{XY}=1$，由方差和协方差的运算性质得

$$D\left[\frac{X}{\sqrt{D(X)}}-\frac{Y}{\sqrt{D(Y)}}\right]=2-2\rho_{XY}=0$$

由性质 2-5 可知存在常数 $C$，得

$$P\left(\frac{X}{\sqrt{D(X)}}-\frac{Y}{\sqrt{D(Y)}}=C\right)=1$$

即

$$P\left(Y=\frac{\sqrt{D(Y)}}{\sqrt{D(X)}}X-C\cdot\sqrt{D(Y)}\right)=1$$

即存在常数 $a(a>0)$ 和 $b$，使 $P(Y=aX+b)=1$。

类似地可证 $\rho_{XY}=-1$ 的情形。

性质 3-13 说明，当 $|\rho_{XY}|=1$ 时，存在常数 $a$ 和 $b$ 使得 $P(Y=aX+b)=1$，此时称 $X$ 和 $Y$ 之间以概率 1 存在**线性关系**。因此，相关系数 $\rho_{XY}$ 刻画了 $X$ 与 $Y$ 之间的线性关系强弱，常称其为**线性相关系数**。当 $\rho_{XY}=1$ 时称 $X$ 和 $Y$ **完全正相关**，当 $\rho_{XY}=-1$ 时称 $X$ 和 $Y$ **完全负相关**。当 $0<|\rho_{XY}|<1$ 时称 $X$ 和 $Y$ 有一定程度的线性关系。$|\rho_{XY}|$ 越接近于 1，则线性相关程度越高。$|\rho_{XY}|$ 越接近于 0，则线性相关程度越低。当 $\rho_{XY}=0$ 时称 $X$ 和 $Y$ **不相关（线性不相关）**。不相关是指 $X$ 和 $Y$ 之间没有线性关系，但 $X$ 和 $Y$ 之间可能存在其他非线性关系，如平方关系、对数关系等。

当 $X$ 和 $Y$ 相互独立时，$X$ 和 $Y$ 之间不存在任何关系。$X$ 和 $Y$ 不相关时 $X$ 和 $Y$ 之间不存在线性关系，因此，由 $X$ 和 $Y$ 相互独立可知 $X$ 和 $Y$ 不相关，但是，$X$ 和 $Y$ 不相关时 $X$ 和 $Y$ 不一定相互独立。

**例 3-30** 设二维随机变量 $(X,Y) \sim N(\mu_1,\mu_2,\sigma_1,\sigma_2,\rho)$，则 $\rho_{XY}=\rho$。

**解** 由定理 3-1 可知，$X \sim N(\mu_1,\sigma_1^2)$，$Y \sim N(\mu_2,\sigma_2^2)$，故

$$E(X)=\mu_1 \qquad E(Y)=\mu_2 \qquad D(X)=\sigma_1^2 \qquad D(Y)=\sigma_2^2$$

利用二维正态分布的联合密度函数，得

$$\begin{aligned}\mathrm{Cov}(X,Y) &= E\{[X-E(X)][Y-E(Y)]\}=E[(X-\mu_1)(Y-\mu_2)] \\ &= \int_{-\infty}^{+\infty}\int_{-\infty}^{+\infty}(x-\mu_1)(y-\mu_2)f(x,y)\mathrm{d}x\mathrm{d}y \\ &= \frac{1}{2\pi\sigma_1\sigma_2\sqrt{1-\rho^2}}\int_{-\infty}^{+\infty}\int_{-\infty}^{+\infty}(x-\mu_1)(y-\mu_2)\end{aligned}$$

$$\cdot \exp\left[\frac{-1}{2(1-\rho^2)}\left(\frac{y-\mu_2}{\sigma_2}-\rho\frac{x-\mu_1}{\sigma_1}\right)^2 - \frac{(x-\mu_1)^2}{2\sigma_1^2}\right]\mathrm{d}y\,\mathrm{d}x$$

令 $t = \frac{1}{\sqrt{1-\rho^2}}\left(\frac{y-\mu_2}{\sigma_2}-\rho\frac{x-\mu_1}{\sigma_1}\right)$，$u = \frac{x-\mu_1}{\sigma_1}$，则有

$$\mathrm{Cov}(X,Y) = \frac{1}{2\pi}\int_{-\infty}^{+\infty}\int_{-\infty}^{+\infty}\left(\sigma_1\sigma_2\sqrt{1-\rho^2}\,u + \rho\sigma_1\sigma_2 u^2\right)\mathrm{e}^{-(u^2+t^2)/2}\mathrm{d}t\,\mathrm{d}u$$

$$= \frac{\rho\sigma_1\sigma_2}{2\pi}\left(\int_{-\infty}^{+\infty}u^2\mathrm{e}^{-\frac{u^2}{2}}\mathrm{d}u\right)\left(\int_{-\infty}^{+\infty}\mathrm{e}^{-\frac{t^2}{2}}\mathrm{d}t\right) + \frac{\sigma_1\sigma_2\sqrt{1-\rho^2}}{2\pi}\left(\int_{-\infty}^{+\infty}u\mathrm{e}^{-\frac{u^2}{2}}\mathrm{d}u\right)\left(\int_{-\infty}^{+\infty}t\mathrm{e}^{-\frac{t^2}{2}}\mathrm{d}t\right)$$

$$= \frac{\rho\sigma_1\sigma_2}{2\pi}\sqrt{2\pi}\cdot\sqrt{2\pi} + 0 = \rho\sigma_1\sigma_2$$

于是 $\rho_{XY} = \dfrac{\mathrm{Cov}(X,Y)}{\sqrt{D(X)}\sqrt{D(Y)}} = \rho$。

回顾例 3-30，设 $(X,Y) \sim N(\mu_1,\mu_2,\sigma_1,\sigma_2,\rho)$，$X$ 与 $Y$ 相互独立的充要条件是 $\rho=0$，由于参数 $\rho$ 就是 $X$ 与 $Y$ 的相关系数，故 $X$ 与 $Y$ 相互独立与不相关等价。

**例 3-31** 设有一笔资金，总量记为 1(可以是 1 万元，也可以 10 万元等)。现考虑投资甲、乙两种证券，若将资金 $x_1$ 投资于甲证券，将余下的资金 $1-x_1=x_2$ 投资于乙证券，于是 $(x_1,x_2)$ 就形成了一个投资组合。记 $X$ 为投资甲证券的收益率，$Y$ 为投资乙证券的收益率，它们都是随机变量。已知 $X$ 和 $Y$ 的数学期望(代表平均收益)分别为 $\mu_1$ 和 $\mu_2$，方差(代表风险)分别为 $\sigma_1^2$ 和 $\sigma_2^2$，$X$ 和 $Y$ 间的相关系数为 $\rho$。试求该投资组合的平均收益与风险(方差)，并求使投资组合风险最小的 $x_1$。

**解** 组合收益 $Z = x_1X + x_2Y = x_1X + (1-x_1)Y$，平均收益为

$$E(Z) = x_1E(X) + (1-x_1)E(Y) = x_1\mu_1 + (1-x_1)\mu_2$$

风险(方差)为

$$D(Z) = D[x_1X + (1-x_1)Y]$$
$$= x_1^2 D(X) + (1-x_1)^2 D(Y) + 2x_1(1-x_1)\mathrm{Cov}(X,Y)$$
$$= x_1^2\sigma_1^2 + (1-x_1)^2\sigma_2^2 + 2x_1(1-x_1)\rho\sigma_1\sigma_2$$

求最小的组合风险，即求 $D(Z)$ 关于 $x_1$ 的极小值点，为此令

$$\frac{\mathrm{d}[D(Z)]}{\mathrm{d}x_1} = 2x_1\sigma_1^2 - 2(1-x_1)\sigma_2^2 + 2\rho\sigma_1\sigma_2 - 4x_1\rho\sigma_1\sigma_2 = 0$$

解得

$$x_1^* = \frac{\sigma_2^2 - \rho\sigma_1\sigma_2}{\sigma_1^2 + \sigma_2^2 - 2\rho\sigma_1\sigma_2}$$

它与 $\mu_1$ 和 $\mu_2$ 无关，又因为 $D(Z)$ 中 $x_1^2$ 的系数为正，所以 $x_1^*$ 可使组合风险达到最小。

例如，$\sigma_1^2 = 0.3$，$\sigma_2^2 = 0.5$，$\rho = 0.4$，则

$$x_1^* = \frac{\sigma_2^2 - \rho\sigma_1\sigma_2}{\sigma_1^2 + \sigma_2^2 - 2\rho\sigma_1\sigma_2} = \frac{0.5 - 0.4\times\sqrt{0.3\times 0.5}}{0.3 + 0.5 - 2\times 0.4\times\sqrt{0.3\times 0.5}} = 0.704$$

说明应把全部资金的 70% 投资于甲证券，而把余下的 30% 资金投向乙证券，这样的

投资组合风险最小。

### 3.4.4 $n$ 维随机变量的数字特征

**定义 3-13** 设 $(X, Y)$ 是二维随机变量。若 $E(X^k)$ 存在 $(k=1, 2, \cdots)$，则称其为 $X$ 的 $k$ 阶原点矩，简称 $k$ 阶矩。

若 $E\{[X-E(X)]^k\}$ 存在 $(k=2, 3, \cdots)$，则称其为 $X$ 的 $k$ 阶中心矩。

若 $E(X^k Y^l)$ 存在 $(k, l=1, 2, \cdots)$，则称为 $X$ 和 $Y$ 的 $k+l$ 阶混合矩。

若 $\{[X-E(X)]^k [Y-E(Y)]^l\}$ 存在 $(k, l=1, 2, \cdots)$，则称其为 $X$ 和 $Y$ 的 $k+l$ 阶混合中心矩。

显然，$X$ 的数学期望 $E(X)$ 是 $X$ 的一阶原点矩，方差 $D(X)$ 是 $X$ 的二阶中心矩，协方差 $\text{Cov}(X, Y)$ 是 $X$ 和 $Y$ 的二阶混合中心矩。

下面用矩阵形式给出 $n$ 维随机变量的数学期望与方差。

**定义 3-14** 设 $n$ 维随机变量 $\boldsymbol{X}=(X_1, X_2, \cdots, X_n)'$，若其每个分量的数学期望都存在，则称

$$E(\boldsymbol{X})=[E(X_1), E(X_2), \cdots, E(X_n)]'$$

为 $n$ 维随机变量 $\boldsymbol{X}$ 的**数学期望向量**，简称 $\boldsymbol{X}$ 的**数学期望**，称

$$E\{[\boldsymbol{X}-E(\boldsymbol{X})][\boldsymbol{X}-E(\boldsymbol{X})]'\} = \begin{pmatrix} D(X_1) & \text{Cov}(X_1, X_2) & \cdots & \text{Cov}(X_1, X_n) \\ \text{Cov}(X_2, X_1) & D(X_2) & \cdots & \text{Cov}(X_2, X_n) \\ \vdots & \vdots & & \vdots \\ \text{Cov}(X_n, X_1) & \text{Cov}(X_n, X_2) & \cdots & D(X_n) \end{pmatrix}$$

为 $\boldsymbol{X}$ 的方差-协方差矩阵，简称**协方差阵**，记为 $\text{Cov}(\boldsymbol{X})$。

$n$ 维随机变量的数学期望是由各分量的数学期望组成的向量，协方差阵是由各分量的方差与协方差组成的矩阵，其对角线上的元素为方差，非对角线上的元素为协方差。由协方差的性质可知，协方差阵是对称矩阵。

借助 $n$ 维随机变量的数学期望和协方差矩阵，可以给出 $n$ 维正态分布的定义。

**定义 3-15** 设 $n$ 维随机变量 $\boldsymbol{X}=(X_1, X_2, \cdots, X_n)'$ 的数学期望向量 $\mu=(\mu_1, \mu_2, \cdots, \mu_n)'$，协方差矩阵为 $\Sigma=\text{Cov}(\boldsymbol{X})$。若 $\boldsymbol{X}$ 的联合概率密度函数

$$f(x_1, x_2, \cdots, x_n)=f(x)=\frac{1}{(2\pi)^{\frac{n}{2}}|\Sigma|^{\frac{1}{2}}}\exp\left\{-\frac{1}{2}(x-\mu)'\Sigma^{-1}(x-\mu)\right\}$$

则称 $\boldsymbol{X}$ 服从 $n$ 维正态分布，记为 $\boldsymbol{X}\sim N_n(\mu, \Sigma)$。其中，$x=(x_1, x_2, \cdots, x_n)'$，$|\Sigma|$ 表示 $\Sigma$ 的行列式，$\Sigma^{-1}$ 表示 $\Sigma$ 的逆矩阵，$(x-\mu)'$ 表示 $(x-\mu)$ 的转置。

$n$ 维正态分布是最重要的多维分布，在概率论、数理统计和随机过程中都占有重要地位。为后续章节使用方便，下面给出 $n$ 维正态随机变量的重要性质（证略）。

① $n$ 维正态随机变量 $(X_1, X_2, \cdots, X_n)$ 的每一个分量 $X_i$ 都是正态随机变量 $(i=1, 2, \cdots, n)$。若 $X_1, X_2, \cdots, X_n$ 都是正态随机变量，$(X_1, \cdots, X_n)$ 不一定是 $n$ 维正态随机变量。

② 若 $X_1, X_2, \cdots, X_n$ 都是正态随机变量，且相互独立，则 $(X_1, \cdots, X_n)$ 一定是 $n$ 维正态随机变量。

③ $n$ 维随机变量 $(X_1, X_2, \cdots, X_n)$ 服从 $n$ 维正态分布的充要条件是 $X_1, X_2, \cdots, X_n$ 的任意线性组合 $l_1X_1 + l_2X_2 + \cdots + l_nX_n$ 服从一维正态分布,其中,$l_1, l_2, \cdots, l_n$ 不同时为 0。

④ 设 $(X_1, X_2, \cdots, X_n)$ 服从 $n$ 维正态分布,$Y_1, Y_2, \cdots, Y_k$ 都是 $X_1, X_2, \cdots, X_n$ 的线性函数,则 $(Y_1, Y_2, \cdots, Y_k)$ 也服从多维正态分布。这一性质称为正态变量的**线性变换不变性**。

⑤ 设 $(X_1, X_2, \cdots, X_n)$ 服从 $n$ 维正态分布,则"$X_1, X_2, \cdots, X_n$ 相互独立"与"$X_1, X_2, \cdots, X_n$ 两两不相关"等价。

## 习 题

1. 已知二维随机变量 $(X, Y)$ 的分布函数为 $F(x, y)$,求二维随机变量 $(Y, X)$ 的分布函数 $G(s, t)$。

2. 设 $(X, Y)$ 的分布函数为
$$F(x, y) = \begin{cases} a(b + \arctan x)(c + e^{-y}), & -\infty < x < +\infty, y > 0 \\ 0, & \text{其他} \end{cases}$$
求常数 $a, b, c$ 的值。

3. 设二维随机变量 $(X, Y)$ 的联合分布函数为
$$F(x, y) = \begin{cases} 1 - 5^{-x} - 5^{-y} + 5^{-x-y}, & x \geq 0, y \geq 0 \\ 0, & \text{其他} \end{cases}$$
求 $(X, Y)$ 的联合概率密度函数 $f(x, y)$。

4. 袋中有 9 个大小相同的球,其中 6 个红球、3 个白球,随机抽取 2 个,每次抽取 1 个,定义如下两个随机变量:
$$X = \begin{cases} 1, & \text{第 1 次抽到红球} \\ 0, & \text{第 1 次抽到白球} \end{cases} \quad Y = \begin{cases} 1, & \text{第 2 次抽到红球} \\ 0, & \text{第 2 次抽到白球} \end{cases}$$
就下列两种情形求 $(X, Y)$ 的联合分布律:
(1) 有放回抽样。
(2) 无放回抽样。

5. 已知二维随机变量 $(X, Y)$ 的联合分布律为

| X | Y | | | |
|---|---|---|---|---|
| | 0 | 1 | 2 | 3 |
| 1 | 0 | $\frac{3}{8}$ | $\frac{3}{8}$ | 0 |
| 3 | $a$ | 0 | 0 | $\frac{1}{8}$ |

求常数 $a$ 的值,进一步求 $P(X=Y)$ 和 $P(X>0, Y \geq 1)$。

6. 设 $X$ 的分布律为 $\begin{array}{c|ccc} X & -1 & 0 & 1 \\ \hline P & \frac{1}{2} & \frac{1}{3} & \frac{1}{6} \end{array}$,$Y = X^2$,求 $(X, Y)$ 的联合分布律。

7. 设随机变量 $X$ 的分布律为 $P\{X=-1\}=P\{X=1\}=\dfrac{1}{4}$，$P\{X=0\}=\dfrac{1}{2}$，随机变量 $Y$ 与 $X$ 同分布且满足 $P(XY\neq 0)=0$，求 $X$ 和 $Y$ 的联合分布律。

8. 已知随机变量 $X\sim B\left(1,\dfrac{1}{4}\right)$，随机变量 $Y$ 与 $X$ 同分布，且 $P(XY=1)=\dfrac{1}{8}$，求 $P(X+Y\leqslant 1)$。

9. 设二维随机变量 $(X,Y)$ 在区域 $G$ 上服从均匀分布，其中 $G$ 由曲线 $y=x$ 和 $y=x^4$ 所围成，求：
(1) $(X,Y)$ 的概率密度函数。
(2) $P\left(0<X<\dfrac{1}{2},\ 0<Y<\dfrac{1}{2}\right)$。

10. 设二维随机变量 $(X,Y)$ 的联合概率密度函数为
$$f(x,y)=\begin{cases}kxy, & 0<x<1,\ 0<y<1,\ 0<x+y<1\\ 0, & \text{其他}\end{cases}$$

(1) 求常数 $k$ 的值。
(2) 求 $P\left(X+Y\leqslant\dfrac{1}{2}\right)$。
(3) 求 $(X,Y)$ 的联合分布函数的值 $F\left(\dfrac{1}{2},\dfrac{1}{2}\right)$。

11. 已知 $(X,Y)$ 的联合分布律为
$$P(X=1,Y=1)=P(X=2,Y=1)=\dfrac{3}{8}$$
$$P(X=1,Y=2)=P(X=2,Y=2)=\dfrac{1}{8}$$

(1) 求 $Y$ 的边缘分布律。
(2) 求 $Y=i$ 的条件下 $X$ 的条件分布律 $(i=1,2)$。
(3) 判断 $X$ 与 $Y$ 是否独立。

12. 设二维随机变量 $(X,Y)$ 的联合分布律为

| X | Y | |
|---|---|---|
|   | 0 | 1 |
| 0 | b | 0.3 |
| 1 | 0.2 | a |

已知随机事件 $\{X+Y=1\}$ 与 $\{X=0\}$ 相互独立，求常数 $a,b$。

13. 设二维随机变量 $(X,Y)$ 的概率密度函数为
$$f(x,y)=\begin{cases}\dfrac{21}{4}x^2 y, & x^2\leqslant y\leqslant 1\\ 0, & \text{其他}\end{cases}$$

求 $f_{X|Y}(x|y)$ 和 $f_{Y|X}(y|x)$。

14. 设二维随机变量 $(X,Y)$ 的联合概率密度函数为
$$f(x,y)=\begin{cases}6, & 0<x<1,\ x^2<y<x\\ 0, & \text{其他}\end{cases}$$

(1) 求 $f_X(x)$ 和 $f_Y(y)$，判断 $X$ 和 $Y$ 是否相互独立。
(2) 求 $f_{X|Y}(x|y)$。

(3)求 $P\left(0 \leqslant X \leqslant \dfrac{1}{3} \,\middle|\, Y = \dfrac{1}{4}\right)$。

15. 设二维随机变量$(X, Y)$的联合概率密度函数 $f(x, y) = \begin{cases} e^{-x}, & 0 < y < x \\ 0, & 其他 \end{cases}$。

(1)求 $f_X(x)$ 和 $f_Y(y)$，判断 $X$ 和 $Y$ 是否相互独立。

(2)求 $f_{Y|X}(y|x)$。

(3)求 $P(Y > 1 | X = 2)$。

16. 设随机变量 $X$ 在区间$(0, 1)$上服从均匀分布，在 $X = x$ 的条件下$(0 < x < 1)$，随机变量 $Y$ 在区间$(0, x)$内服从均匀分布，求：

(1)随机变量 $X$ 和 $Y$ 的联合概率密度。

(2)$Y$ 的概率密度。

(3)概率 $P(X + Y < 1)$。

17. 设随机变量 $X$ 与 $Y$ 相互独立，且 $X \sim U(0, 1)$，$Y \sim \exp(1)$，求 $P(X + Y < 1)$。

18. 设随机变量 $X$ 和 $Y$ 相互独立，都服从 $N(0, 1)$，求 $P(X^2 + Y^2 \leqslant 4)$。

19. 设二维随机变量$(X, Y) \sim N(1, 1, 1, 4; 0)$，求：

(1)$P(XY + 1 < X + Y)$。

(2)$P(X + 2Y \leqslant 3)$。

20. 设$(X, Y) \sim N(0, 0, 1, 1, 0)$，求 $P(X < Y)$。

21. 设随机变量 $X$ 与 $Y$ 相互独立，且均服从区间$[0, 1]$上的均匀分布，求 $P\left[\max(X, Y) \leqslant \dfrac{1}{2}\right]$。

22. 设随机变量 $X$ 与 $Y$ 独立，且 $X \sim B\left(1, \dfrac{1}{4}\right)$，$Y \sim N(0, 1)$，求概率 $P(XY \leqslant 0)$。

23. 从 1，2，3，4 中不放回地任取两数，记第一个数为 $X$，第二个数为 $Y$。

(1)求$(X, Y)$的联合分布律及边缘分布律。

(2)令 $U = \max(X, Y)$，$V = \min(X, Y)$，求$(U, V)$的联合分布律及边缘分布律。

24. 设随机变量 $X$，$Y$ 独立同分布，且 $X$ 的分布函数为 $F(x)$，求 $Z = \min\{X, Y\}$ 的分布函数 $F_Z(x)$。

25. 设随机变量 $X$，$Y$ 相互独立，且 $X \sim \exp(1)$，$Y \sim \exp(2)$，求：

(1)$Z = \min\{X, Y\}$ 的概率密度。

(2)$Z = X/Y$ 的概率密度。

26. 设随机变量 $X$，$Y$ 相互独立同分布，且 $X \sim U(0, 1)$，求：

(1)$Z = \min\{X, Y\}$ 的概率密度。

(2)$Z = X + Y$ 的概率密度。

(3)$Z = |X - Y|$ 的概率密度。

(4)$Z = XY$ 的概率密度。

27. 设随机变量 $X$，$Y$ 独立同分布，且 $X \sim N(0, 1)$，$Y \sim N(0, 1)$，求：

(1)求 $Z = X + Y$ 的概率密度。

(2)求 $Z = X^2 + Y^2$ 的概率密度。

28. 设二维随机变量$(X, Y)$服从平面区域 $D = \{(x, y) | 0 \leqslant x \leqslant y \leqslant 1\}$ 上的均匀分布，求：

(1)$Z = X + Y$ 的概率密度。

(2)$Z = X - Y$ 的概率密度。

29. 设随机变量 $X \sim N(0, 1)$，随机变量 $Y$ 的分布律为 $P(Y = -1) = \dfrac{1}{4}$，$P(Y = 1) = \dfrac{3}{4}$，求 $Z = X$

$+Y$ 的分布函数.

30. 设 $X \sim N(1, 1)$，$Y \sim N(1, 4)$，且 $X$，$Y$ 相互独立，求 $P(2X+3Y \leqslant 5)$.

31. 已知 $X \sim \begin{bmatrix} -1 & 1 \\ \frac{1}{2} & \frac{1}{2} \end{bmatrix}$，$Y \sim \begin{bmatrix} 0 & 1 \\ \frac{1}{4} & \frac{3}{4} \end{bmatrix}$，$P(X=Y)=\frac{1}{4}$，求 $\rho_{XY}$.

32. 设二维随机变量 $(X, Y)$ 在 $G = \{(x, y) \mid 0 < x < 1, |y| < x\}$ 上服从均匀分布，求 $Z = 2X - 1$ 的期望和方差.

33. 设随机变量 $(X, Y)$ 具有概率密度函数

$$f(x, y) = \begin{cases} \frac{1}{8}(x+y), & 0 \leqslant x \leqslant 2, 0 \leqslant y \leqslant 2 \\ 0, & 其他 \end{cases}$$

求 $E(X)$，$E(Y)$，$\text{Cov}(X, Y)$，$\rho_{XY}$，$D(X+Y)$.

34. 设随机变量 $X_1$，$X_2$，$X_3$ 相互独立，且都服从参数 $\lambda = 1$ 的泊松分布。令 $Y = X_1 + \frac{1}{2}X_2 + \frac{1}{3}X_3$，求 $E(Y^2)$.

35. 从甲地到乙地的旅游车上载有 20 位旅客，沿途有 12 个车站，假设每位旅客在各个车站下车是等可能的，若到达一个车站没有旅客下车就不停车。用 $X$ 表示停车次数，求平均停车次数.

36. 设随机变量 $X$ 和 $Y$ 的相关系数为 0.25，$E(X) = E(Y) = 0$，$E(X^2) = E(Y^2) = 2$，求 $E(X+Y)^2$.

37. 设随机变量 $X$ 和 $Y$ 的相关系数为 0.9，$Z = -2X + 1$，求 $Y$ 与 $Z$ 的相关系数.

38. 设两个随机变量相互独立，且都服从均值为 0，方差为 1 的正态分布，求随机变量 $|X-Y|$ 的期望与方差.

39. 设随机变量 $X_1, \cdots, X_{10}$ 相互独立，且都服从 $(0, 1)$ 上的均匀分布，求：

(1) $U = \max\{X_1, X_2, \cdots, X_{10}\}$ 的数学期望.

(2) $V = \min\{X_1, X_2, \cdots, X_{10}\}$ 的数学期望.

40. 设随机变量 $(X, Y)$ 的联合分布律为

| X | Y | | |
|---|---|---|---|
|  | $-2$ | $0$ | $2$ |
| $-2$ | $\frac{1}{8}$ | $\frac{1}{8}$ | $\frac{1}{8}$ |
| $0$ | $\frac{1}{8}$ | $0$ | $\frac{1}{8}$ |
| $2$ | $\frac{1}{8}$ | $\frac{1}{8}$ | $\frac{1}{8}$ |

证明 $X$ 和 $Y$ 不相关，但 $X$ 和 $Y$ 不相互独立.

41. 设二维随机变量 $(X, Y)$ 的概率密度为 $f(x, y) = \begin{cases} \frac{1}{4\pi}, & x^2 + y^2 \leqslant 4 \\ 0, & 其他 \end{cases}$。证明 $X$ 和 $Y$ 不相关，但 $X$ 和 $Y$ 不相互独立.

42. 设 $A$，$B$ 是两个随机事件，定义随机变量

$$X = \begin{cases} 1, & A \text{ 发生} \\ 0, & A \text{ 不发生} \end{cases} \quad Y = \begin{cases} 1, & B \text{ 发生} \\ 0, & B \text{ 不发生} \end{cases}$$

证明随机变量 $X$ 和 $Y$ 相互独立的充要条件是随机事件 $A$ 和 $B$ 相互独立。

## 著名学者小传

王梓坤，男，1929 年 4 月生，江西吉安人，教授，博士生导师，中国科学院院士，北京师范大学原校长，中国教师节首倡者。1952 年本科毕业于武汉大学数学系，1955 年考入苏联莫斯科大学数学力学系开展研究生阶段学习，师从于数学大师柯尔莫哥洛夫，1958 年获副博士（相当于现今博士学位）学位。1984—1989 年任北京师范大学校长。1991 年当选为中国科学院院士。

王梓坤主要研究概率论，业余从事科学方法论及科普写作，发表数学专著、数学论文及方法论论文、科普作品等许多种。曾荣获"国家自然科学奖""国家教委科学技术进步奖""全国新长征优秀科普作品奖""中青年有突出贡献专家"等称号。

王梓坤是一位对我国的科学和教育事业作出卓越贡献的数学家和教育家，也是我国概率论研究的先驱者和主要学术带头人之一。在数学理论方面，他主要研究马尔可夫过程，首创极限过渡的概率方法，彻底解决了生灭过程的构造问题。在数学应用方面，他提出了地震随机迁移的统计预报方法及供舰艇导航的数学方法，他的研究成果受到学者的高度评价。王梓坤在概率论方面著书 9 部，出版的《概率论基础及其应用》(1976)、《随机过程论》(1965)和《生灭过程与马尔科夫链》(1980) 3 部著作从学科基础到研究前沿构成完整体系，对我国概率论与随机过程的教学和研究工作起了非常重要的作用。

王梓坤为国家培养了大批教学和科研骨干力量，指导博士研究生和博士后 20 余名、硕士研究生 30 余名。他总是充满热情地支持和鼓励年轻学者的研究工作，赢得了广泛的尊重。他重视科普工作和对治学方法论的研究，在这方面出版了《科学发现纵横谈》《科海泛舟》等著作及论文数十篇。王梓坤任北京师范大学校长期间于 1984 年首次提出"尊师重教"，并与北京师范大学部分学者建议在全国设立教师节。全国人大翌年通过决议，将每年 9 月 10 日定为教师节。

# 第 4 章

# 大数定律与中心极限定理

第 1 章介绍了频率稳定性,即在 $n$ 次相同试验中,当 $n$ 充分大时,随机事件 $A$ 发生的频率 $f_n(A)$ 在某个固定的值附近摆动,这个固定的值就是一次试验中 $A$ 发生的概率 $P(A)$。具体而言,$P(A)$ 是随机事件 $A$ 发生的频率 $f_n(A)$ 随 $n \to \infty$ 时的"极限"。由于频率 $f_n(A)$ 具有随机性,因此这里的极限与高等数学中数列的极限有所不同,它是概率意义下的一种极限,本章将给出它的严格定义。在此基础上,将介绍概率论中一类重要的极限定理——大数定律,从理论上可以解释为什么概率是频率的"极限"。

第 3 章学习了随机变量的函数的分布,如求多个随机变量的和 $X_1 + \cdots + X_n$ 的分布。当 $n$ 很大时,求 $(X_1 + \cdots + X_n)$ 的分布非常复杂。在高等数学中也有类似的问题。例如,对给定的值 $x$,求 $a_n(x) = 1 + x + \dfrac{x^2}{2!} + \dfrac{x^3}{3!} + \cdots + \dfrac{x^n}{n!}$ 的值。当 $n$ 固定但很大时,计算非常困难。但是,借助极限结论 $\lim\limits_{n \to \infty} a_n(x) = e^x$,当 $n$ 很大时,可以用 $e^x$ 作为 $a_n(x) = 1 + x + \dfrac{x^2}{2!} + \dfrac{x^3}{3!} + \cdots + \dfrac{x^n}{n!}$ 的近似值。根据这个想法,在求 $X_1 + \cdots + X_n$ 的分布时,可将 $X_1 + \cdots + X_n$ 的极限分布作为 $X_1 + \cdots + X_n$ 的近似分布。本章将介绍与之相关的重要极限定理——中心极限定理。

## 4.1 大数定律

**定义 4-1** 设 $X_1, \cdots, X_n, \cdots$ 是一个随机变量序列,$a$ 为一个常数,若对于任意正数 $\varepsilon$,有

$$\lim_{n \to \infty} P(|X_n - a| < \varepsilon) = 1$$

则称序列 $X_1, \cdots, X_n, \cdots$ 依概率收敛于 $a$,记作 $X_n \xrightarrow{P} a \, (n \to \infty)$。

$X_n \xrightarrow{P} a$ 的直观解释是:对任意 $\varepsilon > 0$,当 $n$ 充分大时,"$X_n$ 与 $a$ 的偏差大于或等于 $\varepsilon$"这一事件 $\{|X_n - \mu| \geqslant \varepsilon\}$ 发生的概率很小。这就是说,不论给定怎样小的 $\varepsilon > 0$,$X_n$ 与 $a$ 的偏差大于或等于 $\varepsilon$ 是可能的,但是当 $n$ 很大时,出现这种偏差的可能性很小,这与高等数学中的数列收敛概念不同。

**性质 4-1** 设 $X_n \xrightarrow{P} a$，$Y_n \xrightarrow{P} b$，函数 $g(x, y)$ 在点 $(a, b)$ 处连续，则
$$g(X_n, Y_n) \xrightarrow{P} g(a, b) \quad （证略）$$

**定理 4-1** 伯努利大数定律。设 $n_A$ 是 $n$ 次独立重复试验中随机事件 $A$ 发生的次数，$p$ 是事件 $A$ 在每次试验中发生的概率，则对任意正数 $\varepsilon$，有

$$\lim_{n \to \infty} P\left(\left|\frac{n_A}{n} - p\right| < \varepsilon\right) = 1$$

或

$$\lim_{n \to \infty} P\left(\left|\frac{n_A}{n} - p\right| \geq \varepsilon\right) = 0$$

**证明** 由于 $n_A$ 是 $n$ 次独立重复试验中事件 $A$ 发生的次数，因此 $n_A \sim B(n, p)$，有 $E(n_A) = np$，$D(n_A) = np(1-p)$。进一步，$E\left(\dfrac{n_A}{n}\right) = p$，$D\left(\dfrac{n_A}{n}\right) = \dfrac{p(1-p)}{n}$。根据切比雪夫不等式，对任意给定的正数 $\varepsilon$，有

$$1 \geq P\left(\left|\frac{n_A}{n} - p\right| < \varepsilon\right) \geq 1 - \frac{p(1-p)}{n\varepsilon^2}$$

令 $n \to \infty$，则 $\lim\limits_{n \to \infty} P\left(\left|\dfrac{n_A}{n} - p\right| < \varepsilon\right) = 1$ 或 $\lim\limits_{n \to \infty} P\left(\left|\dfrac{n_A}{n} - p\right| \geq \varepsilon\right) = 0$。

伯努利大数定律表明：一个事件 $A$ 在 $n$ 次独立重复试验中发生的频率 $\dfrac{n_A}{n}$ 依概率收敛于事件 $A$ 发生的概率 $p$，伯努利大数定律以严格的数学形式表达了频率的稳定性。从伯努利大数定律的等价形式 $\lim\limits_{n \to \infty} P\left(\left|\dfrac{n_A}{n} - p\right| \geq \varepsilon\right) = 0$ 可以看到，当 $n$ 很大时，事件 $A$ 在 $n$ 次独立重复试验中发生的频率 $\dfrac{n_A}{n}$ 与 $A$ 在试验中发生的概率 $p$ 有较大偏差的可能性很小。在实际应用中，当试验次数 $n$ 很大时，可以用事件 $A$ 发生的频率来近似代替事件 $A$ 发生的概率。

**定理 4-2** 切比雪夫大数定律。设随机变量序列 $X_1, \cdots, X_n, \cdots$ 相互独立，分别有有限的数学期望 $E(X_i)$ 和方差 $D(X_i)$，且存在正数 $M$，使 $D(X_i) \leq M$，其中 $i = 1, 2, \cdots$，则对任意给定的正数 $\varepsilon$，有

$$\lim_{n \to \infty} P\left[\left|\frac{1}{n}\sum_{i=1}^{n} X_i - \frac{1}{n}\sum_{i=1}^{n} E(X_i)\right| < \varepsilon\right] = 1$$

**证明** 因为

$$E\left(\frac{1}{n}\sum_{i=1}^{n} X_i\right) = \frac{1}{n}\sum_{i=1}^{n} E(X_i) \quad D\left(\frac{1}{n}\sum_{i=1}^{n} X_i\right) = \frac{1}{n^2}\sum_{i=1}^{n} D(X_i) \leq \frac{1}{n^2}\sum_{i=1}^{n} M = \frac{M}{n}$$

由切比雪夫不等式得

$$1 \geq P\left(\left|\frac{1}{n}\sum_{i=1}^{n} X_i - \frac{1}{n}\sum_{i=1}^{n} E(X_i)\right| < \varepsilon\right) \geq 1 - \frac{\frac{1}{n^2}\sum_{i=1}^{n} D(X_i)}{\varepsilon^2} \geq 1 - \frac{M}{n\varepsilon^2}$$

令 $n\to\infty$，根据夹逼准则得

$$\lim_{n\to\infty} P\left(\left|\frac{1}{n}\sum_{i=1}^{n}X_i - \frac{1}{n}\sum_{i=1}^{n}E(X_i)\right| < \varepsilon\right) = 1$$

切比雪夫大数定律表明：在定理所给条件下，随机变量序列 $\{X_n\}$ 的算术平均值 $\frac{1}{n}\sum_{i=1}^{n}X_i$ 与它们的数学期望的算术平均值之差依概率收敛到 0。

**定理 4-3** 设随机变量序列 $X_1,\cdots,X_n,\cdots$ 相互独立，分别有相同的数学期望和方差 $E(X_i)=\mu$，$D(X_i)=\sigma^2$，$i=1,2,\cdots$，则对任意的正数 $\varepsilon$，有

$$\lim_{n\to\infty} P\left(\left|\frac{1}{n}\sum_{i=1}^{n}X_i - \mu\right| < \varepsilon\right) = 1$$

定理 4-3 是切比雪夫大数定律的推论，它表明当随机变量 $X_1,\cdots,X_n,\cdots$ 相互独立，具有相同的数学期望和方差时，它们的算术平均值 $\frac{1}{n}\sum_{i=1}^{n}X_i$ 依概率收敛到数学期望。这一结论是实际问题中使用算术平均值的依据。当要测量某一个量 $a$ 时，在不变的条件下重复测量 $n$ 次，得到 $n$ 个结果 $X_1,\cdots,X_n$，可以认为 $X_1,\cdots,X_n$ 相互独立，有相同的数学期望 $\mu$ 和方差 $\sigma^2$。当 $n$ 充分大时，取 $n$ 次测量结果 $X_1,\cdots,X_n$ 的算术平均值作为 $a$ 的近似值，误差很小。

在定理 4-3 中，如果随机变量序列 $X_1,\cdots,X_n,\cdots$ 相互独立，服从相同分布，只需要该分布的数学期望存在，而不必要求方差存在，结论同样成立，这就是辛钦大数定律（证明略）。

**定理 4-4** 辛钦大数定律。设随机变量序列 $X_1,\cdots,X_n,\cdots$ 相互独立，服从同一分布，数学期望 $E(X_i)=\mu$，其中 $i=1,2,\cdots$，则对任意的正数 $\varepsilon$，有

$$\lim_{n\to\infty} P\left(\left|\frac{1}{n}\sum_{i=1}^{n}X_i - \mu\right| < \varepsilon\right) = 1$$

【注】① 定理不要求随机变量的方差存在。
② 伯努利大数定律是辛钦大数定律的特殊情况。
③ 辛钦大数定律为寻找随机变量的数学期望提供了一条切实可行的途径。例如，要估计某地区的平均亩产量，可收割 $n$ 块某些有代表性的地块，计算其平均亩产量，则当 $n$ 较大时，可用它作为整个地区平均亩产量的一个估计。此类做法在实际应用中具有重要意义。

## 4.2 中心极限定理

中心极限定理是一类研究随机变量序列 $X_1,\cdots,X_n,\cdots$ 之和 $X_1+\cdots+X_n$ 当 $n\to\infty$ 时的极限分布的一类定理。当随机变量序列 $X_1,\cdots,X_n,\cdots$ 满足一定条件时，中心极限定理指出，$X_1+\cdots+X_n$ 的分布可以用正态分布近似。

**定理 4-5(列维—林德伯格中心极限定理)** 设随机变量 $X_1,\cdots,X_n,\cdots$ 相互独立，服从同一分布，$E(X_i)=\mu$，$D(X_i)=\sigma^2$，其中 $i=1,2,\cdots$，记随机变量之和 $\sum\limits_{i=1}^{n}X_i$ 的标准化变量为

$$Y_n=\frac{\sum\limits_{i=1}^{n}X_i-E\left(\sum\limits_{i=1}^{n}X_i\right)}{\sqrt{D\left(\sum\limits_{i=1}^{n}X_i\right)}}=\frac{\sum\limits_{i=1}^{n}X_i-n\mu}{\sqrt{n}\sigma}$$

$Y_n$ 的分布函数记为 $F_n(x)$，则对任意实数 $x$ 满足

$$\lim_{n\to\infty}F_n(x)=\Phi(x)$$

其中，$\Phi(x)$ 是标准正态分布 $N(0,1)$ 的分布函数。

定理 4-5 表明，当 $n$ 足够大时，$Y_n=\dfrac{\sum\limits_{i=1}^{n}X_i-E\left(\sum\limits_{i=1}^{n}X_i\right)}{\sqrt{D\left(\sum\limits_{i=1}^{n}X_i\right)}}=\dfrac{\sum\limits_{i=1}^{n}X_i-n\mu}{\sqrt{n}\sigma}$ 的分布函数 $F_n(x)$ 可以使用标准正态分布 $N(0,1)$ 的分布函数 $\Phi(x)$ 来近似，可以简记为

$$\frac{\sum\limits_{i=1}^{n}X_i-E\left(\sum\limits_{i=1}^{n}X_i\right)}{\sqrt{D\left(\sum\limits_{i=1}^{n}X_i\right)}}=\frac{\sum\limits_{i=1}^{n}X_i-n\mu}{\sqrt{n}\sigma}\overset{近似}{\sim}N(0,1)$$

利用正态分布的性质，定理 4-5 的结论可以等价地表示为

$$\sum_{i=1}^{n}X_i\overset{近似}{\sim}N(n\mu,n\sigma^2)\quad\text{或}\quad\frac{1}{n}\sum_{i=1}^{n}X_i\overset{近似}{\sim}N\left(\mu,\frac{\sigma^2}{n}\right)$$

**例 4-1** 设随机变量 $X_1,\cdots,X_{100}$ 相互独立，都服从参数 $\lambda=1$ 的泊松分布。记 $X=\sum\limits_{i=1}^{100}X_i$，求 $P(X>120)$ 的近似值。

**解** 由泊松分布的性质知 $E(X_i)=1$，$D(X_i)=1$，其中 $i=1,2,\cdots,100$。根据定理 4-5，有

$$Y=\frac{\sum\limits_{i=1}^{100}X_i-100\times 1}{\sqrt{100\times 1}}=\frac{X-100}{10}\overset{近似}{\sim}N(0,1)$$

于是

$$P(X>120)=P\left(\frac{X-100}{10}>\frac{120-100}{10}\right)=P\left(\frac{X-100}{10}>2\right)$$

$$=1-P\left(\frac{X-100}{10}\leqslant 2\right)\approx 1-\Phi(2)=0.0228$$

**定理 4-6(棣莫佛—拉普拉斯中心极限定理)** 设随机变量 $\eta_n$ 服从二项分布 $B(n,p)$ 其中 $n=1,2,\cdots$，$0<p<1$，则对任意数 $x$，有

$$\lim_{n\to\infty}P\left[\frac{\eta_n-np}{\sqrt{np(1-p)}}\leqslant x\right]=\int_{-\infty}^{x}\frac{1}{\sqrt{2\pi}}e^{-\frac{t^2}{2}}dt=\Phi(x)$$

**证明** 可以将 $\eta_n$ 看成是 $n$ 个相互独立，且服从 $0\sim 1$ 分布的随机变量 $X_1,\cdots,X_n$ 之和，即 $\eta_n=\sum_{i=1}^{100}X_i$，其中，$X_k(k=1,2,\cdots)$ 的概率分布为

$$P(X_k=i)=p^i(1-p)^{1-i} \quad (i=0,1)$$

则 $E(X_k)=p$，$D(X_k)=p(1-p)$。由定理 4-5 得

$$\lim_{n\to\infty}P\left(\frac{\eta_n-np}{\sqrt{np(1-p)}}\leqslant x\right)=\lim_{n\to\infty}P\left(\frac{\sum_{i=1}^{100}X_i-np}{\sqrt{np(1-p)}}\leqslant x\right)$$

$$=\int_{-\infty}^{x}\frac{1}{\sqrt{2\pi}}e^{-\frac{t^2}{2}}dt=\Phi(x)$$

定理 4-6 是定理 4-5 的特殊情况，它表明正态分布是二项分布的极限分布。当 $n$ 充分大时，服从 $B(n,p)$ 的随机变量 $\eta_n$ 作出的标准化随机变量 $\dfrac{\eta_n-np}{\sqrt{np(1-p)}}$ 近似服从标准正态分布。

**例 4-2** 据统计，在某年龄段保险者中，一年内每个人死亡的概率为 0.005，现在有 10 000 名该年龄段的人参加人寿保险，试求未来一年内在这些保险者里面死亡人数不超过 70 个人的概率。

**解** 设 $X$ 表示 10 000 名投保者在一年内的死亡人数。由题意知 $X\sim B(10\ 000,0.005)$，$E(x)=np=50$，$D(x)=np(1-p)=49.75$。由棣莫佛—拉普拉斯中心极限定理可得

$$P(X\leqslant 70)=P\left(\frac{X-50}{\sqrt{49.75}}\leqslant\frac{70-50}{\sqrt{49.75}}\right)\approx\Phi\left(\frac{70-50}{\sqrt{49.75}}\right)=\Phi(2.84)=0.997\ 7$$

**例 4-3** 某车间有 200 台车床，每台车床开工率为 0.6（即平均 60% 的时间工作），各台车床是否工作相互独立。每台车床开工时需电力 1 千瓦，问至少供应多少千瓦电力才能以 99.9% 的概率保证该车间不会因供电不足而影响生产？

**解** 设 $X$ 表示在某时刻同时工作的车床数，则 $X\sim B(200,0.6)$。假设至少供应 $N$ 千瓦电力，则 $P(1\cdot X\leqslant N)\geqslant 0.999$。由定理 4-6 知

$$\frac{X-np}{\sqrt{np(1-p)}}\overset{近似}{\sim}N(0,1)$$

其中，$np=120$，$np(1-p)=48$。于是

$$P(X\leqslant N)=P\left(\frac{X-120}{\sqrt{48}}\leqslant\frac{N-120}{\sqrt{48}}\right)\approx\Phi\left(\frac{N-120}{\sqrt{48}}\right)\geqslant 0.99$$

查附表 1 得 $\Phi(3.1)=0.999$，故 $\dfrac{N-120}{\sqrt{48}}\geqslant 3.1$，解得 $N\geqslant 141.5$，即至少供应 142 千

瓦电力才能以 99.9% 的概率保证该车间不会因供电不足而影响生产。

例题解析

**例 4-4** 某单位计划种植 2 500 棵树,已知某树苗的存活率为 80%。请分别用切比雪夫不等式和中心极限定理估计存活下来的树木数量有 1 950～2 050 棵的概率。

**解** 设随机变量 $X$ 表示实际存活下来的树木数量,则 $X \sim B(2\,500, 0.8)$,$E(X) = 2\,000$,$D(X) = 400$。

由切比雪夫不等式得

$$P(1\,950 < X < 2\,050) = P(|X - 2\,000| < 50) \geq 1 - \frac{D(X)}{50^2} = 1 - \frac{400}{2\,500} = 0.84$$

由中心极限定理可得

$$P(1\,950 < X < 2\,050) = P\left(\frac{1\,950 - 2\,000}{20} < \frac{X - 2\,000}{20} < \frac{2\,050 - 2\,000}{20}\right)$$

$$\approx \Phi(2.5) - \Phi(-2.5) = 2\Phi(2.5) - 1 = 0.987\,58$$

从例 4-4 可以看到,利用切比雪夫不等式和中心极限定理得到的结论差异较大。实际上,切比雪夫不等式只能给出所求概率的一个下界,而中心极限定理可以得到所求概率的近似值。

**例 4-5** 中国邮政已基本建成邮政信息传递、物品运送、资金流通"三流合一"的服务网络。现调查邮政快递物流在某城市的服务满意率 $p$,将所有调查对象中对快递物流表示满意的频率作为 $p$ 的估计。现在要保证有 90% 的把握,使得调查所得服务满意率与真实服务满意率 $p$ 之间的差异不大于 5%,问至少要调查多少对象?

**解** 设 $n$ 个被调查对象中对快递物流表示满意的总人数为 $Y_n$,则有 $Y_n \sim B(n, p)$。由已知频率 $Y_n/n$ 是真实服务满意率 $p$ 的估计。根据定理 4-6 知 $\frac{Y_n - np}{\sqrt{np(1-p)}} \overset{\text{近似}}{\sim} N(0, 1)$,有

$$P\left(\left|\frac{Y_n}{n} - p\right| \leq 0.05\right) = P\left[\left|\frac{Y_n - np}{\sqrt{np(1-p)}}\right| \leq 0.05\sqrt{\frac{n}{p(1-p)}}\right] \approx 2\Phi\left(0.05\sqrt{\frac{n}{p(1-p)}}\right) - 1$$

根据题意得

$$2\Phi\left(0.05\sqrt{\frac{n}{p(1-p)}}\right) - 1 \geq 0.9$$

即

$$\Phi\left(0.05\sqrt{\frac{n}{p(1-p)}}\right) \geq 0.95$$

查附表 1 可知 $\Phi(1.645) = 0.95$,则

$$0.05\sqrt{\frac{n}{p(1-p)}} \geq 1.645$$

解得

$$n \geq p(1-p) \times \frac{1.645^2}{0.05^2} = p(1-p) \times 1\,082.41$$

又因为 $p(1-p) \leq \left(\frac{p+1-p}{2}\right)^2 = \frac{1}{4}$,所以 $n \geq 270.6$,即至少调查 271 个对象。

# 习　题

1. 设 $X_1$，$X_2$，$\cdots$，$X_n$ 都服从参数为 4 的指数分布且相互独立，则当 $n\to\infty$ 时，$Y_n = \dfrac{1}{n}\sum\limits_{i=1}^{n} X_i^2$ 依概率收敛于 _____。

2. 设随机变量 $X_1$，$\cdots$，$X_n$，$\cdots$ 是独立同分布的随机变量序列，其分布函数为 $F(x) = \dfrac{1}{\pi}\arctan\dfrac{x-A}{B} + \dfrac{1}{2}$，其中 $B\neq 0$，则辛钦大数定律对此序列（　　）。

(A) 适用  
(B) 当常数 $A$，$B$ 取适当数值时适用  
(C) 无法判断  
(D) 不适用

3. 设随机变量 $X_1$，$X_2$，$\cdots$，$X_n$ 相互独立，$S_n = X_1 + X_2 + \cdots + X_n$，则根据列维—林德伯格中心极限定理，当 $n$ 充分大时，$S_n$ 近似服从正态分布，只要 $X_1$，$X_2$，$\cdots$，$X_n$（　　）。

(A) 有相同的数学期望和方差  
(B) 服从同一连续型分布  
(C) 服从同一指数分布  
(D) 服从同一离散型分布

4. 设 $X_1$，$X_2$，$\cdots$，$X_n$，$\cdots$ 为独立同分布的随机变量序列，且均服从参数为 $\lambda(\lambda>0)$ 的泊松分布，记 $\Phi(x)$ 为标准正态分布函数，则（　　）。

(A) $\lim\limits_{n\to\infty} P\left\{\dfrac{\sum\limits_{i=1}^{n} X_i - n\lambda}{\lambda\sqrt{n}} \leqslant x\right\} = \Phi(x)$ 　　
(B) $\lim\limits_{n\to\infty} P\left\{\dfrac{\sum\limits_{i=1}^{n} X_i - n\lambda}{\sqrt{n\lambda}} \leqslant x\right\} = \Phi(x)$

(C) $\lim\limits_{n\to\infty} P\left\{\dfrac{\lambda\sum\limits_{i=1}^{n} X_i - n}{\sqrt{n}} \leqslant x\right\} = \Phi(x)$ 　　
(D) $\lim\limits_{n\to\infty} P\left\{\dfrac{\sum\limits_{i=1}^{n} X_i - \lambda}{\sqrt{n\lambda}} \leqslant x\right\} = \Phi(x)$

5. 设随机变量 $X_1$，$X_2$，$\cdots$，$X_n$，$\cdots$ 相互独立，且 $X_i$ 都服从参数为 2 的指数分布，则当 $n$ 充分大时，随机变量 $Z_n = \dfrac{1}{n}\sum\limits_{i=1}^{n} X_i$ 近似服从（　　）。

(A) $N(2, 4)$　　　　(B) $N\left(2, \dfrac{4}{n}\right)$　　　　(C) $N\left(\dfrac{1}{2}, \dfrac{1}{4n}\right)$　　　　(D) $N(2n, 4n)$

6. 生产线生产的产品成箱包装，每箱的重量是随机的，假设每箱平均重 20 千克，标准差为 2 千克，若用最大载重量为 5 吨的汽车承运，试利用中心极限定理说明每辆车最多可以装多少箱才能保障不超载的概率大于 $0.977[\Phi(2) = 0.977$，其中 $\Phi(x)$ 是标准正态分布函数]。

7. 一家保险公司里有 20 000 人参加保险，每人每年付 10 元保险费。在一年内一个人死亡的概率为 0.006，死亡后家属可向保险公司领取 1 000 元。试求：

(1) 保险公司亏本的概率；  
(2) 保险公司一年的利润不少于 100 000 元的概率。

8. 某厂家声称一批产品的合格率为 0.8。买家随机抽查 100 件产品，若合格品多于 75 件就购买这批产品。

(1) 若产品的合格率是 0.8，求买家购买这批产品的概率。  
(2) 若产品的合格率是 0.7，求买家购买这批产品的概率。

## 著名学者小传

陈木法，1946年8月出生于福建惠安，数学家，中国科学院院士，发展中国家科学院院士，北京师范大学数学科学学院教授、博士生导师。1969年从北京师范大学本科毕业；1972年被分配到贵阳师范学院附属中学教书；1974年被调到贵阳师范学院数学系工作；1978年考取北京师范大学数学系的研究生；1980年提前一年半研究生毕业后留校任教，担任教授、博士生导师；1981年受国家公派赴美国科罗拉多大学进修访问；1983年11月获得北京师范大学博士学位，成为该校的第一位自己培养的博士，也是中国首批博士学位获得者之一；1986—1987年担任英国爱丁堡大学研究员；1997—2000年担任北京师范大学研究生院院长；2000年担任北京师范大学学术委员会主任；2002年受邀在北京国际数学家大会作报告；2003年当选为中国科学院院士；2009年当选发展中国家科学院院士；2012年当选美国数学协会会士。

陈木法主要从事概率论及其相关领域的研究，将概率方法引入第一特征值估计研究并找到了下界估计的统一的变分公式，使得3个方面的主特征值估计得到全面改观；找到了诸不等式的显式判别准则和关系图，拓宽了遍历理论；还研究了非遍历情形的衰减等稳定性速度，发展了谱理论；关于双侧Hardy型不等式的研究取得重要进展；最早研究马氏耦合并得出一条基本定理，更新了耦合理论并开拓了一系列新应用；最先从非平衡统计物理中引进无穷维反应扩散过程，解决了过程的构造、平衡态的存在性和唯一性等根本课题，此方向已成为国际上粒子系统研究的重要分支；完成了一般或可逆跳过程的唯一性准则并找到唯一性的强有力的充分条件，得到非常广泛的应用；彻底解决了转移概率函数的可微性等难题，建立了跳过程的系统理论。

# 第 5 章

# 数理统计基础

前 4 章介绍了概率论的基础知识,主要包括两个方面:第一,计算概率的方法与公式;第二,研究随机变量的统计规律性(包括分布和数字特征)。在概率论中,通常假设随机变量的分布已知,在此基础上求概率以及数字特征等。例如,掷一枚质地均匀的硬币,这是一个随机试验,设随机变量 $X$ 表示"硬币正面朝上的次数",当硬币正面朝上时 $X=1$,当硬币反面朝上时 $X=0$,则 $X \sim B(1, 0.5)$。根据此分布可得到 $E(X)=0.5$,$D(X)=0.25$,这就是典型的概率论问题。然而,现实生活中,许多随机现象的规律是完全未知或者部分信息未知。例如,掷一枚质地不均匀的硬币,同样引入随机变量 $X$,$X \sim B(1, p)$,其中,$p$ 表示"硬币正面朝上的概率",由于硬币质地不均匀,故 $p$ 是未知的。在这种情况下,随机变量的分布类型已知但参数未知,需要使用统计学方法对未知参数进行估计。

统计学是一门研究如何有效收集和分析数据的学科。随着统计学的发展和完善,其研究内容已经非常丰富,并形成了多个学科分支,如抽样调查、试验设计、回归分析、多元统计分析、时间序列分析、非参数统计、贝叶斯分析等。这些分支在不同的领域中得到了广泛的应用,如社会科学、医学、工程、环境科学等。通过运用统计学的方法和技术,人们可以更好地理解数据、发现规律。

本章将介绍总体、样本及统计量等统计学基本概念,重点介绍几个常用的统计量及抽样分布。这些内容是后续几章统计方法的重要理论基础。掌握这些基本概念和方法将有助于我们更好地理解和运用各种统计方法,更好地进行数据分析,做出科学决策。

## 5.1 总体和样本

### 5.1.1 总体

**例 5-1** 一个灯泡厂调查本厂生产的灯泡的寿命。设每个灯泡的寿命是一个常数,记为 $a_k$,其中 $k=1, 2, \cdots, N$,这些数据就是研究对象,称为总体,每一个数据 $a_k$ 称为个体,$N$ 称为总体容量。当 $N$ 是一个有限值时,总体被称为有限总体;当 $N$ 很大时,总体被认为是无限总体。研究本厂生产的灯泡的寿命,不仅要考虑已经生产出的灯泡,还要考虑未来生产的灯泡(在生产设备不更新的前提下),因此,将该问题的总体视为无限总体是合适的。本书将以无限总体作为主要研究对象。

将研究对象的全体称为**总体**，每个成员称为**个体**。在实际问题中，总体是客观存在的人群或物类，个体是每个人或物。这里研究的是个体的某个特征或多个特征，如人的身高、体重、性别等。这些特征通常可以用数量来描述，每个个体都对应一个数或一组数。因此，抛开实际背景抽象地看，总体就是无穷多个数据形成的集合。总体中的数据不是杂乱无章的，有些数出现的频率大，有些数出现的频率小，具有某种统计规律性，因此可以用一个概率分布来描述总体。对于一个特定的总体，通常需要确定分布类型和参数值，才能进行相应的统计分析。

在例 5-1 中，用 $X$ 表示灯泡的寿命，$X$ 的取值并不是指具体某个灯泡的寿命数值，而是该灯泡厂生产的任意一个灯泡的寿命值，因此 $X$ 是一个随机变量。所有灯泡数据的统计规律实质上就是随机变量 $X$ 的概率分布，这个分布由生产灯泡的机器和技术决定。只要得到了这个分布，就掌握了该厂生产灯泡的寿命的全部规律，该分布也称总体分布。

在统计学中，总体的特征可以通过总体分布(通常记为 $F$)来描述。总体分布 $F$ 的数学期望，称为**总体均值**，方差称为**总体方差**。

实际问题的总体分布往往是未知的，统计学的主要任务之一就是根据数据推断总体分布。本书大部分问题都假定总体分布的类型已知，只有参数未知。例如，考察一批磁带的质量，以一卷磁带(20 米)上的伤痕个数作为质量指标，全部磁带的伤痕个数构成一个总体。统计学家经过研究，一卷磁带上的伤痕个数服从泊松分布 $\pi(\lambda)$，这就是**总体分布**。

要考察生产线上零件的次品率，以 0 表示合格品，以 1 表示次品，那么总体就是由很多 0 和 1 组成的数据集合。用随机变量 $X$ 表示总体，则有 $X \sim B(1, p)$，其中，$p$ 是生产线次品的概率。考察次品率只需要研究总体分布的参数 $p$。假设要考察某药物对治疗某种疾病的有效性，疗效可以用患者痊愈或者病情好转的比例来衡量。如果将所有患者作为总体，则总体可以表示为一个二项分布 $B(n, p)$，其中，$n$ 是治疗该疾病的患者总数，$p$ 是药物的治愈或好转概率。因此，考察该药物的疗效只需要研究总体分布中的参数 $p$。

两个例子中都建立了实际问题的总体分布类型，只有参数未知。研究任务是对分布中的参数进行推断，这就是参数统计方法研究的内容。如果总体分布的类型都不能确定，则需要使用非参数统计方法解决问题。本书主要介绍参数统计方法。

在某些问题中，可能需要观测每个个体的两个甚至更多个指标，例如，了解某校大学生的年龄、身高和体重，此时就要使用多维随机变量及其联合分布来描述总体，称为**多维总体**。本书主要研究一维总体，多维总体属于多元统计学的研究范畴。

## 5.1.2 样本

如果能对总体中每一个个体进行考察，得到所有数据，总体分布就很容易确定，这种方法称为**普查**或**全数检查**。然而，对每一个个体进行考察需要花费大量的人力和物力(如检查每个产品是否合格)，有些情况下甚至是不可能完成的(例如，测定每个灯泡的寿命必须进行破坏性试验)。因此，获得总体的所有数据一般是不可行的，只有在极少数重要场合才会使用普查，例如，我国规定每十年进行一次人口普查。

当普查不可行时,抽样是最常用的方法。所谓抽样,是指从总体中随机抽取若干个个体进行检查,用所获得的数据对总体进行统计推断。

从总体 $X$ 中随机抽取 $n$ 个个体,其数值记为 $X_1, \cdots, X_n$,称为总体的一个**样本**,$n$ 称为**样本容量**,样本中的个体称为**样品**。对样本需要做以下两点说明:

①样本具有两重性。一方面,由于样本是从总体中随机抽取的,抽取前无法预知抽到哪个个体,因此样本是随机变量,用大写字母 $X_1, \cdots, X_n$ 表示;另一方面,把 $n$ 个个体从总体中抽出经观察后就有确定的观测值,此时样本是一组数值,用小写字母 $x_1, \cdots, x_n$ 表示,它们是样本 $X_1, \cdots, X_n$ 的观测值,称为**样本值**。读者需区分样本和样本值的不同表示。

②样本由抽样方法决定。从总体中抽取样本有多种抽法,为了能由样本对总体进行可靠的推断,样本需要能很好地代表总体。常用的抽样方法是简单随机抽样,它有两个要求:一是要求总体中每一个个体都等可能会被选入样本,这意味着每一样品 $X_i$ 与总体 $X$ 有相同的分布;二是要求样本中每个样品的取值不影响其他样品的取值,这意味着 $X_1, \cdots, X_n$ 相互独立。用简单随机抽样方法得到的样本称为简单随机样本。如无特别说明,本书所提到的样本都是指简单随机样本。对于有限总体,可以采用有放回抽样得到简单随机样本。当总体容量 $N$ 远大于样本容量 $n$ 时,在实际中可将不放回抽样近似地当作有放回抽样来处理。对于无限总体,可以采用不放回抽样来得到简单随机样本。例如,在生产过程中,每隔一定时间抽取一个个体,抽取 $n$ 个就得到一个简单随机样本。

**定义 5-1** 设随机变量 $X$ 的分布函数为 $F$,若 $X_1, \cdots, X_n$ 是具有同一分布函数 $F$ 的、相互独立的随机变量,则称 $X_1, \cdots, X_n$ 为从分布函数 $F$(或总体 $F$,或总体 $X$)得到的容量为 $n$ 的**简单随机样本**,简称**样本**,它们的观察值 $x_1, \cdots, x_n$ 称为**样本值**。

可以将样本看作一个随机向量,写成 $(X_1, \cdots, X_n)$,此时样本值相应地写成 $(x_1, \cdots, x_n)$。$(X_1, \cdots, X_n)$ 的分布称为**样本联合分布**。当总体分布函数为 $F$ 时,样本 $(X_1, \cdots, X_n)$ 的联合分布函数 $F^*(x_1, \cdots, x_n) = \prod_{i=1}^{n} F(x_i)$。当总体的概率密度函数为 $f$ 时,样本 $(X_1, \cdots, X_n)$ 的联合概率密度函数为 $f^*(x_1, \cdots, x_n) = \prod_{i=1}^{n} f(x_i)$。例如,设 $X_1, X_2, \cdots, X_n$ 是来自总体 $X \sim N(\mu, \sigma^2)$ 的样本,则样本联合密度函数为

$$f^*(x_1, \cdots, x_n) = \prod_{i=1}^{n} f(x_i) = \prod_{i=1}^{n} \frac{1}{\sqrt{2\pi}\sigma} \exp\left[-\frac{(x_i - \mu)^2}{2\sigma^2}\right]$$

$$= \frac{1}{(2\pi)^{\frac{n}{2}} \sigma^n} \exp\left[-\frac{1}{2\sigma^2} \sum_{i=1}^{n} (x_i - \mu)^2\right]$$

**例 5-2** 有一批灯泡 1 000 个,从中抽取 10 个做寿命试验,如何从 1 000 个灯泡中抽取 10 个灯泡,使所得样本为简单随机样本?

**方案一**:设计一个随机试验,先对这批灯泡从 1 到 1 000 进行编号,然后在 1 000 张纸质与大小相同的纸片上依次写上 1 到 1 000 的数字,并把 1 000 个纸片投入一个不透明的袋中,充分搅乱。用有放回抽样方法抽出 10 张纸片,其上 10 个数字所组成的样本就是

简单随机样本。另外,由于总体容量较大,可以使用不放回抽样方法抽取10张纸片,也可以认为是一个简单随机样本。

方案二:使用计算机软件从1到1 000中随机产生10个数字,以R语言为例,代码 sample(1:1 000, 10)可以得到595,544,99,649,884,269,388,558,635,29共10个随机数字,这些数对应的灯泡就是一个简单随机样本。

## 5.2 样本数据的图表显示

统计方法的核心是用样本数据对总体进行推断,如何读取样本数据所含信息是重点研究的内容。由于样本数据通常是随机抽取的,看起来杂乱无章,将这些数据进行初步整理形成表格或图形,有利于发现隐藏在数据背后的规律。本节将介绍几种处理数据的图表方法,这些方法可以帮助人们初步了解总体分布的特征。

例题解析

**例 5-3** 某医院门诊部对内科病人候诊时间进行抽样调查,记录了2月60位病人的等候时间(单位:分钟),数据如下:

| 31 | 15 | 28 | 29 | 15 | 14 | 38 | 75 | 62 | 27 | 41 | 49 | 21 | 23 | 32 |
|---|---|---|---|---|---|---|---|---|---|---|---|---|---|---|
| 20 | 96 | 22 | 25 | 18 | 44 | 23 | 11 | 42 | 27 | 10 | 1 | 48 | 21 | 19 |
| 28 | 43 | 62 | 35 | 24 | 73 | 46 | 51 | 29 | 15 | 15 | 49 | 6 | 16 | 34 |
| 45 | 32 | 25 | 33 | 13 | 19 | 41 | 29 | 16 | 11 | 29 | 28 | 17 | 16 | 24 |

想要通过这些数据了解该医院门诊部的候诊时间规律,就需要对数据进行处理。

### 5.2.1 频数频率表

了解总体分布最基本的问题是哪些数据出现的频率大,哪些数据出现的频数小,可以通过频数频率表对样本数据进行分析。对样本数据整理得到频数频率表的步骤如下:

①对样本进行分组。首先需要确定组数$k$。作为一般性的原则,组数的选择应考虑样本容量的大小,通常为5~20个。对容量较小的样本,通常将其分为5组到6组;容量为100左右的样本可分7到10组;容量为200左右的样本可分9到13组;容量为300左右及以上的样本可分12到20组。例如,在例5-3中有60个数据,可以将其分为6组,即$k=6$。

②确定每组组距。每组区间长度可以相同也可以不同。通常选用长度相同的区间,以便进行分析。各组区间的长度称为组距,其近似公式为

$$组距 d = (样本最大观测值 - 样本最小观测值) \div 组数$$

例5-3中数据的最大观测值为96,最小观测值为1,故组距为

$$d = \frac{96-1}{6} \approx 15.8$$

方便起见,取组距为16。

③确定每组区间。选取略小于最小观测值的常数$a_0$和略大于最大观测值的常数$a_k$,使得区间$(a_0, a_k]$包含全部数据,并将区间$(a_0, a_k]$等分为$k$个小区间,每个小区间长度为$d$,得到

$$(a_0, a_0+d], (a_0+d, a_0+2d], \cdots, (a_0+(k-1)d, a_0+kd]$$

例 5-3 中可取 $a_0=0.5$，$a_k=96.5$，分组区间为 (0.5，16.5]，(16.5，32.5]，(32.5，48.5]，(48.5，64.5]，(64.5，80.5]，(80.5，96.5]。

④统计样本数据的频数并画表。统计样本数据落入每个区间的个数——频数，并制作频数频率表，见表 5-1。

表 5-1 例 5-3 的频数频率表

| 组序 | 分组区间 | 频数 | 频率(%) | 累计频率(%) |
| --- | --- | --- | --- | --- |
| 1 | (0.5，16.5] | 14 | 0.233 | 0.233 |
| 2 | (16.5，32.5] | 26 | 0.433 | 0.666 |
| 3 | (32.5，48.5] | 12 | 0.200 | 0.866 |
| 4 | (48.5，64.5] | 5 | 0.083 | 0.949 |
| 5 | (64.5，80.5] | 2 | 0.033 | 0.982 |
| 6 | (80.5，96.5] | 1 | 0.017 | 0.999 |
| 合计 | | 60 | 0.999 | 0.999 |

从表 5-1 可以看出，样本中大部分数据位于区间(0，48.5]，占 86.6%，其中，区间(16.5，32.5]包含了 43.3%的数据，说明大部分病人候诊时间为 16~32 分钟，但仍然有少量病人候诊时间超过 1 小时。另外要指出的是，累计频率实际应为 1，这里由于四舍五入保留了 3 位小数出现了误差。

利用 R 语言能方便地统计各个区间的频数以及频率，参见 10.4.3 节。

频数频率表揭示了样本数据中的部分信息。根据频数频率表可以画出直方图，可以更加直观地表示这些信息。

## 5.2.2 直方图

对一组容量为 $n$ 的样本数据，根据它的频数频率表绘制直方图。在整理频数频率表时，将样本数据分组为 $k$ 个区间：

$$(a_0, a_0+d], (a_0+d, a_0+2d], \cdots, (a_0+(k-1)d, a_0+kd]$$

第 $i$ 个区间中样本数据的频数为 $n_i$，频率为 $\frac{n_i}{n}$。

在平面直角坐标系(横轴和纵轴的单位长度不必相同)的横轴上标出所有分组区间的端点。对每个区间，以区间为底、对应频数为高，画一个矩形，将得到的 $k$ 个连在一起的矩形称为频数直方图。例 5-3 的频数直方图如图 5-1 所示。

若将图 5-1 上的纵轴刻度由"频数($n_i$)"改为"频率/组距"，得到的图形称为**频率直方图**。例 5-3 的频率直方图如图 5-2 所示。当分组区间的长度相同时，$k$ 个区间上的"频数

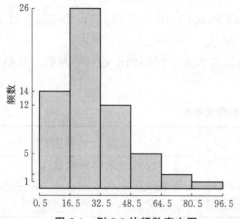

图 5-1 例 5-3 的频数直方图

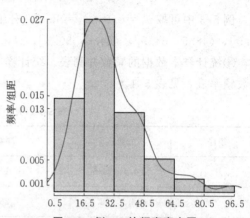

图 5-2 例 5-3 的频率直方图

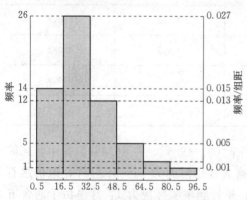

图 5-3 例 5-3 的频数、频率直方图

之比"等于"频率/组距之比",因此各矩形的高度可以保持不变,只需修改纵轴单位长度的刻度即可,即频数直方图与频率直方图的图形完全相同,区别在于纵轴刻度不同。可以在频数直方图的右侧再增加一个纵坐标表示"频率/组距",这样频数直方图和频率直方图就合二为一了(图 5-3)。

假设总体 $X$ 落在区间 $(a_0, a_0+d]$ 的概率 $P(a_0 < X \leqslant a_0 + d)$ 未知,当样本容量 $n$ 足够大时,可以用样本中 $n$ 个数据落在区间 $(a_0, a_0+d]$ 内数据的频率作为概率 $P(a_0 < X \leqslant a_0+d)$ 的近似值。在频率直方图中,区间 $(a_0, a_0+d]$ 对应的矩形面积正好是样本的 $n$ 个数据中落在区间 $(a_0, a_0+d]$ 内的数据的频率。因此频率直方图中区间 $(a_0, a_0+d]$ 对应的矩形面积近似为概率 $P(a_0 < X \leqslant a_0+d)$,这说明频率直方图上每个小区间上的矩形面积近似于总体 $X$ 的概率密度曲线之下对应的曲边梯形的面积。一般地,当样本容量 $n$ 足够大时,频率直方图的外廓曲线(图 5-2 中的曲线)近似于总体的概率密度曲线,根据频率直方图可以对总体分布有一个初步的认识。

利用 R 语言能方便地绘制直方图,参见 10.4.3 节。

直方图依赖于数据的分组方式,不同的分组方式会得到不同的直方图。因此,直方图虽然能刻画总体分布的直观趋势,但要得出更精确的总体分布,需要使用其他统计方法。

### 5.2.3 箱线图

箱线图是根据样本分位数绘制的图形,能反映总体的某些特征。

**定义 5-2** 将样本值 $x_1, x_2, \cdots, x_n$ 按从小到大的次序排列并记为

$$x_{(1)} \leqslant x_{(2)} \leqslant \cdots \leqslant x_{(n)}$$

称 $x_{(1)}$，$x_{(2)}$，…，$x_{(n)}$ 为**次序统计量**，$x_{(1)}$ 称为**最小次序统计量**，$x_{(n)}$ 称为**最大次序统计量**。对给定的常数 $p$，其中 $0<p<1$，定义

$$m_p = \begin{cases} \dfrac{1}{2}[x_{(np)} + x_{(np+1)}] & (\text{当 } np \text{ 为整数时}) \\ x_{([np]+1)} & (\text{当 } np \text{ 不为整数时}) \end{cases}$$

称 $m_p$ 为**样本 $p$ 分位数**，其中，$[np]$ 表示 $np$ 的整数部分。特别地，0.5 分位数 $m_{0.5}$ 称为**样本中位数**，常记为 $m_d$；0.25 分位数 $m_{0.25}$ 称为**样本第一四分位数**，常记为 $Q_1$；0.75 分位数 $m_{0.75}$ 称为**样本第三四分位数**，常记为 $Q_3$。

从定义可知，当 $np$ 不为整数时，样本值从小到大排序后，第 $([np]+1)$ 个值就是样本 $p$ 分位数 $m_p$，因此 $m_p$ 的"左侧"有 $[np]$ 个值，右侧有 $(n-[np]-1)$ 个值。当 $np$ 为整数时，第 $np$ 个值和第 $(np+1)$ 个值的平均值是样本 $p$ 分位数 $m_p$。

下面根据例 5-3 的数据给出画箱线图的步骤：

①根据数据求"五个数"。求数据的最小值 Min、最大值 Max、第一四分位数 $Q_1$、第三四分位数 $Q_3$、中位数 $m_d$。

②画箱子。画一水平数轴，在数轴上标出"五个数"的位置：Min、Max、$Q_1$、$Q_3$、$m_d$；在数轴上方画一个长方形箱子，其中，箱子的上、下两边与水平数轴平行，左侧以 $Q_1$ 为界、右侧以 $Q_3$ 为界；在长方形箱子中 $m_d$ 处画一条垂直线段。

③画两线。自箱子左侧引一条水平线段至 Min 处，在同一水平高度自箱子右侧引一条水平线至 Max 处。

以上步骤得到的图形称为箱线图。例 5-3 的最小值 Min、第一四分位数 $Q_1$、中位数 $m_d$、第三四分位数 $Q_3$、最大值 Max 分别为 1、17.75、27.5、41、96，如图 5-4 所示。箱线图也可以沿垂直数轴来作，如图 5-5 所示。

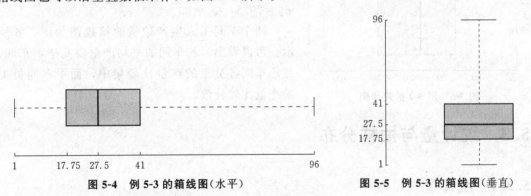

图 5-4　例 5-3 的箱线图（水平）　　　图 5-5　例 5-3 的箱线图（垂直）

通过箱线图可以直观地看出数据集的几个重要性质：

①中心位置。中位数所在的位置就是数据集的中心。

②分散程度。5 个数形成 4 个区间，每个区间内数据个数各占约 1/4。当区间较短时，该区间内的数据较为集中，反之则较为分散。水平箱线图中，长方形箱子的左、右两条边分别表示第一四分位数和第三四分位数，箱子的长度表示数据集的四分位距（即第三四分位数减去第一四分位数），而箱子左右两端之外的虚线称为"须"。"须"的长度不超过 1.5 倍的四分位距，超出此范围的数据点被认为是异常值。特别地，不同的统计软件中对"须"

的范围定义略有不同,根据软件帮助说明文件进行恰当解释。

③对称性。若中位数位于箱子的中间位置且箱子的左、右两端长度相仿,则数据分布较为对称。

从图 5-5 可知,约 50% 病人的候诊时间在 27.5 分钟以内。在 17.75 分钟到 27.5 分钟这段时间内,数据较为集中。此外,候诊时间数据反映出总体分布不对称,因此不宜使用正态分布来描述总体分布。

箱线图可用于比较两个或两个以上的数据集。只需要将多组数据集的箱线图画在同一个数轴上即可,见例 5-4。

**例 5-4** 下面的数据是某厂两个车间某天各 40 名员工生产的产品数量(已排序),画出两组数据的箱线图。

| 甲车间 | 50 | 52 | 56 | 61 | 61 | 62 | 64 | 65 | 65 | 65 | 67 | 67 | 67 | 68 | 71 | 72 | 74 | 74 | 76 | 76 |
| | 77 | 77 | 78 | 82 | 83 | 85 | 86 | 86 | 87 | 88 | 90 | 91 | 92 | 93 | 93 | 97 | 100 | 100 | 103 | 105 |
| 乙车间 | 56 | 66 | 67 | 67 | 68 | 68 | 72 | 72 | 74 | 75 | 75 | 75 | 76 | 76 | 76 | 76 | 78 | 78 | 79 |
| | 80 | 81 | 81 | 83 | 83 | 83 | 84 | 84 | 84 | 86 | 86 | 87 | 87 | 88 | 92 | 92 | 93 | 95 | 98 | 107 |

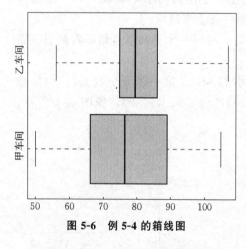

图 5-6 例 5-4 的箱线图

**解** 甲车间:Min$=50$,Max$=105$;中位数是第 20 个数和第 21 个数的平均值,即 $m_d=76.5$;第一四分位数是第 10 个数和第 11 个数的平均值,即 $Q_1=66$;第三四分位数是第 30 个数和第 31 个数的平均值,即 $Q_3=89$。

乙车间:Min$=56$,Max$=107$,$Q_1=75$,$m_d=79.5$,$Q_3=86$。

两个车间工人生产数量的箱线图如图 5-6 所示。可以看出,乙车间的平均产量要高于甲车间,且乙车间各员工的产量比较集中,而甲车间员工的产量比较分散。

## 5.3 统计量与抽样分布

### 5.3.1 统计量

样本来自总体,因此样本含有总体各方面的信息,但样本包含的信息较为分散,杂乱无章。为了充分利用样本所包含的信息对总体分布进行推断,需要对样本进行加工,5.2 节中表和图是一类加工形式,使人们对总体的特征有了初步的认识。为了更深入地了解总体特征,常用的方法是构造样本的函数,不同的函数可以反映总体的不同特征。

**定义 5-3** 设 $X_1,\cdots,X_n$ 是来自总体 $X$ 的简单随机样本,$g(X_1,\cdots,X_n)$ 是样本 $X_1,\cdots,X_n$ 的函数,且 $g$ 中不含未知的参数,则称 $g(X_1,\cdots,X_n)$ 为**统计量**。

统计量是样本的函数,具有两重性:抽样前,统计量是随机变量,记为 $g(X_1,\cdots,$

$X_n$);抽样后,统计量是一个具体的数值,记为 $g(x_1, \cdots, x_n)$。

下面介绍几个常用的统计量。

**定义 5-4** 设 $X_1, \cdots, X_n$ 是来自总体 $X$ 的简单随机样本,定义**样本均值** $\overline{X}$ 为

$$\overline{X} = \frac{1}{n}\sum_{i=1}^{n} X_i \tag{5-1}$$

**样本方差** $S^2$ 为

$$S^2 = \frac{1}{n-1}\sum_{i=1}^{n}(X_i - \overline{X})^2 \tag{5-2}$$

**样本标准差** $S$ 为

$$S = \sqrt{S^2} = \sqrt{\frac{1}{n-1}\sum_{i=1}^{n}(X_i - \overline{X})^2} \tag{5-3}$$

**样本 $k$ 阶原点矩** $A_k$ 为

$$A_k = \frac{1}{n}\sum_{i=1}^{n} X_i^{\,k} \quad (k=1, 2, \cdots) \tag{5-4}$$

**样本 $k$ 阶中心矩** $B_k$ 为

$$B_k = \frac{1}{n}\sum_{i=1}^{n}(X_i - \overline{X})^k \quad (k=2, 3, \cdots) \tag{5-5}$$

这些统计量的观察值分别为

$$\overline{x} = \frac{1}{n}\sum_{i=1}^{n} x_i$$

$$s^2 = \frac{1}{n-1}\sum_{i=1}^{n}(x_i - \overline{x})^2$$

$$s = \sqrt{\frac{1}{n-1}\sum_{i=1}^{n}(x_i - \overline{x})^2}$$

$$a_k = \frac{1}{n}\sum_{i=1}^{n} x_i^{\,k} \quad (k=1, 2, \cdots)$$

$$b_k = \frac{1}{n}\sum_{i=1}^{n}(x_i - \overline{x})^k \quad (k=2, 3, \cdots)$$

这些观察值仍称为样本均值、样本方差、样本标准差、样本 $k$ 阶原点矩、样本 $k$ 阶中心矩。

计算样本方差时,使用下面性质更方便。

**性质 5-1** $\sum_{i=1}^{n}(X_i - \overline{X})^2 = \sum_{i=1}^{n} X_i^2 - n\overline{X}^2$。

**证明**
$$\sum_{i=1}^{n}(X_i - \overline{X})^2 = \sum_{i=1}^{n}(X_i^2 - 2X_i\overline{X} + \overline{X}^2)$$
$$= \sum_{i=1}^{n} X_i^2 - 2\sum_{i=1}^{n} X_i\overline{X} + \sum_{i=1}^{n} \overline{X}^2$$
$$= \sum_{i=1}^{n} X_i^2 - 2\overline{X}\sum_{i=1}^{n} X_i + n\overline{X}^2 = \sum_{i=1}^{n} X_i^2 - 2\overline{X} \cdot n\overline{X} + n\overline{X}^2$$
$$= \sum_{i=1}^{n} X_i^2 - n\overline{X}^2。$$

**例 5-5** 某单位收集到 20 名青年某月的娱乐支出费用(单位:元)数据如下:

| 79 | 84 | 84 | 88 | 92 | 93 | 94 | 97 | 98 | 99 |
|---|---|---|---|---|---|---|---|---|---|
| 100 | 101 | 101 | 102 | 102 | 108 | 110 | 113 | 118 | 125 |

则样本均值为

$$\overline{x} = \frac{1}{n}\sum_{i=1}^{n} x_i = \frac{1}{20}(79+84+\cdots+125) = 99.4$$

样本方差为

$$s^2 = \frac{1}{n-1}\sum_{i=1}^{n}(x_i - \overline{x})^2 = \frac{1}{n-1}\left(\sum_{i=1}^{n} X_i^2 - n\overline{X}^2\right)$$

$$= \frac{1}{19}(79^2 + 84^2 + \cdots + 125^2 - 20 \times 99.4^2) = 133.9368$$

样本标准差为

$$s = \sqrt{s^2} = 11.5731$$

样本均值和样本方差是最常用的统计量,分别反映了总体均值和总体方差。

**定理 5-1** 设 $X_1,\cdots,X_n$ 是来自总体 $X$ 的简单随机样本,样本均值和样本方差分别为 $\overline{X}$ 和 $S^2$。假设总体均值 $EX$ 和总体方差 $DX$ 都存在,则

$$E(\overline{X}) = E(X) \qquad D(\overline{X}) = \frac{1}{n}D(X) \qquad E(S^2) = D(X)$$

**证明** 由于 $X_1,\cdots,X_n$ 独立同分布,且 $X_i$ 与总体 $X$ 具有相同的分布,故

$$E(\overline{X}) = E\left(\frac{1}{n}\sum_{i=1}^{n} X_i\right) = \frac{1}{n}\sum_{i=1}^{n} E(X_i) = \frac{1}{n}\sum_{i=1}^{n} E(X) = E(X)$$

$$D(\overline{X}) = D\left(\frac{1}{n}\sum_{i=1}^{n} X_i\right) = \frac{1}{n^2}\sum_{i=1}^{n} D(X_i) = \frac{1}{n^2}\sum_{i=1}^{n} D(X) = \frac{1}{n}D(X)$$

由性质 5-1 得

$$E(S^2) = E\left[\frac{1}{n-1}\sum_{i=1}^{n}(X_i - \overline{X})^2\right] = \frac{1}{n-1}E\left(\sum_{i=1}^{n} X_i^2 - n\overline{X}^2\right)$$

$$= \frac{1}{n-1}\left[\sum_{i=1}^{n} E(X_i^2) - nE(\overline{X}^2)\right]$$

$$= \frac{1}{n-1}\left[nE(X^2) - nE(\overline{X}^2)\right]$$

$$= \frac{n}{n-1}\left[E(X^2) - E(\overline{X}^2)\right]$$

利用公式 $D(X) = E(X^2) - [E(X)]^2$ 可得

$$E(X^2) = D(X) + [(E(X))]^2 \qquad E(\overline{X}^2) = D(\overline{X}) + [E(\overline{X})]^2 = \frac{1}{n}D(X) + [E(X)]^2$$

从而得

$$E(S^2) = \frac{n}{n-1}\left[E(X^2) - E(\overline{X}^2)\right] = D(X)$$

定理 5-1 说明：样本均值是总体均值的无偏估计，样本方差是总体方差的无偏估计（详见第 6 章）。因此，利用样本均值和样本方差可以获得总体均值和总体方差的信息。

样本均值是了解总体均值的重要统计量，例如，要评估一款新降压药的疗效，不能仅考察一两个人降压多少，而要考察一组高血压病人服用此种降压药后的平均降压。人群中个体之间的差异很大(单个样品 $X_i$ 的方差为总体方差 $\sigma^2$)，考察一个病人的降压效果，出现"极好效果"与"极坏效果"的可能性都较大。因此，用单个病人的降压效果来评估新降压药的疗效是不合理的。相比之下，$n$ 个病人的平均降压效果较为稳定(样本均值的方差是总体方差除以 $n$)，从平均降压效果来看，出现"极好效果"与"极坏效果"的可能性很小，因此，从平均降压效果的角度来评估新降压药的疗效更加合理，尤其是当 $n$ 较大时。药检部门通常会根据平均疗效来核准某种药物是否可以上市出售。

为了研究总体的分布函数，也可以构造相应的统计量。

**定义 5-5** 设 $X_1, \cdots, X_n$ 是来自总体 $X$ 的简单随机样本，对任意实数 $x$，用 $S(x)$ 表示 $X_1, \cdots, X_n$ 中不大于 $x$ 的随机变量的个数，令

$$F_n(x) = \frac{S(x)}{n} \quad (-\infty < x < +\infty) \tag{5-6}$$

称 $F_n(x)$ 为**经验分布函数**。

**例 5-6** 设总体 $F$ 有一组样本值 1，2，1，0，3，则经验分布函数 $F_5(x)$ 的表达式为

$$F_5(x) = \begin{cases} 0, & x < 0 \\ \frac{1}{5}, & 0 \leqslant x < 1 \\ \frac{3}{5}, & 1 \leqslant x < 2 \\ \frac{4}{5}, & 2 \leqslant x < 3 \\ 1, & x \geqslant 3 \end{cases}$$

实际上，经验分布函数 $F_n(x)$ 一定是一个分段函数。设样本值为 $x_1, x_2, \cdots, x_n$，将样本值从小到大排序，并重新编号，记为

$$x_{(1)} \leqslant x_{(2)} \leqslant \cdots \leqslant x_{(n)}$$

则经验分布函数 $F_n(x)$ 的表达式为

$$F_n(x) = \begin{cases} 0, & x < x_{(1)} \\ \frac{k}{n}, & x_{(k)} \leqslant x < x_{(k+1)} \quad (k=1, 2, \cdots, n-1) \\ 1, & x \geqslant x_{(n)} \end{cases}$$

格里汶科(Glivenko)于 1933 年证明了**格里汶科定理**：设 $X_1, X_2, \cdots, X_n$ 是来自总体分布 $F(x)$ 的样本，$F_n(x)$ 是经验分布函数，当 $n \to \infty$ 时，$F_n(x)$ 以概率 1 一致收敛于分布函数 $F(x)$。

## 5.3.2 抽样分布

统计量的分布称为**抽样分布**，在使用统计量进行统计推断时，通常需要知道抽样分

布。当总体分布函数已知时(参数可以未知),统计量的抽样分布是确定的,但求解统计量的精确分布通常很困难。为此先介绍数理统计中基于正态分布的 3 个重要分布。

**(1) $\chi^2$ 分布**

**定义 5-6** 若随机变量 $X$ 的概率密度函数为

$$f(x) = \begin{cases} \dfrac{\left(\dfrac{1}{2}\right)^{n/2}}{\Gamma\left(\dfrac{n}{2}\right)} x^{\frac{n}{2}-1} e^{-\frac{x}{2}}, & x > 0 \\ 0, & x \leqslant 0 \end{cases} \tag{5-7}$$

则称 $X$ 服从**自由度**为 $n$ 的 $\chi^2$ **分布**,记为 $X \sim \chi^2(n)$(读作卡方分布),其中,参数 $n$ 为正整数。

**【注】** 式(5-7)中,$\Gamma(x) = \int_0^{+\infty} t^{x-1} e^{-t} dt (x > 0)$ 称为**伽玛函数**(Gamma 函数)。

从 $\chi^2(n)$ 概率密度函数的图形(图 5-7)可知,当 $n=1,2$ 时曲线单调下降,当 $n \geqslant 3$ 时曲线先升后降有单峰。概率密度曲线不对称(右偏),当自由度较小时,分布偏斜严重;当自由度增大时,偏度逐渐减小。

**定义 5-7** 设随机变量 $X \sim \chi^2(n)$,$0 < \alpha < 1$,若数 $c$ 满足 $P(X > c) = \alpha$,则称 $c$ 是 $\chi^2(n)$ 分布的**上 $\alpha$ 分位数**,记为 $\chi_\alpha^2(n)$。若 $P(X < c) = \alpha$,则称 $c$ 是 $\chi^2(n)$ 分布的**下 $\alpha$ 分位数**。本书一致采用上 $\alpha$ 分位数。

分位数的概念在区间估计和假设检验中有重要的应用,$\alpha$ 通常取较小的数,如 $\alpha = 0.05$,0.01 等。当 $\alpha$ 和 $n$ 给定时,可查附表 4 得到 $\chi_\alpha^2(n)$ 的值,如 $\chi_{0.01}^2(10) = 23.209$,$\chi_{0.05}^2(6) = 12.592$。附表 4 只列出了自由度 $n$ 从 1 到 40 的分位数,费希尔(R. A. Fisher)曾证明,当 $n$ 充分大时,近似地有 $\chi_\alpha^2(n) \approx \dfrac{1}{2}(u_\alpha + \sqrt{2n-1})^2$,其中,$u_\alpha$ 是标准正态分布的上 $\alpha$ 分位数。因此,当自由度大于 40 时,可以利用标准正态分布的分位数 $u_\alpha$ 得到 $\chi^2(n)$ 分布的分位数 $\chi_\alpha^2(n)$。

分位数是统计中非常重要的概念,用于描述一个分布的位置和形态,任何一个分布都有分位数。一个分布的上 $\alpha$ 分位数就是一个分界点,随机变量大于这个分界点的概率为 $\alpha$,小于或等于这个分界点的概率为 $1-\alpha$。概率密度曲线下方与 $x$ 轴围成的图形的面积为 1(相当于随机变量取所有可能值的概率和为 1),那么上 $\alpha$ 分位数将密度曲线与 $x$ 轴围成的图形分为左右两部分,其中右侧部分的面积为 $\alpha$(图 5-8)。

利用标准正态随机变量可以构造出服从 $\chi^2(n)$ 分布的随机变量,见下面的定理(证明见附录 1)。

**定理 5-2** 设 $X_1, \cdots, X_n$ 相互独立,具有相同分布(简称独立同分布,记为 $i.i.d.$),$X_i \sim N(0,1)$,令

$$Y = \sum_{i=1}^n X_i^2 = X_1^2 + X_2^2 + \cdots + X_n^2$$

则 $Y \sim \chi^2(n)$。

根据定理 5-2,若 $X \sim N(0,1)$,则 $X^2 \sim \chi^2(1)$。利用定理 5-2 可以得到 $\chi^2(n)$ 分布的重要结论。

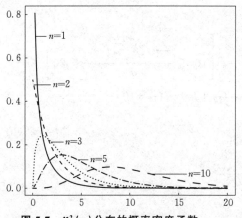

图 5-7 $\chi^2(n)$ 分布的概率密度函数　　图 5-8 $\chi^2(n)$ 分布的分位数

**定理 5-3**　①设 $X \sim \chi^2(n)$，则 $E(X)=n$，$D(X)=2n$；②设 $X_1 \sim \chi^2(n_1)$，$X_2 \sim \chi^2(n_2)$，且 $X_1$ 和 $X_2$ 相互独立，则 $X_1+X_2 \sim \chi^2(n_1+n_2)$。

**证明**　①由定理 5-2 可知，$X$ 可以表示为

$$X = \sum_{i=1}^{n} Z_i^2 = Z_1^2 + Z_2^2 + \cdots + Z_n^2$$

其中，$Z_1, \cdots, Z_n$ 独立同分布，$Z_i \sim N(0, 1)$。由于

$$E(Z_i^2)=1 \quad D(Z_i^2)=E(Z_i^4)-(EZ_i^2)^2=3-1=2$$

其中

$$E(Z_i^4) = \int_{-\infty}^{+\infty} z^4 \varphi(z) \mathrm{d}z = \int_{-\infty}^{+\infty} z^4 \frac{1}{\sqrt{2\pi}} \mathrm{e}^{-\frac{z^2}{2}} \mathrm{d}z = 3$$

故

$$E(X) = E(Z_1^2) + E(Z_2^2) + \cdots + E(Z_n^2) = n$$
$$D(X) = D(Z_1^2) + D(Z_2^2) + \cdots + D(Z_n^2) = 2n$$

②由定理 5-2 可知，$X_1$ 和 $X_2$ 可以表示为

$$X_1 = \sum_{i=1}^{n_1} Z_i^2 = Z_1^2 + Z_2^2 + \cdots + Z_{n_1}^2$$

$$X_2 = \sum_{i=n_1+1}^{n_1+n_2} Z_i^2 = Z_{n_1+1}^2 + Z_{n_1+2}^2 + \cdots + Z_{n_1+n_2}^2$$

其中，$Z_1, \cdots, Z_{n_1+n_2}$ 独立同分布，$Z_i \sim N(0, 1)$，故

$$X_1+X_2 = Z_1^2 + Z_2^2 + \cdots + Z_{n_1+n_2}^2 \sim \chi^2(n_1+n_2)$$

**例 5-7**　由正态总体 $N(\mu, \sigma^2)$ 抽取容量为 20 的样本 $X_1, \cdots, X_{20}$，用 $G_n(x)$ 表示 $\chi^2(n)$ 的分布函数，求 $P\left[10\sigma^2 \leqslant \sum_{i=1}^{20}(X_i-\mu)^2 \leqslant 20\sigma^2\right]$。

例题解析

**解**　由已知 $X_i \sim N(\mu, \sigma^2)$，则 $\dfrac{X_i-\mu}{\sigma} \sim N(0, 1)$，根据定理 5-2 得

$$\sum_{i=1}^{20}\left(\frac{X_i-\mu}{\sigma}\right)^2 = \frac{\sum_{i=1}^{20}(X_i-\mu)^2}{\sigma^2} \sim \chi^2(20)$$

因此
$$P\left[10\sigma^2 \leqslant \sum_{i=1}^{20}(X_i-\mu)^2 \leqslant 20\sigma^2\right]=P\left[10 \leqslant \frac{\sum_{i=1}^{20}(X_i-\mu)^2}{\sigma^2} \leqslant 20\right]$$
$$=G_{20}(20)-G_{20}(10)$$

**(2) $t$ 分布**

**定义 5-8** 若随机变量 $X$ 的概率密度函数为

$$f(x)=\frac{\Gamma\left(\frac{n+1}{2}\right)}{\sqrt{n\pi}\,\Gamma\left(\frac{n}{2}\right)}\left(1+\frac{x^2}{n}\right)^{-\frac{n+1}{2}} \quad (-\infty<x<+\infty) \tag{5-8}$$

则称 $X$ 服从**自由度**为 $n$ 的 $t$ **分布**，记为 $X\sim t(n)$，其中，参数 $n$ 为正整数。

$t(n)$ 分布的概率密度函数与标准正态分布 $N(0,1)$ 的概率密度函数具有相似的性质。它们的图像都是单峰的偶函数，数学期望为 0，在 $x=0$ 处取极大值。$t(n)$ 概率密度函数的峰值低于 $N(0,1)$ 概率密度函数的峰值，而且尾部相对于 $N(0,1)$ 概率密度函数的尾部更粗一些，如图 5-9 所示。可以证明，当 $n\to\infty$ 时，$t(n)$ 概率密度函数的极限就是标准正态分布 $N(0,1)$ 概率密度函数。

$t(n)$ 分布的上 $\alpha$ 分位数记为 $t_\alpha(n)$，当 $\alpha$ 和 $n$ 给定时，可查附表 3 得到 $t_\alpha(n)$ 的值，如 $t_{0.05}(12)=1.782$。当 $n$ 超过 45 时，可以利用标准正态分布的分位数近似 $t$ 分布的分位数，即 $t_\alpha(n)\approx u_\alpha$。另外，由于 $t(n)$ 的概率密度函数为偶函数，故 $t_\alpha(n)=-t_{1-\alpha}(n)$，如图 5-10 所示。

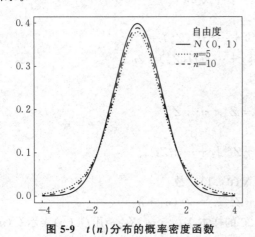

图 5-9 $t(n)$ 分布的概率密度函数　　　　图 5-10 $t(n)$ 分布的分位数

利用标准正态随机变量和服从 $\chi^2(n)$ 分布的随机变量可以构造出服从 $t(n)$ 分布的随机变量，见下面的定理（证明见附录 2）。

**定理 5-4** 设 $X\sim N(0,1)$，$Y\sim \chi^2(n)$，且 $X$ 和 $Y$ 相互独立，令

$$T=\frac{X}{\sqrt{Y/n}}$$

则 $T\sim t(n)$。

**(3) F 分布**

**定义 5-9** 若随机变量 $X$ 的概率密度函数为

$$f(x)=\begin{cases}\dfrac{\Gamma\left(\dfrac{n_1+n_2}{2}\right)}{\Gamma\left(\dfrac{n_1}{2}\right)\Gamma\left(\dfrac{n_2}{2}\right)}\left(\dfrac{n_1}{n_2}\right)^{\frac{n_1}{2}}x^{\frac{n_1}{2}-1}\left(1+\dfrac{n_1}{n_2}x\right)^{-\frac{n_1+n_2}{2}}, & x>0\\ 0, & x\leqslant 0\end{cases} \quad (5-9)$$

则称 $X$ 服从**自由度**为 $n_1$ 和 $n_2$ 的 $F$ **分布**,记为 $X\sim F(n_1, n_2)$,其中,参数 $n_1$, $n_2$ 为正整数,分别称为**第一个自由度**和**第二个自由度**。

图 5-11 给出了一些 $F$ 分布的概率密度函数图像。当第一个自由度为 1 或 2 时,概率密度函数是单调递减函数;在其余情况下,概率密度函数都是先升后降的非单调函数。

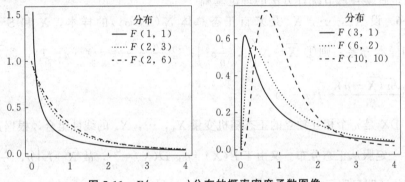

**图 5-11** $F(n_1, n_2)$ 分布的概率密度函数图像

利用服从 $\chi^2(n)$ 分布的随机变量可以构造出服从 $F(n_1, n_2)$ 分布的随机变量,见下面的定理(证明见附录 3)。

**定理 5-5** 设 $X\sim\chi^2(n_1)$,$Y\sim\chi^2(n_2)$,且 $X$ 和 $Y$ 相互独立,令

$$F=\frac{X/n_1}{Y/n_2}$$

则 $F\sim F(n_1, n_2)$。

根据定理 5-5 可得,若 $F\sim F(n_1, n_2)$,则 $\dfrac{1}{F}\sim F(n_2, n_1)$。根据定理 5-3 至定理 5-5 可得,若 $X\sim t(n)$,则 $X^2\sim F(1, n)$。

$F(n_1, n_2)$ 分布的上 $\alpha$ 分位数记为 $F_\alpha(n_1, n_2)$,可以通过附表 5 查到 $F_\alpha(n_1, n_2)$ 的值,如 $F_{0.05}(4, 10)=3.48$,$F_{0.01}(10, 15)=3.80$。附表 5 只给出 $\alpha=0.1, 0.05, 0.025, 0.01, 0.005, 0.001$ 共 6 种情况的 $F_\alpha(n_1, n_2)$,根据下面的性质可得到 $1-\alpha=0.9, 0.95, 0.975, 0.99, 0.995, 0.999$ 共 6 种情况的分位数。

**性质 5-2** $F_{1-\alpha}(n_2, n_1)=\dfrac{1}{F_\alpha(n_1, n_2)}$。

**证明** 设 $X\sim F(n_1, n_2)$,则 $\dfrac{1}{X}\sim F(n_2, n_1)$。

由分位数的定义知 $P\{X>F_\alpha(n_1, n_2)\}=\alpha$,由于 $X>0$,故

$$P\{X > F_\alpha(n_1, n_2)\} = P\left\{\frac{1}{X} < \frac{1}{F_\alpha(n_1, n_2)}\right\} = \alpha$$

则 $P\left\{\dfrac{1}{X} > \dfrac{1}{F_\alpha(n_1, n_2)}\right\} = 1 - \alpha$。

由 $\dfrac{1}{X} \sim F(n_2, n_1)$ 可知，$\dfrac{1}{F_\alpha(n_1, n_2)}$ 是 $F(n_2, n_1)$ 分布的 $1-\alpha$ 分位数，即

$$F_{1-\alpha}(n_2, n_1) = \frac{1}{F_\alpha(n_1, n_2)}$$

### 5.3.3 正态总体的样本均值和样本方差的分布

基于概率论中正态分布的良好性质，可以推导出有关正态总体的几个重要统计量的抽样分布。这是后续各章节统计方法的理论基础。

**定理 5-6** 设 $X_1, \cdots, X_n$ 是来自正态总体 $N(\mu, \sigma^2)$ 的样本，$\overline{X}$ 和 $S^2$ 分别表示样本均值和样本方差，则 ① $\overline{X} \sim N\left(\mu, \dfrac{1}{n}\sigma^2\right)$；② $\dfrac{(n-1)S^2}{\sigma^2} \sim \chi^2(n-1)$；③ $\overline{X}$ 与 $S^2$ 相互独立；④ $\dfrac{\sqrt{n}(\overline{X} - \mu)}{S} \sim t(n-1)$。

**证明** ① $\overline{X}$ 是 $n$ 个相互独立的正态随机变量 $X_1, \cdots, X_n$ 的线性组合，根据正态分布的性质可知 $\overline{X}$ 一定服从正态分布。又由于 $E(\overline{X}) = \mu$，$D(\overline{X}) = \dfrac{\sigma^2}{n}$，故 $\overline{X} \sim N\left(\mu, \dfrac{1}{n}\sigma^2\right)$。

②和③的证明见附录 4。

④由结论①可得 $\dfrac{\overline{X} - \mu}{\sigma/\sqrt{n}} \sim N(0, 1)$。根据结论③可知，$\dfrac{\overline{X} - \mu}{\sigma/\sqrt{n}}$ 与 $\dfrac{(n-1)S^2}{\sigma^2}$ 相互独立，由定理 5-4 可得

$$\frac{\dfrac{\overline{X} - \mu}{\sigma/\sqrt{n}}}{\sqrt{\dfrac{(n-1)S^2}{\sigma^2(n-1)}}} = \frac{\sqrt{n}(\overline{X} - \mu)}{S} \sim t(n-1)$$

**定理 5-7** 设 $X_1, \cdots, X_{n_1}$ 和 $Y_1, \cdots, Y_{n_2}$ 分别是来自两个正态总体 $N(\mu_1, \sigma_1^2)$ 和 $N(\mu_2, \sigma_2^2)$ 的样本，且这两个样本相互独立，$\overline{X}$ 和 $\overline{Y}$ 分别表示样本均值，$S_X^2$ 和 $S_Y^2$ 分别表示样本方差，则

① $\overline{X} \sim N\left(\mu_1, \dfrac{1}{n_1}\sigma_1^2\right)$，$\overline{Y} \sim N\left(\mu_2, \dfrac{1}{n_2}\sigma_2^2\right)$，且 $\overline{X}$ 和 $\overline{Y}$ 相互独立。

② $\dfrac{(n_1-1)S_X^2}{\sigma_1^2} \sim \chi^2(n_1-1)$，$\dfrac{(n_2-1)S_Y^2}{\sigma_2^2} \sim \chi^2(n_2-1)$，且 $S_X^2$ 与 $S_Y^2$ 相互独立。

③ $\dfrac{S_X^2/\sigma_1^2}{S_Y^2/\sigma_2^2} \sim F(n_1-1, n_2-1)$。

④当 $\sigma_1^2 = \sigma_2^2 = \sigma^2$ 时，则

$$\frac{\overline{X}-\overline{Y}-(\mu_1-\mu_2)}{S_\omega\sqrt{\frac{1}{n_1}+\frac{1}{n_2}}}\sim t(n_1+n_2-2)$$

其中，$S_\omega^2=\dfrac{(n_1-1)S_X^2+(n_2-1)S_Y^2}{n_1+n_2-2}$，$S_\omega=\sqrt{S_\omega^2}$。

**证明** 结论①和结论②可由定理 5-6 直接得到。

③由结论②和定理 5-5 直接得到。

④由结论①可得 $\overline{X}-\overline{Y}\sim N\left(\mu_1-\mu_2,\dfrac{\sigma_1^2}{n_1}+\dfrac{\sigma_2^2}{n_2}\right)$，结合条件 $\sigma_1^2=\sigma_2^2=\sigma^2$ 可得

$$U=\frac{\overline{X}-\overline{Y}-(\mu_1-\mu_2)}{\sqrt{\dfrac{\sigma_1^2}{n_1}+\dfrac{\sigma_2^2}{n_2}}}=\frac{\overline{X}-\overline{Y}-(\mu_1-\mu_2)}{\sigma\sqrt{\dfrac{1}{n_1}+\dfrac{1}{n_2}}}\sim N(0,1)$$

根据结论②，由定理 5-3 得

$$V=\frac{(n_1-1)S_X^2}{\sigma_1^2}+\frac{(n_2-1)S_Y^2}{\sigma_2^2}=\frac{(n_1-1)S_X^2+(n_2-1)S_Y^2}{\sigma^2}$$

$$=\frac{(n_1+n_2-2)S_\omega^2}{\sigma^2}\sim\chi^2(n_1+n_2-2)$$

利用定理 5-4，有

$$\frac{U}{\sqrt{\dfrac{V}{n_1+n_2-2}}}=\frac{\overline{X}-\overline{Y}-(\mu_1-\mu_2)}{S_\omega\sqrt{\dfrac{1}{n_1}+\dfrac{1}{n_2}}}\sim t(n_1+n_2-2)$$

**例 5-8** 设 $X_1,\cdots,X_{20}$ 是来自正态总体 $N(\mu,\sigma^2)$ 的样本，$\overline{X}$ 和 $S^2$ 分别是样本均值和样本方差，求 $k$ 使得 $P(\overline{X}>\mu+kS)=0.05$。

例题解析

**解** 根据定理 5-6 得 $\dfrac{\sqrt{n}(\overline{X}-\mu)}{S}\sim t(n-1)$，则

$$P(\overline{X}>\mu+kS)=P\left(\frac{\overline{X}-\mu}{S}>k\right)=P\left(\frac{\sqrt{n}(\overline{X}-\mu)}{S}>\sqrt{n}k\right)$$

因此，$\sqrt{n}k$ 是 $t(n-1)$ 的上 0.05 分位数，即

$$\sqrt{n}k=t_{0.05}(n-1)$$

由 $n=20$，查附表 3 知 $t_{0.05}(19)=1.729$，故

$$k=\frac{t_{0.05}(n-1)}{\sqrt{n}}=\frac{1.729}{\sqrt{20}}=0.387$$

## 习 题

1. 已知某种考试的成绩服从正态分布 $N(\mu,\sigma^2)$，随机抽取 10 位考生的成绩，记为 $X_1,\cdots,X_{10}$，求样本的联合概率密度。

2. 设某种产品的等级分别为"特级""合格"和"不合格"3 种，分别简记为 0、1 和 2，3 种等级产品的

比例分别为 0.2、0.7 和 0.1。现从这批产品中随机抽取 8 件，其等级分别为 1，1，1，2，0，1，1，1。求样本的联合分布。

3. 给定下列数据：

| 13 | 16 | 11 | 10 | 19 | 14 | 16 | 19 |
| 12 | 14 | 15 | 16 | 16 | 14 | 15 | 14 |
| 15 | 14 | 17 | 15 | 15 | 15 | 18 | 17 |
| 10 | 17 | 15 | 17 | 15 | 16 | 12 | 16 |

(1) 根据数据画频率直方图；

(2) 根据数据画箱线图。

4. 设 $X_1, \cdots, X_n$ 是来自总体 $X$ 的简单随机样本，$EX=\mu$，$DX=\sigma^2$，$\mu$ 和 $\sigma^2$ 都未知，样本均值和样本方差分别为 $\overline{X}$ 和 $S^2$，指出下列样本函数中的是统计量。

$T_1 = X_1$；$T_2 = X_1 + X_2$；$T_3 = X_1 \cdot X_2$；$T_4 = X_1 - \overline{X}$；$T_5 = X_1 - \mu$；$T_6 = \dfrac{X_1}{S}$；

$T_7 = \dfrac{X_1}{\sigma}$；$T_8 = \max(X_1, X_2, \cdots, X_n)$；$T_9 = \dfrac{1}{n} \sum_{i=1}^{n} (X_i - S)^2$。

5. 以下是高三年级随机抽取的 10 名学生的数学高考成绩：

$$121, 106, 134, 118, 82, 86, 114, 95, 121, 106$$

(1) 求样本均值和样本方差；

(2) 求样本二阶原点矩和样本二阶中心矩；

(3) 求样本经验分布函数。

6. 设 $X_1, \cdots, X_n$ 是来自 $U(0,1)$ 的样本，求 $E(\overline{X})$，$D(\overline{X})$，$E(S^2)$。

7. 设 $X_1, \cdots, X_n$ 是来自 $\chi^2(m)$ 的样本，求 $E(\overline{X})$，$D(\overline{X})$，$E(S^2)$。

8. 在总体 $N(1,1)$ 中随机抽取一样本容量为 6 的样本 $X_1, \cdots, X_6$。

(1) 求样本均值 $\overline{X}$ 的分布；

(2) 求样本均值 $\overline{X}$ 落在 1 到 1.5 之间的概率；

(3) 求样本均值 $\overline{X}$ 与总体均值 $\mu$ 之差的绝对值大于 1 的概率；

(4) 求 $P\{\max(X_1, \cdots, X_6) > 4\}$ 和 $P\{\min(X_1, \cdots, X_6) < 0\}$。

9. 在总体 $N(1,1)$ 中随机抽取一样本容量为 4 的样本 $X_1, \cdots, X_4$，在总体 $N(1,2)$ 中随机抽取一样本容量为 9 的样本 $Y_1, \cdots, Y_9$，且两组样本独立。求两组样本均值差的绝对值大于 1 的概率。

10. 设样本 $X_1, \cdots, X_6$ 来自总体 $N(0,1)$，$Y = a(X_1 + \cdots + X_4)^2 + b(X_5 + X_6)^2$，求常数 $a$，$b$ 的值，使得 $Y$ 服从 $\chi^2$ 分布，并指出自由度。

11. 设 $X_1, \cdots, X_6$ 来自总体 $N(0, \sigma^2)$，$Y = \dfrac{C(X_1 + X_2)}{\sqrt{X_3^2 + \cdots + X_6^2}}$，求常数 $C$ 的值，使 $Y$ 服从 $t$ 分布，并指出自由度。

12. 设 $X_1, \cdots, X_{10}$ 来自总体 $N(0, \sigma^2)$，$Y = \dfrac{C(X_1^2 + X_2^2)}{X_3^2 + \cdots + X_{10}^2}$，求常数 $C$ 的值，使 $Y$ 服从 $F$ 分布，并指出自由度。

13. 设 $X \sim t(n)$，证明 $\dfrac{1}{X^2} \sim F(n, 1)$。

14. 设 $X \sim F(n, n)$，证明 $P(X < 1) = P(X > 1)$，并求 $P(X < 1)$。

15. 设 $X_1, \cdots, X_{20}$ 来自总体 $N(\mu, \sigma^2)$，样本均值为 $\overline{X}$，样本方差为 $S^2$，求：

(1) $P\left( \sum_{i=1}^{20} (X_i - \mu)^2 \leqslant 30\sigma^2 \right)$；

(2) $P\left(\sum_{i=1}^{20} (X_i - \overline{X})^2 \leqslant 30\sigma^2\right)$;

(3) $P(\overline{X} > \mu - 0.5S)$。

16. 设 $X_1, \cdots, X_n$ 来自总体 $N(\mu, \sigma^2)$，样本方差为 $S^2$，求 $D(S^2)$。

17. 设 $X_1, \cdots, X_n$ 来自总体 $N(\mu, \sigma^2)$，样本均值为 $\overline{X}$，样本方差为 $S^2$，又设 $Y \sim N(\mu, \sigma^2)$，且 $Y$ 与 $X_1, \cdots, X_n$ 相互独立，求常数 $C$ 的值，使 $C \cdot \dfrac{Y - \overline{X}}{S}$ 服从 $t$ 分布，并指出自由度。

18. 设 $X_1, \cdots, X_{10}$ 来自总体 $N(\mu_1, \sigma^2)$，$Y_1, \cdots, Y_{15}$ 来自总体 $N(\mu_2, \sigma^2)$，两组样本相互独立，样本方差分别为 $S_1^2, S_2^2$，求 $P\left(\dfrac{S_1^2}{S_2^2} > 1\right)$。

---

## 著名学者小传

罗纳德·艾尔默·费希尔(Ronald Aylmer Fisher)(1890—1962)，英国统计学家、生物进化学家、数学家、遗传学家和优生学家，现代统计科学的奠基人之一。1912 年毕业于剑桥大学数学系，后随英国数理统计学家琼斯进修了一年统计力学。第一次世界大战期间，他担任过中学数学教师；1918 年任罗坦斯泰德农业试验站统计试验室主任；1933 年，因为在生物统计和遗传学研究方面成绩卓著而被聘为伦敦大学优生学教授；1943 年任剑桥大学遗传学教授；1957 年退休，1959 年去澳大利亚，在联邦科学和工业研究组织的数学统计部从事研究工作，直到 1962 年逝世。

费希尔从事统计学和自然科学研究超过 40 年，他的成就涉及多个学科领域，包括遗传学、生态学、进化学、统计学、概率论、计算机科学等。在统计学方面，他提出了最大似然估计、随机化设计与方差分析、卡方检验、线性判别等多种方法和理论，为现代统计学和机器学习的发展作出了重要贡献。他编写了一些用于数据处理和计算的计算机程序，为现代数据处理和计算机科学的发展奠定了基础，成为一些现代统计软件的基础。在遗传学方面，费希尔被称为现代进化论的首席设计师之一。他创立了费希尔准则以及雌雄双方的生物性状互相促进的进化理论，即"费希尔氏失控理论"。他是现代种群遗传学三杰之一，是达尔文以来最伟大的生物进化学家。他提出了遗传变异的统计分析方法和遗传漂变理论，阐述了自然选择的重要概念，为基因型、基因频率、人工选种和自然选择等遗传学问题提供了数学模型和理论基础。他还研究双因子遗传学，阐明了基因与基因之间的相互作用，并对该领域的发展作出了贡献。

费希尔的贡献被广泛应用于实际问题的研究，不仅在生物学、医学和农业等领域，也在经济学、社会学和心理学等其他领域有所应用。他对统计学影响深远，被誉为统计学领域的不朽巨匠之一。

# 第 6 章

# 参数估计

云课堂

参数估计问题是数理统计学研究和应用中的一类重要问题。经典数理统计学提出的参数估计方法，在当今世界的工农业生产、商业及社会生活中有着十分广泛的应用。经典数理统计学认为参数是固定不变的常数。具体来说，参数主要包括以下几个方面：①概率分布中直接定义的参数，如二项分布中的参数 $n$ 和 $p$，正态分布中的 $\mu$ 和 $\sigma^2$ 等；②概率分布中的参数的函数，如正态分布的参数的函数 $2\mu+1$，$3\sigma$，$\mu/\sigma$ 等；③描述概率分布的各种数字特征，如 $E(X)$，$D(X)$ 等。参数通常用英文字母或希腊字母表示。由参数的所有可能取值构成的集合称为**参数空间**。

参数估计问题是指对概率分布中感兴趣的未知参数进行估计。参数估计方法是对样本信息进行一定的加工处理的可行方法。好的参数估计方法能够体现加工样本信息的科学思想，可以达到良好的估计效果。

本章主要介绍经典数理统计学中对未知参数进行估计的基本方法和重要理论。常见的参数估计形式包括点估计和区间估计。点估计方法主要有矩估计法和最大似然估计法。

## 6.1 点估计方法：矩估计法

**定义 6-1** 设 $X_1, X_2, \cdots, X_n$ 是来自总体 $X$ 的样本，对未知参数 $\theta$，选用一个统计量 $\hat{\theta}=\hat{\theta}(X_1, X_2, \cdots, X_n)$ 作为 $\theta$ 的估计，则 $\hat{\theta}$ 称为 $\theta$ 的**点估计量**，$\hat{\theta}(x_1, x_2, \cdots, x_n)$ 称为 $\theta$ 的**点估计值**。一般地，点估计量或点估计值统称**点估计**。

矩估计方法的思想是使用样本矩替换总体矩。例如，使用样本均值替换总体均值 $E(X)$；用样本的二阶原点矩替换总体二阶原点矩 $E(X^2)$，或用样本的二阶中心矩替换总体方差 $D(X)$。

**定义 6-2** 设 $X_1, X_2, \cdots, X_n$ 是来自总体 $X$ 的样本，$\theta_1, \cdots, \theta_k$ 是待估参数。假设总体 $X$ 的前 $k$ 阶原点矩 $\mu_k$ 存在。若参数可以表示为这些矩的函数，即 $\theta_j = \theta_j(\mu_1, \cdots, \mu_k)$，其中 $j=1, \cdots, k$，则参数 $\theta_j$ 的**矩估计**为

$$\hat{\theta}_j = \theta_j(A_1, \cdots, A_k)$$

其中，$A_j = \dfrac{1}{n} \sum\limits_{i=1}^{n} X_i^j$ 为样本的 $j$ 阶原点矩（$j=1, \cdots, k$）。

**例 6-1** 设 $X$ 服从泊松分布 $\pi(\lambda)$，求参数 $\lambda$ 的矩估计。

**解** 由 $\mu_1 = E(X) = \lambda$ 可得 $\lambda$ 的矩估计

$$\hat{\lambda} = A_1 = \frac{1}{n} \sum_{i=1}^{n} X_i = \overline{X}$$

例如，当 $n=4$，$x_1=2$，$x_2=3$，$x_3=2$，$x_4=1$ 时，可得 $\hat{\lambda} = \dfrac{2+3+2+1}{4} = 2$。

**例 6-2** 设 $X \sim B(m, p)$，其中，$m$ 已知，样本容量为 $n$，求参数 $p$ 的矩估计。

**解** 由 $\mu_1 = E(X) = mp$ 得 $p = \dfrac{\mu_1}{m}$，则 $p$ 的矩估计

$$\hat{p} = \frac{A_1}{m} = \frac{1}{mn} \sum_{i=1}^{n} X_i = \frac{\overline{X}}{m}$$

例如，当 $m=3$，$n=4$，$x_1=2$，$x_2=3$，$x_3=2$，$x_4=1$ 时，可得 $\hat{p} = \dfrac{1}{12}(2+3+2+1) = \dfrac{2}{3}$。

**例 6-3** 设总体 $X$ 的概率密度函数 $f(x) = \begin{cases} (\alpha+1)x^\alpha, & 0<x<1 \\ 0, & \text{其他} \end{cases}$，其中，$\alpha > 0$ 为未知参数，求参数 $\alpha$ 的矩估计。

**解** 总体 $X$ 的一阶原点矩

$$\mu_1 = E(X) = \int_{-\infty}^{+\infty} x f(x) \mathrm{d}x = \int_0^1 x(\alpha+1)x^\alpha \mathrm{d}x = \frac{\alpha+1}{\alpha+2}$$

解得 $\alpha = \dfrac{2\mu_1 - 1}{1 - \mu_1}$。故 $\alpha$ 的矩估计量

$$\hat{\alpha} = \frac{2\overline{X} - 1}{1 - \overline{X}}$$

**例 6-4** 设 $X_1, X_1, \cdots, X_n$ 是来自均匀分布 $U(a, b)$ 的样本，$a$ 与 $b$ 均是未知参数，求 $a$ 和 $b$ 的矩估计。

**解** 总体一阶原点矩和二阶原点矩

$$\mu_1 = E(X) = \frac{a+b}{2}$$

$$\mu_2 = E(X^2) = D(X) + [E(X)]^2 = \frac{(b-a)^2}{12} + \frac{(a+b)^2}{4}$$

解得

$$a = \mu_1 - \sqrt{3(\mu_2 - \mu_1^2)} \qquad b = \mu_1 + \sqrt{3(\mu_2 - \mu_1^2)}$$

故 $a$ 和 $b$ 的矩估计量分别为

$$\hat{a} = A_1 - \sqrt{3(A_2 - A_1^2)} = \overline{X} - \sqrt{\frac{3}{n} \sum_{i=1}^{n} (X_i - \overline{X})^2}$$

$$\hat{b} = A_1 + \sqrt{3(A_2 - A_1^2)} = \overline{X} + \sqrt{\frac{3}{n} \sum_{i=1}^{n} (X_i - \overline{X})^2}$$

其中
$$A_2 - A_1^2 = \frac{1}{n}\sum_{i=1}^{n} X_i^2 - \overline{X}^2 = \frac{1}{n}\sum_{i=1}^{n}(X_i - \overline{X})^2$$

**例 6-5** 设总体 $X$ 服从参数为 $\lambda$ 的指数分布，求参数 $\lambda$ 的矩估计。

**解** 由 $\mu_1 = E(X) = \frac{1}{\lambda}$ 得 $\lambda = \frac{1}{\mu_1}$，故 $\lambda$ 的矩估计

$$\hat{\lambda} = \frac{1}{A_1} = \frac{1}{\overline{X}}$$

**【注】** 若 $X \sim \exp(\lambda)$，则 $D(X) = \frac{1}{\lambda^2}$，$\lambda = \frac{1}{\sqrt{D(X)}}$，于是 $\lambda$ 的矩估计

$$\hat{\lambda} = \frac{1}{\sqrt{A_2}} = \frac{1}{\sqrt{\frac{1}{n}\sum_{i=1}^{n} X_i^2}}$$

这说明矩估计量可能不唯一，通常用低阶矩给出未知参数的矩估计。

## 6.2 点估计方法：最大似然估计法

最大似然估计法（Maximum Likelihood Estimation）最初由德国数学家高斯提出，后经英国统计学家费希尔完善，是数理统计中最基本的点估计方法之一。

### 6.2.1 似然函数

**定义 6-3** 设总体 $X$ 的分布律（或概率密度函数）为 $p(x;\theta)$，$\theta \in \Theta$ 为待估参数。$x_1$, $x_2$, $\cdots$, $x_n$ 是来自总体 $X$ 的样本，样本的**似然函数**定义为

$$L(\theta;x_1,\cdots,x_n) = p(x_1;\theta)p(x_2;\theta)\cdots p(x_n;\theta) \tag{6-1}$$

若 $X$ 为离散型随机变量，则 $L(\theta;x_1,\cdots,x_n)$ 是样本 $X_1$, $X_2$, $\cdots$, $X_n$ 取到观察值 $x_1$, $x_2$, $\cdots$, $x_n$ 的概率，这里 $x_1$, $x_2$, $\cdots$, $x_n$ 是已知的样本值，似然函数是参数 $\theta$ 的函数，常简记为 $L(\theta)$。最大似然估计法的基本思想是：现在已经取到样本值 $x_1$, $x_2$, $\cdots$, $x_n$，表明这一样本值出现的概率 $L(\theta)$ 比较大。若参数空间 $\Theta$ 内的 $\theta_0$ 能使 $L(\theta)$ 取到最大值，那么取 $\theta_0$ 作为未知参数 $\theta$ 的估计值是合理的。最大似然估计法，就是对样本观察值 $x_1$, $x_2$, $\cdots$, $x_n$，在参数空间 $\Theta$ 内挑选使似然函数 $L(\theta)$ 达到最大值时对应的 $\hat{\theta}$ 作为参数 $\theta$ 的估计值。

### 6.2.2 最大似然估计

**定义 6-4** 对参数 $\theta(\theta \in \Theta)$，如果存在某个 $\hat{\theta} = \hat{\theta}(x_1,\cdots,x_n)$ 满足

$$L(\hat{\theta}) = \max_{\theta \in \Theta} L(\theta) \tag{6-2}$$

则称 $\hat{\theta}$ 是 $\theta$ 的**最大似然估计值**，简称 MLE（Maximum Likelihood Estimate），$\hat{\theta}(X_1,\cdots,X_n)$ 称为 $\theta$ 的**最大似然估计量**。

根据定义 6-4，确定最大似然估计量的问题就是微分学中求最大值点的问题。在很多情形下，$\theta$ 的最大似然估计值 $\hat{\theta}$ 常可从方程(6-3)解得。

$$\frac{\mathrm{d}}{\mathrm{d}\theta}L(\theta)=0 \qquad (6\text{-}3)$$

又因 $L(\theta)$ 与 $\ln L(\theta)$ 在同一 $\theta$ 处取到极值，因此，$\theta$ 的最大似然估计值 $\hat{\theta}$ 也可以从方程(6-4)求得。

$$\frac{\mathrm{d}}{\mathrm{d}\theta}\ln L(\theta)=0 \qquad (6\text{-}4)$$

称 $\ln L(\theta)$ 为**对数似然函数**，式(6-4)为**对数似然方程**。

**例 6-6** 设总体 $X$ 服从二项分布 $B(m,p)$，样本容量为 $n$，且 $m$ 已知，求参数 $p$ 的最大似然估计。

**解** 设 $x_1, x_2, \cdots, x_n$ 是 $X$ 的简单随机样本的观测值。根据已知条件，$X$ 的分布律为

$$P(X=x)=C_m^x p^x (1-p)^{m-x} \qquad (x=0, 1, \cdots, m)$$

似然函数为

$$L(p)=\prod_{i=1}^{n} C_m^{x_i} p^{x_i}(1-p)^{m-x_i}=\prod_{i=1}^{n}C_m^{x_i}\cdot p^{\sum_{i=1}^{n}x_i}\cdot(1-p)^{nm-\sum_{i=1}^{n}x_i}$$

对数似然函数为

$$\ln L(p)=\ln\left(\prod_{i=1}^{n}C_m^{x_i}\right)+\left(\sum_{i=1}^{n}x_i\right)\ln p+\left(nm-\sum_{i=1}^{n}x_i\right)\ln(1-p)$$

令 $\dfrac{\mathrm{d}\ln L(p)}{\mathrm{d}p}=0$，计算得

$$\frac{\sum_{i=1}^{n}x_i}{p}-\frac{nm-\sum_{i=1}^{n}x_i}{1-p}=0$$

解得 $p$ 的最大似然估计值为

$$\hat{p}=\frac{1}{nm}\sum_{i=1}^{n}x_i=\frac{\overline{x}}{m}$$

$p$ 的最大似然估计量为 $\dfrac{\overline{X}}{m}$。

**【注】**例 6-6 中，对数似然函数关于 $p$ 的二阶导数为负，可知 $\hat{p}$ 能够使似然函数取得最大值。

**例 6-7** 设 $X\sim\pi(\lambda)$，已知 $x_1=2, x_2=3, x_3=2, x_4=1$，求参数 $\lambda$ 的最大似然估计值。

**解** $X$ 的分布律为

$$P(X=k)=\frac{\lambda^k}{k!}\mathrm{e}^{-\lambda} \qquad (k=0, 1, \cdots)$$

似然函数 $L(\lambda)$ 为

$$L(\lambda) = P(X_1 = 2)P(X_2 = 3)P(X_3 = 2)P(X_4 = 1)$$

$$= \frac{1}{2! \ 3! \ 2! \ 1!} \lambda^{2+3+2+1} e^{-4\lambda} = \frac{\lambda^8}{24} e^{-4\lambda}$$

对数似然函数为

$$\ln L(\lambda) = 8\ln \lambda - \ln 24 - 4\lambda$$

求导，令导数等于零，得

$$\frac{d \ln L(\lambda)}{d\lambda} = \frac{8}{\lambda} - 4 = 0$$

解得 $\lambda$ 的最大似然估计值 $\hat{\lambda} = 2$。

**例 6-8** 设正态总体 $X \sim N(\mu, \sigma^2)$，其中，$\mu$ 和 $\sigma^2$ 是待估参数，$x_1, x_2, \cdots, x_n$ 是来自 $X$ 的样本值。求 $\mu$ 和 $\sigma^2$ 的最大似然估计量。

**解** $X$ 的概率密度函数为

$$f(x) = \frac{1}{\sqrt{2\pi}\sigma} \exp\left[-\frac{(x-\mu)^2}{2\sigma^2}\right]$$

似然函数为

$$L(\mu, \sigma^2) = \prod_{i=1}^{n} \frac{1}{\sqrt{2\pi}\sigma} \exp\left[-\frac{(x_i - \mu)^2}{2\sigma^2}\right]$$

$$= (2\pi\sigma^2)^{-\frac{n}{2}} \exp\left[-\frac{1}{2\sigma^2} \sum_{i=1}^{n} (x_i - \mu)^2\right]$$

对数似然函数为

$$\ln L(\mu, \sigma^2) = -\frac{n}{2} \ln(2\pi\sigma^2) - \frac{1}{2\sigma^2} \sum_{i=1}^{n} (x_i - \mu)^2$$

$\ln L(\mu, \sigma^2)$ 关于 $\mu$ 和 $\sigma^2$ 分别求偏导，得

$$\frac{\partial \ln L(\mu, \sigma^2)}{\partial \mu} = \frac{1}{\sigma^2} \sum_{i=1}^{n} (x_i - \mu) = 0 \tag{6-5}$$

$$\frac{\partial \ln L(\mu, \sigma^2)}{\partial \sigma^2} = \frac{1}{2\sigma^4} \sum_{i=1}^{n} (x_i - \mu)^2 - \frac{n}{2\sigma^2} = 0 \tag{6-6}$$

由式 (6-5) 得 $\hat{\mu} = \frac{1}{n} \sum_{i=1}^{n} x_i = \overline{x}$，代入式 (6-6) 得 $\hat{\sigma}^2 = \frac{1}{n} \sum_{i=1}^{n} (x_i - \overline{x})^2$。因此，$\mu$ 和 $\sigma^2$ 的最大似然估计量为

$$\hat{\mu} = \frac{1}{n} \sum_{i=1}^{n} x_i = \overline{X} \qquad \hat{\sigma}^2 = \frac{1}{n} \sum_{i=1}^{n} (X_i - \overline{X})^2$$

**例 6-9** 设总体 $X$ 在 $[a, b]$ 上服从均匀分布，$a$ 和 $b$ 是待估参数，$x_1, x_2, \cdots, x_n$ 是来自 $X$ 的样本值，求 $a$ 和 $b$ 的最大似然估计量。

**解** $X$ 的概率密度函数为

$$f(x; a, b) = \begin{cases} \dfrac{1}{b-a}, & a \leqslant x \leqslant b \\ 0, & \text{其他} \end{cases}$$

似然函数为

$$L(a,b) = \begin{cases} \dfrac{1}{(b-a)^n}, & a \leqslant x_i \leqslant b,\ i=1,\cdots,n \\ 0, & \text{其他} \end{cases}$$

似然函数的最大值一定出现在取值为 $\dfrac{1}{(b-a)^n}$ 的这一段，其对应参数的取值须满足 $a \leqslant x_1,\cdots,x_n \leqslant b$，记

$$x_{(1)} = \min\{x_1, x_2, \cdots, x_n\} \qquad x_{(n)} = \max\{x_1, x_2, \cdots, x_n\}$$

则似然函数可记为

$$L(a,b) = \begin{cases} \dfrac{1}{(b-a)^n}, & a \leqslant x_{(1)},\ x_{(n)} \leqslant b \\ 0, & \text{其他} \end{cases}$$

在满足 $a \leqslant x_{(1)}$，$x_{(n)} \leqslant b$ 的条件下，$b$ 越小且 $a$ 越大时，$\dfrac{1}{(b-a)^n}$ 的取值越大，故 $a$ 和 $b$ 的最大似然估计值为

$$\hat{a} = x_{(1)} \qquad \hat{b} = x_{(n)}$$

$a$ 和 $b$ 的最大似然估计量为

$$\hat{a} = X_{(1)} \qquad \hat{b} = X_{(n)}$$

设 $\hat{\theta}$ 是 $\theta$ 的最大似然估计，若 $g(\theta)$ 是具有单值反函数的函数，则 $g(\theta)$ 的最大似然估计为 $g(\hat{\theta})$。这一性质称为最大似然估计的**不变性**。例如，在例 6-8 中总体方差 $\sigma^2$ 的最大似然估计 $\hat{\sigma}^2 = \dfrac{1}{n}\sum_{i=1}^{n}(X_i - \overline{X})^2$，则总体标准差 $\sigma = \sqrt{\sigma^2}$ 的最大似然估计为

$$\hat{\sigma} = \sqrt{\hat{\sigma}^2} = \sqrt{\dfrac{1}{n}\sum_{i=1}^{n}(X_i - \overline{X})^2}$$

## 6.3 点估计的评选标准

### 6.3.1 无偏性

**定义 6-5** 设 $\hat{\theta} = \hat{\theta}(X_1, X_2, \cdots, X_n)$ 是 $\theta$ 的一个估计，参数空间为 $\Theta$，若对任意的 $\theta \in \Theta$，有

$$E(\hat{\theta}) = \theta \tag{6-7}$$

则称 $\hat{\theta}$ 是 $\theta$ 的**无偏估计**。

**例 6-10** 对于总体 $X$：
① 当总体均值 $E(X)$ 存在时，样本均值 $\overline{X}$ 是否为总体均值 $E(X)$ 的无偏估计？
② 当总体 $k$ 阶原点矩存在时，样本 $k$ 阶原点矩是否为总体 $k$ 阶原点矩的无偏估计？
③ 样本方差 $S^2$ 是否为总体方差 $D(X)$ 的无偏估计？

④样本二阶中心矩 $B_2 = \frac{1}{n}\sum_{i=1}^{n}(X_i - \overline{X})^2$ 是否为总体方差 $D(X)$ 的无偏估计？

**解** ① 是。$E(\overline{X}) = E\left(\frac{1}{n}\sum_{i=1}^{n}X_i\right) = \frac{1}{n}\sum_{i=1}^{n}E(X_i) = E(X)$。

② 是。$E\left(\frac{1}{n}\sum_{i=1}^{n}X_i^k\right) = \frac{1}{n}\sum_{i=1}^{n}E(X_i^k) = \frac{1}{n}\sum_{i=1}^{n}E(X^k) = E(X^k)$。

③ 是。由定理 5-1 知 $E(S^2) = D(X)$。

④ 否。由 $S^2 = \frac{nB_2}{n-1}$ 得 $E(B_2) = \frac{n-1}{n}E(S^2) = \frac{n-1}{n}D(X)$。

【注】当样本容量 $n$ 趋于无穷大时，$E(B_2)$ 趋于 $D(X)$，因而可以称 $B_2$ 为 $D(X)$ 的**渐近无偏估计**。

### 6.3.2 有效性

**定义 6-6** 设 $\hat{\theta}_1$ 和 $\hat{\theta}_2$ 是 $\theta$ 的两个无偏估计，如果对任意的 $\theta \in \Theta$，有

$$D(\hat{\theta}_1) \leqslant D(\hat{\theta}_2) \tag{6-8}$$

并且 $\Theta$ 中至少存在一个 $\theta$ 使得不等号严格成立，则称 $\hat{\theta}_1$ 比 $\hat{\theta}_2$ **有效**。

**例 6-11** 设 $X_1, X_2, \cdots, X_n$ 是取自总体 $X$ 的样本，记 $E(X) = \mu$，$D(X) = \sigma^2$，问：$\hat{\mu}_1 = X_1$ 与 $\hat{\mu}_2 = \overline{X}$ 是否分别为 $\mu$ 的无偏估计量？若二者均为无偏估计量，判断哪一个有效？

**解** 由于

$$E(\hat{\mu}_1) = E(X_1) = \mu \qquad E(\hat{\mu}_2) = E(\overline{X}) = E(X) = \mu$$

因此，$\hat{\mu}_1 = X_1$ 与 $\hat{\mu}_2 = \overline{X}$ 都是参数 $\mu$ 的无偏估计量。

求方差可得

$$D(\hat{\mu}_1) = D(X_1) = \sigma^2 \qquad D(\hat{\mu}_2) = D(\overline{X}) = \frac{1}{n}D(X) = \frac{\sigma^2}{n}$$

当样本容量 $n > 1$ 时，$\hat{\mu}_2$ 比 $\hat{\mu}_1$ 有效。这表明用全部样本观测值计算的算术平均值作为总体均值的点估计，比只用 1 个样本观测值作为估计有效。

**例 6-12** 设总体 $X \sim N(\mu, \sigma^2)$，其中，$\mu$ 未知，$X_1, X_2, X_3$ 是从总体 $X$ 中抽取的简单随机样本。定义如下 3 个统计量：

$$\hat{\mu}_1 = \frac{1}{5}X_1 + \frac{3}{10}X_2 + \frac{1}{2}X_3 \qquad \hat{\mu}_2 = \frac{1}{3}X_1 + \frac{1}{4}X_2 + \frac{5}{12}X_3 \qquad \hat{\mu}_3 = \frac{1}{3}X_1 + \frac{1}{6}X_2 + \frac{1}{2}X_3$$

问：哪个为 $\mu$ 的无偏估计？无偏估计量中哪一个有效？

**解** 求数学期望，得

$$E(\hat{\mu}_1) = \frac{1}{5}E(X_1) + \frac{3}{10}E(X_2) + \frac{1}{2}E(X_3) = \mu$$

$$E(\hat{\mu}_2) = \frac{1}{3}E(X_1) + \frac{1}{4}E(X_2) + \frac{5}{12}E(X_3) = \mu$$

$$E(\hat{\mu}_3)=\frac{1}{3}E(X_1)+\frac{1}{6}E(X_2)+\frac{1}{2}E(X_3)=\mu$$

因此，$\hat{\mu}_1,\hat{\mu}_2,\hat{\mu}_3$ 都是未知参数 $\mu$ 的无偏估计。

求方差，得

$$D(\hat{\mu}_1)=D(\frac{1}{5}X_1+\frac{3}{10}X_2+\frac{1}{2}X_3)=\frac{1}{25}D(X_1)+\frac{9}{100}D(X_2)+\frac{1}{4}D(X_3)=\frac{684}{1800}\sigma^2$$

$$D(\hat{\mu}_2)=D(\frac{1}{3}X_1+\frac{1}{4}X_2+\frac{5}{12}X_3)=\frac{1}{9}D(X_1)+\frac{1}{16}D(X_2)+\frac{25}{144}D(X_3)=\frac{625}{1800}\sigma^2$$

$$D(\hat{\mu}_3)=D(\frac{1}{3}X_1+\frac{1}{6}X_2+\frac{1}{2}X_3)=\frac{1}{9}D(X_1)+\frac{1}{36}D(X_2)+\frac{1}{4}D(X_3)=\frac{700}{1800}\sigma^2$$

因此，在 3 个无偏估计量中 $\hat{\mu}_2$ 比 $\hat{\mu}_1$ 和 $\hat{\mu}_3$ 有效。

### 6.3.3 相合性

**定义 6-7** 设 $\theta\in\Theta$ 为未知参数，$\hat{\theta}_n=\hat{\theta}(X_1,X_2,\cdots,X_n)$ 是 $\theta$ 的一个估计量，$n$ 是样本容量，若对任意 $\varepsilon>0$，有

$$\lim_{n\to\infty}P(|\hat{\theta}_n-\theta|>\varepsilon)=0 \tag{6-9}$$

则称 $\hat{\theta}_n$ 为 $\theta$ 的**相合估计**。

【注】证明 $\hat{\theta}_n$ 为 $\theta$ 的相合估计常应用依概率收敛的性质及大数定律。例如，根据大数定律，样本均值 $\overline{X}=\frac{1}{n}\sum_{i=1}^{n}X_i$ 依概率收敛到总体均值 $\mu=E(X)$，因此 $\overline{X}$ 是 $\mu=E(X)$ 的相合估计。

## 6.4 区间估计

对未知参数 $\theta$，利用点估计可以得到它的近似值，进一步还需要分析近似值的误差。可以考虑给出参数的一个范围，并给出这个范围包含参数真值的可信程度，通常以区间的形式给出参数范围，这种形式的估计称为区间估计，得到的区间称为置信区间。

### 6.4.1 置信区间的定义

**定义 6-8** 设 $\theta$ 是总体 $X$ 的一个未知参数，参数空间为 $\Theta$。$X_1,\cdots,X_n$ 是总体 $X$ 的样本。对于给定的 $\alpha(0<\alpha<1)$，若存在两个统计量，$\hat{\theta}_L(X_1,\cdots,X_n)$ 和 $\hat{\theta}_U(X_1,\cdots,X_n)$，且 $\hat{\theta}_L<\hat{\theta}_U$，使对任意 $\theta\in\Theta$，有

$$P(\hat{\theta}_L\leqslant\theta\leqslant\hat{\theta}_U)\geqslant 1-\alpha \tag{6-10}$$

则称随机区间 $[\hat{\theta}_L,\hat{\theta}_U]$ 为 $\theta$ 的置信水平为 $1-\alpha$ 的**双侧置信区间**。其中，$\hat{\theta}_L$ 和 $\hat{\theta}_U$ 分别称为 $\theta$ 的的**置信下限**和**置信上限**，$1-\alpha$ 称为**置信水平**(或**置信度**)。

置信水平 $1-\alpha$ 的取值一般根据需要确定，常取 $95\%$，$99\%$，$90\%$ 等。例如，置信水

平 $1-\alpha=0.95$，可以直观理解为在独立重复抽样 10 000 次（每次抽取一个样本容量为 $n$ 的样本），每个样本可以确定一个置信区间，得到的 10 000 个置信区间中包含 $\theta$ 真值的数量大约有 9 500 个或更多。

**定义 6-9**　在定义 6-8 的基础上，对于给定的置信水平 $1-\alpha$，$0<\alpha<1$，若存在两个统计量 $\hat{\theta}_L(X_1,\cdots,X_n)$ 和 $\hat{\theta}_U(X_1,\cdots,X_n)$，且 $\hat{\theta}_L<\hat{\theta}_U$，使对任意 $\theta\in\Theta$，有

$$P(\hat{\theta}_L\leqslant\theta\leqslant\hat{\theta}_U)=1-\alpha \tag{6-11}$$

则称随机区间 $[\hat{\theta}_L,\hat{\theta}_U]$ 为 $\theta$ 的置信水平为 $1-\alpha$ 的**双侧同等置信区间**。

在一些实际问题中，人们可能更关心未知参数的置信下限或置信上限。类似于定义 6-8 和定义 6-9，下面给出单侧置信区间的定义。

**定义 6-10**　设总体 $X$ 的一个未知参数为 $\theta$，对于给定的置信水平 $1-\alpha$，$0<\alpha<1$，若存在统计量 $\hat{\theta}_L(X_1,\cdots,X_n)$，使对任意 $\theta\in\Theta$，有

$$P(\hat{\theta}_L\leqslant\theta)\geqslant 1-\alpha \tag{6-12}$$

则称随机区间 $[\hat{\theta}_L,+\infty)$ 为 $\theta$ 的置信水平为 $1-\alpha$ 的**单侧置信区间**。其中，$\hat{\theta}_L$ 称为 $\theta$ 的**单侧置信下限**。若概率表达式中的"$P(\hat{\theta}_L\leqslant\theta)\geqslant 1-\alpha$"替换为"$P(\hat{\theta}_L\leqslant\theta)=1-\alpha$"，则 $\hat{\theta}_L$ 称为 $\theta$ 的**单侧同等置信下限**。

**定义 6-11**　设总体 $X$ 的一个未知参数为 $\theta$，对于给定的置信水平 $1-\alpha$，$0<\alpha<1$，若存在统计量 $\hat{\theta}_U(X_1,\cdots,X_n)$，使对任意 $\theta\in\Theta$，有

$$P(\hat{\theta}_U\geqslant\theta)\geqslant 1-\alpha \tag{6-13}$$

则称随机区间 $(+\infty,\hat{\theta}_U]$ 为 $\theta$ 的置信水平为 $1-\alpha$ 的**单侧置信区间**。其中，$\hat{\theta}_U$ 称为 $\theta$ 的**单侧置信上限**。若概率表达式中的"$P(\hat{\theta}_U\geqslant\theta)\geqslant 1-\alpha$"替换为"$P(\hat{\theta}_U\geqslant\theta)=1-\alpha$"，则 $\hat{\theta}_U$ 称为 $\theta$ 的**单侧同等置信上限**。

### 6.4.2　求置信区间的一种常用方法：枢轴量法

这里以双侧同等置信区间的求解为例，介绍**枢轴量法**的步骤：

① 根据参数 $\theta$ 的点估计量，构造一个包含样本 $X_1,\cdots,X_n$ 和待估参数 $\theta$ 的函数 $G(X_1,\cdots,X_n;\theta)$，其中，$G(X_1,\cdots,X_n;\theta)$ 的分布不依赖于未知参数。一般称具有这种性质的 $G(X_1,\cdots,X_n;\theta)$ 为**枢轴量**。

② 对于给定的置信水平 $1-\alpha$，求常数 $c$ 和 $d$，使 $P(c\leqslant G\leqslant d)=1-\alpha$。满足这一等式的 $c$ 和 $d$ 不唯一，常按"等尾"的方式，由 $P(G<c)=P(G>d)=\dfrac{\alpha}{2}$ 确定 $c$ 和 $d$。

③ 将不等式 $c\leqslant G(X_1,\cdots,X_n;\theta)\leqslant d$ 等价变形，得到 $\hat{\theta}_L\leqslant\theta\leqslant\hat{\theta}_U$。其中，$\hat{\theta}_L(X_1,\cdots,X_n)$ 和 $\hat{\theta}_U(X_1,\cdots,X_n)$ 是统计量。随机区间 $[\hat{\theta}_L,\hat{\theta}_U]$ 为 $\theta$ 的置信水平为 $1-\alpha$ 的同等置信区间。

可仿照上述思路求解参数的单侧置信区间。

### 6.4.3 单个正态总体参数的区间估计

本节及以后为了叙述简便，用置信区间特指同等置信区间。

**(1) $\sigma^2$ 已知时，$\mu$ 的置信区间**

设 $X_1, \cdots, X_n$ 是来自总体 $N(\mu, \sigma^2)$ 的样本，$\mu$ 的点估计量为 $\overline{X}$，利用 $\overline{X} \sim N\left(\mu, \dfrac{\sigma^2}{n}\right)$ 可得

$$\frac{\overline{X} - \mu}{\sigma/\sqrt{n}} \sim N(0, 1)$$

当 $\sigma^2$ 已知时，取 $\dfrac{\overline{X} - \mu}{\sigma/\sqrt{n}}$ 为枢轴量，可得（参考图 6-1）。

$$P\left(-u_{\frac{\alpha}{2}} \leqslant \frac{\overline{X} - \mu}{\sigma/\sqrt{n}} \leqslant u_{\frac{\alpha}{2}}\right) = 1 - \alpha$$

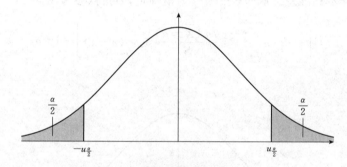

**图 6-1 枢轴量服从标准正态分布示意**

等价变形得

$$P\left(\overline{X} - \frac{\sigma}{\sqrt{n}} u_{\frac{\alpha}{2}} \leqslant \mu \leqslant \overline{X} + \frac{\sigma}{\sqrt{n}} u_{\frac{\alpha}{2}}\right) = 1 - \alpha$$

于是 $\mu$ 的置信水平为 $1-\alpha$ 的一个同等置信区间为

$$\left[\overline{X} - \frac{\sigma}{\sqrt{n}} u_{\frac{\alpha}{2}}, \ \overline{X} + \frac{\sigma}{\sqrt{n}} u_{\frac{\alpha}{2}}\right] \tag{6-14}$$

**例 6-13** 一款热销的儿童水杯的重量 $X \sim N(\mu, \sigma^2)$，标准差 $\sigma$ 为 0.3 克。从市场上随机购买了 25 只这款水杯，测得其重量的算术平均值为 60.5 克，求该款水杯的平均重量 $\mu$ 的置信水平为 95% 的置信区间。

**解** $1-\alpha=0.95$，$n=25$，$\overline{X}=60.5$，查附表 1 得 $u_{\frac{\alpha}{2}} = u_{0.025} = 1.96$，该水杯的平均重量 $\mu$ 的 95% 置信区间为

$$\left[\overline{X} - \frac{\sigma}{\sqrt{n}} u_{\frac{\alpha}{2}}, \ \overline{X} + \frac{\sigma}{\sqrt{n}} u_{\frac{\alpha}{2}}\right] = \left[60.5 - 1.96 \times \frac{0.3}{\sqrt{25}}, \ 60.5 + 1.96 \times \frac{0.3}{\sqrt{25}}\right]$$

$$= [60.3824, \ 60.6176]$$

**例 6-14** 设正态总体 $X \sim N(\mu, 1)$，若要保证 $\mu$ 的置信水平为 90% 的置信区间长度不超过 0.2，求样本容量 $n$ 的取值范围。

**解** $\mu$ 的置信水平为 $90\%$ 的置信区间为 $\left[\overline{X}-\dfrac{\sigma}{\sqrt{n}}u_{\frac{\alpha}{2}},\ \overline{X}+\dfrac{\sigma}{\sqrt{n}}u_{\frac{\alpha}{2}}\right]$，根据题意需满足 $\dfrac{2\sigma}{\sqrt{n}}u_{\frac{\alpha}{2}}\leqslant 0.2$。查附表 1 得 $u_{0.05}=1.645$。故

$$n\geqslant\left(\dfrac{2\sigma}{0.2}\right)^2\times 1.645^2=270.6\approx 271$$

当样本容量大于 271 时，可确保 $\mu$ 的置信水平为 $90\%$ 的置信区间长度不超过 0.2。

**(2) $\sigma^2$ 未知时，$\mu$ 的置信区间**

设 $X_1,\cdots,X_n$ 是来自总体 $N(\mu,\sigma^2)$ 的样本，$\mu$ 的点估计量为 $\overline{X}$，$\sigma^2$ 未知时，利用定理 5-6，得

$$\dfrac{\sqrt{n}(\overline{X}-\mu)}{S}\sim t(n-1)$$

其中，$S$ 为样本标准差。取 $\dfrac{\sqrt{n}(\overline{X}-\mu)}{S}$ 为枢轴量，可得（参考图 6-2）

$$P\left[-t_{\frac{\alpha}{2}}(n-1)\leqslant\dfrac{\sqrt{n}(\overline{X}-\mu)}{S}\leqslant t_{\frac{\alpha}{2}}(n-1)\right]=1-\alpha \tag{6-15}$$

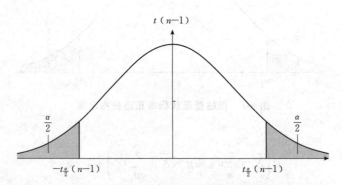

图 6-2 枢轴量服从 $t(n-1)$ 分布示意

经等价变形，有

$$P\left[\overline{X}-\dfrac{S}{\sqrt{n}}t_{\frac{\alpha}{2}}(n-1)\leqslant\mu\leqslant\overline{X}+\dfrac{S}{\sqrt{n}}t_{\frac{\alpha}{2}}(n-1)\right]=1-\alpha$$

因此 $\mu$ 的置信水平为 $1-\alpha$ 的置信区间为

$$\left[\overline{X}-\dfrac{S}{\sqrt{n}}t_{\frac{\alpha}{2}}(n-1),\ \overline{X}+\dfrac{S}{\sqrt{n}}t_{\frac{\alpha}{2}}(n-1)\right] \tag{6-16}$$

**例 6-15** 心脏病患者的某项血液指标值 $X$（单位：微摩尔/升）服从正态分布，某医院化验了 12 名患者的血液指标，数值如下：

15.2　16.7　14.3　10.5　9.6　18.0　14.6　15.2　16.5　12.9　17.1　14.8

求该血液指标的总体均值 $\mu$ 的置信水平为 $95\%$ 的置信区间。

**解** 由题意得 $\overline{X}=14.616\,7$，$S^2=6.488\,7$。查附表 3 得 $t_{0.025}(11)=2.201\,0$。因此，血液指标的总体均值 $\mu$ 的置信水平为 $95\%$ 的置信区间为

$$\left[\overline{X}-\frac{S}{\sqrt{n}}t_{\frac{\alpha}{2}}(n-1),\ \overline{X}+\frac{S}{\sqrt{n}}t_{\frac{\alpha}{2}}(n-1)\right]=\left[14.616\ 7-2.201\ 0\times\frac{\sqrt{6.488\ 7}}{\sqrt{12}},\right.$$

$$\left.14.616\ 7+2.201\ 0\times\frac{\sqrt{6.488\ 7}}{\sqrt{12}}\right]$$

$$=[12.998\ 2,\ 16.235\ 2]$$

**(3) $\sigma^2$ 的置信区间**

根据定理 5-6,有

$$\frac{(n-1)S^2}{\sigma^2}\sim\chi^2(n-1)$$

取 $\dfrac{(n-1)S^2}{\sigma^2}$ 为枢轴量,可得(参考图 6-3)。

$$P\left[\chi^2_{1-\frac{\alpha}{2}}(n-1)\leqslant\frac{(n-1)S^2}{\sigma^2}\leqslant\chi^2_{\frac{\alpha}{2}}(n-1)\right]=1-\alpha$$

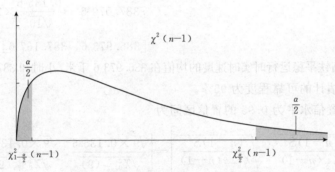

**图 6-3 枢轴量为 $\chi^2(n-1)$ 分布示意**

等价变形得

$$P\left[\frac{(n-1)S^2}{\chi^2_{\frac{\alpha}{2}}(n-1)}\leqslant\sigma^2\leqslant\frac{(n-1)S^2}{\chi^2_{1-\frac{\alpha}{2}}(n-1)}\right]=1-\alpha$$

于是 $\sigma^2$ 的置信水平为 $1-\alpha$ 的置信区间为

$$\left[\frac{(n-1)S^2}{\chi^2_{\frac{\alpha}{2}}(n-1)},\ \frac{(n-1)S^2}{\chi^2_{1-\frac{\alpha}{2}}(n-1)}\right] \tag{6-17}$$

**例 6-16** 某饼干包装的重量 $X\sim N(\mu,\ \sigma^2)$,从该商品中随机抽取 8 个,测得其重量分别为 145.4,146.8,143.1,145.7,145.5,145.7,144.9,145.0,求 $\sigma^2$ 和 $\sigma$ 的置信水平为 99% 的置信区间。

**解** 根据题意 $S^2=1.099\ 8$,查附表 4 得 $\chi^2_{0.995}(7)=0.989\ 3$,$\chi^2_{0.005}(7)=20.277\ 7$。总体方差 $\sigma^2$ 的置信水平为 0.99 的置信区间为

$$\left[\frac{(n-1)S^2}{\chi^2_{\frac{\alpha}{2}}(n-1)},\ \frac{(n-1)S^2}{\chi^2_{1-\frac{\alpha}{2}}(n-1)}\right]=\left[\frac{7\times1.099\ 8}{20.277\ 7},\ \frac{7\times1.099\ 8}{0.989\ 3}\right]=[0.379\ 7,\ 7.782\ 2]$$

标准差 $\sigma$ 的置信水平为 0.99 的置信区间为

$$\left[\sqrt{\frac{(n-1)S^2}{\chi^2_{\frac{\alpha}{2}}(n-1)}},\ \sqrt{\frac{(n-1)S^2}{\chi^2_{1-\frac{\alpha}{2}}(n-1)}}\right]=[\sqrt{0.379\ 7},\ \sqrt{7.782\ 2}]=[0.616\ 2,\ 2.789\ 7]$$

例题解析

**例 6-17** "中国智造"的高铁以其速度快、安全平稳、换乘方便等优势在交通运输业占有一席之地，并且出口"一带一路"沿线国家，享誉国际。一辆高铁平稳运行时的实时监测速度(单位：千米/小时)如下：

| 386.945 | 387.060 | 387.072 | 387.227 | 387.292 |
| 386.864 | 387.092 | 387.184 | 387.037 | 386.933 |

假设高铁平稳运行时的速度近似服从正态分布，试求总体均值 $\mu$ 和标准差 $\sigma$ 的置信水平为 0.95 的置信区间。

**解** 根据数据得样本均值 $\overline{X}=387.070\,6$，样本标准差 $S=0.135\,6$。查附表 3 和附表 4 得

$$t_{0.025}(9)=2.262\,2 \quad \chi^2_{0.025}(9)=19.022 \quad \chi^2_{0.975}(9)=2.700$$

均值 $\mu$ 的置信水平为 0.95 的置信区间为

$$\left[\overline{X}-\frac{S}{\sqrt{n}}t_{\frac{\alpha}{2}}(n-1),\ \overline{X}+\frac{S}{\sqrt{n}}t_{\frac{\alpha}{2}}(n-1)\right]=\left[387.070\,6-\frac{0.135\,6}{\sqrt{10}}\times 2.262\,2,\right.$$

$$\left.387.070\,6+\frac{0.135\,6}{\sqrt{10}}\times 2.262\,2\right]$$

$$=[386.973\,6,\ 387.167\,6]$$

也就是说，高铁平稳运行时实时速度的均值在 386.973 6 千米/小时和 387.167 6 千米/小时之间，这个区间估计的可靠程度为 95%。

标准差 $\sigma$ 的置信水平为 0.95 的置信区间为

$$\left[\sqrt{\frac{(n-1)S^2}{\chi^2_{\frac{\alpha}{2}}(n-1)}},\ \sqrt{\frac{(n-1)S^2}{\chi^2_{1-\frac{\alpha}{2}}(n-1)}}\right]=\left[\frac{\sqrt{9}\times 0.135\,6}{\sqrt{\chi^2_{0.025}(9)}},\ \frac{\sqrt{9}\times 0.135\,6}{\sqrt{\chi^2_{0.975}(9)}}\right]$$

$$=[0.093\,3,\ 0.247\,5]$$

### 6.4.4 两个正态总体参数的区间估计

在生产生活中，有时需要对两个总体进行比较。例如，假设某树种的树高服从正态分布，气候、土壤及种植方式等因素可能会引起总体均值、总体方差发生改变。若想分析在两个地区种植的该树种的树高是否有显著差异，可以考虑两个正态总体均值之差、方差之比的估计问题。

**(1) $\mu_1-\mu_2$ 的置信区间**

设 $X_1,\cdots,X_m$ 是来自总体 $X\sim N(\mu_1,\sigma_1^2)$ 的样本，$Y_1,\cdots,Y_n$ 是来自总体 $Y\sim N(\mu_2,\sigma_2^2)$ 的样本，且两个样本相互独立。$\overline{X}$ 和 $\overline{Y}$ 分别是两个样本的样本均值，$S_1^2=\frac{1}{m-1}\sum_{i=1}^{m}(X_i-\overline{X})^2$ 和 $S_2^2=\frac{1}{n-1}\sum_{i=1}^{n}(Y_i-\overline{Y})^2$ 分别是两个样本的样本方差。

① 当 $\sigma_1^2$ 和 $\sigma_2^2$ 已知时，根据 $\overline{X}-\overline{Y}\sim N\left(\mu_1-\mu_2,\ \frac{\sigma_1^2}{m}+\frac{\sigma_2^2}{n}\right)$ 构造枢轴量，可得 $\mu_1-\mu_2$ 的置信水平为 $1-\alpha$ 的置信区间为

$$\left[\overline{X}-\overline{Y}-u_{\frac{\alpha}{2}}\sqrt{\frac{\sigma_1^2}{m}+\frac{\sigma_2^2}{n}},\ \overline{X}-\overline{Y}+u_{\frac{\alpha}{2}}\sqrt{\frac{\sigma_1^2}{m}+\frac{\sigma_2^2}{n}}\right] \tag{6-18}$$

②当 $\sigma_1^2=\sigma_2^2=\sigma^2$ 未知时，构造枢轴量

$$\frac{\overline{X}-\overline{Y}-(\mu_1-\mu_2)}{\sqrt{\frac{1}{m}+\frac{1}{n}}S_w}\sim t(m+n-2)$$

可得 $\mu_1-\mu_2$ 的置信水平为 $1-\alpha$ 的置信区间为

$$\left[\overline{X}-\overline{Y}-t_{\frac{\alpha}{2}}(m+n-2)\sqrt{\frac{1}{m}+\frac{1}{n}}S_w,\ \overline{X}-\overline{Y}+t_{\frac{\alpha}{2}}(m+n-2)\sqrt{\frac{1}{m}+\frac{1}{n}}S_w\right] \tag{6-19}$$

其中，$S_w^2=\dfrac{(m-1)S_1^2+(n-1)S_2^2}{m+n-2}$。

**例 6-18** 比较某品牌自行车零件的直径在一次生产线调整前后的变化，调整前后的直径分别记为 $X$ 和 $Y$（单位：毫米），分别随机抽取 8 个和 10 个零件进行检测，得到

$$\overline{X}=500.6 \quad S_1^2=238 \quad \overline{Y}=480.1 \quad S_2^2=287$$

假设生产线调整前、后的直径均服从正态分布，并且方差相等，求平均直径之差的置信水平为 0.95 的置信区间。

**解** 根据题意得 $\overline{X}-\overline{Y}=20.5$，$S_w=16.2961$，查附表 3 得 $t_{0.025}(16)=2.1199$，则

$$t_{\frac{\alpha}{2}}(m+n-2)\sqrt{\frac{1}{m}+\frac{1}{n}}S_w=2.1199\times\sqrt{\frac{1}{8}+\frac{1}{10}}\times 16.2961=16.3867$$

因此，自行车零件的平均直径之差的置信水平为 0.95 的置信区间为

$$\left[\overline{X}-\overline{Y}-t_{\frac{\alpha}{2}}(m+n-2)\sqrt{\frac{1}{m}+\frac{1}{n}}S_w,\ \overline{X}-\overline{Y}+t_{\frac{\alpha}{2}}(m+n-2)\sqrt{\frac{1}{m}+\frac{1}{n}}S_w\right]=[4.1133,\ 36.8867]$$

**(2) $\sigma_1^2/\sigma_2^2$ 的置信区间**

设 $X_1,\cdots,X_m$ 是来自总体 $X\sim N(\mu_1,\sigma_1^2)$ 的样本，$Y_1,\cdots,Y_n$ 是来自总体 $Y\sim N(\mu_2,\sigma_2^2)$ 的样本，且两个样本相互独立。$\overline{X}$ 和 $\overline{Y}$ 分别是两个样本的均值，$S_1^2=\dfrac{1}{m-1}\sum_{i=1}^{m}(X_i-\overline{X})^2$ 和 $S_2^2=\dfrac{1}{n-1}\sum_{i=1}^{n}(Y_i-\overline{Y})^2$ 分别是两个样本的方差。

由于 $\dfrac{(m-1)S_1^2}{\sigma_1^2}\sim\chi^2(m-1)$，$\dfrac{(n-1)S_2^2}{\sigma_2^2}\sim\chi^2(n-1)$，且 $S_1^2$ 与 $S_2^2$ 相互独立，根据定理 5-7 可构造枢轴量（图 6-4）

$$F=\frac{S_1^2/\sigma_1^2}{S_2^2/\sigma_2^2}\sim F(m-1,\ n-1) \tag{6-20}$$

对于给定的置信水平 $1-\alpha$，有

$$P\left[F_{1-\frac{\alpha}{2}}(m-1,\ n-1)\leqslant\frac{S_1^2}{S_2^2}\cdot\frac{\sigma_2^2}{\sigma_1^2}\leqslant F_{\frac{\alpha}{2}}(m-1,\ n-1)\right]=1-\alpha$$

等价变形，可得 $\sigma_1^2/\sigma_2^2$ 的置信水平为 $1-\alpha$ 的置信区间为

$$\left[\frac{S_1^2}{S_2^2}\cdot\frac{1}{F_{\frac{\alpha}{2}}(m-1,\ n-1)},\ \frac{S_1^2}{S_2^2}\cdot\frac{1}{F_{1-\frac{\alpha}{2}}(m-1,\ n-1)}\right] \tag{6-21}$$

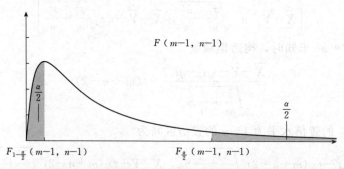

图 6-4 枢轴量服从 $F(m-1, n-1)$ 分布示意

**例 6-19** 某企业对两个工厂 $A$，$B$ 的元件重量进行考察。假设该元件的重量服从正态分布，分别随机抽取 5 个和 6 个产品进行检测，计算得到重量的样本方差分别为 $S_1^2 = 0.0018$ 和 $S_2^2 = 0.0065$，求两个工厂的元件重量的总体方差之比的置信水平为 95% 的置信区间是多少？

**解** 由题意知两个样本的样本容量分别为 $m=5$，$n=6$，查附表 5 得

$$F_{0.975}(5-1, 6-1) = 0.1068 \qquad F_{0.025}(5-1, 6-1) = 7.3879$$

元件重量的总体方差之比的置信水平为 95% 的置信区间为

$$\left[\frac{S_1^2}{S_2^2} \times \frac{1}{F_{\frac{\alpha}{2}}(m-1, n-1)}, \frac{S_1^2}{S_2^2} \times \frac{1}{F_{1-\frac{\alpha}{2}}(m-1, n-1)}\right] = [0.0375, 2.5932]$$

## 习 题

1. 判断：矩估计法不但需要知道总体分布的具体数学形式，而且需要知道各阶矩存在。（    ）
   (A) √         (B) ×

2. 设总体 $X$ 服从 $N(\mu, \sigma^2)$，$X_1, X_2, \cdots, X_n$ 是来自总体的简单随机样本，其样本方差为 $S^2$。则参数 $\sigma^2$ 的最大似然估计量为（    ）。
   (A) $\frac{n}{n+1}S^2$    (B) $\frac{n-1}{n}S^2$    (C) $S^2$    (D) $\frac{n}{n-1}S^2$

3. 判断：矩估计值与最大似然估计值可能相同，也可能不相同。（    ）
   (A) √         (B) ×

4. 设 $X_1, X_2, \cdots, X_n$ 是来自参数为 $\lambda$ 的泊松分布总体 $X$ 的简单随机样本，则可以构造参数 $\lambda^2$ 的无偏估计量为（    ）。
   (A) $T = \overline{X}^2$
   (B) $T = S^2$
   (C) $T = \frac{1}{n}\sum_{i=1}^{n} X_i(X_i - 1)$
   (D) $T = \frac{1}{n}\sum_{i=1}^{n} X_i^2$

5. 设总体 $X$ 具有概率分布

| $X$ | $-1$ | $0$ | $1$ |
|---|---|---|---|
| $P$ | $\theta$ | $1-2\theta$ | $\theta$ |

其中，$\theta$ 为未知参数（$0 < \theta < 1/2$）。已知 $-1, 0, 0, 1, 1$ 是来自总体 $X$ 的样本，求 $\theta$

的矩估计值和最大似然估计值。

6. 设 $X \sim B(1, p)$，$X_1, X_2, \cdots, X_n$ 是来自总体 $X$ 的一个样本，求：

(1) 参数 $p$ 的最大似然估计量。

(2) 射手的命中率为 $p$，在向同一目标的 80 次射击中命中 72 次，则 $p$ 的最大似然估计值为多少？

7. 若总体 $X$ 的一个样本观测值为 10，9，4，3，6，求总体均值的矩估计值和总体方差的矩估计值。

8. 设总体 $X$ 以等概率 $1/\theta$ 取值 1，2，$\cdots$，$\theta$，求未知参数 $\theta$ 的矩估计值。

9. 设 $X_1, X_2, \cdots, X_n$ 是取自总体 $X$ 的样本，$X$ 的概率密度函数为

$$f(x) = \begin{cases} \dfrac{2x}{\theta^2}, & 0 \leqslant x \leqslant \theta \\ 0, & 其他 \end{cases}$$

求 $\theta$ 的矩估计量和最大似然估计量。

10. 设总体 $X$ 具有概率分布

| $X$ | 1 | 2 | 3 |
|---|---|---|---|
| $P$ | $\theta^2$ | $2\theta(1-\theta)$ | $(1-\theta)^2$ |

其中，$\theta$ 为未知参数（$0<\theta<1$）。已知 1，2，1，3 是来自总体 $X$ 的样本，求 $\theta$ 的矩估计值和最大似然估计值。

11. 设总体 $X$ 分别服从如下分布，从 $X$ 抽样得到 $x_1, \cdots, x_n$，求参数 $\theta$ 的最大似然估计值：(1) $U(0, \theta)$；(2) $U(\theta, 5)$。

12. 设总体 $X$ 的概率密度函数为

$$f(x) = \begin{cases} \dfrac{1}{2\theta}, & 0 < x < \theta \\ \dfrac{1}{2(1-\theta)}, & \theta \leqslant x < 1 \\ 0, & 其他 \end{cases}$$

其中，$\theta$ 为未知参数（$0<\theta<1$），已知 $X_1, \cdots, X_n$ 为 $X$ 的样本。

(1) 求 $\theta$ 的矩估计量。

(2) $4\overline{X}^2$ 是否为 $\theta^2$ 的无偏估计量？

13. (1) 设 $X_1, \cdots, X_n$ 是来自概率密度函数为

$$f(x) = \begin{cases} \theta x^{\theta-1}, & 0 < x < 1 \\ 0, & 其他 \end{cases}$$

的总体的样本，$\theta$ 未知，求 $U = e^{-\theta}$ 的最大似然估计量。

(2) 设 $X_1, \cdots, X_n$ 是来自正态总体 $N(\mu, 1)$ 的样本，$\mu$ 未知，求 $\theta = P(X > 1)$ 的最大似然估计量。

14. 设 $X_1, \cdots, X_n$ 是总体 $N(\mu, \sigma^2)$ 的一个简单样本，$\mu, \sigma^2$ 未知，设 $\overline{X} = \dfrac{1}{n}$

$\sum_{i=1}^{n} X_i$，$S^2 = \dfrac{1}{n-1} \sum_{i=1}^{n} (X_i - \overline{X})^2$，则(　　)。

(A) $S^2$ 不是 $\sigma^2$ 的无偏估计量　　　　　　(B) $S$ 是 $\sigma$ 的无偏估计量

(C) $S$ 是 $\sigma$ 的最大似然估计量　　　　　　(D) $S$ 是 $\sigma$ 的相合估计量

15. 设 $X_1$，$X_2$ 是来自任意总体 $X$ 的一个容量为 2 的样本，则在下列 $E(X)$ 的无偏估计量中，最有效的估计量是(　　)。

(A) $\dfrac{1}{3}X_1 + \dfrac{2}{3}X_2$　　(B) $\dfrac{3}{4}X_1 + \dfrac{1}{4}X_2$　　(C) $\dfrac{4}{5}X_1 + \dfrac{1}{5}X_2$　　(D) $\dfrac{1}{2}X_1 + \dfrac{1}{2}X_2$

16. 设总体 $X$ 服从均匀分布 $U(0, \theta)$，对 $X$ 的简单随机样本 $X_1$，$X_2$，$X_3$，试证明：$\dfrac{4}{5}X_1 + \dfrac{6}{5}X_3$ 与 $\dfrac{1}{2}X_1 + \dfrac{7}{8}X_2 + \dfrac{5}{8}X_3$ 均为 $\theta$ 的无偏估计，并比较二者的有效性。

17. 设一批切割木材的长度服从正态分布 $N(\mu, 4)$，其中 $\mu$ 未知，现从中随机抽取 16 个零件，测得样本均值 $\overline{X} = 10$ 厘米，则 $\mu$ 的置信水平为 0.90 的置信区间为(　　)。

(A) $\left(10 - \dfrac{2}{\sqrt{15}} \mu_{0.05}, \ 10 + \dfrac{2}{\sqrt{15}} \mu_{0.05}\right)$　　(B) $\left(10 - \dfrac{1}{2} \mu_{0.05}, \ 10 + \dfrac{1}{2} \mu_{0.05}\right)$

(C) $\left(10 - \dfrac{1}{2} \mu_{0.1}, \ 10 + \dfrac{1}{2} \mu_{0.1}\right)$　　(D) $(10 - \mu_{0.1}, \ 10 + \mu_{0.1})$

18. 设总体 $X \sim N(\mu, \sigma^2)$，$\sigma^2$ 已知，$n$ 大于或等于多少时，才能使总体均值 $\mu$ 的置信水平为 0.95 的置信区间长不大于 $L$？(　　)

(A) $15.3664 \dfrac{\sigma^2}{L^2}$　　(B) $15 \dfrac{\sigma^2}{L^2}$　　(C) 16　　(D) $16 \dfrac{\sigma^2}{L^2}$

19. 设正态总体 $X \sim N(\mu, \sigma^2)$，$\sigma^2$ 未知，则 $\mu$ 的置信水平为 $1-\alpha$ 的置信区间的长度为多少？

20. 从某机动车零件中抽取 16 个，测得长度值(单位：毫米)为

　　15.10　14.98　14.86　14.81　14.91　14.99　14.99　14.94
　　15.08　14.97　15.06　14.94　14.89　14.95　15.00　14.99

假设零件长度服从正态分布，求总体标准差 $\sigma$ 的置信水平为 0.99 的置信区间。

21. 已知某种木材横纹抗压力的实验值服从正态分布，对 9 个试件做横纹抗压力试验得数据(单位：千克/平方厘米)如下：

195.64　216.02　201.80　191.42　204.24　194.31　170.71　202.47　207.09

试对下面情况分别求出平均横纹抗压力的 95% 置信区间：(1)已知 $\sigma = 15$；(2)$\sigma$ 未知。

22. 设某产品的生产工艺发生了改变，在改变前、后分别测得产品的一种技术指标结果为

　　改变前：21.10　20.79　21.11　21.02　20.80　21.01　21.26
　　改变后：22.98　23.26　23.22　23.43　23.30　23.10　23.12　23.26

假设该技术指标服从正态分布，其方差未知且在工艺改变前、后不变，求工艺改变后，该技术指标总体均值之差 $\mu_1 - \mu_2$ 的置信水平为 95% 的置信区间。

23. 从某学校两个班分别抽取 6 名和 8 名男生，测得他们的身高(单位：厘米)为

　　甲班：179.2　173.3　174.0　177.7　175.9　173.7
　　乙班：172.1　172.8　171.9　176.6　169.8　172.5　167.0　170.2

设两班学生的身高分别服从正态分布 $N(\mu_1,\sigma_1^2)$，$N(\mu_2,\sigma_2^2)$，求：

(1)在 $\sigma_1^2=\sigma_2^2$ 的条件下 $\mu_1-\mu_2$ 的置信水平为 0.95 的置信区间；

(2) $\dfrac{\sigma_1^2}{\sigma_2^2}$ 的置信水平为 0.95 的置信区间。

24. 设总体 $X\sim N(\mu,\sigma^2)$ 的样本观测值为 1.74，3.57，3.81，3.73，1.86，求 $\sigma^2$ 的置信水平为 0.95 的置信区间。

---

## 著名学者小传

陈希孺(1934—2005)，湖南望城县人。中科院院士、国际著名数理统计学家、中国科学技术大学教授。

1956 年，陈希孺从武汉大学数学系毕业，同年考入中国科学院数学研究所。1957—1958 年在波兰科学院进修，师从著名统计学家菲兹。1961 年调至中国科学技术大学数学系工作，1980 年任教授，1981 年任博士生导师，中国首批 18 位博士中的 3 位就出自陈希孺门下。1985 年加入国际统计学会(ISI)，2002 年当选为国际数理统计学会(IMS)的会士，1997 年当选为中国科学院学部委员。

陈希孺院士一生致力于我国的数理统计学的研究和教育事业，主要从事线性模型、U 统计量、参数估计与非参数密度、回归估计和判别等研究，出版数理统计学方面的专著和教科书十余部，在中外专业统计刊物上发表论文 120 余篇，曾获得中国科学院重大科技成果一等奖，中国科学院自然科学一、二等奖，国家自然科学三等奖，中国科学院教学成果一等奖，部分工作被写入国外学者出版的专著及美国统计百科全书。陈希孺曾主持和参与制定了多项有关统计应用的国家标准，并带领国内统计学界学者作出了许多具有国际影响的重要工作，在建立中国现场统计研究会和中国概率统计学会中起到重要的作用，为我国培养数理统计学人才作出了不可磨灭的贡献。

# 第 7 章

# 假设检验

许多实际问题可归结为判断一个命题是否成立。在统计学历史上，著名的"女士品茶"就属于这类问题。当制作奶茶时，可以先倒茶后倒牛奶（记为 TM），也可以先倒牛奶后倒茶（记为 MT）。某女士声称可以鉴别某杯奶茶是 TM 还是 MT，这就是著名的"女士品茶"问题。统计学家费希尔提议将这个问题归结为判断命题"这位女士不能区分出两种制作方法"是否成立。20 世纪初，卡尔·皮尔逊（K. Pearson）提出了假设检验理论来解决这类问题。

本章介绍假设检验的基本概念和解决方法，重点讲解正态分布参数的假设检验。

## 7.1 假设检验的基本概念

### 7.1.1 引例

云课堂

**例 7-1** 某商家要验收一批（1 000 件）乐器，其中音色纯正的乐器是合格品。商家与乐器厂商协商了一个数字 $p_0$（如 $p_0=0.01$），约定当这批乐器的不合格品率 $p \leqslant p_0$ 时，商家接受这批产品，否则就拒收。由于乐器数量较多，逐一进行检查成本太高，因而考虑从该批乐器中随机抽取 $n$ 件进行检查（如 $n=10$）。现根据 $n$ 件乐器的检查结果决定这批乐器是否通过验收，可以考虑采用假设检验方法。下面建立这一问题的统计模型，并介绍解决方法。

引入随机变量 $X$，设 $X=1$ 表示乐器不合格，$X=0$ 表示乐器合格，则 $X$ 服从 $B(1,p)$，其中，$p$ 是乐器的不合格品率。从这批乐器中随机抽取 $n$ 件进行检查，结果分别记为 $X_1,\cdots,X_n$，即来自总体 $B(1,p)$ 的简单随机样本。根据样本检查结果，即观测值 $x_1,\cdots,x_n$ 对命题"不合格品率 $p \leqslant p_0$"作出"成立"或"不成立"的判断，决定是否接受这批乐器。命题"$p \leqslant p_0$"仅涉及参数 $p$ 的范围，记 $\Theta_0=[0,p_0]$，$\Theta_1=(p_0,1]$，则命题"$p \leqslant p_0$"可以表示为"$p \in \Theta_0$"，对立命题"$p > p_0$"即为"$p \in \Theta_1$"。命题"$p \in \Theta_0$"和"$p \in \Theta_1$"在假设检验问题中称为**统计假设**，简称**假设**。若将命题"$p \in \Theta_0$"称为**原假设**（记为 $H_0$），则"$p \in \Theta_1$"称为**备择假设**或**对立假设**（记为 $H_1$）。本例中，总体 $X$ 分布类型已知，只有参数 $p$ 未知，"$p \in \Theta_0$"和"$p \in \Theta_1$"是关于总体分布参数的命题，因而也称为**参数假设**。

利用样本对一个假设作出"对"或"不对"的判断规则,称为该假设的**检验法则**,简称**检验**。若检验结果是认为假设不成立,则称为**拒绝假设**,否则称为**接受假设**。在参数估计中,参数的估计量是由统计量给出的。在假设检验中,也需要根据一个适当的统计量来判断一个假设是否成立,这个统计量称为**检验统计量**。本例中,$T = \sum_{i=1}^{n} X_i$ 表示抽取的 $n$ 件乐器中不合格乐器的件数,当 $T$ 超过某个常数 $c$ 时,认为这批产品的不合格品率较大,则拒绝原假设"$H_0: p \leqslant p_0$",这批乐器不能通过验收。因此,$T = \sum_{i=1}^{n} X_i$ 可以作为检验统计量,检验法则为:当 $T \geqslant c$ 时拒绝原假设"$H_0: p \leqslant p_0$",当 $T < c$ 时接受原假设。记

$$W = \{(x_1, \cdots, x_n): T \geqslant c\}$$

$W$ 表示满足条件 $T \geqslant c$ 的样本组成的集合,称为**拒绝域**,$c$ 称为**临界值**,$W$ 的补集 $\overline{W}$ 称为**接受域**。

综上所述,一个假设的检验法则可以用拒绝域 $W$ 来确定。确定拒绝域的关键是检验统计量和临界值的科学选取。

假设检验方法有可能得到错误结论。例如,根据拒绝域 $W = \{(x_1, \cdots, x_n): T \geqslant c\}$ 判断是否接受这批乐器时,由于样本的随机性,会导致检验结果可能犯两种错误。

**第一种错误**:1 000 件乐器中有 8 件不合格品(不合格品率为 0.008,原假设为真),但随机抽查的 $n$ 件产品中"恰好取到的不合格品较多"导致满足 $T \geqslant c$,做出了拒绝原假设 $H_0: p \leqslant p_0$ 的错误判断。"原假设为真,却被拒绝"的错误称为**第一类错误**。原假设 $H_0$ 为真的条件下拒绝域 $W$ 发生的概率称为**检验犯第一类错误的概率**,记为

$$P_{H_0}\{(X_1, \cdots, X_n) \in W\} = P_{H_0}\{T \geqslant c\}$$

**第二种错误**:1 000 件乐器中有 20 件不合格品(不合格品率为 0.02,原假设为假),但随机抽查的 $n$ 件产品中"恰好取到的不合格品较少"导致不满足 $T \geqslant c$,做出了接受原假设 $H_0: p \leqslant p_0$ 的错误判断。"原假设为假,却被接受"的错误称为**第二类错误**。原假设 $H_0$ 为假的条件下接受域发生的概率称为**检验犯第二类错误的概率**,记为

$$P_{H_1}\{(X_1, \cdots, X_n) \in \overline{W}\} = P_{H_1}\{T < c\}$$

能否找到一个检验,使犯两类错误的概率都尽可能地小呢?考虑例 7-1 的拒绝域 $W = \{(x_1, \cdots, x_n): T \geqslant c\}$,当临界值 $c$ 取一个较大的值时,集合 $W$ 包含的元素减少,从而犯第一类错误的概率减小,但集合 $\overline{W}$ 包含的元素增多,使犯第二类错误的概率变大。一般地,当样本容量确定时,减小一类错误的概率必然导致另一类错误出现的概率增大,不可能同时减小两类错误出现的概率,通常的做法是只控制犯第一类错误的概率。确定临界值 $c$ 的原则是"使检验犯第一类错误的概率小于或等于给定标准 $\alpha$"。这里的"给定标准 $\alpha$"是人为设定的一个值,最常用的标准是 0.05,有时也会使用 0.1 或 0.01,称 $\alpha$ 为**显著性水平**,将这种只对犯第一类错误概率进行控制而不考虑犯第二类错误概率的检验称为**显著性检验**。

### 7.1.2 显著性检验

设总体 $X \sim F(x, \theta)$,其中,未知参数 $\theta$ 的参数空间是 $\Theta$,$X_1, \cdots, X_n$ 是简单随机样本。

**定义 7-1** 设 $\Theta_0$ 和 $\Theta_1$ 是 $\Theta$ 的两个非空不相交子集,命题

$$H_0: \theta \in \Theta_0 \quad \text{vs} \quad H_1: \theta \in \Theta_1 \tag{7-1}$$

称为**统计假设**,简称**假设**,其中,$H_0: \theta \in \Theta_0$ 称为**原假设**,$H_1: \theta \in \Theta_1$ 称为**对立假设**或**备择假设**。常见的一种情形是 $\Theta_1 = \Theta - \Theta_0$。式(7-1)中"vs"是 versus 的缩写,表示两个命题"相对应"。如果集合 $\Theta_0$ 只含一个点,则称为**简单原假设**,否则称为**复合原假设**。类似地,有**简单备择假设**和**复合备择假设**。本章介绍常见的假设检验问题,有以下 3 种形式:

$$H_0: \theta = \theta_0 \quad \text{vs} \quad H_1: \theta \neq \theta_0 \tag{7-2}$$

$$H_0: \theta \leq \theta_0 \quad \text{vs} \quad H_1: \theta > \theta_0 \tag{7-3}$$

$$H_0: \theta \geq \theta_0 \quad \text{vs} \quad H_1: \theta < \theta_0 \tag{7-4}$$

式(7-2)的备择假设分散在原假设的两侧,称为**双侧假设**;式(7-3)的备择假设在原假设的右侧,称为**右侧假设**;式(7-4)的备择假设在原假设的左侧,称为**左侧假设**;右侧假设和左侧假设统称为**单侧假设**。

**定义 7-2** 在假设检验问题(7-1)中,利用检验统计量和临界值来构造集合 $W$,当样本落在 $W$ 内时拒绝原假设 $H_0$,否则接受原假设 $H_0$,称集合 $W$ 为假设检验问题(7-1)的**拒绝域**。

设 $\hat{\theta}$ 是参数 $\theta$ 的点估计,估计值 $\hat{\theta}$ 可以反映 $\theta$ 的大小。当估计值 $\hat{\theta}$ 大时,参数 $\theta$ 的值很可能较大。当检验统计量 $T$ 是 $\hat{\theta}$ 的单调函数时,$T$ 的值也可以反映参数 $\theta$ 的大小,因此可以利用 $T$ 构造假设检验问题的拒绝域。例如,设 $T$ 是 $\hat{\theta}$ 的单调递增函数,则假设检验问题(7-2)的拒绝域 $W = \{T \leq c_1 \text{ 或 } T \geq c_2\}$,假设检验问题(7-3)的拒绝域 $W = \{T \geq c\}$,假设检验问题(7-4)的拒绝域 $W = \{T \leq c\}$,其中,$c, c_1, c_2$ 是待确定的临界值。需要指出的是,通常不直接使用 $\hat{\theta}$,而使用 $\hat{\theta}$ 的单调递增函数 $T$ 构造拒绝域,其原因是根据 $T$ 构造的拒绝域的临界值比较简单,使用方便。

**定义 7-3** 设 $W$ 是假设检验问题 $H_0: \theta \in \Theta_0$ vs $H_1: \theta \in \Theta_1$ 的拒绝域。原假设 $H_0$ 实际为真时,采取了拒绝 $H_0$ 的错误决策称为**第一类错误**(**拒真错误**)。犯第一类错误的概率为

$$P_{H_0}\{(X_1, \cdots, X_n) \in W\}$$

其中,$P_{H_0}$ 表示在原假设 $H_0$ 成立(即 $\theta \in \Theta_0$)的条件下计算概率。原假设 $H_0$ 实际为假时,采取了接受 $H_0$ 的错误决策称为**第二类错误**(**取伪错误**),犯第二类错误的概率为

$$P_{H_1}\{(X_1, \cdots, X_n) \in \overline{W}\}$$

其中,$P_{H_1}$ 表示在备择假设 $H_1$ 成立(即 $\theta \in \Theta_1$)的条件下计算概率。对给定的常数 $\alpha \in (0, 1)$(常数 $\alpha$ 称为**显著性水平**),犯第一类错误的概率小于或等于 $\alpha$ 的检验称为显著性水平为 $\alpha$ 的**显著性检验**,简称水平为 $\alpha$ 的检验。

下面结合一个例题说明如何根据显著性水平确定拒绝域的临界值。

**例 7-2** 假定杨树苗高 $X$(单位:厘米)服从正态分布 $N(\mu,81)$,某苗圃规定杨树苗平均高度超过 60 厘米可以出圃。从一批苗木中随机抽取 9 株,测得苗高为 58,63,57,61,64,59,62,66,59。根据这些数据决定这批苗木能否出圃(显著性水平 $\alpha=0.05$)。

**解** 根据题意建立假设检验问题:

$$H_0: \mu \leqslant \mu_0 \quad \text{vs} \quad H_1: \mu > \mu_0 \tag{7-5}$$

其中,$\mu$ 代表这批苗木的平均高度,$\mu_0=60$ 厘米。当拒绝原假设时,说明这批杨树苗的平均高度超过 60 厘米,可以出圃。

参数 $\mu$ 的估计量是样本均值 $\overline{X}$,由于 $X \sim N(\mu,81)$,故

$$\overline{X} \sim N\left(\mu, \frac{81}{9}\right) \tag{7-6}$$

样本均值 $\overline{X}$ 反映了参数 $\mu$ 的值,当 $\overline{X}$ 较大时,倾向于拒绝原假设。令

$$T = \frac{\overline{X}-\mu_0}{\sqrt{81/9}}$$

由于 $T$ 是 $\overline{X}$ 的单调递增函数,当 $T$ 的值较大时,倾向于拒绝原假设,因此拒绝域

$$W = \{T \geqslant c\}$$

取检验统计量 $T = \dfrac{\overline{X}-\mu_0}{\sqrt{81/9}}$,分母 $\sqrt{81/9}$ 是 $\overline{X}$ 的标准差,该处理的目的是构造分布简单的统计量,使用时较为方便。

由正态分布的性质可得

$$T = \frac{\overline{X}-\mu_0}{\sqrt{81/9}} = \frac{\overline{X}-\mu_0}{3} \sim N(\mu-\mu_0, 1) \tag{7-7}$$

使用拒绝域 $W=\{T \geqslant c\}$ 作为检验法则,则犯第一类错误的概率为

$$\begin{aligned}
P_{H_0}\{(X_1,\cdots,X_n) \in W\} &= P_{H_0}(T \geqslant c) \\
&= P_{H_0}\{T-(\mu-\mu_0) \geqslant c-(\mu-\mu_0)\} \\
&= 1-\Phi[c-(\mu-\mu_0)] \quad (\mu \leqslant \mu_0)
\end{aligned}$$

其中,$\Phi$ 表示标准正态分布的分布函数。要确定一个临界值 $c$,使得对于满足原假设 $H_0: \mu \leqslant \mu_0$ 的所有参数 $\mu$,犯第一类错误的概率都满足

$$1-\Phi[c-(\mu-\mu_0)] \leqslant \alpha$$

当 $\max\limits_{\mu \leqslant \mu_0}\{1-\Phi[c-(\mu-\mu_0)]\} = \alpha$ 时,上式成立。$1-\Phi[c-(\mu-\mu_0)]$ 关于 $\mu$ 单调递增,故 $\max\limits_{\mu \leqslant \mu_0}\{1-\Phi[c-(\mu-\mu_0)]\} = 1-\Phi(c)$,由 $1-\Phi(c)=\alpha$ 求得 $c=u_\alpha$,其中,$u_\alpha$ 是标准正态分布的上 $\alpha$ 分位数。

因此，假设检验问题(7-5)的显著性水平是 $\alpha$ 的拒绝域为

$$W = \left\{ \frac{\overline{X}-60}{3} \geqslant u_\alpha \right\}$$

当 $\alpha=0.05$ 时，查附表 1 得 $c=u_{0.05}=1.645$。由题中已知的 9 个苗高数据得 $\overline{X}=61$，$T=\dfrac{61-60}{3}<1.645$，不满足拒绝域的条件，故接受原假设，这批苗木不能出圃。

综上所述，处理参数的假设检验问题的一般步骤为：

① 根据实际问题的要求，提出原假设 $H_0$ 与备择假设 $H_1$。

② 确定检验统计量及其在 $H_0$ 成立时的分布，根据 $H_1$ 给出拒绝域 $W$ 的形式。

③ 确定显著性水平 $\alpha$，由 $P_{H_0}[(X_1, \cdots, X_n) \in W] \leqslant \alpha$ 求出 $W$ 的临界值。

④ 将样本观测值 $x_1, \cdots, x_n$ 代入检验统计量 $T$，可以计算得到 $T$ 的观测值 $t$，据此判断样本 $x_1, \cdots, x_n$ 是否属于 $W$，从而做出 $H_0$ 与 $H_1$ 哪一个成立的判断结果。

下面主要讨论正态总体参数的假设检验问题。

## 7.2 正态总体均值的假设检验

### 7.2.1 单个正态总体均值的检验

设 $X_1, \cdots, X_n$ 是来自正态总体 $N(\mu, \sigma^2)$ 的样本，样本均值和样本方差分别为 $\overline{X}$ 和 $S^2$。关于总体均值 $\mu$ 常见的假设检验问题有以下 3 种：

$$H_0: \mu=\mu_0 \quad \text{vs} \quad H_1: \mu \neq \mu_0 \tag{7-8}$$

$$H_0: \mu \leqslant \mu_0 \quad \text{vs} \quad H_1: \mu > \mu_0 \tag{7-9}$$

$$H_0: \mu \geqslant \mu_0 \quad \text{vs} \quad H_1: \mu < \mu_0 \tag{7-10}$$

其中，$\mu_0$ 是已知常数。

提出假设检验问题后，首要的问题是确定检验统计量。上述 3 种假设检验问题的形式有所不同，但都是关于总体均值 $\mu$ 的假设，因此它们使用的检验统计量是相同的。$\mu$ 的点估计量 $\overline{X}$ 能否作为检验统计量？当 $\overline{X}$ 的分布中只有参数 $\mu$ 未知时，可以用作检验统计量；当分布中除 $\mu$ 以外还有其他未知参数时，不可以用作检验统计量。根据正态总体的抽样理论（定理 5-6），有

$$\overline{X} \sim N\left(\mu, \frac{\sigma^2}{n}\right)$$

当总体方差 $\sigma^2$ 已知时，$\overline{X}$ 的分布只依赖参数 $\mu$，可以作为检验统计量解决参数 $\mu$ 的假设检验问题。当总体方差 $\sigma^2$ 未知时，$\overline{X}$ 的分布中 $\mu$ 和 $\sigma^2$ 都是未知参数，$\overline{X}$ 不能用作检验统计量。因此参数 $\mu$ 的假设检验问题要分总体方差 $\sigma^2$ 已知和未知两种情况。

**(1) $\sigma^2$ 已知时 $\mu$ 的检验**

当总体方差 $\sigma^2$ 已知时，一般采取 $T=\dfrac{\overline{X}-\mu_0}{\sqrt{\sigma^2/n}}=\dfrac{\overline{X}-\mu_0}{\sigma/\sqrt{n}}$ 作为参数 $\mu$ 的检验统计量，其临界值是 $N(0,1)$ 的分位数，这种检验方法称为 $U$ 检验。

**定理 7-1** 设 $u_\alpha$ 是 $N(0,1)$ 的上 $\alpha$ 分位数，$T=\dfrac{\overline{X}-\mu_0}{\sigma/\sqrt{n}}$，则

① 假设检验问题(7-8)的显著性水平是 $\alpha$ 的拒绝域为 $W=\{|T|\geqslant u_{\alpha/2}\}$。
② 假设检验问题(7-9)的显著性水平是 $\alpha$ 的拒绝域为 $W=\{T\geqslant u_\alpha\}$。
③ 假设检验问题(7-10)的显著性水平是 $\alpha$ 的拒绝域为 $W=\{T\leqslant u_{1-\alpha}\}$。

**证明** ① 假设检验问题(7-8)的拒绝域为 $W=\{T\leqslant c_1$ 或 $T\geqslant c_2\}$，在原假设 $H_0$：$\mu=\mu_0$ 成立的条件下 $T\sim N(0,1)$，犯第一类错误的概率为 $P_{H_0}(T\leqslant c_1)+P_{H_0}(T\geqslant c_2)$，由

$$P_{H_0}(T\leqslant c_1)+P_{H_0}(T\geqslant c_2)=\alpha$$

求临界值 $c_1$ 和 $c_2$，一个等式中有两个未知量，等式的解不唯一。为了方便计算，令

$$P_{H_0}(T\leqslant c_1)=\frac{\alpha}{2} \qquad P_{H_0}(T\geqslant c_2)=\frac{\alpha}{2}$$

根据 $T\sim N(0,1)$ 可得 $c_1=u_{1-\alpha/2}=-u_{\alpha/2}$，$c_2=u_{\alpha/2}$，故假设检验问题(7-8)的显著性水平是 $\alpha$ 的拒绝域为

$$W=\{T\leqslant -u_{\alpha/2} \text{ 或 } T\geqslant u_{\alpha/2}\}=\{|T|\geqslant u_{\alpha/2}\}$$

② 假设检验问题(7-9)的拒绝域为 $W=\{T\geqslant c\}$，犯第一类错误的概率为 $P_{H_0}(T\geqslant c)$，在原假设 $H_0$：$\mu\leqslant\mu_0$ 成立的条件下，有 $\dfrac{\overline{X}-\mu_0}{\sigma/\sqrt{n}}\leqslant\dfrac{\overline{X}-\mu}{\sigma/\sqrt{n}}$，故

$$P_{H_0}(T\geqslant c)\leqslant P_{H_0}\left\{\dfrac{\overline{X}-\mu}{\sigma/\sqrt{n}}\geqslant c\right\}$$

为了控制 $P_{H_0}(T\geqslant c)\leqslant\alpha$，令

$$P_{H_0}\left\{\dfrac{\overline{X}-\mu}{\sigma/\sqrt{n}}\geqslant c\right\}=\alpha$$

由 $\dfrac{\overline{X}-\mu}{\sigma/\sqrt{n}}\sim N(0,1)$ 可得 $c=u_\alpha$，故假设检验问题(7-9)的显著性水平是 $\alpha$ 的拒绝域为 $W=\{T\geqslant u_\alpha\}$。

③ 假设检验问题(7-10)的拒绝域为 $W=\{T\leqslant c\}$，犯第一类错误的概率为 $P_{H_0}(T\leqslant c)$，在原假设 $H_0$：$\mu\geqslant\mu_0$ 成立的条件下，有 $\dfrac{\overline{X}-\mu_0}{\sigma/\sqrt{n}}\geqslant\dfrac{\overline{X}-\mu}{\sigma/\sqrt{n}}$，故

$$P_{H_0}(T\leqslant c)\leqslant P_{H_0}\left(\dfrac{\overline{X}-\mu}{\sigma/\sqrt{n}}\leqslant c\right)$$

为了控制 $P_{H_0}(T\leqslant c)\leqslant\alpha$，令

$$P_{H_0}\left(\dfrac{\overline{X}-\mu}{\sigma/\sqrt{n}}\leqslant c\right)=\alpha$$

由 $\dfrac{\overline{X}-\mu}{\sigma/\sqrt{n}}\sim N(0,1)$ 可得 $c=u_{1-\alpha}$，故假设检验问题的显著性水平是 $\alpha$ 的拒绝域为 $W=\{T\leqslant u_{1-\alpha}\}$。

例题解析

**例 7-3** 设一批零件的质量（单位：克）服从 $N(\mu, 0.05^2)$。随机抽取 6 个零件，测得质量分别为

$$14.7 \quad 15.1 \quad 14.8 \quad 15.0 \quad 15.2 \quad 14.6$$

问这批零件的平均质量是否为 15 克（显著性水平 $\alpha=0.05$）。

**解** 考虑如下假设：

$$H_0: \mu=\mu_0=15 \quad \text{vs} \quad H_1: \mu\neq 15$$

总体方差 $\sigma^2$ 已知，使用 $U$ 检验，上述假设检验问题的拒绝域为

$$W=\{|T|\geqslant u_{\alpha/2}\}$$

其中，检验统计量为

$$T=\frac{\overline{X}-\mu_0}{\sigma/\sqrt{n}}$$

由题中条件可知，$n=6$，$\alpha=0.05$，查附表 1 可得 $u_{0.025}=1.96$。由 6 个数据求得样本均值 $\overline{x}=14.9$，求得检验统计量

$$t=\frac{\overline{x}-\mu_0}{\sigma/\sqrt{n}}=\frac{14.9-15}{0.05/\sqrt{6}}=-4.8990$$

因为 $|t|=4.8990>u_{0.025}=1.96$，故样本落在拒绝域中，应拒绝原假设，即在显著性水平 $\alpha=0.05$ 下可以认为这批零件的平均质量不是 15 克。

**例 7-4** 设一批木材细头的直径（单位：厘米）服从正态分布 $N(\mu, \sigma^2)$，其中，$\sigma=2.6$。从这批木材中抽出 100 根，测量其细头的直径，得到样本均值 $\overline{x}=11.2$，问这批木材细头的平均直径是否低于 12 厘米（显著性水平 $\alpha=0.05$）。

**解** 建立假设检验问题

$$H_0: \mu\geqslant\mu_0=12 \quad \text{vs} \quad H_1: \mu<12$$

总体方差 $\sigma^2$ 已知，使用 $U$ 检验，假设检验问题的拒绝域为

$$W=\{T\leqslant u_{1-\alpha}\}$$

其中，检验统计量为 $T=\dfrac{\overline{X}-\mu_0}{\sigma/\sqrt{n}}$。

由条件可知，$n=100$，$\alpha=0.05$，查附表 1 可得 $u_{0.95}=-1.64$。求得检验统计量

$$t=\frac{\overline{x}-\mu_0}{\sigma/\sqrt{n}}=\frac{11.2-12}{2.6/\sqrt{100}}=-3.0769$$

因为 $t=-3.0769<u_{0.95}=-1.64$，故样本落在拒绝域中，应拒绝原假设，即在显著性水平 0.05 下可以认为这批木材细头的平均直径低于 12cm。

**(2) $\sigma^2$ 未知时 $\mu$ 的检验法**

当总体方差 $\sigma^2$ 未知时，$\dfrac{\overline{X}-\mu_0}{\sigma/\sqrt{n}}$ 中含未知参数 $\sigma$，不是统计量。一个自然的想法是将 $\sigma$ 替换为其点估计量样本标准差 $S$，得到统计量 $T=\dfrac{\overline{X}-\mu_0}{S/\sqrt{n}}$，其临界值是 $t$ 分布的分位数，这种检验方法称为 $t$ 检验。

**定理 7-2** 设 $t_\alpha(n-1)$ 是 $t(n-1)$ 分布的上 $\alpha$ 分位数，$T=\dfrac{\overline{X}-\mu_0}{S/\sqrt{n}}$，则

① 假设检验问题(7-8)的显著性水平是 $\alpha$ 的拒绝域为 $W=\{|T|\geqslant t_{\alpha/2}(n-1)\}$。
② 假设检验问题(7-9)的显著性水平是 $\alpha$ 的拒绝域为 $W=\{T\geqslant t_\alpha(n-1)\}$。
③ 假设检验问题(7-10)的显著性水平是 $\alpha$ 的拒绝域为 $W=\{T\leqslant t_{1-\alpha}(n-1)\}$。

**证明** ① 假设检验问题(7-8)的拒绝域为 $W=\{T\leqslant c_1 \text{ 或 } T\geqslant c_2\}$，在原假设 $H_0:\mu=\mu_0$ 成立的条件下 $T\sim t(n-1)$，犯第一类错误的概率为 $P_{H_0}(T\leqslant c_1)+P_{H_0}(T\geqslant c_2)$，由

$$P_{H_0}(T\leqslant c_1)+P_{H_0}(T\geqslant c_2)=\alpha$$

求临界值 $c_1$ 和 $c_2$，一个等式中含两个未知量，等式的解不唯一。为了计算方便，令

$$P_{H_0}(T\leqslant c_1)=\frac{\alpha}{2} \qquad P_{H_0}(T\geqslant c_2)=\frac{\alpha}{2}$$

由 $T\sim t(n-1)$ 可得 $c_1=t_{1-\alpha/2}(n-1)=-t_{\alpha/2}(n-1)$，$c_2=t_{\alpha/2}(n-1)$，故假设检验问题(7-8)的显著性水平是 $\alpha$ 的拒绝域

$$W=\{T\leqslant -t_{\alpha/2}(n-1) \text{ 或 } T\geqslant t_{\alpha/2}(n-1)\}=\{|T|\geqslant t_{\alpha/2}(n-1)\}$$

② 假设检验问题(7-9)的拒绝域为 $W=\{T\geqslant c\}$，犯第一类错误的概率是 $P_{H_0}(T\geqslant c)$，在原假设 $H_0:\mu\leqslant\mu_0$ 成立的条件下，有 $\dfrac{\overline{X}-\mu_0}{S/\sqrt{n}}\leqslant\dfrac{\overline{X}-\mu}{S/\sqrt{n}}$，故

$$P_{H_0}(T\geqslant c)\leqslant P_{H_0}\left\{\frac{\overline{X}-\mu}{S/\sqrt{n}}\geqslant c\right\}$$

为了控制 $P_{H_0}(T\geqslant c)\leqslant\alpha$，令

$$P_{H_0}\left\{\frac{\overline{X}-\mu}{S/\sqrt{n}}\geqslant c\right\}=\alpha$$

由 $\dfrac{\overline{X}-\mu}{S/\sqrt{n}}\sim t(n-1)$ 可得 $c=t_\alpha(n-1)$，故假设检验问题(7-9)的显著性水平是 $\alpha$ 的拒绝域 $W=\{T\geqslant t_\alpha(n-1)\}$。

③ 假设检验问题(7-10)的拒绝域为 $W=\{T\leqslant c\}$，犯第一类错误的概率为 $P_{H_0}(T\leqslant c)$，在原假设 $H_0:\mu\geqslant\mu_0$ 成立的条件下，有 $\dfrac{\overline{X}-\mu_0}{S/\sqrt{n}}\geqslant\dfrac{\overline{X}-\mu}{S/\sqrt{n}}$，故

$$P_{H_0}(T\leqslant c)\leqslant P_{H_0}\left(\frac{\overline{X}-\mu}{S/\sqrt{n}}\leqslant c\right)$$

为了控制 $P_{H_0}(T\leqslant c)\leqslant\alpha$，令

$$P_{H_0}\left(\frac{\overline{X}-\mu}{S/\sqrt{n}}\leqslant c\right)=\alpha$$

由 $\dfrac{\overline{X}-\mu}{S/\sqrt{n}} \sim t(n-1)$ 可得 $c = t_{1-\alpha}(n-1)$，故假设检验问题(7-10)的显著性水平是 $\alpha$ 的拒绝域为 $W = \{T \leqslant t_{1-\alpha}(n-1)\}$。

**例 7-5** 已知工厂某部件的装配时间（单位：分钟）服从正态分布 $N(\mu, \sigma^2)$，其中，参数 $\mu, \sigma^2$ 均未知，现随机选取 20 只部件，它们的装配时间分别为

9.8　10.4　10.6　9.6　9.7　9.9　10.9　11.1　9.6
10.3　9.6　9.9　11.2　10.6　9.8　10.5　10.1　10.5

是否可以认为装配时间的均值大于 10 分钟（显著性水平 $\alpha = 0.05$）？

**解** 建立假设检验问题

$$H_0: \mu \leqslant \mu_0 = 10 \quad \text{vs} \quad H_1: \mu > 10$$

总体方差 $\sigma^2$ 未知，使用 $t$ 检验，假设检验问题的拒绝域为

$$W = \{T \geqslant t_\alpha(n-1)\}$$

其中，检验统计量为 $T = \dfrac{\overline{X} - \mu_0}{S/\sqrt{n}}$。

由题中条件可知，$n = 20$，$\alpha = 0.05$，查附表 3 可得 $t_{0.05}(19) = 1.7291$。由装配时间的 20 个数据求得样本均值和样本方差分别为

$$\overline{x} = \sum_{i=1}^{20} x_i = 10.2 \quad s^2 = \dfrac{1}{20-1} \sum_{i=1}^{20} (x_i - \overline{x})^2 = 0.26$$

求得检验统计量 $t = \dfrac{\overline{x} - \mu_0}{s/\sqrt{n}} = \dfrac{10.2 - 10}{\sqrt{0.26}/\sqrt{20}} = 1.7531$。

因为 $t = 1.7531 > t_{0.05}(19) = 1.7291$，故样本落在拒绝域中，应拒绝原假设，即在显著性水平 $\alpha = 0.05$ 下可以认为装配时间的均值大于 10 分钟。

**例 7-6** 一个小学校长在报纸上看到这样的报道："这一城市的初中学生平均每周看电视的时间超过 8 小时。"校长认为学校的学生看电视的时间明显小于该数字。为此在该校随机调查了 100 个学生每周看电视的时间，求得样本均值 $\overline{x} = 6.5$，样本标准差 $s = 2$。假设学生每周看电视的时间服从正态分布 $N(\mu, \sigma^2)$，问是否可以认为这位校长的看法是对的（显著性水平为 $\alpha = 0.05$）。

**解** 依据题意，建立如下假设检验问题

$$H_0: \mu \geqslant \mu_0 = 8 \quad \text{vs} \quad H_1: \mu < 8$$

总体方差 $\sigma^2$ 未知，使用 $t$ 检验，假设检验问题的拒绝域

$$W = \{T \leqslant t_{1-\alpha}(n-1)\}$$

其中，检验统计量为 $T = \dfrac{\overline{X} - \mu_0}{S/\sqrt{n}}$。

由题中条件可知，$n = 100$，$\alpha = 0.05$，查附表 3 可得 $t_{0.95}(99) = -1.6604$。求得检验统计量 $t = \dfrac{\overline{x} - \mu_0}{s/\sqrt{n}} = \dfrac{6.5 - 8}{2/\sqrt{100}} = -7.5$。

因为 $t=-7.5<t_{0.95}(99)=-1.6604$,故样本落在拒绝域中,应拒绝原假设,即在显著性水平 $\alpha=0.05$ 下可以认为这位校长的看法是对的。

## 7.2.2 两个正态总体均值差的检验

设 $X_1,\cdots,X_{n_1}$ 是来自正态总体 $N(\mu_1,\sigma_1^2)$ 的样本,$Y_1,\cdots,Y_{n_2}$ 是来自正态总体 $N(\mu_2,\sigma_2^2)$ 的样本,且两个样本相互独立。样本均值分别为 $\overline{X}$ 和 $\overline{Y}$,样本方差分别为 $S_X^2$ 和 $S_Y^2$。关于总体均值差 $\mu_1-\mu_2$ 常见的假设检验问题有以下 3 种:

$$H_0: \mu_1-\mu_2=\mu_0 \quad \text{vs} \quad H_1: \mu_1-\mu_2\neq\mu_0 \tag{7-11}$$

$$H_0: \mu_1-\mu_2\leqslant\mu_0 \quad \text{vs} \quad H_1: \mu_1-\mu_2>\mu_0 \tag{7-12}$$

$$H_0: \mu_1-\mu_2\geqslant\mu_0 \quad \text{vs} \quad H_1: \mu_1-\mu_2<\mu_0 \tag{7-13}$$

其中,$\mu_0$ 是已知常数。

**(1) $\sigma_1^2$,$\sigma_2^2$ 已知时 $\mu_1-\mu_2$ 的检验**

$\mu_1-\mu_2$ 的估计量为 $\overline{X}-\overline{Y}$,由定理 5-7 可知

$$\overline{X}-\overline{Y}\sim N\left(\mu_1-\mu_2,\frac{\sigma_1^2}{n_1}+\frac{\sigma_2^2}{n_2}\right)$$

当 $\sigma_1^2$,$\sigma_2^2$ 已知时,$\overline{X}-\overline{Y}$ 可以作为检验统计量。为了便于计算,取

$$T=\frac{\overline{X}-\overline{Y}-\mu_0}{\sqrt{\dfrac{\sigma_1^2}{n_1}+\dfrac{\sigma_2^2}{n_2}}}$$

作为检验统计量,临界值是 $N(0,1)$ 的分位数,为 $U$ 检验。采用定理 7-1 的证明思路,可以得到如下定理。

**定理 7-3** 设 $u_\alpha$ 是 $N(0,1)$ 的上 $\alpha$ 分位数,取

$$T=\frac{\overline{X}-\overline{Y}-\mu_0}{\sqrt{\dfrac{\sigma_1^2}{n_1}+\dfrac{\sigma_2^2}{n_2}}}$$

作为检验统计量,则

① 假设检验问题(7-11)的显著性水平是 $\alpha$ 的拒绝域为 $W=\{|T|\geqslant u_{\alpha/2}\}$。
② 假设检验问题(7-12)的显著性水平是 $\alpha$ 的拒绝域为 $W=\{T\geqslant u_\alpha\}$。
③ 假设检验问题(7-13)的显著性水平是 $\alpha$ 的拒绝域为 $W=\{T\leqslant u_{1-\alpha}\}$。

**例 7-7** 设品种 $A$ 小麦从播种到抽穗所需要的天数服从 $N(\mu_1,0.84)$,品种 $B$ 小麦从播种到抽穗所需要的时间(单位:天)服从 $N(\mu_2,0.77)$。测得两个品种各 10 株从播种到抽穗所需的时间如下:

品种 $A$:101 100 99 99 98 100 98 99 99 99
品种 $B$:100 98 100 99 98 99 98 98 99 100

问两个品种小麦从播种到抽穗所需的天数是否有显著差异(显著性水平 $\alpha=0.05$)?

**解** 考虑的假设检验问题为

$$H_0: \mu_1 - \mu_2 = 0 \quad \text{vs} \quad H_1: \mu_1 - \mu_2 \neq 0$$

由题意知 $\sigma_1^2, \sigma_2^2$ 已知,采用 $t$ 检验,假设检验问题的拒绝域为

$$W = \{|T| \geqslant u_{\alpha/2}\}$$

其中,检验统计量 $T = \dfrac{\overline{X} - \overline{Y}}{\sqrt{\dfrac{\sigma_1^2}{n_1} + \dfrac{\sigma_2^2}{n_2}}}$。

由条件可知,$n_1 = n_2 = 10$,$\alpha = 0.05$,查附表 1 可得 $u_{0.025} = 1.96$。两组样本的样本均值分别为 $\overline{X} = 99.2$,$\overline{Y} = 98.9$,求得

$$t = \dfrac{\overline{X} - \overline{Y}}{\sqrt{\dfrac{\sigma_1^2}{n_1} + \dfrac{\sigma_2^2}{n_2}}} = \dfrac{99.2 - 98.9}{\sqrt{\dfrac{0.84}{10} + \dfrac{0.77}{10}}} \approx 0.748$$

因为 $|t| = 0.748 < u_{0.025} = 1.96$,样本未落在拒绝域中,应接受原假设。可以认为在显著性水平 $\alpha = 0.05$ 下两个品种小麦从播种到抽穗所需的天数没有显著差异。

**(2) $\sigma_1^2, \sigma_2^2$ 未知时 $\mu_1 - \mu_2$ 的检验**

$\sigma_1^2, \sigma_2^2$ 未知时,需要增加条件 $\sigma_1 = \sigma_2$ 才能得到 $\mu_1 - \mu_2$ 假设检验问题的拒绝域。在 $\sigma_1 = \sigma_2 = \sigma$ 条件下,有

$$\dfrac{\overline{X} - \overline{Y} - \mu_0}{\sqrt{\dfrac{\sigma_1^2}{n_1} + \dfrac{\sigma_2^2}{n_2}}} = \dfrac{\overline{X} - \overline{Y} - \mu_0}{\sigma\sqrt{\dfrac{1}{n_1} + \dfrac{1}{n_2}}}$$

由于 $\sigma$ 未知,上式不是统计量,需要将 $\sigma$ 替换为它的无偏估计量 $S_w$,其中

$$S_w^2 = \dfrac{(n_1-1)S_X^2 + (n_2-1)S_Y^2}{n_1 + n_2 - 2}$$

采用定理 7-2 的证明思路,可以得到如下定理。

**定理 7-4** 设 $t_\alpha(n_1 + n_2 - 2)$ 是 $t(n_1 + n_2 - 2)$ 的上 $\alpha$ 分位数,取

$$T = \dfrac{\overline{X} - \overline{Y} - \mu_0}{S_w \sqrt{\dfrac{1}{n_1} + \dfrac{1}{n_2}}}$$

作为检验统计量,则

① 假设检验问题 (7-11) 的显著性水平是 $\alpha$ 的拒绝域为 $W = \{|T| \geqslant t_{\alpha/2}(n_1 + n_2 - 2)\}$。

② 假设检验问题 (7-12) 的显著性水平是 $\alpha$ 的拒绝域为 $W = \{T \geqslant t_\alpha(n_1 + n_2 - 2)\}$。

③ 假设检验问题 (7-13) 的显著性水平是 $\alpha$ 的拒绝域为 $W = \{T \leqslant t_{1-\alpha}(n_1 + n_2 - 2)\}$。

**例 7-8** 某烟厂生产甲、乙两种香烟,独立地随机抽取容量大小相同的烟叶标本,测量尼古丁的含量(单位:毫克)分别做了 6 次测定,结果如下:

甲香烟: 25　28　23　26　29　22

乙香烟: 28　23　30　25　21　27

例题解析

假定两种香烟的尼古丁含量服从正态分布且具有相同的方差,问在显著性水平 $\alpha=0.05$ 下,这两种香烟的尼古丁含量有无显著差异?

**解** 设甲香烟的尼古丁含量服从 $N(\mu_1,\sigma_1^2)$,乙香烟的尼古丁含量服从 $N(\mu_2,\sigma_2^2)$,考虑的假设检验问题为

$$H_0:\mu_1-\mu_2=0 \quad \text{vs} \quad H_1:\mu_1-\mu_2\neq 0$$

由题意知 $\sigma_1^2=\sigma_2^2$ 但未知,采用 $t$ 检验,假设检验问题的拒绝域为

$$W=\{|T|\geqslant t_{\alpha/2}(n_1+n_2-2)\}$$

其中,检验统计量为

$$T=\frac{\overline{X}-\overline{Y}}{S_w\sqrt{\dfrac{1}{n_1}+\dfrac{1}{n_2}}}$$

由条件可知,$n_1=n_2=6$,$\alpha=0.05$,查附表 3 可得 $t_{0.025}(10)=2.2281$。两组样本的样本均值和样本方差分别为

$$\overline{X}=25.5 \quad \overline{Y}=25.67 \quad S_X^2=7.5 \quad S_Y^2=11.07$$

求得 $S_w^2=\dfrac{(n_1-1)S_X^2+(n_2-1)S_Y^2}{n_1+n_2-2}=9.285$,故

$$t=\frac{\overline{X}-\overline{Y}}{S_w\sqrt{\dfrac{1}{n_1}+\dfrac{1}{n_2}}}=\frac{25.5-25.67}{\sqrt{9.285}\sqrt{\dfrac{1}{6}+\dfrac{1}{6}}}\approx -0.097$$

因为 $|t|=0.097<t_{0.025}(10)=2.2281$,样本未落在拒绝域中,应接受原假设。可以认为在显著性水平 $\alpha=0.05$ 下两种香烟的尼古丁含量无显著差异。

**例 7-9** 研究某技术处理羊毛后羊毛的含脂率是否显著降低。随机抽取处理前、处理后的若干羊毛,测得含脂率如下:

处理前:0.19  0.18  0.21  0.30  0.66  0.42  0.08  0.12  0.30  0.27

处理后:0.15  0.13  0.07  0.24  0.19  0.04  0.08  0.20

假设处理前、后羊毛的含脂率都服从正态分布且方差相等,能否认为该技术能显著地降低羊毛的含脂率(显著性水平 $\alpha=0.05$)?

**解** 设处理前羊毛的含脂率服从 $N(\mu_1,\sigma_1^2)$,处理后羊毛的含脂率服从 $N(\mu_2,\sigma_2^2)$,考虑的假设检验问题为

$$H_0:\mu_1-\mu_2\leqslant 0 \quad \text{vs} \quad H_1:\mu_1-\mu_2>0$$

由题意知 $\sigma_1^2=\sigma_2^2$ 但未知,采用 $t$ 检验,假设检验问题的拒绝域为

$$W=\{T\geqslant t_{\alpha}(n_1+n_2-2)\}$$

其中,检验统计量为

$$T=\frac{\overline{X}-\overline{Y}}{S_w\sqrt{\dfrac{1}{n_1}+\dfrac{1}{n_2}}}$$

由条件可知，$n_1=10$，$n_2=8$，$\alpha=0.05$，查附表 3 可得 $t_{0.05}(16)=1.7459$。两组样本的样本均值和样本方差分别为

$$\overline{X}=0.273 \quad \overline{Y}=0.138 \quad S_X^2=0.028 \quad S_Y^2=0.005$$

求得 $S_w^2=\dfrac{(n_1-1)S_X^2+(n_2-1)S_Y^2}{n_1+n_2-2}=0.018$，故

$$t=\dfrac{\overline{X}-\overline{Y}}{S_w\sqrt{\dfrac{1}{n_1}+\dfrac{1}{n_2}}}=\dfrac{0.273-0.138}{\sqrt{0.018}\cdot\sqrt{\dfrac{1}{10}+\dfrac{1}{8}}}\approx 2.109$$

因为 $t=2.109>t_{0.05}(16)=1.7459$，样本落在拒绝域中，应拒绝原假设。可以认为在显著性水平 $\alpha=0.05$ 下新技术能降低羊毛的含脂率。

**(3) 成对数据的检验**

比较两种产品是否存在差异，常常需要在相同条件下进行对比试验，得到一批成对的观测数据。例如，比较用于做鞋子后跟的两种材料的质量，随机选取 20 位男士参与试验。每人穿一双新鞋，其中左鞋用材料 $A$ 做后跟，右鞋用材料 $B$ 做后跟，两只鞋的后跟厚度均为 10 毫米。一个月后测量鞋的后跟厚度，记为 $(X_i, Y_i)$，$i=1, 2, \cdots, 20$，其中，$X_i$ 和 $Y_i$ 分别表示同一位男士的左鞋、右鞋的后跟厚度，这是一组**成对数据**。

一般地，设有 $n$ 对相互独立的二维随机变量：$(X_i, Y_i)$，其中 $i=1, 2, \cdots, n$。由于每对观测数据来自同一个体，$X_i$ 与 $Y_i$ 不相互独立。令 $D_i=X_i-Y_i$，其中 $i=1, 2, \cdots, n$，则 $D_1, \cdots, D_n$ 相互独立，由于 $D_1, \cdots, D_n$ 是由同一因素所引起的，可以认为它们服从同一分布。假设

$$D_i \sim N(\mu_D, \sigma_D^2) \quad (i=1, 2, \cdots, n)$$

其中，$\mu_D$，$\sigma_D^2$ 未知，考虑如下 3 种假设检验问题：

$$H_0: \mu_D=0 \quad \text{vs} \quad H_1: \mu_D \neq 0 \tag{7-14}$$

$$H_0: \mu_D \leqslant 0 \quad \text{vs} \quad H_1: \mu_D > 0 \tag{7-15}$$

$$H_0: \mu_D \geqslant 0 \quad \text{vs} \quad H_1: \mu_D < 0 \tag{7-16}$$

这是单个正态总体均值的假设检验问题，由于方差未知，可以使用 $t$ 检验。

设 $D_1, \cdots, D_n$ 的样本均值和样本方差分别为 $\overline{D}$ 和 $S_D^2$，令

$$T=\dfrac{\overline{D}}{S_D/\sqrt{n}}$$

则假设检验问题(7-14)的拒绝域为 $W=\{|T|\geqslant t_{\alpha/2}(n-1)\}$，假设检验问题(7-15)的拒绝域为 $W=\{T\geqslant t_\alpha(n-1)\}$，假设检验问题(7-16)的拒绝域为 $W=\{T\leqslant t_{1-\alpha}(n-1)\}$。

**例 7-10** 比较用来做鞋子后跟的两种材料的质量，随机选取 15 位男士，每个人穿一双新鞋，其中，左鞋以材料 $A$ 做后跟，右鞋以材料 $B$ 做后跟，其厚度均为 10 毫米。一个月后测量厚度，数据如下：

| 男士 | 1 | 2 | 3 | 4 | 5 | 6 | 7 | 8 | 9 | 10 | 11 | 12 | 13 | 14 | 15 |
|---|---|---|---|---|---|---|---|---|---|---|---|---|---|---|---|
| $X(A)$ | 6.6 | 7.0 | 8.3 | 8.2 | 5.2 | 9.3 | 7.9 | 8.5 | 7.8 | 7.5 | 6.1 | 8.9 | 6.1 | 9.4 | 9.1 |
| $Y(B)$ | 7.4 | 5.4 | 8.8 | 8.0 | 6.8 | 9.1 | 6.3 | 7.5 | 7.0 | 6.5 | 4.4 | 7.7 | 4.2 | 9.4 | 9.1 |

设 $D_i = X_i - Y_i$，是来自正态总体 $N(\mu_D, \sigma_D^2)$ 的样本 ($i = 1, 2, \cdots, n$)，$\mu_D$ 和 $\sigma_D^2$ 均未知，是否可以认为用材料 $A$ 制作的后跟比用材料 $B$ 制作的后跟更耐穿（显著性水平 $\alpha = 0.05$）？

**解** 考虑的假设检验问题为

$$H_0: \mu_D \leqslant 0 \quad \text{vs} \quad H_1: \mu_D > 0$$

拒绝域为 $W = \{T \geqslant t_\alpha(n-1)\}$，其中，$T = \dfrac{\overline{D}}{S_D/\sqrt{n}}$。

由条件知 $n = 15$，$\alpha = 0.05$，$t_{0.05}(14) = 1.7613$，由数据求得样本均值 $\overline{D} = 0.533$，样本方差 $S_D^2 = 1.0225^2$，检验统计量为

$$t = \frac{\overline{D}}{S_D/\sqrt{n}} = \frac{0.533}{1.0225/\sqrt{15}} = 2.0958$$

由于 $t = 2.0958 > t_{0.05}(14) = 1.7613$，样本落在拒绝域内，拒绝原假设。可以认为在显著性水平 $\alpha = 0.05$ 下用材料 $A$ 制作的后跟比用材料 $B$ 制作的后跟耐穿。

## 7.3 正态总体方差的假设检验

### 7.3.1 单个正态总体方差的检验

设 $X_1, \cdots, X_n$ 是来自正态总体 $N(\mu, \sigma^2)$ 的样本，样本均值和样本方差分别为 $\overline{X}$ 和 $S^2$。关于总体方差 $\sigma^2$ 常见的假设检验问题有以下 3 种：

$$H_0: \sigma^2 = \sigma_0^2 \quad \text{vs} \quad H_1: \sigma^2 \neq \sigma_0^2 \tag{7-17}$$

$$H_0: \sigma^2 \leqslant \sigma_0^2 \quad \text{vs} \quad H_1: \sigma^2 > \sigma_0^2 \tag{7-18}$$

$$H_0: \sigma^2 \geqslant \sigma_0^2 \quad \text{vs} \quad H_1: \sigma^2 < \sigma_0^2 \tag{7-19}$$

其中，$\sigma_0^2$ 是已知常数。

$\sigma^2$ 的估计量是 $S^2$，$S^2$ 的分布只与 $\sigma^2$ 有关，取

$$T = \frac{(n-1)S^2}{\sigma_0^2}$$

作为检验统计量，临界值是 $\chi^2(n-1)$ 分布的分位数，称为 $\chi^2$ 检验。

**定理 7-5** 设 $\chi_\alpha^2(n-1)$ 是 $\chi^2(n-1)$ 分布的上 $\alpha$ 分位数，$T = \dfrac{(n-1)S^2}{\sigma_0^2}$，则

① 假设检验问题 (7-17) 的显著性水平是 $\alpha$ 的拒绝域为 $W = \{T \leqslant \chi_{1-\alpha/2}^2(n-1)$ 或 $T \geqslant \chi_{\alpha/2}^2(n-1)\}$。

②假设检验问题(7-18)的显著性水平为 $\alpha$ 的拒绝域是 $W=\{T\geqslant \chi_\alpha^2(n-1)\}$。

③假设检验问题(7-19)的显著性水平为 $\alpha$ 的拒绝域是 $W=\{T\leqslant \chi_{1-\alpha}^2(n-1)\}$。

**证明** ①假设检验问题(7-17)的拒绝域为 $W=\{T\leqslant c_1$ 或 $T\geqslant c_2\}$，在原假设 $H_0$：$\sigma^2=\sigma_0^2$ 成立的条件下 $T\sim\chi^2(n-1)$，它犯第一类错误的概率为 $P_{H_0}(T\leqslant c_1)+P_{H_0}(T\geqslant c_2)$，由 $P_{H_0}(T\leqslant c_1)+P_{H_0}(T\geqslant c_2)=\alpha$ 求临界值 $c_1$ 和 $c_2$，一个等式中含两个未知量，等式的解不唯一，一般增加条件

$$P_{H_0}(T\leqslant c_1)=\frac{\alpha}{2},\quad P_{H_0}(T\geqslant c_2)=\frac{\alpha}{2}$$

根据 $T\sim\chi^2(n-1)$ 可得，$c_1=\chi_{1-\alpha/2}^2(n-1)$，$c_2=\chi_{\alpha/2}^2(n-1)$，故假设检验问题(7-17)的显著性水平是 $\alpha$ 的拒绝域为 $W=\{T\leqslant \chi_{1-\alpha/2}^2(n-1)$ 或 $T\geqslant \chi_{\alpha/2}^2(n-1)\}$。

②假设检验问题(7-18)的拒绝域为 $W=\{T\geqslant c\}$，犯第一类错误的概率为 $P_{H_0}(T\geqslant c)$，在原假设 $H_0$：$\sigma^2\leqslant\sigma_0^2$ 成立的条件下，有 $\dfrac{(n-1)S^2}{\sigma_0^2}\leqslant\dfrac{(n-1)S^2}{\sigma^2}$，故

$$P_{H_0}(T\geqslant c)\leqslant P_{H_0}\left\{\frac{(n-1)S^2}{\sigma^2}\geqslant c\right\}$$

为了控制 $P_{H_0}(T\geqslant c)\leqslant\alpha$，令

$$P_{H_0}\left\{\frac{(n-1)S^2}{\sigma^2}\geqslant c\right\}=\alpha$$

由 $\dfrac{(n-1)S^2}{\sigma^2}\sim\chi^2(n-1)$ 可得 $c=\chi_\alpha^2(n-1)$，故假设检验问题(7-18)的显著性水平是 $\alpha$ 的拒绝域是 $W=\{T\geqslant\chi_\alpha^2(n-1)\}$。

③假设检验问题(7-19)的拒绝域为 $W=\{T\leqslant c\}$，犯第一类错误的概率为 $P_{H_0}(T\leqslant c)$，在原假设 $H_0$：$\sigma^2\geqslant\sigma_0^2$ 成立的条件下，有 $\dfrac{(n-1)S^2}{\sigma_0^2}\geqslant\dfrac{(n-1)S^2}{\sigma^2}$，故

$$P_{H_0}(T\leqslant c)\leqslant P_{H_0}\left\{\frac{(n-1)S^2}{\sigma^2}\leqslant c\right\}$$

为了控制 $P_{H_0}(T\leqslant c)\leqslant\alpha$，令

$$P_{H_0}\left\{\frac{(n-1)S^2}{\sigma^2}\leqslant c\right\}=\alpha$$

由 $\dfrac{(n-1)S^2}{\sigma^2}\sim\chi^2(n-1)$ 可得 $c=\chi_{1-\alpha}^2(n-1)$，故假设检验问题(7-9)的显著性水平是 $\alpha$ 的拒绝域为 $W=\{T\leqslant\chi_{1-\alpha}^2(n-1)\}$。

**例 7-11** 某电工器材厂生产一种保险丝，正常工作情况下保险丝的熔化时间服从正态分布 $N(\mu,400)$。从某天生产的产品中随机抽取容量为 25 的样本，测量其熔化时间并计算得到 $s^2=404.77$。问该天生产的保险丝的熔化时间分散度与 400 有无显著差异（显著性水平 $\alpha=0.05$）。

**解** 设该天生产的保险丝的融化时间服从 $N(\mu,\sigma^2)$，考虑的问题为

$$H_0:\sigma^2=\sigma_0^2=400 \quad \text{vs} \quad H_1:\sigma^2\neq 400$$

由定理 7-5 可知上述假设检验问题的拒绝域为

$$W = \{T \leqslant \chi^2_{1-\alpha/2}(n-1) \text{ 或 } T \geqslant \chi^2_{\alpha/2}(n-1)\}$$

其中，$T = \dfrac{(n-1)S^2}{\sigma_0^2}$。

由题意知 $n=25$，$\alpha=0.05$，查附表 4 得 $\chi^2_{0.975}(24)=12.4012$，$\chi^2_{0.025}(24)=39.3641$，求得检验统计量

$$t = \frac{(n-1)S^2}{\sigma_0^2} = \frac{24 \times 404.77}{400} = 24.2862$$

由于 $\chi^2_{0.975}(24)=12.4012 < t=24.2862 < \chi^2_{0.025}(24)=39.3641$，样本未落在拒绝域内，接受 $H_0$，可以认为该天生产的保险丝的熔化时间分散度与 400 无显著差异。

**例 7-12** 一种混杂的小麦品种，株高的标准差 $\sigma_0=14$ 厘米，经提纯后随机抽取 10 株小麦，株高分别为

90　105　101　95　100　100　101　105　93　97

设提纯前、后的小麦株高都服从正态分布，问提纯后的小麦株高的标准差是否小于 14 厘米（显著性水平 $\alpha=0.01$）。

**解** 提纯后的小麦株高服从 $N(\mu, \sigma^2)$，考虑的假设检验问题为

$$H_0: \sigma^2 \geqslant \sigma_0^2 = 14^2 \quad \text{vs} \quad H_1: \sigma^2 < \sigma_0^2$$

由定理 7-5 可知拒绝域为

$$W = \{T \leqslant \chi^2_{1-\alpha}(n-1)\}$$

其中，$T = \dfrac{(n-1)S^2}{\sigma_0^2}$。

由条件知 $n=10$，$\alpha=0.01$，查附表 4 得 $\chi^2_{0.99}(9)=2.088$，求得样本方差

$$S^2 = \frac{1}{n-1} \sum_{i=1}^{10} (x_i - \overline{x})^2 = 24.233$$

求得检验统计量 $t = \dfrac{(n-1)S^2}{\sigma_0^2} = \dfrac{9 \times 24.233}{14^2} \approx 1.11$。

由于 $t=1.11 < \chi^2_{0.99}(9)=2.088$，样本落在拒绝域内，拒绝 $H_0$，可以认为提纯后的小麦株高的标准差显著小于 14 厘米。

### 7.3.2　两个正态总体方差比的检验

设 $X_1, \cdots, X_{n_1}$ 是来自正态总体 $N(\mu_1, \sigma_1^2)$ 的样本，$Y_1, \cdots, Y_{n_2}$ 是来自正态总体 $N(\mu_2, \sigma_2^2)$ 的样本，且两组样本相互独立。样本均值分别为 $\overline{X}$ 和 $\overline{Y}$，样本方差分别为 $S_X^2$ 和 $S_Y^2$。关于总体方差 $\sigma_1^2$，$\sigma_2^2$，常见的假设检验问题有以下 3 种：

$$H_0: \frac{\sigma_1^2}{\sigma_2^2} = 1 \quad \text{vs} \quad H_1: \frac{\sigma_1^2}{\sigma_2^2} \neq 1 \tag{7-20}$$

$$H_0: \frac{\sigma_1^2}{\sigma_2^2} \leqslant 1 \quad \text{vs} \quad H_1: \frac{\sigma_1^2}{\sigma_2^2} > 1 \tag{7-21}$$

$$H_0: \frac{\sigma_1^2}{\sigma_2^2} \geqslant 1 \quad \text{vs} \quad H_1: \frac{\sigma_1^2}{\sigma_2^2} < 1 \tag{7-22}$$

$\dfrac{\sigma_1^2}{\sigma_2^2}$ 的估计量是 $\dfrac{S_X^2}{S_Y^2}$，其分布只依赖于 $\dfrac{\sigma_1^2}{\sigma_2^2}$，因此无论 $\mu_1$，$\mu_2$ 是否已知，都可以将 $\dfrac{S_X^2}{S_Y^2}$ 用作检验统计量构造 $\dfrac{\sigma_1^2}{\sigma_2^2}$ 假设检验问题的拒绝域，临界值是 $F(n_1-1, n_2-1)$ 分布的分位数，故称为 $F$ 检验。

**定理 7-6** 设 $F_\alpha(n_1-1, n_2-1)$ 是 $F(n_1-1, n_2-1)$ 分布的上 $\alpha$ 分位数，取检验统计量 $T=\dfrac{S_X^2}{S_Y^2}$，则

①假设检验问题(7-20)的显著性水平是 $\alpha$ 的拒绝域为 $W=\{T \leqslant F_{1-\alpha/2}(n_1-1, n_2-1)$ 或 $T \geqslant F_{\alpha/2}(n_1-1, n_2-1)\}$。

②假设检验问题(7-21)的显著性水平是 $\alpha$ 的拒绝域为 $W=\{T \geqslant F_\alpha(n_1-1, n_2-1)\}$。

③假设检验问题(7-22)的显著性水平是 $\alpha$ 的拒绝域为 $W=\{T \leqslant F_{1-\alpha}(n_1-1, n_2-1)\}$。

**例 7-13** 甲、乙车床生产同一种滚珠，假设甲车床生产的滚珠直径 $X \sim N(\mu_1, \sigma_1^2)$，乙车床生产的滚珠直径 $Y \sim N(\mu_2, \sigma_2^2)$。从中分别随机抽取 8 个和 9 个产品，测得直径(单位：毫米)分别为

甲车床：15.0　14.5　15.2　15.5　14.8　15.1　15.2　14.8

乙车床：15.2　15.0　14.8　15.2　15.0　15.0　14.8　15.1　14.8

比较两台车床生产的滚珠直径的方差是否有显著差异(显著性水平 $\alpha=0.05$)。

**解** 考虑的假设检验问题为

$$H_0: \sigma_1^2 = \sigma_2^2 \quad \text{vs} \quad H_1: \sigma_1^2 \neq \sigma_2^2$$

根据定理 7-6 可知假设检验问题的拒绝域为

$$W=\{T \leqslant F_{1-\alpha/2}(n_1-1, n_2-1) \text{ 或 } T \geqslant F_{\alpha/2}(n_1-1, n_2-1)\},$$

其中，$T=\dfrac{S_X^2}{S_Y^2}$。

由题意知 $n_1=8$，$n_2=9$，$\alpha=0.05$，查附表 5 得

$$F_{0.025}(7, 8)=4.53, \quad F_{0.975}(7, 8)=\frac{1}{F_{0.025}(8, 7)}=\frac{1}{4.9}=0.204\,1$$

样本方差分别为 $S_X^2=0.309\,1^2$，$S_Y^2=0.161\,6^2$，检验统计量 $t=\dfrac{S_X^2}{S_Y^2}=3.659\,1$，样本未落在拒绝域内，接受 $H_0$，可以认为两台车床生产的滚珠直径的方差没有显著差异。

**例 7-14** 国家经济发展和人民生活水平都可以从居民收入上得到直观体现，下表是 2021 年和 2016 年两个年度的各行业(划分为 19 个行业)城镇单位就业人员平均工资(单位：万元)。假设 2021 年居民收入 $X \sim N(\mu_1, \sigma_1^2)$，2016 年居民收入 $Y \sim N(\mu_2, \sigma_2^2)$，$\mu_1$，

$\mu_2$，$\sigma_1^2$，$\sigma_2^2$ 均未知，两组样本相互独立。问：

①2021 年和 2016 年居民收入的方差是否相同（显著性水平 $\alpha=0.05$）？

②2021 年和 2016 年居民收入的均值是否相同（显著性水平 $\alpha=0.05$）？

| 2021 年 | 5.38 | 10.85 | 9.25 | 12.53 | 7.58 | 10.99 | 20.15 | 10.77 | 5.36 | 15.08 |
| --- | --- | --- | --- | --- | --- | --- | --- | --- | --- | --- |
| | 9.11 | 10.25 | 15.18 | 6.58 | 6.52 | 11.13 | 12.68 | 11.73 | 11.14 | |
| 2016 年 | 3.36 | 6.05 | 5.95 | 8.39 | 5.21 | 7.37 | 12.25 | 6.51 | 4.34 | 11.74 |
| | 6.55 | 7.68 | 9.66 | 4.78 | 4.76 | 7.45 | 8 | 7.99 | 7.1 | |

**解** ①考虑的假设检验问题为

$$H_0: \sigma_1^2 = \sigma_2^2 \quad \text{vs} \quad H_1: \sigma_1^2 \neq \sigma_2^2$$

使用 $F$ 检验，$n_1 = n_2 = 19$，$\alpha = 0.05$，拒绝域为

$$W = \left\{ \frac{S_X^2}{S_Y^2} \geqslant F_{0.025}(18, 18) = 2.5956 \text{ 或 } \frac{S_X^2}{S_Y^2} \leqslant \frac{1}{F_{0.975}(18, 18)} = 0.3853 \right\}$$

由表中数据得 $s_X^2 = 3.6754^2$，$s_Y^2 = 2.3275^2$，$s_X^2/s_Y^2 = 2.4936$，样本没有落在拒绝域内，接受原假设 $H_0$，认为两个总体的方差相等。

②考虑的假设检验问题为

$$H_0: \mu_1 - \mu_2 \leqslant 0 \quad \text{vs} \quad H_1: \mu_1 - \mu_2 > 0$$

根据①可知两个总体的方差相等，使用 $t$ 检验，拒绝域为

$$W = \left\{ \frac{\overline{X} - \overline{Y}}{S_w \sqrt{1/n_1 + 1/n_2}} \geqslant t_{0.05}(19 + 19 - 2) \right\}$$

由表中数据计算

$$\overline{x} = 10.6453 \quad s_X^2 = 3.6754^2 \quad \overline{y} = 7.1126 \quad s_Y^2 = 2.3275^2 \quad s_w^2 = 0.5257$$

所以

$$\frac{\overline{x} - \overline{y}}{s_w \sqrt{1/19 + 1/19}} = 15.0176 > t_{0.05}(19 + 19 - 2) = 1.6883$$

样本落在拒绝域内，拒绝原假设 $H_0$。认为 2021 年的总工资平均水平大于 2016 年。

利用箱线图可以对 2021 年和 2016 年各行业（划分为 19 个行业）城镇单位就业人员平均工资进行直观对比，如图 7-1 所示。

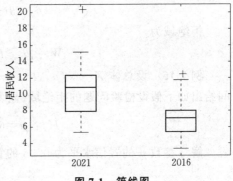

图 7-1 箱线图

### 7.3.3 置信区间和假设检验之间的关系

正态总体 $N(\mu, \sigma^2)$ 方差 $\sigma^2$ 已知时均值 $\mu$ 的置信水平为 $1-\alpha$ 的双侧置信区间为

$$\left(\overline{X}-\frac{\sigma}{\sqrt{n}}u_{\frac{\alpha}{2}},\ \overline{X}+\frac{\sigma}{\sqrt{n}}u_{\frac{\alpha}{2}}\right)$$

正态总体 $N(\mu,\sigma^2)$ 方差 $\sigma^2$ 已知时均值 $\mu$ 的双侧假设检验问题(7-8)的显著性水平是 $\alpha$ 的检验的接受域为 $\left|\dfrac{\overline{X}-\mu_0}{\sigma/\sqrt{n}}\right|<u_{\frac{\alpha}{2}}$，整理为

$$\overline{X}-\frac{\sigma}{\sqrt{n}}u_{\frac{\alpha}{2}}<\mu_0<\overline{X}+\frac{\sigma}{\sqrt{n}}u_{\frac{\alpha}{2}}$$

这表明，置信水平为 $1-\alpha$ 的双侧置信区间与双侧假设检验问题的显著性水平是 $\alpha$ 的检验的接受域存在对应关系。这种关系不仅对正态分布成立，对其他分布依然成立。一般地，有如下结论：

设 $[\underline{\theta}(X_1,X_2,\cdots,X_n),\overline{\theta}(X_1,X_2,\cdots,X_n)]$ 是参数 $\theta$ 的置信水平为 $1-\alpha$ 的双侧置信区间，则 $\theta=\theta_0$ vs $\theta\neq\theta_0$ 的显著性水平是 $\alpha$ 的检验的接受域为

$$\underline{\theta}(X_1,X_2,\cdots,X_n)<\theta_0<\overline{\theta}(X_1,X_2,\cdots,X_n)$$

拒绝域为

$$W=\{\theta_0\leqslant\underline{\theta}(X_1,X_2,\cdots,X_n)\text{ 或 }\theta_0\geqslant\overline{\theta}(X_1,X_2,\cdots,X_n)\}$$

设 $[\underline{\theta}(X_1,X_2,\cdots,X_n),+\infty]$ 是参数 $\theta$ 的置信水平为 $1-\alpha$ 的单侧置信区间，则 $\theta\leqslant\theta_0$ vs $\theta>\theta_0$ 的显著性水平是 $\alpha$ 的检验的接受域为

$$\theta_0>\underline{\theta}(X_1,X_2,\cdots,X_n)$$

拒绝域为

$$W=\{\theta_0\leqslant\underline{\theta}(X_1,X_2,\cdots,X_n)\}$$

设 $[-\infty,\overline{\theta}(X_1,X_2,\cdots,X_n)]$ 是参数 $\theta$ 的置信水平为 $1-\alpha$ 的单侧置信区间，则 $\theta\geqslant\theta_0$ vs $\theta<\theta_0$ 的显著性水平是 $\alpha$ 的检验的接受域为

$$\theta_0<\underline{\theta}(X_1,X_2,\cdots,X_n)$$

拒绝域为

$$W=\{\theta_0\geqslant\underline{\theta}(X_1,X_2,\cdots,X_n)\}$$

**例 7-15** 设总体 $X\sim N(\mu,1)$，$x_1,\cdots,x_{16}$ 是来自总体的简单随机样本。用置信区间给出如下假设检验问题的拒绝域（显著性水平 $\alpha=0.05$）。

$$H_0:\mu=6 \quad \text{vs} \quad H_1:\mu\neq 6$$

**解** 参数 $\mu$ 的置信水平为 0.95 的置信区间为

$$\left(\overline{X}-\frac{\sigma}{\sqrt{n}}u_{\frac{\alpha}{2}},\ \overline{X}+\frac{\sigma}{\sqrt{n}}u_{\frac{\alpha}{2}}\right)$$

$H_0:\mu=6$ vs $H_1:\mu\neq 6$ 的接受域为

$$\overline{W}=\left\{\overline{X}-\frac{\sigma}{\sqrt{n}}u_{\frac{\alpha}{2}}<6<\overline{X}+\frac{\sigma}{\sqrt{n}}u_{\frac{\alpha}{2}}\right\}$$

拒绝域为

$$W=\left\{\overline{X}-\frac{\sigma}{\sqrt{n}}u_{\frac{\alpha}{2}}\geqslant 6 \text{ 或 } \overline{X}+\frac{\sigma}{\sqrt{n}}u_{\frac{\alpha}{2}}\leqslant 6\right\}$$

等价变形得到拒绝域为

$$W=\left\{\frac{\sqrt{n}(\overline{X}-6)}{\sigma}\geqslant u_{\frac{\alpha}{2}} \text{ 或 } \frac{\sqrt{n}(\overline{X}-6)}{\sigma}\leqslant -u_{\frac{\alpha}{2}}\right\}$$

## 7.3.4 假设检验问题的 $p$ 值

在解决假设检验问题时，前面几节使用的方法是：选择检验统计量 $T$ 并构造拒绝域；根据显著性水平 $\alpha$ 确定拒绝域的临界值 $c$；由样本值计算检验统计量的值 $t$；通过比较统计量的值 $t$ 和临界值 $c$ 做出判断。

回顾正态总体均值 $\mu$（方差 $\sigma^2$ 已知）的假设检验问题，考虑

$$H_0: \mu\leqslant\mu_0 \quad \text{vs} \quad H_1: \mu>\mu_0 \tag{7-23}$$

检验统计量 $T=\dfrac{\sqrt{n}(\overline{X}-\mu_0)}{\sigma}$，临界值为 $u_\alpha$，拒绝域为 $W=\{T\geqslant u_\alpha\}$。当得到样本值 $x_1,\cdots,x_n$ 后，计算出对应的检验统计量的值 $t$，根据 $t$ 和 $u_\alpha$ 的大小关系做出决策。

实际上，可以通过比较 $P\{T\geqslant t\}$ 与 $P\{T\geqslant u_\alpha\}$ 得到 $t$ 和 $u_\alpha$ 的大小关系。当 $P\{T\geqslant t\}\leqslant P\{T\geqslant u_\alpha\}$ 时，$t\geqslant u_\alpha$；当 $P\{T\geqslant t\}>P\{T\geqslant u_\alpha\}$ 时，$t<u_\alpha$。

由于 $P(T\geqslant u_\alpha)=\alpha$，故只需要比较概率 $P(T\geqslant t)$ 与显著性水平 $\alpha$ 的值就可以做出判断。当 $P(T\geqslant t)\leqslant\alpha$ 时，说明 $t\geqslant u_\alpha$，拒绝原假设；当 $P(T\geqslant t)>\alpha$ 时，说明 $t<u_\alpha$，接受原假设。

概率 $p=P(T\geqslant t)$ 称为假设检验问题(7-23)的 $p$ 值。当选定检验统计量后，$p$ 值是根据样本值得出的原假设可被拒绝的"最小显著性水平"。当给定的显著性水平大于"能拒绝原假设的最小显著性水平"时，拒绝原假设；当给定的显著性水平小于"能拒绝原假设的最小显著性水平"时，接受原假设。

**定义 7-4** 假设检验问题的 **$p$ 值**(probability value)是由检验统计量的样本观测值得到的原假设可被拒绝的最小显著性水平。

使用临界值和 $p$ 值都可以对假设检验问题(7-23)做出判断，两者是等价的。$p$ 值表示样本值反对原假设的证据的强度，$p$ 值越小，样本值反对原假设的证据越强。若 $p\leqslant 0.01$，则拒绝原假设的证据非常强，此时检验是高度显著的；若 $0.01<p\leqslant 0.05$，则拒绝原假设的证据较强，此时检验是显著的；若 $0.05<p\leqslant 0.1$，则拒绝原假设的证据是弱的，此时检验是不显著的；若 $p>0.1$，通常没有理由拒绝原假设。

在常用的假设检验问题中，可以按如下思路计算 $p$ 值：以检验统计量 $T$ 的样本观测值 $t$ 作为临界值构造拒绝域，如 $W=\{T\geqslant t\}$；在参数为原假设和备择假设的分界点的条件下，求出检验统计量 $T$ 的分布，在此分布下 $W=\{T\geqslant t\}$ 的概率就是 $p$ 值，即 $p=P(T\geqslant t)$。下面以方差已知时单个正态总体均值的假设检验问题(7-8)至假设检验问题(7-10)为例计算 $p$ 值。

对假设检验问题(7-8),以检验统计量 $T$ 的样本观测值 $t$ 作为临界值得到拒绝域为
$$W=\{|T|\geqslant|t|\}$$
其中,$T=\dfrac{\overline{X}-\mu_0}{\sigma/\sqrt{n}}$ 在 $\mu=\mu_0$ 时服从标准正态分布 $N(0,1)$,因此
$$p=P(|T|\geqslant|t|)=2[1-\varPhi(t)]$$
其中,$\varPhi$ 是标准正态分布的分布函数。

对假设检验问题(7-9),以检验统计量 $T$ 的样本观测值 $t$ 作为临界值得到拒绝域为
$$W=\{T\geqslant t\}$$
其中,$T=\dfrac{\overline{X}-\mu_0}{\sigma/\sqrt{n}}$ 在 $\mu=\mu_0$ 时服从标准正态分布 $N(0,1)$,因此
$$p=P(T\geqslant t)=1-\varPhi(t)$$

对假设检验问题(7-10),以检验统计量 $T$ 的样本观测值 $t$ 作为临界值得到拒绝域为
$$W=\{T\leqslant t\}$$
其中,$T=\dfrac{\overline{X}-\mu_0}{\sigma/\sqrt{n}}$ 在 $\mu=\mu_0$ 时服从标准正态分布 $N(0,1)$,因此
$$p=P(T\leqslant t)=\varPhi(t)$$

正态总体均值的假设检验类型见表 7-1,正态总体方差的假设检验类型见表 7-2。

表 7-1　正态总体均值的假设检验

| 检验法 | $H_0$ | $H_1$ | 检验统计量 $T$ | 拒绝域 | $p$ 值 |
| --- | --- | --- | --- | --- | --- |
| $U$ 检验<br>($\sigma$ 已知) | $\mu=\mu_0$ | $\mu\neq\mu_0$ | $\dfrac{\overline{X}-\mu_0}{\sigma/\sqrt{n}}$ | $|T|\geqslant u_{\alpha/2}$ | $2[1-\varPhi(|t|)]$ |
| | $\mu\leqslant\mu_0$ | $\mu>\mu_0$ | | $T\geqslant u_\alpha$ | $1-\varPhi(t)$ |
| | $\mu\geqslant\mu_0$ | $\mu<\mu_0$ | | $T\leqslant u_{1-\alpha}$ | $\varPhi(t)$ |
| $t$ 检验<br>($\sigma$ 未知) | $\mu=\mu_0$ | $\mu\neq\mu_0$ | $\dfrac{\overline{X}-\mu_0}{S/\sqrt{n}}$ | $|T|\geqslant t_{\alpha/2}(n-1)$ | $2[1-F_{n-1}(|t|)]$ |
| | $\mu\leqslant\mu_0$ | $\mu>\mu_0$ | | $T\geqslant t_\alpha(n-1)$ | $1-F_{n-1}(t)$ |
| | $\mu\geqslant\mu_0$ | $\mu<\mu_0$ | | $T\leqslant t_{1-\alpha}(n-1)$ | $F_{n-1}(t)$ |
| $U$ 检验<br>($\sigma_1,\sigma_2$ 已知) | $\mu_1-\mu_2=\mu_0$ | $\mu_1-\mu_2\neq\mu_0$ | $\dfrac{\overline{X}-\overline{Y}-\mu_0}{\sqrt{\dfrac{\sigma_1^2}{n_1}+\dfrac{\sigma_2^2}{n_2}}}$ | $|T|\geqslant u_{\alpha/2}$ | $2[1-\varPhi(|t|)]$ |
| | $\mu_1-\mu_2\leqslant\mu_0$ | $\mu_1-\mu_2>\mu_0$ | | $T\geqslant u_\alpha$ | $1-\varPhi(t)$ |
| | $\mu_1-\mu_2\geqslant\mu_0$ | $\mu_1-\mu_2<\mu_0$ | | $T\leqslant u_{1-\alpha}$ | $\varPhi(t)$ |
| $t$ 检验<br>($\sigma_1=\sigma_2$ 未知) | $\mu_1-\mu_2=\mu_0$ | $\mu_1-\mu_2\neq\mu_0$ | $\dfrac{\overline{X}-\overline{Y}-\mu_0}{S_w\sqrt{\dfrac{1}{n_1}+\dfrac{1}{n_2}}}$ | $|T|\geqslant t_{\alpha/2}(n_1+n_2-2)$ | $2[1-F_{n_1+n_2-2}(|t|)]$ |
| | $\mu_1-\mu_2\leqslant\mu_0$ | $\mu_1-\mu_2>\mu_0$ | | $T\geqslant t_\alpha(n_1+n_2-2)$ | $1-F_{n_1+n_2-2}(t)$ |
| | $\mu_1-\mu_2\geqslant\mu_0$ | $\mu_1-\mu_2<\mu_0$ | | $T\leqslant t_{1-\alpha}(n_1+n_2-2)$ | $F_{n_1+n_2-2}(t)$ |

注:$p$ 值中 $t$ 是检验统计量的值,$F_n$ 是自由度为 $n$ 的 $t$ 分布的分布函数。

表 7-2 正态总体方差的假设检验

| 检验法 | $H_0$ | $H_1$ | 检验统计量 $T$ | 拒绝域 | $p$ 值 |
|---|---|---|---|---|---|
| $\chi^2$ 检验 | $\sigma^2=\sigma_0^2$ | $\mu\neq\sigma_0^2$ | $\dfrac{(n-1)S^2}{\sigma_0^2}$ | $T\leqslant\chi_{1-\alpha/2}^2(n-1)$ 或 $T\geqslant\chi_{\alpha/2}^2(n-1)$ | $2\min\{F(t),1-F(t)\}$ |
| | $\sigma^2\leqslant\sigma_0^2$ | $\sigma^2>\sigma_0^2$ | | $T\geqslant\chi_\alpha^2(n-1)$ | $1-F(t)$ |
| | $\sigma^2\geqslant\sigma_0^2$ | $\sigma^2<\sigma_0^2$ | | $T\leqslant\chi_{1-\alpha}^2(n-1)$ | $F(t)$ |
| $F$ 检验 | $\sigma_1^2=\sigma_2^2$ | $\sigma_1^2\neq\sigma_2^2$ | $\dfrac{S_X^2}{S_Y^2}$ | $T\leqslant F_{1-\alpha/2}(n_1-1,n_2-1)$ 或 $T\geqslant F_{\alpha/2}(n_1-1,n_2-1)$ | $2\min\{G(t),1-G(t)\}$ |
| | $\sigma_1^2\leqslant\sigma_2^2$ | $\sigma_1^2>\sigma_2^2$ | | $T\geqslant F_\alpha(n_1-1,n_2-1)$ | $1-G(t)$ |
| | $\sigma_1^2\geqslant\sigma_2^2$ | $\sigma_1^2<\sigma_2^2$ | | $T\leqslant F_{1-\alpha}(n_1-1,n_2-1)$ | $G(t)$ |

注:$p$ 值中 $t$ 是检验统计量的值,$F$ 是自由度为 $n-1$ 的卡方分布的分布函数,$G$ 是自由度为 $n_1-1$ 和 $n_2-1$ 的 $F$ 分布的分布函数。

$p$ 值的计算一般要借助数学软件完成。例 7-12 是正态总体方差的假设检验,$p$ 值为 $F(1.11)$,其中,$F$ 是自由度为 9 的卡方分布的分布函数。由软件计算得 $p$ 值为 0.000 86,小于显著性水平 $\alpha=0.01$,故拒绝原假设。使用 R 语言计算 $p$ 值的代码参见 10.6.2 节。

## 7.4 比率的假设检验

比率指某一类对象在总体中所占的比例。许多实际问题可以归结为比率的假设检验问题。例如,某机构声称某城镇成年人中大学毕业生的比例超过 30%,可以使用比率的假设检验方法来判断该机构的结论是否可靠。

### 7.4.1 比率的假设检验

将比率 $p$ 看作 0-1 分布 $B(1,p)$ 中的参数,考虑如下 3 类假设检验问题:

$$H_0: p=p_0 \quad \text{vs} \quad H_1: p\neq p_0 \tag{7-24}$$

$$H_0: p\leqslant p_0 \quad \text{vs} \quad H_1: p>p_0 \tag{7-25}$$

$$H_0: p\geqslant p_0 \quad \text{vs} \quad H_1: p<p_0 \tag{7-26}$$

其中,$p_0$ 是已知常数。

设 $X_1,\cdots,X_n$ 是来自总体 $B(1,p)$ 的样本,参数 $p$ 的估计量为样本均值 $\overline{X}$,取

$$T=n\overline{X}=\sum_{i=1}^n X_i$$

作为检验统计量。当 $T$ 的值较大时,可以推断比率 $p$ 的值也较大,故假设检验问题(7-24)至假设检验问题(7-26)的拒绝域分别为

$$W_\mathrm{I}=\{T\leqslant c_1 \text{ 或 } T\geqslant c_2\} \quad W_\mathrm{II}=\{T\geqslant c\} \quad W_\mathrm{III}=\{T\leqslant c'\}$$

由显著性水平 $\alpha$ 确定拒绝域中的临界值，需要求犯第一类错误的概率。$T \sim B(n, p)$，当 $n$ 较大时，二项分布的概率计算较为困难，常使用正态分布近似给出假设检验问题(7-24)至假设检验问题(7-26)的拒绝域。令

$$T' = \frac{T - np_0}{\sqrt{np_0(1-p_0)}} = \frac{n\overline{X} - np_0}{\sqrt{np_0(1-p_0)}} = \frac{\overline{X} - p_0}{\sqrt{p_0(1-p_0)/n}}$$

由中心极限定理可知，当 $p = p_0$ 时 $T'$ 近似服从 $N(0, 1)$，因此假设检验问题(7-24)至假设检验问题(7-26)的显著性水平是 $\alpha$ 的拒绝域分别为

$$W_{\text{I}} = \{|T'| \geq u_{1-\alpha/2}\} \qquad W_{\text{II}} = \{T' \geq u_\alpha\} \qquad W_{\text{III}} = \{T' \leq u_{1-\alpha}\}$$

在使用比率 $p$ 的检验中，所涉及的数据容易收集且花费也不大，因此可以采用较大的样本容量 $n$，使用正态分布近似构造拒绝域是合适的。

**例 7-16** 一名研究者声称所在地区至少有 80% 的观众对电视剧中间插播广告表示厌烦。现随机调查了 120 位观众，有 70 人赞成该观点。在显著性水平 $\alpha = 0.05$ 下，调查结果是否支持这位研究者的观点？

**解** 设 $p$ 表示对电视剧中间插播广告厌烦的比率，考虑的假设检验问题为

$$H_0: p \geq p_0 = 0.8 \qquad \text{vs} \qquad H_1: p < 0.8$$

拒绝域为 $W = \{T' \leq u_{1-\alpha}\}$，其中

$$t' = \frac{T - np_0}{\sqrt{np_0(1-p_0)}} = \frac{70 - 120 \times 0.8}{\sqrt{120 \times 0.8 \times 0.2}} \approx -5.93$$

$t' < u_{1-\alpha} = u_{0.95} = -1.64$，拒绝原假设。可以认为调查结果不支持这位研究者的观点。

## 7.4.2 两个比率差的假设检验

有些实际问题需要比较两个比率的大小，例如，比较女性中色盲的比率和男性中色盲的比率。这类问题可归结为两个 0—1 分布参数的比较。设 $X_1, \cdots, X_{n_1}$ 是来自总体 $B(1, p_1)$ 的样本，$Y_1, \cdots, Y_{n_2}$ 是来自总体 $B(1, p_2)$ 的样本，且两组样本相互独立。考虑如下 3 类假设检验问题：

$$H_0: p_1 = p_2 \qquad \text{vs} \qquad H_1: p_1 \neq p_2 \tag{7-27}$$

$$H_0: p_1 \leq p_2 \qquad \text{vs} \qquad H_1: p_1 > p_2 \tag{7-28}$$

$$H_0: p_1 \geq p_2 \qquad \text{vs} \qquad H_1: p_1 < p_2 \tag{7-29}$$

3 类假设检验问题都取

$$T = \frac{\hat{p}_1 - \hat{p}_2}{\sqrt{\hat{p}(1-\hat{p})\left(\dfrac{1}{n_1} + \dfrac{1}{n_2}\right)}}$$

作为检验统计量，其中

$$\hat{p}_1 = \frac{1}{n_1}\sum_{i=1}^{n_1} X_i \qquad \hat{p}_2 = \frac{1}{n_2}\sum_{i=1}^{n_2} Y_i \qquad \hat{p} = \frac{1}{n_1 + n_2}\left(\sum_{i=1}^{n_1} X_i + \sum_{i=1}^{n_2} Y_i\right)$$

当 $n_1$ 和 $n_2$ 较大时，$T$ 近似服从 $N(0,1)$，因此假设检验问题(7-27)至假设检验问题(7-29)的显著性水平是 $\alpha$ 的拒绝域为

$$W_{\mathrm{I}} = \{|T| \geqslant u_{\alpha/2}\} \qquad W_{\mathrm{II}} = \{T \geqslant u_\alpha\} \qquad W_{\mathrm{III}} = \{T \leqslant u_{1-\alpha}\}$$

**例 7-17** 随机抽取 467 名男性中有 8 人色盲，433 名女性中有 1 人色盲。能否认为女性色盲率比男性低（显著性水平 $\alpha = 0.01$）？

**解** 设 $p_1$ 表示男性色盲率，$p_2$ 表示女性色盲率，考虑的假设检验问题为

$$H_0: p_1 \geqslant p_2 \qquad \text{vs} \qquad H_1: p_1 < p_2$$

拒绝域为 $W = \{T \leqslant u_{1-\alpha}\}$，其中

$$T = \frac{\hat{p}_1 - \hat{p}_2}{\sqrt{\hat{p}(1-\hat{p})\left(\dfrac{1}{n_1} + \dfrac{1}{n_2}\right)}}$$

由题意知 $n_1 = 467$，$n_2 = 433$，$\sum\limits_{i=1}^{n_1} X_i = 8$，$\sum\limits_{i=1}^{n_2} Y_i = 1$，故

$$t = \frac{8/467 - 1/433}{\sqrt{\dfrac{8+1}{467+433}\left(1 - \dfrac{8+1}{467+433}\right)\left(\dfrac{1}{467} + \dfrac{1}{433}\right)}} \approx 2.23$$

由于 $t > u_{1-\alpha} = u_{0.99} = -2.326$，接受原假设，可以认为女性色盲率比男性低。

## 7.5 分布的假设检验

前面介绍的各种检验方法都是针对总体分布中某个参数的假设检验问题提出的。在 7.2 节和 7.3 节中，都假设数据来自正态分布，将实际问题转化为正态分布参数的假设检验问题。但是，数据来自正态分布这一假设是否可靠？能否对这一假设进行验证？这就是**正态性检验**，即检验一个样本是否来自正态总体。

### 7.5.1 正态性检验

早期发展的统计方法大多数都依赖于正态总体这一假设，因此，使用这些方法前一个不可缺少的步骤就是检验数据是否服从正态分布。本节简要介绍两种常用的正态性检验方法。

设 $X_1, \cdots, X_n$ 是来自总体 $X$ 的随机样本，考虑以下假设检验问题。

$$H_0: X \sim N(\mu, \sigma^2) \qquad \text{vs} \qquad H_1: X \text{ 不服从 } N(\mu, \sigma^2) \qquad (7\text{-}30)$$

**(1) 夏皮洛—威尔克(Shapiro-Wilk)检验**

夏皮洛—威尔克检验简称 $W$ 检验，当样本容量满足 $8 \leqslant n \leqslant 50$ 时可以用来检验一组数据是否服从正态分布。该检验需要用到一组辅助数（个数由样本容量决定，与样本值无关）$a_1, a_2, \cdots, a_n$，满足条件：

$$a_i = -a_{n+1-i} \qquad a_1 + a_2 + \cdots + a_n = 0 \qquad a_1^2 + a_2^2 + \cdots + a_n^2 = 1$$

根据样本容量 $n$, 附表 6 提供了 $a_1, a_2, \cdots, a_n$ 的部分值, 其余值可以通过关系式 $a_i = -a_{n+1-i}$ 得到。

将样本 $X_1, \cdots, X_n$ 排序, 得到 $X_{(1)} \leqslant X_{(2)} \leqslant \cdots \leqslant X_{(n)}$, $W$ 检验统计量为

$$W = \frac{\left[\sum_{i=1}^{n}(X_{(i)} - \overline{X})(a_i - \overline{a})\right]^2}{\sum_{i=1}^{n}(X_{(i)} - \overline{X})^2 \sum_{i=1}^{n}(a_i - \overline{a})^2} = \frac{\left[\sum_{i=1}^{n} a_i (X_{(i)} - \overline{X})\right]^2}{\sum_{i=1}^{n}(X_{(i)} - \overline{X})^2 \sum_{i=1}^{n} a_i^2} \tag{7-31}$$

其中, $\overline{X} = \frac{1}{n}\sum_{i=1}^{n} X_i$, $\overline{a} = \frac{1}{n}\sum_{i=1}^{n} a_i = 0$。假设检验问题(7-30)的拒绝域为 $\{W \leqslant W_{1-\alpha}\}$, 临界值 $W_{1-\alpha}$ 是 $W$ 的分布的上 $1-\alpha$ 分位数, 可由附表 7 查得。

当数据值较大时, 计算量较大, 注意到 $W$ 的表达式, 将数据 $X_i$ 作线性变换, 令 $Y_i = \frac{X_i - a}{b}$, 将式(7-31)中的 $X_i$ 替换为 $Y_i$, $W$ 的值不变。因此, 计算 $W$ 时可先对数据作适当的线性变换, 常取 $a = \overline{X} = \frac{1}{n}\sum_{i=1}^{n} X_i$, $b = S = \sqrt{\frac{1}{n-1}\sum_{i=1}^{n}(X_i - \overline{X})^2}$。

**(2) 爱泼斯—普利(Epps-Pully)检验**

爱泼斯—普利检验简称 **EP 检验**, 当样本容量 $n \geqslant 8$ 时可以使用, 检验统计量为

$$T = 1 + \frac{n}{\sqrt{3}} + \frac{2}{n}\sum_{i=2}^{n}\sum_{j=1}^{i-1}\exp\left\{-\frac{(X_j - X_i)^2}{2B_2}\right\} - \sqrt{2}\sum_{i=1}^{n}\exp\left\{-\frac{(X_i - \overline{X})^2}{4B_2}\right\}$$

其中, $B_2$ 是样本二阶中心矩, 即

$$B_2 = \frac{1}{n}\sum_{i=1}^{n}(X_i - \overline{X})^2$$

假设检验问题(7-30)的拒绝域为 $\{T \geqslant EP_\alpha\}$, 其中, 临界值 $EP_\alpha$ 是 $EP$ 检验统计量分布的上 $\alpha$ 分位数, 可由附表 8 查得。当 $n > 200$ 时可以使用 $n = 200$ 时的分位数近似。

**例 7-18** 为了检查某一商品在货架上的滞留时间, 随机抽取 8 件商品并记录其在货架上的滞留时间(单位: 天)如下:

$$108 \quad 124 \quad 124 \quad 106 \quad 138 \quad 163 \quad 159 \quad 134$$

问该商品在货架上的滞留时间是否服从正态分布(显著性水平 $\alpha = 0.05$)?

**解** 方法一: 使用 $W$ 检验。

$n = 8$, 根据附表 6 查得

$$a_1 = 0.6052 \quad a_2 = 0.3164 \quad a_3 = 0.1734 \quad a_4 = 0.0561$$

根据 $a_i = -a_{n+1-i}$ 求得

$$a_5 = -0.0561 \quad a_6 = -0.1734 \quad a_7 = -0.3164 \quad a_8 = -0.6052$$

将样本排序得 106, 108, 124, 124, 134, 138, 159, 163, 样本均值 $\overline{x} = 132$, 代入式(7-31)得

$$W = \frac{\left[\sum_{i=1}^{n} a_i (X_{(i)} - \overline{X})\right]^2}{\sum_{i=1}^{n}(X_{(i)} - \overline{X})^2 \sum_{i=1}^{n} a_i^2} = 0.9253$$

根据附表 7 查得 $W_{1-\alpha}=W_{0.95}=0.818$，$W \geqslant W_{1-\alpha}$，应接受原假设，可以认为数据来自正态分布。

方法二：使用 $EP$ 检验。

$n=8$，根据附表 8 查得 $EP_\alpha=EP_{0.05}=0.347$，故拒绝域为 $\{T \geqslant 0.347\}$。通过编程计算（R 代码参见 10.6.4 节），求得检验统计量 $T=0.069\,32 < EP_{0.05}$，应接受原假设，可以认为数据来自正态分布。

## 7.5.2 拟合优度检验

19 世纪，生物学家孟德尔按颜色与形状将豌豆分为 4 类：黄圆、青圆、黄皱、青皱，基于遗传学理论推出 4 类豌豆数量之比为 9∶3∶3∶1。这一结论可靠吗？可以使用统计假设检验理论来分析此问题。设 $X$ 表示豌豆总体，它有 4 个不同取值 $a_1$，$a_2$，$a_3$，$a_4$，分别对应 4 类豌豆，需要检验的假设检验问题为

$$H_0: P(X=a_1)=\frac{9}{16} \quad P(X=a_2)=\frac{3}{16} \quad P(X=a_3)=\frac{3}{16} \quad P(X=a_4)=\frac{1}{16}$$

$H_1$：4 类豌豆数量之比不为 9∶3∶3∶1

这是检验一个总体 $X$ 是否服从某离散型分布的假设检验问题。卡尔·皮尔逊 1900 年提出了 $\chi^2$ 拟合优度检验。

**(1) 检验总体 $X$ 是否服从某离散型分布**

设总体 $X$ 是离散型随机变量，其所有可能的取值为常数 $a_i$，其中 $i=1,2,\cdots,r$。$X_1,\cdots,X_n$ 是简单随机样本。考虑如下假设检验问题：

$$H_0: P(X=a_i)=p_i \quad (i=1,2,\cdots,r) \tag{7-32}$$

其中，$p_i(i=1,2,\cdots,r)$ 为已知常数且 $\sum_{i=1}^{r} p_i=1$。

为了构造检验统计量，将样本 $X_1,\cdots,X_n$ 中 $a_i$ 出现的个数记为 $n_i$，称为出现 $a_i$ 的**实际频数**，显然 $\sum_{i=1}^{r} n_i=n$。当假设检验问题(7-32)正确时，样本 $X_1,\cdots,X_n$ 中 $a_i$ 出现的理论个数 $np_i$ 称为出现 $a_i$ 的**理论频数**。可以通过比较 $a_i$ 的实际频数和理论频数作为假设检验问题(7-32)是否正确的依据。当两者相差较大时，拒绝 $H_0$，否则接受 $H_0$。一种自然的想法是使用 $\sum_{i=1}^{r}(n_i-np_i)^2$ 作为检验统计量，那么拒绝域为

$$W=\left\{\sum_{i=1}^{r}(n_i-np_i)^2 \geqslant c_\alpha\right\}$$

其中，$c_\alpha$ 是 $\sum_{i=1}^{r}(n_i-np_i)^2$ 在原假设成立时的分布的上 $\alpha$ 分位数。由于 $\sum_{i=1}^{r}(n_i-np_i)^2$ 的分布不易获得，卡尔·皮尔逊使用了

$$T=\sum_{i=1}^{r}\frac{(n_i-np_i)^2}{np_i} \tag{7-33}$$

作为检验统计量。当假设检验问题(7-32)成立时，$T$ 的极限分布为 $\chi^2(r-1)$，故假设检验问题(7-32)的显著性水平为 $\alpha$ 的拒绝域为

$$W = \{T \geqslant \chi_\alpha^2(r-1)\} \tag{7-34}$$

这一检验方法称为皮尔逊 $\chi^2$ **拟合优度检验**。

**例 7-19** 一家工厂分早、中、晚三班生产，每班 8 小时。在最近 21 次事故中，有 8 次事故发生在早班，5 次在中班，8 次在晚班。试分析事故发生是否与班次有关（显著性水平 $\alpha = 0.05$）。

**解** 设 $X$ 为总体，其取值 1，2，3，分别表示早班、中班、晚班发生事故。如果事故发生与班次无关，则早班、中班、晚班发生事故的概率相同。因此，考虑的假设检验问题是

$$H_0: P(X=i) = \frac{1}{3} \quad (i=1, 2, 3)$$

使用皮尔逊 $\chi^2$ 拟合优度检验，拒绝域为

$$W = \{T \geqslant \chi_\alpha^2(r-1)\}$$

其中，检验统计量为

$$T = \sum_{i=1}^{r} \frac{(n_i - np_i)^2}{np_i}$$

根据条件，$n_1 = 8$，$n_2 = 5$，$n_3 = 8$，$n = 21$，$p_i = \frac{1}{3}$，故

$$T = \frac{\left(8 - 21 \times \frac{1}{3}\right)^2}{21 \times \frac{1}{3}} + \frac{\left(5 - 21 \times \frac{1}{3}\right)^2}{21 \times \frac{1}{3}} + \frac{\left(8 - 21 \times \frac{1}{3}\right)^2}{21 \times \frac{1}{3}} = \frac{6}{7}$$

查附表 4 得 $\chi_\alpha^2(r-1) = \chi_{0.05}^2(2) = 5.9915$。由于 $\frac{6}{7} < \chi_\alpha^2(r-1)$，应接受原假设，可以认为事故发生与班次无关。

在例 7-19 中，如果关心的问题是早班和晚班发生的事故率是否相同，则考虑的假设检验问题为

$$H_0: P(X=1) = p \quad P(X=2) = 1-2p \quad P(X=3) = p$$

与假设检验问题(7-32)不同，这里离散型分布的概率依赖于未知参数 $p$，此时不能直接使用皮尔逊 $\chi^2$ 拟合优度检验。费希尔做了以下修改解决了这一问题：

第一，检验统计量(7-33)修改为

$$T = \sum_{i=1}^{r} \frac{(n_i - n\hat{p}_i)^2}{n\hat{p}_i} \tag{7-35}$$

其中，$\hat{p}_i$ 表示 $p_i$ 的最大似然估计量，费希尔证明了检验统计量 $T$ 近似服从卡方分布。

第二，拒绝域式(7-34)修改为

$$W = \{T \geqslant \chi_\alpha^2(r-k-1)\} \tag{7-36}$$

其中，$k$ 指 $p_i$ 依赖的未知参数的总个数（$i = 1, 2, \cdots, r$）。

【注】使用拒绝域式(7-34)和式(7-36)时,要求样本容量满足每个 $n_i$ 均不小于5。

**例 7-20** 随机检查 100 盒磁带,记录每盒磁带的伤痕数量如下:

| 伤痕数量 | 0 | 1 | 2 | 3 | 4 | 5 | ≥6 |
|---|---|---|---|---|---|---|---|
| 磁带盒数 | 35 | 40 | 19 | 3 | 2 | 1 | 0 |

能否认为磁带上的伤痕数量服从泊松分布(显著性水平 $\alpha=0.05$)?

**解** 设 $X$ 表示磁带上的伤痕数量,考虑的假设检验问题是

$$H_0: X \text{ 服从泊松分布} \quad vs \quad H_1: X \text{ 不服从泊松分布}$$

在对随机变量进行实际观测时,只观察到了取 0,1,2,3,4,5 共 6 个值,使用皮尔逊 $\chi^2$ 拟合优度检验时要求每个 $n_i$ 均不小于 5,将 3,4,5 及大于等于 6 的情形合并为一类,那么考虑的假设检验问题等价为

$$H_0: P(X=i)=p_i \quad (i=0,1,2,3)$$

其中

$$p_i = \frac{\lambda^i}{i!}e^{-\lambda} \quad (i=0,1,2)$$

$$p_3 = \sum_{i=3}^{\infty} \frac{\lambda^i}{i!}e^{-\lambda}$$

使用最大似然估计法估计参数 $\lambda$,得

$$\hat{\lambda} = \frac{1\times 40 + 2\times 19 + \cdots + 5\times 1}{100} = 1$$

计算可得

$$\hat{p}_0 = 0.3679 \quad \hat{p}_1 = 0.3679 \quad \hat{p}_2 = 0.1839 \quad \hat{p}_3 = 0.0803$$

检验统计量为

$$T = \sum_{i=0}^{3} \frac{(n_i - n\hat{p}_i)^2}{n\hat{p}_i} \overset{\text{近似}}{\sim} \chi^2(4-1-1)$$

拒绝域为

$$W = \{T \geq \chi^2_{0.05}(2)\}$$

由题中条件,$n_0=35$,$n_1=40$,$n_2=19$,$n_3=6$,$n=100$,代入计算得

$$T = \sum_{i=0}^{3} \frac{(n_i - n\hat{p}_i)^2}{n\hat{p}_i} = 0.9006$$

查附表 4 得 $\chi^2_{0.05}(2) = 5.9915$,$0.9006 < 5.9915$,故应接受原假设,可以认为磁带上的伤痕数服从泊松分布。

**(2) 列联表的独立性检验**

很多实际问题可以归结为判断两个属性之间是否存在关联性,例如,色盲与性别之间是否相关,失业者的年龄与文化程度之间是否相关等。以研究色盲与性别之间的关联性为例,随机抽取 $n$ 个人,并根据性别(男或女)及色觉(正常或色盲)这两个属性进行分类,得到如下表格:

| 性别 | 色觉 | | |
|---|---|---|---|
| | 正常 | 色盲 | 行和 |
| 男 | $n_{00}$ | $n_{01}$ | $n_{0\cdot}$ |
| 女 | $n_{10}$ | $n_{11}$ | $n_{1\cdot}$ |
| 列和 | $n_{\cdot 0}$ | $n_{\cdot 1}$ | $n$ |

根据两个属性将数据整理成类似上述形式的表格称为**二维列联表**。引入二维随机变量 $(X, Y)$，其中，$X=0, 1$ 分别表示男、女，$Y=0, 1$ 分别表示正常、色盲，则总体就是二维随机变量 $(X, Y)$，概率分布为

$$P(X=i, Y=j)=p_{ij} \quad (i, j=0, 1)$$

色觉和性别是否有关可以归结为判断 $X, Y$ 是否相互独立。当 $X, Y$ 相互独立时，色觉和性别无关，反之则有关。因此，考虑的假设检验问题为

$$H_0: X, Y 相互独立$$

等价于

$$H_0: p_{ij}=p_{i\cdot} \cdot p_{\cdot j}$$

其中，$p_{i\cdot}=P(X=i)$，$p_{\cdot j}=P(Y=j)$ 是未知参数。可以使用皮尔逊 $\chi^2$ 拟合优度检验解决两个属性是否有关的问题。根据式(7-35)，检验统计量为

$$T=\sum_{i=0}^{1}\sum_{j=0}^{1}\frac{(n_{ij}-n\hat{p}_{ij})^2}{n\hat{p}_{ij}}$$

其中，$p_{ij}$ 的最大似然估计量为

$$\hat{p}_{ij}=\hat{p}_{i\cdot}\cdot\hat{p}_{\cdot j}=\frac{n_{i\cdot}}{n}\cdot\frac{n_{\cdot j}}{n}$$

根据式(7-36)，拒绝域为 $W=\{T\geqslant\chi_\alpha^2(r-k-1)\}$，其中 $r=4$，$k=2$。这里对未知参数的个数 $k$ 进行解释。表面上看，有 $p_{0\cdot}$，$p_{1\cdot}$，$p_{\cdot 0}$，$p_{\cdot 1}$ 共 4 个未知参数，但 $p_{0\cdot}+p_{1\cdot}=1$，$p_{\cdot 0}+p_{\cdot 1}=1$，故只有两个未知参数。

一般地，设总体中个体可按两个属性 $A$ 和 $B$ 分类，属性 $A$ 有 $r$ 个不同值 $A_1, \cdots, A_r$，属性 $B$ 有 $c$ 个不同值 $B_1, \cdots, B_c$，考虑假设检验问题

$$H_0: 属性 A 与 B 相互独立 \tag{7-37}$$

从总体中随机抽取样本容量为 $n$ 的样本，$A_i$ 出现的频数为 $n_{i\cdot}$，$B_j$ 出现的频数为 $n_{\cdot j}$，$A_i$ 和 $B_j$ 同时出现的频数为 $n_{ij}$，则假设检验问题(7-37)的显著性水平是 $\alpha$ 的拒绝域为

$$W=\{T\geqslant\chi_\alpha^2[rc-(r-1+c-1)-1]\} \tag{7-38}$$

其中

$$T=\sum_{i=1}^{r}\sum_{j=1}^{c}\frac{(n_{ij}-n\hat{p}_{ij})^2}{n\hat{p}_{ij}} \qquad \hat{p}_{ij}=\hat{p}_{i\cdot}\cdot\hat{p}_{\cdot j}=\frac{n_{i\cdot}}{n}\frac{n_{\cdot j}}{n} \tag{7-39}$$

拒绝域中的临界值由 $\chi^2$ 分布的分位数给出，其自由度解释如下：$rc$ 指总体中的个体根据两个属性可分为 $rc$ 类，$r-1+c-1$ 指假设检验问题(7-37)中概率依赖于未知参数的总个数。经计算，有

$$rc-(r-1+c-1)-1=(r-1)(c-1)$$

**例 7-21**　一项是否应进一步提高小学生体育课程比例的调查结果如下：

| 年龄 | 意愿 | | |
|---|---|---|---|
| | 同意 | 不同意 | 不知道 |
| 55 岁以上 | 32 | 28 | 14 |
| 36~55 岁 | 44 | 21 | 17 |
| 15~35 岁 | 47 | 12 | 13 |

问意愿与回答者的年龄是否有关（显著性水平 $\alpha=0.05$）?

**解**　这属于列联表的独立性检验问题，本题中 $r=3$，$c=3$，且 $n_{11}=32$，$n_{12}=28$，$n_{13}=14$，$n_{21}=44$，$n_{22}=21$，$n_{23}=17$，$n_{31}=47$，$n_{32}=12$，$n_{33}=13$，$n_{1\cdot}=74$，$n_{2\cdot}=82$，$n_{3\cdot}=72$，$n_{\cdot 1}=123$，$n_{\cdot 2}=61$，$n_{\cdot 3}=44$，$n=228$。

求得 $\hat{p}_{1\cdot}=\dfrac{n_{1\cdot}}{n}=0.3246$，$\hat{p}_{2\cdot}=\dfrac{n_{2\cdot}}{n}=0.3596$，$\hat{p}_{3\cdot}=\dfrac{n_{3\cdot}}{n}=0.3158$，$\hat{p}_{\cdot 1}=\dfrac{n_{\cdot 1}}{n}=0.5395$，$\hat{p}_{\cdot 2}=\dfrac{n_{\cdot 2}}{n}=0.2675$，$\hat{p}_{\cdot 3}=\dfrac{n_{\cdot 3}}{n}=0.1930$。

计算检验统计量得

$$T=\sum_{i=1}^{r}\sum_{j=1}^{c}\frac{(n_{ij}-n\hat{p}_{i\cdot}\hat{p}_{\cdot j})^2}{n\hat{p}_{i\cdot}\hat{p}_{\cdot j}}=9.6312$$

临界值为 $\chi^2_{0.05}(4)=9.4877$，$T=9.6312>9.4877$。拒绝原假设，认为意愿与回答者的年龄有关，即不同年龄的人对所调查的问题的答案有显著差异。

## 7.6　非参数检验

7.2 节和 7.3 节介绍了正态总体参数的假设检验方法，7.4 节介绍了二项分布参数的假设检验方法，这些都属于参数假设检验方法，即总体分布类型已知，参数未知，对参数的某些假设进行检验。在实际问题中，很多总体分布类型往往是未知的，如果使用正态分布的假设检验方法可能会导致推断结果的错误。本节将介绍两种常用的非参数检验方法。

### 7.6.1　游程检验

统计方法是基于样本对总体进行推断，简单随机样本要求数据之间具有独立性。但是，对于一组数据，是否真正被随机抽取则需要进行检验，称为对数据进行**随机性检验**。假设 $x_1,\cdots,x_n$ 是收集到的一组数据（按抽取顺序记录），考虑如下假设检验问题：

$$H_0: x_1,\cdots,x_n \text{ 随机抽取 } \quad \text{vs} \quad H_1: x_1,\cdots,x_n \text{ 非随机抽取} \tag{7-40}$$

记样本的中位数为 $m_{0.5}$，把样本 $n$ 个数据中小于 $m_{0.5}$ 的值换为 0，大于或等于 $m_{0.5}$ 的值换为 1，这样得到一个由 0 和 1 两个元素组成的序列。把以 0 为界的一连串的数字 1 称为 **1 游程**，以 1 为界的一连串 0 称为 **0 游程**，统称**游程**。例如以下序列：

$$0\ 0\ 1\ 1\ 0\ 1\ 0\ 1\ 1\ 1\ 0\ 0\ 0\ 0\ 1$$

它有 4 个 0 游程，4 个 1 游程。

设由样本得到的 01 序列中 0 和 1 的个数分别为 $n_1$ 和 $n_2$，两者的和 $n_1+n_2$ 为样本容量 $n$。设 $R$ 表示 01 序列的游程总数，当 01 序列中 0 和 1 正好分为两部分时，$R$ 取最小值 2，当 01 序列中 0 和 1 交替出现时，$R$ 取最大值 $n$。当 $R$ 的值过小时，说明 01 序列的前一部分 0 占多数，后一部分 1 占多数，或者前一部分 1 占多数，后一部分 0 占多数；当 $R$ 的值过大时，说明 0 和 1 交替出现较多，呈周期性变化的趋势。因此，当 $R$ 的值较大或者较小时，样本数据具有某种规律性，不符合独立性。因此假设检验问题(7-40)的拒绝域为

$$W=\{R\leqslant c_1 \text{ 或 } R\geqslant c_2\}$$

其中，临界值 $c_1$ 和 $c_2$ 由显著性水平 $\alpha$ 确定。为了确定临界值，需要得到 $R$ 在原假设成立时的分布。

**定理 7-7** 设 $x_1,\cdots,x_n$ 是收集到的一组数据，对应的 01 序列中 0 和 1 的个数分别为 $n_1$ 和 $n_2$，当 $x_1,\cdots,x_n$ 相互独立时，游程总数 $R$ 的分布为

$$\begin{cases} P(R=2k)=\dfrac{2C_{n_1-1}^{k-1}C_{n_2-1}^{k-1}}{C_{n_1+n_2}^{n_1}}, & k=1,2,\cdots,\left[\dfrac{n}{2}\right] \\[2mm] P(R=2k+1)=\dfrac{C_{n_1-1}^{k-1}C_{n_2-1}^{k}+C_{n_1-1}^{k}C_{n_2-1}^{k-1}}{C_{n_1+n_2}^{n_1}}, & k=1,2,\cdots,\left[\dfrac{n-1}{2}\right] \end{cases}$$

**证明** $n_1$ 个 0 和 $n_2$ 个 1 组成的 01 序列，相当于在 $n_1+n_2$ 个位置上选 $n_1$ 个放 0，其余放 1，因此共有 $C_{n_1+n_2}^{n_1}$ 种序列，且每个序列等可能出现。

下面计算随机事件 $\{R=2k\}$ 中样本点的个数。$R=2k$ 时必有 $k$ 个 0 游程、$k$ 个 1 游程，出现 $k$ 个 0 游程就是 $n_1$ 个 0 被分为 $k$ 组，这相当于将 $n_1$ 个不可分辨的球放入 $k$ 个盒子且每个盒子至少有一个球，根据重复组合公式，共有 $C_{n_1-1}^{k-1}$ 种可能。类似地，出现 $k$ 个 1 游程共有 $C_{n_2-1}^{k-1}$ 种可能。把 0 游程和 1 游程合在一起共有两种可能，一种是以 0 游程开始，一种是以 1 游程开始。根据乘法原理可知，随机事件 $\{R=2k\}$ 中共有 $2C_{n_1-1}^{k-1}C_{n_2-1}^{k-1}$ 个样本点，由古典概型可得

$$P(R=2k)=\frac{2C_{n_1-1}^{k-1}C_{n_2-1}^{k-1}}{C_{n_1+n_2}^{n_1}}$$

类似地，当 $R=2k+1$ 时，一种情形是有 $k$ 个 0 游程、$k+1$ 个 1 游程，另一种情形是 $k+1$ 个 0 游程、$k$ 个 1 游程。对于第一种情形，一定是以 1 游程开始、以 1 游程结束，共有 $C_{n_1-1}^{k-1}C_{n_2-1}^{k}$ 种可能。对于第二种情形，共有 $C_{n_1-1}^{k}C_{n_2-1}^{k-1}$ 种可能，因此有

$$P(R=2k+1)=\frac{C_{n_1-1}^{k-1}C_{n_2-1}^{k}+C_{n_1-1}^{k}C_{n_2-1}^{k-1}}{C_{n_1+n_2}^{n_1}}$$

根据定理 7-7，满足 $P(R\leqslant c)\leqslant\dfrac{\alpha}{2}$ 的 $c$ 的最大值取为 $c_1$，满足 $P(R\geqslant c)\leqslant\dfrac{\alpha}{2}$ 的 $c$ 的最小值取为 $c_2$。当 $n_1$ 和 $n_2$ 都不太大时，可查附表 9 得到 $c_1$ 和 $c_2$ 的值。

**例 7-22** 从工厂生产的一批罐头番茄汁中抽取了 17 瓶，测定 100 克番茄汁中维生素 C 的含量如下（单位：毫克）：

16　25　21　20　23　21　19　15　13　23　17　20　29　18　22　16　22

能否认为数据是随机抽取得到的？

**解** 这组数据的中位数为 $m_{0.5}=20$，将观测值小于 20 的数换成 0，大于等于 20 的换成 1，得到以下序列：

0 1 1　1 1 1 0 0 0 1 0 1 1 0 1 0 1

其中，0 的个数 $n_1=7$，1 的个数 $n_2=10$，游程总数 $R=10$。若取显著性水平 $\alpha=0.05$，查附表 9 知，$P(R\leqslant 5)\leqslant 0.025$，$P(R\geqslant 14)\leqslant 0.025$，故拒绝域 $W=\{R\leqslant 5 \text{ 或 } R\geqslant 14\}$。

由于 $R=10$ 不满足拒绝域，故接受原假设，在显著性水平 $\alpha=0.05$ 下可以认为这批数据是随机选取的。

在实际应用中，当 $n_1$，$n_2$ 很大时，可以使用近似分布：假设样本随机地取自同一总体，$n_1$，$n_2$ 都趋于无穷大且 $\dfrac{n_1}{n_2}$ 趋于常数 $c$ 时，有

$$\dfrac{R-\dfrac{2n_1}{1+c}}{\sqrt{\dfrac{4cn_1}{(1+c)^2}}} \stackrel{\text{近似}}{\sim} N(0,1)$$

当 $n_1$，$n_2$ 比较大时，上式中的 $c$ 可用 $\dfrac{n_1}{n_2}$ 代替，对给定的显著性水平 $\alpha$，两个临界值可近似取为

$$c_1=\dfrac{2n_1n_2}{n_1+n_2}\left(1+\dfrac{u_{1-\alpha/2}}{\sqrt{n_1+n_2}}\right) \qquad c_2=\dfrac{2n_1n_2}{n_1+n_2}\left(1+\dfrac{u_{\alpha/2}}{\sqrt{n_1+n_2}}\right)+1$$

**【注】** 当 $n_1$，$n_2$ 都大于 20 时，上式近似效果足够好。

游程检验还可以用于检验两个总体分布是否相同。设 $x_1,\cdots,x_{n_1}$ 是来自总体 $X$ 的样本，$y_1,\cdots,y_{n_2}$ 是来自总体 $Y$ 的样本，将两组样本合并在一起，由小到大的顺序排列后记为

$$z_1\leqslant z_2\leqslant\cdots\leqslant z_{n_1+n_2}$$

引入 $w_i$：若 $z_i$ 是来自总体 $X$ 的观测值，则 $w_i=0$；若 $z_i$ 是来自总体 $Y$ 的观测值，则 $w_i=1$，这样就得到一个由 0 和 1 两个元素组成的序列：

$$w_1,w_2,\cdots,w_{n_1+n_2}$$

当 $X$ 和 $Y$ 的分布相同时，$x_1,\cdots,x_{n_1}$ 和 $y_1,\cdots,y_{n_2}$ 可以看成是来自同一个总体的样本，因而序列 $w_1,w_2,\cdots,w_{n_1+n_2}$ 的总游程数 $R$ 较大。当 $X$ 和 $Y$ 的分布不相同时，序列 $w_1,w_2,\cdots,w_{n_1+n_2}$ 的总游程数 $R$ 较小。例如，若总体 $X$ 与 $Y$ 差异较大，以至于它们的样本观测值彼此不重叠时，$R$ 的值接近于 2，这时可以认为两个总体分布不相同。因此，"原假设 $H_0$：两个总体分布相同"的拒绝域为 $\{R\leqslant c\}$。

### 7.6.2 秩和检验

比较两个总体均值是否相等是一种常见的需求。当总体服从正态分布且方差相等时，

可以使用两个正态总体均值比较的 $t$ 检验。然而，当总体不服从正态分布时，使用 $t$ 检验可能会导致推断结果的错误。本节将介绍**秩和检验**，用来解决非正态总体下比较两个总体均值的问题。

秩和检验是威尔科克森基于秩及秩统计量的思想所建立的非参数方法。

**定义 7-5** 设 $x_1, \cdots, x_n$ 是来自连续型分布 $F(x)$ 的简单随机样本，将样本从小到大排序，记为 $x_{(1)} \leqslant \cdots \leqslant x_{(n)}$，观测值 $x_i$ 在排序后的样本中的序号 $r$ 称为 $x_i$ 的**秩**，记为 $R_i = r$。

例如，一个简单随机样本为 196，224，171，241，162，193，排序后得

$$162 < 171 < 193 < 196 < 224 < 241$$

故 196，224，171，241，162，193 的秩分别为 4，5，2，6，1，3。

**定义 7-6** 设 $x_1, \cdots, x_n$ 是来自连续型分布 $F(x)$ 的简单随机样本，$R_i$ 是 $x_i$ 的秩，则 $R = (R_1, \cdots, R_n)$ 称为 $x_1, \cdots, x_n$ 的**秩统计量**。由 $R$ 导出的统计量，也称**秩统计量**。基于秩统计量的假设检验方法称为**秩检验**。

考虑如下问题：设有两个连续总体，它们的概率密度函数分别为 $f_1(x)$ 和 $f_2(x)$，两个函数都未知，但形式相同，且具有如下关系：

$$f_1(x) = f_2(x - a)$$

其中，$a$ 为未知常数，这说明两个总体的概率密度函数至多只差一个平移量 $a$。当两个总体的均值都存在时，分别记为 $\mu_1$ 和 $\mu_2$，则有 $\mu_2 = \mu_1 - a$。考虑如下假设检验问题：

$$H_0: \mu_1 = \mu_2 \quad \text{vs} \quad H_1: \mu_1 \neq \mu_2 \tag{7-41}$$

$$H_0: \mu_1 \leqslant \mu_2 \quad \text{vs} \quad H_1: \mu_1 > \mu_2 \tag{7-42}$$

$$H_0: \mu_1 \geqslant \mu_2 \quad \text{vs} \quad H_1: \mu_1 < \mu_2 \tag{7-43}$$

上述 3 个假设检验问题的检验统计量是一样的，但是拒绝域不同。从两个总体分别抽取容量为 $n_1$ 和 $n_2$ 的样本且两组样本相互独立，假定 $n_1 \leqslant n_2$。将两组样本共 $n_1 + n_2$ 个观测值放在一起，按从小到大的次序排列，求出每个观察值的秩，然后将属于第一个总体的样本观测值的秩相加，其和记为 $R_1$，称为第一组样本的**秩和**。类似地，将属于第二个总体的样本观测值的秩相加，其和记为 $R_2$，称为第二组样本的**秩和**，可得

$$R_1 + R_2 = \frac{1}{2}(n_1 + n_2)(n_1 + n_2 + 1) \tag{7-44}$$

因此，$R_1$ 和 $R_2$ 中一个确定后另一个随之确定，只需要利用统计量 $R_1$ 构造拒绝域，得

$$\frac{1}{2}n_1(n_1 + 1) \leqslant R_1 \leqslant \frac{1}{2}n_1(n_1 + 2n_2 + 1) \tag{7-45}$$

考虑双侧假设检验问题(7-41)。直观上，当原假设为真时，两个总体相同，此时 $n_1 + n_2$ 个观测值是来自同一个总体的简单随机样本，因而第一组样本中各个观测值的秩应该随机地、分散地在自然数 1 到 $n_1 + n_2$ 中取值，$R_1$ 不应取太靠近不等式(7-45)两端的值。因而，当检验统计量 $R_1$ 的值过小或过大时，应拒绝原假设。故双侧假设检验问题(7-41)的拒绝域为

$$W=\{R_1\leqslant c_1 \text{ 或 } R_1\geqslant c_2\}$$

其中，$c_1$ 和 $c_2$ 由 $P(R_1\leqslant c_1)\leqslant \dfrac{\alpha}{2}$ 和 $P(R_1\geqslant c_2)\leqslant \dfrac{\alpha}{2}$ 确定。可以证明 $R_1$ 的分布关于 $\dfrac{1}{2}n_1(n_1+n_2+1)$ 对称，因此 $c_1$ 和 $c_2$ 满足 $c_1+c_2=n_1(n_1+n_2+1)$。附表 10 给出了满足条件 $P(R_1\leqslant c_1)\leqslant \alpha$ 的临界值 $c$，如果需要求满足条件 $P(R_1\geqslant d)\leqslant \alpha$ 的临界值 $d$，它等于 $n_1(n_1+n_2+1)-c$。

类似地，假设检验问题(7-42)的拒绝域 $W=\{R_1\geqslant c\}$，由条件 $P(R_1\geqslant c)\leqslant \alpha$ 确定 $c$。假设检验问题(7-43)的拒绝域 $W=\{R_1\leqslant c\}$，由条件 $P(R_1\leqslant c)\leqslant \alpha$ 确定 $c$。

关于秩和检验的几点说明：

①在实际问题中，可能会遇到样本中存在相同值的情况。例如 2，4，4，5 这四个观测值中，4 和 4 是相同的观测值，将这些相同的观测值称为一个"**结**"，即观测值 4 就是一个结。结外的秩是唯一的，而结内的秩则通常采用这些相继秩数（相同值的秩数）的算术平均值作为各个观测值的秩，按照这种处理方法，2，4，4，5 的秩为 1，2.5，2.5，4。

②在以上分析过程中，假定了 $n_1\leqslant n_2$，此假定的作用是：使用观测值个数较少的那组观测值对应的秩和作为检验统计量。

③附表 10 只给出了 $n_1\leqslant 20$ 时的临界值，当 $n_1>20$ 时，可以使用正态近似，使用

$$T=\dfrac{R_1-\dfrac{n_1(n_1+n_2+1)}{2}}{\sqrt{\dfrac{n_1n_2(n_1+n_2+1)}{12}}}$$

作为检验统计量，其分布可以用标准正态分布 $N(0,1)$ 近似。研究表明，当 $n_1$ 和 $n_2$ 都大于 20 时，这个近似效果已经很好。此时假设检验问题(7-41)至假设检验问题(7-43)的拒绝域分别为

$$\{|T|\geqslant u_{\frac{\alpha}{2}}\} \qquad \{T\geqslant u_\alpha\} \qquad \{T\leqslant u_{1-\alpha}\}$$

**例 7-23** 测试在有精神压力和没有精神压力时血压的差别，对 20 个血压接近的志愿者进行了相应的试验，10 个志愿者在无精神压力和 10 个志愿者在有精神压力时的血压（收缩压）测量结果如下（单位：毫米汞柱）：

| 无精神压力时 | 108 | 123 | 109 | 119 | 117 | 120 | 109 | 112 | 122 | 115 |
| --- | --- | --- | --- | --- | --- | --- | --- | --- | --- | --- |
| 有精神压力时 | 124 | 120 | 128 | 126 | 114 | 133 | 132 | 122 | 117 | 125 |

设无精神压力时与有精神压力时血压的概率密度至多只差一个平移，在显著性水平 $\alpha=0.05$ 下，判断在有精神压力时血压是否显著增加。

**解** 本题需检验在有精神压力时血压是否增加，设 $\mu_1$，$\mu_2$ 分别表示无精神压力时和有精神压力时血压的平均值，考虑的假设检验问题为

$$H_0: \mu_1\geqslant \mu_2 \qquad \text{vs} \qquad H_1: \mu_1<\mu_2$$

拒绝域 $W=\{R_1\leqslant c\}$，这里 $n_1=10$，$n_2=10$，$\alpha=0.05$，查附表 10 得临界值为 82。

将两组数据放在一起按从小到大的次序排列,求来自第一组总体的样本的秩和,得 $R_1=69.5<82$,因此拒绝原假设。即在显著性水平 $\alpha=0.05$ 下,有精神压力时血压显著上升。

# 习 题

1. 在假设检验中,记 $H_1$ 为备择假设,则称( )为犯第一类错误。
(A)$H_1$ 真,接受 $H_1$ 　　　　　　　　(B)$H_1$ 不真,接受 $H_1$
(C)$H_1$ 真,拒绝 $H_1$ 　　　　　　　　(D)$H_1$ 不真,拒绝 $H_1$

2. 在假设检验中,$H_0$ 表示原假设,$H_1$ 为备择假设,则称为犯第二类错误的是( )。
(A)$H_1$ 不真,接受 $H_1$ 　　　　　　　　(B)$H_1$ 不真,接受 $H_0$
(C)$H_0$ 不真,接受 $H_1$ 　　　　　　　　(D)$H_0$ 不真,接受 $H_0$

3. 已知某炼铁厂生产的铁水含碳量(单位:%)服从正态分布 $N(4.55, 0.108^2)$,现在从一批铁水中测定了 9 份样品,其含碳量分别为:
$$4.49 \quad 4.57 \quad 4.62 \quad 4.60 \quad 4.50 \quad 4.56 \quad 4.49 \quad 4.54 \quad 4.48$$
若总体方差不变,能否认为这批铁水的平均含碳量为 4.55(显著性水平 $\alpha=0.05$)?

4. 已知某种元件的寿命(单位:小时)服从均值为 $\mu$,标准差为 $\sigma=80$ 的正态分布。现从一批元件中随机抽取 16 件,测得这 16 件元件的平均寿命为 960 小时,试在显著性水平 $\alpha=0.05$ 下检验如下假设:
$$H_0: \mu \geqslant 1\,000 \quad \text{vs} \quad H_1: \mu < 1\,000$$

5. 某医院用一种药物治疗高血压,记录了 12 位病人服药后舒张压的数据为 86,82,81,80,90,85,70,86,80,85,81,82。假定舒张压服从正态分布,药物有效的标准为病人服药后舒张压不高于 85。试在显著性水平 $\alpha=0.05$ 下判断该药物对治疗高血压的有效性。

6. 酿造啤酒时,在麦芽干燥过程中会形成致癌物质亚硝基二甲胺。为了降低啤酒中亚硝基二甲胺的含量,开发了一种新的麦芽干燥过程,下面是分别使用旧技术与新技术过程中形成的亚硝基二甲胺的含量(以 10 亿份中的份数计):

| 旧技术 | 5 | 4 | 6 | 8 | 4 | 5 | 3 | 6 | 7 | 6 | 6 | 3 |
|---|---|---|---|---|---|---|---|---|---|---|---|---|
| 新技术 | 4 | 3 | 2 | 2 | 1 | 3 | 2 | 2 | 2 | 1 | 3 | 1 |

设两组样本分别来自正态总体,且两总体的方差相等但未知。分别以 $\mu_1, \mu_2$ 表示旧技术、新技术的总体的均值,在显著性水平 $\alpha=0.05$ 下检验如下假设:
$$H_0: \mu_1-\mu_2 \leqslant 2 \quad \text{vs} \quad H_1: \mu_1-\mu_2 > 2$$

7. 为了解某校高三学生一模、二模数学成绩是否显著提高,随机地选了 8 个学生,他们一模、二模数学成绩分别为

| 序号 | 1 | 2 | 3 | 4 | 5 | 6 | 7 | 8 |
|---|---|---|---|---|---|---|---|---|
| 一模 $X_i$ | 102 | 98 | 106 | 112 | 108 | 100 | 109 | 94 |
| 二模 $Y_i$ | 106 | 101 | 108 | 124 | 115 | 92 | 117 | 96 |

设各对数据的差 $D_i=X_i-Y_i, i=1,2,\cdots,8$,来自正态总体 $N(\mu_D, \sigma_D^2)$,其中,$\mu_D, \sigma_D^2$ 均未知。在显著性水平 $\alpha=0.1$ 下检验如下假设:
$$H_0: \mu_D \geqslant 0 \quad \text{vs} \quad H_1: \mu_D < 0$$

8. 为了比较人的血压在早上和晚上是否有显著差异,随机选取了9人测量血压并做记录,他们的收缩压数据见下表:

| 序号 | 1 | 2 | 3 | 4 | 5 | 6 | 7 | 8 | 9 |
|---|---|---|---|---|---|---|---|---|---|
| 早上 $X_i$ | 126 | 117 | 125 | 130 | 123 | 115 | 118 | 138 | 132 |
| 晚上 $Y_i$ | 123 | 115 | 119 | 126 | 122 | 109 | 119 | 136 | 133 |

设各对数据的差 $D_i = X_i - Y_i (i=1, 2, \cdots, 9)$ 来自正态总体 $N(\mu_D, \sigma_D^2)$,其中 $\mu_D, \sigma_D^2$ 均未知。在显著性水平 $\alpha = 0.05$ 下检验早上和晚上是否有显著差异?

9. 为了研究低脂肪饮食和有氧锻炼对减肥效果是否有显著的影响,现邀请8位20~25岁的男子参加训练。训练前与训练3个月之后8位男子的体重(单位:千克)分别为:

| 序号 | 1 | 2 | 3 | 4 | 5 | 6 | 7 | 8 |
|---|---|---|---|---|---|---|---|---|
| 训练前 $X_i$ | 85 | 78 | 78 | 84 | 87 | 89 | 81 | 80 |
| 训练后 $Y_i$ | 82 | 74 | 73 | 80 | 82 | 85 | 76 | 75 |

数据是否支持低脂肪饮食和有氧锻炼能有效实现减肥目的这一结论(显著性水平 $\alpha = 0.05$)?

10. 食品厂用自动装罐机装黄桃罐头,每瓶标准重量为1 000克,标准差不能超过50克。现从一批罐头中随机抽查10罐,测得其重量(单位:克)为:

$$1\,011 \quad 1\,022 \quad 1\,013 \quad 981 \quad 1\,030$$
$$1\,025 \quad 983 \quad 1\,001 \quad 1\,059 \quad 970$$

假定罐头重量 $X$ 服从正态分布 $N(\mu, \sigma^2)$,试问这批罐头的标准差是否符合要求(显著性水平 $\alpha = 0.05$)?

11. 测定某品牌牛奶的蛋白质含量,选取8盒牛奶(每盒250毫升),根据8个测定值得到样本标准差 $S = 0.000\,45$。假设测定值服从正态分布 $N(\mu, \sigma^2)$,在显著性水平 $\alpha = 0.05$ 下检验如下假设:

$$H_0: \sigma \geq 0.000\,4 \quad \text{vs} \quad H_1: \sigma < 0.000\,4$$

12. 厂家要求生产的铆钉的直径标准差不能超过0.02毫米。现从一批铆钉中随机抽取15个样品,测量其直径,得到样本标准差 $S = 0.016$ 毫米。在显著性水平 $\alpha = 0.05$ 下,能否说明直径的标准差符合要求?

13. 新设计的一种测量仪器,要求标准差不得超过1个单位才算合格。现用该仪器对一标准产品测量10次,算得样本方差 $S^2 = 1.31$。若测量值服从正态分布,分析该仪器是否合格(显著性水平 $\alpha = 0.05$)。

14. 测得两批电子器材的电阻为(单位:欧姆):

| A批 | 0.141 | 0.137 | 0.140 | 0.143 | 0.138 | 0.137 |
|---|---|---|---|---|---|---|
| B批 | 0.153 | 0.149 | 0.152 | 0.153 | 0.149 | 0.147 |

设这两批器材的电阻分别服从 $N(\mu_1, \sigma_1^2)$ 与 $N(\mu_2, \sigma_2^2)$,且相互独立,在显著性水平 $\alpha = 0.05$ 下分析两批电阻的方差是否相等。

15. 甲、乙两家工厂生产同一种零件,分别从甲、乙两厂生产的产品中随机抽取6个和9个,测量长度,经计算得甲厂6个零件的样本方差为0.243,乙厂9个零件的样本方差为0.356。假定两家工厂生产的零件长度都服从正态分布且相互独立,问能否认为甲厂产品的精度高于乙厂产品的精度(显著性水平 $\alpha = 0.05$)?

16. 厂家为了考察某种商品的价格波动与销售地是否有关,现对甲、乙两地所售的该种商品作随机调查。在甲地调查了 20 个超市中该商品的出售价格,样本标准差为 9.2,在乙地调查了 25 个超市中该商品的出售价格,样本标准差为 7.5。假设两地该商品的价格都服从正态分布,且相互独立。在显著性水平 $\alpha=0.05$ 下能否认为该商品的价格波动甲地大于乙地?

17. 从高三年级 1 班和 2 班分别抽取 10 名、15 名学生,考察他们的数学成绩,1 班 10 名学生数学成绩的样本均值为 120,样本方差为 20.33;2 班 15 名学生数学成绩的样本均值为 114,样本方差为 29.40;假设两个班学生的数学成绩都服从正态分布,且相互独立。

(1)在显著性水平 $\alpha=0.05$ 下判断两个总体的方差是否相等;

(2)在显著性水平 $\alpha=0.01$ 下判断两个总体的均值是否相等。

18. 某苗圃采用两种育苗方案作杨树的育苗试验,在甲、乙两组试验中,各取 10 株树苗作为样本,到出圃时,测量树高,数据如下(单位:厘米):

| 甲 | 66.84 | 63.48 | 54.47 | 58.20 | 61.96 | 62.30 | 65.92 | 59.26 | 55.26 | 60.14 |
| --- | --- | --- | --- | --- | --- | --- | --- | --- | --- | --- |
| 乙 | 63.33 | 57.04 | 52.45 | 54.62 | 57.44 | 55.42 | 55.31 | 57.71 | 51.67 | 55.59 |

假设两种育苗方案下树苗高都服从正态分布,且相互独立。

(1)在显著性水平 $\alpha=0.05$ 下判断两种育苗方案下树高的方差是否相等;

(2)在显著性水平 $\alpha=0.05$ 下判断两种育苗方案下平均树高是否相等。

19. 某厂有一批产品,当次品率不超过 10% 时可以出厂。现从这批产品中抽取 200 件产品进行检查,发现有 22 件次品,问这批产品能否出厂(显著性水平 $\alpha=0.05$)。

20. 饮料公司推出一款新品饮料,随机选取了 1 000 名调查者,有 680 人喜欢该饮料。在显著性水平 $\alpha=0.05$ 下能否认为喜欢该饮料的人达 70%?

21. 为了研究色盲率与性别的关系,随机抽取了 500 名男性和 500 名女性,发现分别有 9 名男性色盲、1 名女性色盲。在显著性水平 $\alpha=0.01$ 下能否认为女性色盲比率比男性低?

22. 某公司推出 A 与 B 两种型号新手机,分别在某地投放这两种型号的手机各 100 部,半个月后售出 A 型号手机 32 部,售出 B 型号手机 37 部,在显著性水平 $\alpha=0.05$ 下这两种型号手机的销售率是否有显著差异?

23. 以下数据是某次考试中 10 位学生的成绩:

86 91 89 92 95 81 89 82 92 96

使用 W 检验方法判断学生的成绩是否服从正态分布(显著性水平 $\alpha=0.05$)。

24. 某液体中一种元素的含量在 25 个样本中为:

0.16  0.23  0.31  0.26  0.35  0.16  0.32  0.27  0.25
0.24  0.22  0.22  0.26  0.23  0.26  0.13  0.30  0.25
0.26  0.32  0.36  0.21  0.29  0.25  0.22

(1)使用 W 检验方法判断数据是否服从正态分布(显著性水平 $\alpha=0.05$);

(2)使用 EP 检验方法判断数据是否服从正态分布(显著性水平 $\alpha=0.05$)。

25. 一枚骰子掷了 500 次,结果见下表:

| 点数 | 1 | 2 | 3 | 4 | 5 | 6 |
| --- | --- | --- | --- | --- | --- | --- |
| 出现次数 | 85 | 85 | 86 | 92 | 70 | 82 |

在显著性水平 $\alpha=0.05$ 下检验这个骰子是否均匀。

26. 按孟德尔遗传规律，让开淡红花的豌豆随机交配，子代有红花、淡红花、白花 3 类，且三者的比例为 1∶2∶1。为了验证这个理论，做试验，得到红花、淡红花、白花的豌豆株数分别为 26、66、28，这组数据与孟德尔定律是否一致(显著性水平 $\alpha=0.05$)？

27. 某品种生物按特征可分为 3 类，其理论比例为 $p^2 : 2p(1-p) : (1-p)^2$，现随机调查 100 只，发现 3 类生物的数目分别为 11，43，46。在显著性水平 $\alpha=0.05$ 下数据与理论比例是否一致？

28. 统计某城市 200 天内发生交通事故数的记录如下：

| 一天发生的事故数量 | 0 | 1 | 2 | 3 | 4 | 5 | ≥6 | 合计 |
| --- | --- | --- | --- | --- | --- | --- | --- | --- |
| 天数 | 102 | 59 | 30 | 8 | 0 | 1 | 0 | 200 |

在显著性水平 $\alpha=0.05$ 下检验这批数据是否服从泊松分布。

29. 为了判断驾驶员的年龄与发生汽车交通事故次数是否有关系，调查了 4 194 名不同年龄的驾驶员发生事故的次数，数据如下：

| 事故次数 | 年龄(岁) | | | | |
| --- | --- | --- | --- | --- | --- |
| | 21～30 | 31～40 | 41～50 | 51～60 | 61～70 |
| 0 | 748 | 821 | 786 | 720 | 672 |
| 1 | 74 | 60 | 51 | 66 | 50 |
| 2 | 31 | 25 | 22 | 16 | 15 |
| ≥2 | 9 | 10 | 6 | 5 | 7 |

在显著性水平 $\alpha=0.05$ 下判断驾驶员的年龄与发生汽车交通事故次数是否有关系。

## 著名学者小传

唐守正，1941 年 5 月出生于湖南省邵阳市，森林经理学家，中国科学院院士，中国林业科学研究院首席科学家，中国林业科学研究院资源信息研究所研究员、博士生导师。唐守正于 1963 年从北京林学院(现北京林业大学)毕业，前往吉林林业调查规划院工作；1978 年考取北京师范大学数学系研究生，先后获得硕士、博士学位；1982 年担任中国林业科学研究院资源信息研究所研究员；1985 年至 1986 年在加拿大新布伦瑞克大学从事博士后研究；1990 年被国际数学会列入世界数学家名录；1995 年当选为中国科学院院士；2002 年担任中国林业科学研究院资源信息研究所名誉所长；2013 年被评为第五届全国优秀科技工作者。

唐守正院士长期从事森林资源监测、森林资源管理和生物统计方面的研究。20 世纪 70 年代，设计了基于遥感资料的数量化森林蓄积量调查方法，证明了轮尺测树各向直径平均值等于围尺测径值。20 世纪 80 年代中期以后，提出预测大面积森林资源动态的广林龄转移矩阵模型，推导出同龄纯林自稀疏方程式，根据模型相容性原理提出全林整体生长模型，导出全林整体生长模型与单木模型之间的关系，提出动态森林资源经营管理模式、定量评价经营措施的方法等。

唐守正院士躬耕践行，上下求索，在森林经理、林业统计及计算机技术在林业中应用等研究工作中取得了突出成就，凭着执著与坚守、严谨与求实的科学精神，以及厚实的科学知识和科学实践基础，数十年如一日地在森林调查、森林经理、林业统计及计算机技术在林业中应用等方面，攻克了一个又一个的科研难题，为中国森林资源普查、提高森林经营水平、森林生态建设等作出了积极贡献。

# 第 8 章

# 方差分析

方差分析的概念是在 20 世纪初由英国统计学家费希尔在进行实验设计时,为了解释实验数据首次引入,用来衡量离散数据的变动程度。目前,方差分析广泛应用于生物学、心理学、工程和医药等领域。

在生产实践和科学实验中,受不同因素的影响,往往所得实验数据有所不同。例如,在林木实验环节,植株的株距、土壤的肥沃程度、植株的品种等,这些因素都会或多或少影响林木的生长。如果能够掌握哪些因素对林木的产量起主要作用,哪些因素起次要作用,则可以根据实际情况对这些关键因素进行控制。

本章重点介绍单因素方差分析、双因素方差分析及多重比较。

## 8.1 单因素方差分析

### 8.1.1 方差分析的基本思想

在统计学中,方差分析用于分析两个或多个总体的均值是否相等。在科学研究和生产试验中,许多因素会影响试验结果。人为可以控制的因素称为**可控因素**。例如,林木的株距、植株品种等是可以控制的。林地环境的温度、降水等因素一般是人为难以控制的,称这类因素为**不可控因素**。在农林生产中,人们希望尽量减少投入成本,同时获得较高的产量,这就有必要科学分析出哪些因素对农林作物的产量产生了重要影响,哪些因素是次要影响因素,如作物的品种、土壤中营养元素含量变化、气候等。

试验结果有差异的原因可分成两类:一类是不可控的随机因素的影响,这是人为很难控制的影响因素,称为**随机因素**,由此产生的误差为**随机误差**;另一类是人为施加的可控因素对试验结果的影响,可控因素所处的不同状态,称为**水平**,因素 $A$ 的不同水平常标记为 $A_1$, $A_2$, …等。

在一项科学试验中只考虑一个因素的影响,称为**单因素试验**;反之,如果考虑两个或两个以上因素对试验结果的影响,称这类试验为**多因素试验**。

**例 8-1** 分析某细菌在抗生素 $A$ 影响下的生长试验,考虑 $A$ 的不同浓度对细菌生长的影响。在相同条件下重复进行 3 次试验,细菌的生长数量见表 8-1。问抗生素 $A$ 的不同浓

表 8-1　不同抗生素浓度处理下细菌的生长数量

| 重复次数 | 浓度 | | | |
|---|---|---|---|---|
| | $A_1$ | $A_2$ | $A_3$ | $A_4$ |
| 1 | 375 | 395 | 385 | 405 |
| 2 | 390 | 382.5 | 415 | 415 |
| 3 | 405 | 407.5 | 400 | 395 |
| 平均 | 390 | 395 | 400 | 405 |

度对细菌的生长数量是否有显著影响。

试验分析抗生素 $A$ 浓度这一因素的 4 种不同处理水平下的细菌的生长量是否有显著差异，这是一个单因素试验。

**例 8-2**　为了研究不同光照强度对各品系小叶杨的叶绿素含量的影响，假定其他环境因素相同，现有 4 种不同品系的小叶杨，每组 3 株，分别在不同光照强度下测得叶绿素含量，见表 8-2。

表 8-2　不同光照强度下各品系小叶杨的叶绿素含量

| 品系 $A$ | 光照强度 $B$ | | | 合计 $x_i.$ | 平均 $\bar{x}_i.$ |
|---|---|---|---|---|---|
| | $B_1(0.2)$ | $B_2(0.4)$ | $B_3(0.8)$ | | |
| $A_1$ | 106 | 116 | 145 | 367 | 122.3 |
| $A_2$ | 42 | 68 | 115 | 225 | 75.0 |
| $A_3$ | 70 | 111 | 133 | 314 | 104.7 |
| $A_4$ | 42 | 63 | 87 | 192 | 64.0 |
| 合计 $x._j$ | 260 | 358 | 480 | 1 098 | |
| 平均 $\bar{x}._j$ | 65.0 | 89.5 | 120.0 | | 91.5 |

试验的研究对象是小叶杨叶绿素含量，小叶杨品系和光照强度是两个因素，分别有 4 个和 3 个水平，这是一个双因素试验。试验目的在于探究不同品系树种在光照强度的不同水平下叶绿素含量有无显著差异，即考察树种品系和光照强度两个因素对叶绿素含量是否有显著的影响。

方差分析的基本思想是通过分析不同因素的变化对试验结果的影响，以及分析相同因素下的不同水平是否对试验结果产生显著影响。如果可控因素的不同水平对结果产生了显著影响，那么它和不可控因素共同作用，必然使试验结果有显著变化；如果可控因素的不同水平对结果没有显著影响，那么结果的变化主要受随机因素的影响，与可控因素关系不大。

## 8.1.2　单因素方差分析

例 8-1 中，在抗生素 $A$ 浓度的同一水平下进行重复试验，其结果是一个随机变量。每一个水平对应一个总体，试验结果可以看成来自 4 个不同总体的样本数据。各个总体的

均值分别记为 $\mu_i$，$i=1,2,3,4$，则原假设 $H_0$ 为"在抗生素 $A$ 的不同浓度水平下细菌的生长量的各个总体的均值无显著差异"，即

$$H_0: \mu_1=\mu_2=\mu_3=\mu_4 \quad \text{vs} \quad H_1: \text{各个总体的均值不全相等}$$

按照假设检验的一般步骤构建一个可以用来检验这一假设的统计量，对给定的显著性水平 $\alpha$，确定拒绝域和临界值。如果样本观察值计算出的统计量满足拒绝域的条件，则拒绝原假设 $H_0$，认为抗生素 $A$ 的浓度对细菌的生长量有显著差异，否则就接受原假设 $H_0$。

下面建立数学模型，并给出单因素方差分析的完整数学描述。

**(1) 数学建模**

假设某单因素试验有 $m$ 种不同处理方法，即 $m$ 个不同水平，第 $i$ 个水平有 $n_i$ 次独立随机试验($n_i \geqslant 2$)，得到表 8-3 所列的结果。

表 8-3  $m$ 种不同水平对应 $n$ 个观测值的数据模式

| 处理方法 | 随机试验观测数据 | 样本总和 | 样本均值 |
| --- | --- | --- | --- |
| $A_1$ | $x_{11}, x_{12}, \cdots, x_{1n_1}$ | $x_{1\cdot}$ | $\bar{x}_{1\cdot}$ |
| $A_2$ | $x_{21}, x_{22}, \cdots, x_{2n_2}$ | $x_{2\cdot}$ | $\bar{x}_{2\cdot}$ |
| $\vdots$ | $\vdots$ | $\vdots$ | $\vdots$ |
| $A_i$ | $x_{i1}, \cdots, x_{ij}, \cdots, x_{in_i}$ | $x_{i\cdot}$ | $\bar{x}_{i\cdot}$ |
| $\vdots$ | $\vdots$ | $\vdots$ | $\vdots$ |
| $A_m$ | $x_{m1}, x_{m2}, \cdots, x_{mn_m}$ | $x_{m\cdot}$ | $\bar{x}_{m\cdot}$ |

表中 $x_{ij}$ 表示第 $i$ 个水平的第 $j$ 个试验观测值($i=1,2,\cdots,m$；$j=1,2,\cdots,n_i$)。$x_{i\cdot}=\sum_{j=1}^{n_i} x_{ij}$ 表示第 $i$ 个水平的 $n_i$ 个试验数据的总和；$\bar{x}_{i\cdot}=\dfrac{x_{i\cdot}}{n_i}$ 表示第 $i$ 个水平的独立随机试验数据的平均值。将全部试验数据的总和表示为 $x=\sum_{i=1}^{m}\sum_{j=1}^{n_i} x_{ij}=\sum_{i=1}^{m} x_{i\cdot}$，全部试验数据的总平均值表示为 $\bar{x}=\dfrac{1}{n}\sum_{i=1}^{m}\sum_{j=1}^{n_i} x_{ij}=\dfrac{x}{n}$，其中，$n=\sum_{i=1}^{m} n_i$。

假定 $m$ 个水平 $A_1, A_2, \cdots, A_m$ 下的总体都服从正态分布，均值分别为 $\mu_1, \mu_2, \cdots, \mu_m$，具有相同的方差 $\sigma^2$，即 $x_{ij} \sim N(\mu_i, \sigma^2)$，则有 $x_{ij}-\mu_i \sim N(0, \sigma^2)$。令 $\varepsilon_{ij}=x_{ij}-\mu_i$ 表示随机误差，则

$$\begin{cases} x_{ij}=\mu_i+\varepsilon_{ij} & (i=1,2,\cdots,m; \ j=1,2,\cdots,n_i) \\ \varepsilon_{ij} \text{相互独立，且都服从} N(0, \sigma^2) \end{cases} \quad (8\text{-}1)$$

其中，$\mu_1, \mu_2, \cdots, \mu_m$ 与 $\sigma^2$ 均为未知参数。式(8-1)称为**单因素试验方差分析的数学模型**。

**(2) 建立假设**

方差分析的目的是基于模型(8-1)检验 $m$ 个水平的总体的均值是否相等，即建立原假设与备择假设：

$$H_0: \mu_1=\mu_2=\cdots=\mu_m \quad \text{vs} \quad H_1: \mu_1, \mu_2, \cdots, \mu_m \text{中至少两个不相等} \quad (8\text{-}2)$$

对未知参数 $\mu_1, \mu_2, \cdots, \mu_m$ 与 $\sigma^2$ 进行估计。

令 $\mu = \dfrac{1}{n}\sum\limits_{i=1}^{m} n_i \mu_i$，称为**总均值**。将 $\mu_i$ 表示为总均值与第 $i$ 个独立部分 $\delta_i$ 的和，即

$$\mu_i = \mu + \delta_i \quad (i=1, 2, \cdots, m) \tag{8-3}$$

$\delta_i$ 表示第 $i$ 个水平下的平均值与总均值的差异，称为**水平 $A_i$ 的效应**，满足

$$\sum_{i=1}^{m} n_i \delta_i = \sum_{i=1}^{m} n_i (\mu - \mu_i) = \sum_{i=1}^{m} n_i \mu - \sum_{i=1}^{m} n_i \mu_i = 0$$

因此模型(8-1)等价为

$$\begin{cases} x_{ij} = \mu + \delta_i + \varepsilon_{ij} & (i=1, 2, \cdots, m; j=1, 2, \cdots, n_i) \\ \sum\limits_{i=1}^{m} n_i \delta_i = 0 \\ \varepsilon_{ij} \text{ 相互独立，且都服从 } N(0, \sigma^2) \end{cases} \tag{8-4}$$

假设检验问题(8-2)等价于

$$H_0: \delta_1 = \delta_2 = \cdots = \delta_m = 0 \quad \text{vs} \quad H_1: \delta_1, \delta_2, \cdots, \delta_m \text{ 不全为零} \tag{8-5}$$

当 $H_0$ 为真时，$x_{ij}$ 的差异完全由随机因素 $\varepsilon_{ij}$ 引起；当 $H_0$ 不为真时，$x_{ij}$ 的差异不仅由随机因素引起，而且由 $\mu_i$ 的差异，即 $\delta_i$ 引起。因此，需要构造一个检验 $H_0$ 的统计量来描述 $x_{ij}$ 之间的差异，并将上述两种因素引起的差异分解出来，这就是方差分析中偏差平方和(也称离差平方和)的分解。

**(3)平方和的分解**

根据表 8-3，引入**总偏差平方和**

$$S_T = \sum_{i=1}^{m} \sum_{j=1}^{n_i} (x_{ij} - \overline{x})^2 \tag{8-6}$$

表示 $x_{ij}$ 与样本总平均值 $\overline{x}$ 的偏差平方和，反映全部试验数据的差异。可以将 $S_T$ 分解：

$$\begin{aligned} S_T &= \sum_{i=1}^{m} \sum_{j=1}^{n_i} [(x_{ij} - \overline{x}_{i\cdot}) + (\overline{x}_{i\cdot} - \overline{x})]^2 \\ &= \sum_{i=1}^{m} \sum_{j=1}^{n_i} [(x_{ij} - \overline{x}_{i\cdot})^2 + 2(x_{ij} - \overline{x}_{i\cdot})(\overline{x}_{i\cdot} - \overline{x}) + (\overline{x}_{i\cdot} - \overline{x})^2] \\ &= \sum_{i=1}^{m} \sum_{j=1}^{n_i} (x_{ij} - \overline{x}_{i\cdot})^2 + 2\sum_{i=1}^{m} \sum_{j=1}^{n_i} (x_{ij} - \overline{x}_{i\cdot})(\overline{x}_{i\cdot} - \overline{x}) + \sum_{i=1}^{m} n_i (\overline{x}_{i\cdot} - \overline{x})^2 \end{aligned}$$

其中，交叉项

$$\begin{aligned} 2\sum_{i=1}^{m} \sum_{j=1}^{n_i} (x_{ij} - \overline{x}_{i\cdot})(\overline{x}_{i\cdot} - \overline{x}) &= 2\sum_{i=1}^{m} \left[ (\overline{x}_{i\cdot} - \overline{x}) \cdot \sum_{j=1}^{n_i} (x_{ij} - \overline{x}_{i\cdot}) \right] \\ &= 2\sum_{i=1}^{m} \left[ (\overline{x}_{i\cdot} - \overline{x}) \cdot \left( \sum_{j=1}^{n_i} x_{ij} - n_i \overline{x}_{i\cdot} \right) \right] \\ &= 0 \end{aligned}$$

故
$$S_T = \sum_{i=1}^{m}\sum_{j=1}^{n_i}(x_{ij}-\overline{x}_{i\cdot})^2 + \sum_{i=1}^{m}n_i(\overline{x}_{i\cdot}-\overline{x})^2 = S_E + S_A \tag{8-7}$$

式(8-7)称为**平方和的分解公式**,其中
$$S_E = \sum_{i=1}^{m}\sum_{j=1}^{n_i}(x_{ij}-\overline{x}_{i\cdot})^2 \tag{8-8}$$
$$S_A = \sum_{i=1}^{m}n_i(\overline{x}_{i\cdot}-\overline{x})^2 \tag{8-9}$$

$S_E$ 反映了由随机因素造成的差异,称为**组内偏差平方和**。$S_A$ 反映了由各水平总体均值 $\mu_i$ 造成的差异,称为**组间偏差平方和**。

**(4) $S_E$ 和 $S_A$ 的统计性质**

为了构造假设检验问题(8-5)的检验统计量,分别讨论 $S_E$ 和 $S_A$ 的统计性质。各水平 $A_i$ 下的样本是来自正态总体 $N(\mu_i,\sigma^2)$ 的简单随机样本,其样本方差为
$$s_i^2 = \frac{1}{n_i-1}\sum_{j=1}^{n_i}(x_{ij}-\overline{x}_{i\cdot})^2$$

有
$$\frac{(n_i-1)s_i^2}{\sigma^2} = \frac{\sum_{j=1}^{n_i}(x_{ij}-\overline{x}_{i\cdot})^2}{\sigma^2} \sim \chi^2(n_i-1)$$

各水平下的平方和 $\sum_{j=1}^{n_i}(x_{ij}-\overline{x}_{i\cdot})^2$ 相互独立,根据 $\chi^2$ 分布的可加性得
$$\frac{S_E}{\sigma^2} \sim \chi^2\left[\sum_{i=1}^{m}(n_i-1)\right] \tag{8-10}$$

即
$$\frac{S_E}{\sigma^2} \sim \chi^2(n-m)$$

且有
$$E(S_E) = (n-m)\sigma^2 \tag{8-11}$$

下面讨论 $S_A$ 的统计性质。
$$E(S_A) = E\left[\sum_{i=1}^{m}n_i(\overline{x}_{i\cdot}-\overline{x})^2\right] = E\left(\sum_{i=1}^{m}n_i\overline{x}_{i\cdot}^2 - n\overline{x}^2\right) = \sum_{i=1}^{m}n_iE(\overline{x}_{i\cdot}^2) - nE(\overline{x}^2)$$

由 $\overline{x}_{i\cdot} \sim N\left(\mu_i,\frac{\sigma^2}{n_i}\right)$,$\overline{x} \sim N\left(\mu,\frac{\sigma^2}{n}\right)$ 得
$$E(S_A) = \sum_{i=1}^{m}n_i\left(\frac{\sigma^2}{n_i}+\mu_i^2\right) - n\left(\frac{\sigma^2}{n}+\mu^2\right)$$
$$= \sum_{i=1}^{m}n_i\mu_i^2 + (m-1)\sigma^2 - n\mu^2$$
$$= \sum_{i=1}^{m}n_i(\mu+\delta_i)^2 + (m-1)\sigma^2 - n\mu^2$$

$$= \sum_{i=1}^{m} n_i \delta_i^2 + (m-1)\sigma^2 \qquad (8-12)$$

可以证明，$S_E$ 和 $S_A$ 相互独立，且当 $H_0$ 成立时，有

$$\frac{S_A}{\sigma^2} \sim \chi^2(m-1) \qquad (8-13)$$

$$\frac{S_T}{\sigma^2} \sim \chi^2(n-1) \qquad (8-14)$$

根据式(8-10)，式(8-13)及 $F$ 分布的性质，在 $H_0$ 成立的条件下得

$$F = \frac{\dfrac{S_A/\sigma^2}{m-1}}{\dfrac{S_E/\sigma^2}{n-m}} = \frac{\dfrac{S_A}{(m-1)}}{\dfrac{S_E}{(n-m)}} = \frac{MS_A}{MS_E} \sim F(m-1, n-m) \qquad (8-15)$$

其中，$MS_A = \dfrac{S_A}{m-1}$ 和 $MS_E = \dfrac{S_E}{n-m}$ 分别称为 $S_A$ 和 $S_E$ 的**均方和**。

**(5) 假设检验问题的拒绝域**

总结上述各式，得到 $m$ 个不同水平，每种水平有 $n_i$ 次独立随机试验的**单因素方差分析表**，见表 8-4。

表 8-4 单因素方差分析表

| 方差来源 | 平方和 | 自由度 | 均方和 | F 比 |
|---|---|---|---|---|
| 组间 | $S_A$ | $m-1$ | $MS_A = \dfrac{S_A}{m-1}$ | |
| 组内 | $S_E$ | $n-m$ | $MS_E = \dfrac{S_E}{n-m}$ | $F = \dfrac{MS_A}{MS_E}$ |
| 总和 | $S_T$ | $n-1$ | | |

根据 $S_A$ 的统计性质，当 $H_0$ 成立时，$E\left(\dfrac{S_A}{m-1}\right) = \sigma^2$，即 $\dfrac{S_A}{m-1}$ 是 $\sigma^2$ 的无偏估计值。当 $H_1$ 成立时，$E\left(\dfrac{S_A}{m-1}\right) = \sigma^2 + \dfrac{1}{m-1}\sum_{i=1}^{m} n_i \delta_i^2 > \sigma^2$。根据 $S_E$ 的统计性质，无论假设 $H_0$ 是否成立，都有 $E\left(\dfrac{S_E}{n-m}\right) = \sigma^2$，即 $\dfrac{S_E}{n-m}$ 都是 $\sigma^2$ 的无偏估计值。

综上所述，$F$ 比统计量 $MS_A/MS_E$ 的分子与分母相互独立，无论 $H_0$ 是否为真，分母的数学期望总是 $\sigma^2$。只有当 $H_0$ 为真时，分子的数学期望为 $\sigma^2$，当 $H_0$ 不为真时，分子的值大于 $\sigma^2$，故 $F$ 的取值有偏大的趋势。因此，假设检验问题式(8-5)的拒绝域

$$W = \left\{ F = \frac{MS_A}{MS_E} \geqslant k \right\}$$

其中，$k$ 由给定的显著性水平 $\alpha$ 决定，通过 $F$ 分布分位点的定义，有 $k = F_\alpha(m-1, n-m)$，由此 $H_0$ 的拒绝域为

$$W = \{F \geqslant F_\alpha(m-1, n-m)\} \tag{8-16}$$

在实际计算中，可以按照下面简便的公式计算 $S_T$，$S_E$ 和 $S_A$。

$$\begin{cases} S_T = \sum_{i=1}^{m} \sum_{j=1}^{n_i} x_{ij}^2 - n\bar{x}^2 = \sum_{i=1}^{m} \sum_{j=1}^{n_i} x_{ij}^2 - \frac{x^2}{n} \\ S_A = \sum_{i=1}^{m} n_i \bar{x}_{i\cdot}^2 - n\bar{x}^2 = \sum_{i=1}^{m} \frac{x_{i\cdot}^2}{n_i} - \frac{x^2}{n} \\ S_E = S_T - S_A \end{cases} \tag{8-17}$$

**例 8-3** 假设例 8-1 中细菌在不同浓度的抗生素 $A$ 下的生长相互独立，每个总体都服从正态分布，且具有相同的方差。假设检验问题为（显著性水平 $\alpha = 0.05$）

$H_0: \mu_1 = \mu_2 = \mu_3 = \mu_4$   vs   $H_1: \mu_1, \mu_2, \mu_3, \mu_4$ 中至少两个不相等

**解** 由题意知 $m = 4$，$n_i = 3$，$n = 12$，4 个水平下试验数据的总和分别为

$x_{1\cdot} = 1\,170$    $x_{2\cdot} = 1\,185$    $x_{3\cdot} = 1\,200$    $x_{4\cdot} = 1\,215$

全部试验数据的总和 $x = 4\,770$。计算平方和得

$$S_T = \sum_{i=1}^{m} \sum_{j=1}^{n_i} x_{ij}^2 - \frac{x^2}{n} = \sum_{i=1}^{4} \sum_{j=1}^{3} x_{ij}^2 - \frac{4\,770^2}{12} = 1\,897\,863 - \frac{22\,752\,900}{12} = 1\,788$$

$$S_A = \sum_{i=1}^{m} \frac{x_{i\cdot}^2}{n_i} - \frac{x^2}{n} = \sum_{i=1}^{4} \frac{x_{i\cdot}^2}{3} - \frac{4\,770^2}{12} = 1\,896\,450 - \frac{22\,752\,900}{12} = 375$$

$$S_E = S_T - S_A = 1\,788 - 375 = 1\,413$$

$S_T$，$S_E$ 和 $S_A$ 的自由度分别为 $n-1=11$，$n-m=8$，$m-1=3$，得到如下单因素方差分析表（表 8-5）。

表 8-5 例 8-3 的单因素方差分析表

| 方差来源 | 平方和 | 自由度 | 均方和 | F 比 |
| --- | --- | --- | --- | --- |
| 组间 | 375 | 3 | 125 | 0.71 |
| 组内 | 1 413 | 8 | 176.625 | |
| 总和 | 1 788 | 11 | | |

因为 $F_{0.05}(3, 8) = 2.92 > 0.71$，故在显著性水平 $\alpha = 0.05$ 下接受原假设 $H_0$，可以认为在不同浓度的抗生素 $A$ 下细菌的生长无显著差异。

**例 8-4** 有机碳是土壤极其重要的组成部分，不仅与土壤肥力密切相关，而且对地球碳循环有巨大的影响。在 6 种不同的环境条件下重复测量 5 次，得到有机碳含量见表 8-6。分析不同环境条件下有机碳含量是否存在显著差异（显著性水平 $\alpha = 0.05$）。

表 8-6  6 种环境条件下土壤有机碳含量的观测值

| 环境条件 | 随机试验观测数据 | | | | | 样本总和 | 样本均值 |
|---|---|---|---|---|---|---|---|
| 1 | 40.7 | 40.2 | 39 | 38.3 | 40.8 | 199 | 39.8 |
| 2 | 41 | 42.1 | 39.1 | 41 | 41.3 | 204.5 | 40.9 |
| 3 | 38.3 | 39.23 | 37.47 | 38.93 | 39.2 | 193.13 | 38.626 |
| 4 | 39.2 | 38.4 | 37 | 37.5 | 38.5 | 190.6 | 38.12 |
| 5 | 36.86 | 39.61 | 37.81 | 40.12 | 38.18 | 192.58 | 38.516 |
| 6 | 37.2 | 39 | 37.8 | 39.5 | 39.5 | 193 | 38.6 |

**解** 由题意知 $m=6$, $n_i=5$, $n=30$, 不同环境下土壤有机碳含量数据的总和分别为

$$x_1.=199 \quad x_2.=204.5 \quad x_3.=193.13 \quad x_4.=190.6 \quad x_5.=192.58 \quad x_6.=193$$

全部试验数据的总和 $x=1\,172.81$. 求平方和得

$$S_T = \sum_{i=1}^{m}\sum_{j=1}^{n_i} x_{ij}^2 - \frac{x^2}{n} = \sum_{i=1}^{6}\sum_{j=1}^{5} x_{ij}^2 - \frac{1\,172.81^2}{30} = 45\,903.45 - \frac{1\,375\,483}{30} = 54.01$$

$$S_A = \sum_{i=1}^{m} \frac{x_{i.}^2}{n_i} - \frac{x^2}{n} = \sum_{i=1}^{6} \frac{x_{i.}^2}{5} - \frac{1\,172.81^2}{30} = 1\,896\,450 - \frac{1\,375\,483}{30} = 27.54$$

$$S_E = S_T - S_A = 54.01 - 27.54 = 26.47$$

$S_T$, $S_E$ 和 $S_A$ 的自由度分别为 $n-1=29$, $n-m=24$, $m-1=5$, 得到如下方差分析表(表 8-7)。

表 8-7  例 8-4 的单因素方差分析表

| 方差来源 | 平方和 | 自由度 | 均方和 | F 比 |
|---|---|---|---|---|
| 组间 | 26.47 | 5 | 5.294 | 4.614 |
| 组内 | 27.54 | 24 | 1.147 5 | |
| 总和 | 54.01 | 29 | | |

因为 $F_{0.05}(5,24)=2.62<4.614$, 故在显著性水平 $\alpha=0.05$ 下拒绝原假设 $H_0$, 可以认为在不同环境条件下土壤有机碳含量存在显著差异。

**(6) 未知参数估计**

无论假设 $H_0$ 是否成立，均有 $E\left(\dfrac{S_E}{n-m}\right)=\sigma^2$, 所以 $\hat{\sigma}^2=\dfrac{S_E}{n-m}$ 是 $\sigma^2$ 的无偏估计量。

因为 $E(\overline{x})=\mu$, $E(\overline{x}_{i.})=\mu_i$, $i=1,2,\cdots,m$, 所以 $\hat{\mu}=\overline{x}$ 和 $\hat{\mu}_i=\overline{x}_{i.}$ 分别是 $\mu$ 和 $\mu_i$ 的无偏估计值。

若拒绝原假设 $H_0$, 则 $\delta_1, \delta_2, \cdots, \delta_m$ 中不全为零。由于 $\delta_i=\mu_i-\mu$, 其中, $i=1$, $2, \cdots, m$, 则 $\hat{\delta}_i=\overline{x}_{i.}-\overline{x}$ 是 $\delta_i$ 的无偏估计值，且 $\sum\limits_{i=1}^{m}\delta_i = \sum\limits_{i=1}^{m}\overline{x}_{i.}-x=0$。

下面对两个总体 $N(\mu_i, \sigma^2)$ 与 $N(\mu_k, \sigma^2)(i\neq k)$ 的均值差 $\mu_i-\mu_k$ 进行区间估计。

由于
$$\overline{x}_{i\cdot} - \overline{x}_{k\cdot} \sim N\left[\mu_i - \mu_k,\ \sigma^2\left(\frac{1}{n_i} + \frac{1}{n_k}\right)\right]$$

且 $\overline{x}_{i\cdot} - \overline{x}_{k\cdot}$ 与 $\hat{\sigma}^2 = \dfrac{S_E}{n-m}$ 相互独立，于是

$$\frac{(\overline{x}_{i\cdot} - \overline{x}_{k\cdot}) - (\mu_i - \mu_k)}{\sqrt{MS_E\left(\dfrac{1}{n_i} + \dfrac{1}{n_k}\right)}} \sim t(n-m)$$

可得均值差 $\mu_i - \mu_k$ 的置信水平为 $1-\alpha$ 的置信区间为

$$\left[\overline{x}_{i\cdot} - \overline{x}_{k\cdot} - t_\alpha(n-m)\sqrt{MS_E\left(\frac{1}{n_i} + \frac{1}{n_k}\right)},\ \overline{x}_{i\cdot} - \overline{x}_{k\cdot} + t_\alpha(n-m)\sqrt{MS_E\left(\frac{1}{n_i} + \frac{1}{n_k}\right)}\right]$$
(8-18)

**例 8-5** 求例 8-1 中未知参数 $\sigma^2$，$\mu_i$，$\delta_i$ 的点估计及均值差在置信水平为 0.95 的置信区间（$i=1,\ 2,\ 3,\ 4$）。

**解** $\hat{\sigma}^2 = \dfrac{S_E}{n-m} = \dfrac{1413}{8} = 176.625$，$\hat{\mu}_1 = \overline{x}_{1\cdot} = 390$，$\hat{\mu}_2 = \overline{x}_{2\cdot} = 395$，$\hat{\mu}_3 = \overline{x}_{3\cdot} = 400$，$\hat{\mu}_4 = \overline{x}_{4\cdot} = 405$，$\delta_1 = \overline{x}_{1\cdot} - \overline{x} = -7.5$，$\delta_2 = \overline{x}_{2\cdot} - \overline{x} = -2.5$，$\delta_3 = \overline{x}_{3\cdot} - \overline{x} = 2.5$，$\delta_4 = \overline{x}_{4\cdot} - \overline{x} = 7.5$。

对均值差的区间估计，由于 $t_{0.05}(n-m) = t_{0.05}(8) = 2.306$，得

$$t_\alpha(n-m)\sqrt{MS_E\left(\frac{1}{n_i} + \frac{1}{n_k}\right)} = 2.306 \times \sqrt{176.625 \times \frac{2}{3}} = 37.535$$

故 $\mu_1 - \mu_2$，$\mu_1 - \mu_3$，$\mu_1 - \mu_4$，$\mu_2 - \mu_3$，$\mu_2 - \mu_4$，$\mu_3 - \mu_4$ 的置信水平为 0.95 的置信区间分别为

$$[390 - 395 - 37.535,\ 390 - 395 + 37.535] = [-42.535,\ 32.535]$$
$$[390 - 400 - 37.535,\ 390 - 400 + 37.535] = [-47.535,\ 27.535]$$
$$[390 - 405 - 37.535,\ 390 - 405 + 37.535] = [-52.535,\ 22.535]$$
$$[395 - 400 - 37.535,\ 395 - 400 + 37.535] = [-42.535,\ 32.535]$$
$$[395 - 405 - 37.535,\ 395 - 405 + 37.535] = [-47.535,\ 27.535]$$
$$[400 - 405 - 37.535,\ 400 - 405 + 37.535] = [-42.535,\ 32.535]$$

**例 8-6** 生态文明建设是关系中华民族永续发展的根本大计。PM2.5 是指大气中直径小于或等于 2.5 微米的颗粒物，其含量是衡量空气质量的一项重要指标。下表中给出了某城市在推动绿色发展过程中 2020 年、2022 年和 2024 年 3 个年份的 PM2.5 指数的月统计数据。

| 2020 年 | 94 | 148 | 94 | 89 | 61 | 54 | 89 | 62 | 65 | 118 | 86 | 58 |
|---|---|---|---|---|---|---|---|---|---|---|---|---|
| 2022 年 | 34 | 50 | 82 | 59 | 45 | 43 | 44 | 31 | 28 | 42 | 71 | 38 |
| 2024 年 | 45 | 22 | 39 | 34 | 21 | 23 | 19 | 19 | 30 | 40 | 45 | 21 |

试判断 3 个年份的 PM2.5 指数是否有显著差异(显著性水平 $\alpha=0.05$)。

**解** 分别以 $\mu_1$, $\mu_2$, $\mu_3$ 表示 2020 年、2022 年和 2024 年 3 个年份 PM2.5 指数的总体均值，考虑的假设检验问题为

$$H_0: \mu_1 = \mu_2 = \mu_3 \quad \text{vs} \quad H_1: \mu_1, \mu_2, \mu_3 \text{ 中至少两个不相等}$$

由条件知 $m=3$, $n_1 = n_2 = n_3 = 12$, $n=36$, 求平方和得

$$S_T = \sum_{i=1}^{m} \sum_{j=1}^{n_i} x_{ij}^2 - \frac{x^2}{n} = 31\,448.972$$

$$S_A = \sum_{i=1}^{m} \frac{x_{i\cdot}^2}{n_i} - \frac{x^2}{n} = 18\,963.389$$

$$S_E = S_T - S_A = 12\,485.583$$

$S_T$, $S_E$ 和 $S_A$ 的自由度依次为 $n-1=35$, $n-m=33$, $m-1=2$, 得方差分析表如下：

| 方差来源 | 平方和 | 自由度 | 均方和 | F 比 |
|---|---|---|---|---|
| 因素 | 18 963.389 | 2 | 9 481.695 | 25.061 |
| 误差 | 12 485.583 | 33 | 378.351 | |
| 总和 | 31 448.972 | 35 | | |

因为 $F_{0.05}(2, 33) = 3.28 < 25.061$, 所以在显著性水平 $\alpha=0.05$ 下拒绝 $H_0$, 可以认为这 3 年的 PM2.5 指数有显著差异。

## 8.2 多重比较

当方差分析的结论为拒绝 $H_0$, 接受 $H_1$ 时，表明 $m$ 个水平 $A_1$, $A_2$, $\cdots$, $A_m$ 下的总体均值不完全相同。至于是哪些水平下的总体均值显著不同，则不能直接得到。因此，方差分析得到不同总体均值存在显著差异的情形下，还需要进一步做多重比较，分析出哪些总体均值之间存在差异。本节介绍 3 种多重比较方法(LSD 方法、Tukey 方法和 Duncan 方法)。

### 8.2.1 Fisher 最小显著差方法(LSD 方法)

LSD(Least Significant Difference)方法本质上是 $t$ 检验的变形。根据

$$\frac{(\overline{x}_{i\cdot} - \overline{x}_{k\cdot}) - (\mu_i - \mu_k)}{\sqrt{\left(\frac{1}{n_i} + \frac{1}{n_k}\right)}\sigma} \sim N(0, 1)$$

$$\frac{MS_E}{\sigma^2} \sim \chi^2(n-m)$$

得

$$\frac{[(\overline{x}_{i\cdot}-\overline{x}_{k\cdot})-(\mu_i-\mu_k)]/\sqrt{\left(\frac{1}{n_i}+\frac{1}{n_k}\right)}}{\sqrt{MS_E}} \sim t(n-m)$$

令

$$LSD_{ik}=t_\alpha(n-m)\sqrt{MS_E\left(\frac{1}{n_i}+\frac{1}{n_k}\right)} \tag{8-19}$$

若 $|\overline{x}_{i\cdot}-\overline{x}_{k\cdot}|\geqslant LSD_{ik}$，则说明水平 $i$ 与水平 $k$ 之间存在显著差异，均值差 $\mu_i-\mu_k$ 的置信水平为 $1-\alpha$ 的置信区间为

$$[\overline{x}_{i\cdot}-\overline{x}_{k\cdot}-LSD_{ik},\ \overline{x}_{i\cdot}-\overline{x}_{k\cdot}+LSD_{ik}] \tag{8-20}$$

这与上节 $\mu_i-\mu_k$ 的区间估计形式一致。

**例 8-7** 对例 8-4 作进一步的多重比较（显著性水平 $\alpha=0.05$）。

**解** 由例 8-4 的方差分析表知 $n=30$，$n-m=24$，$MS_E=1.145$，查附表 3 得 $t_{0.05}(n-m)=2.064$，代入式(8-19)得

$$LSD=2.064\times\sqrt{1.145\times\frac{2}{5}}=1.397$$

计算 $\overline{x}_{1\cdot}=39.8$，$\overline{x}_{2\cdot}=40.9$，$\overline{x}_{3\cdot}=38.626$，$\overline{x}_{4\cdot}=38.12$，$\overline{x}_{5\cdot}=38.516$，$\overline{x}_{6\cdot}=38.6$，按从小到大的顺序排列为 $\overline{x}_{4\cdot}<\overline{x}_{5\cdot}<\overline{x}_{6\cdot}<\overline{x}_{3\cdot}<\overline{x}_{1\cdot}<\overline{x}_{2\cdot}$，根据表 8-8 可以发现环境条件 2 与 4，5，6，3，以及环境条件 1 与 4 之间的土壤有机碳含量存在显著差异。这些水平的均值差的置信水平为 95% 的置信区间为

$$\mu_2-\mu_4\in[2.78-1.397, 2.78+1.397]=[1.383, 4.177]$$

$$\mu_2-\mu_5\in[2.384-1.397, 2.384+1.397]=[0.987, 3.781]$$

$$\mu_2-\mu_6\in[2.3-1.397, 2.3+1.397]=[0.903, 3.697]$$

$$\mu_2-\mu_3\in[2.274-1.397, 2.274+1.397]=[0.877, 3.671]$$

$$\mu_1-\mu_4\in[1.68-1.397, 1.68+1.397]=[0.283, 3.077]$$

表 8-8 例 8-4 的多重比较结果

| $\overline{x}_{k\cdot}$ | $\overline{x}_{i\cdot}$ | | | | |
|---|---|---|---|---|---|
| | $\overline{x}_{2\cdot}=40.9$ | $\overline{x}_{1\cdot}=39.8$ | $\overline{x}_{3\cdot}=38.626$ | $\overline{x}_{6\cdot}=38.6$ | $\overline{x}_{5\cdot}=38.516$ |
| $\overline{x}_{4\cdot}=38.12$ | 2.78* | 1.68* | 0.506 | — | — |
| $\overline{x}_{5\cdot}=38.516$ | 2.384* | 1.284 | — | — | |
| $\overline{x}_{6\cdot}=38.6$ | 2.3* | — | — | — | |
| $\overline{x}_{3\cdot}=38.626$ | 2.274* | — | — | | |
| $\overline{x}_{1\cdot}=39.8$ | 1.1 | — | | | |

注：* 表示有显著差异，— 表示没有显著差异。

## 8.2.2 杜奇 W 检验

杜奇(Tukey) W 检验要求各组样本的数量相同，即 $n_1=n_2=\cdots=n_m$。令

$$W=q_\alpha(m, n-m)\sqrt{\frac{MS_E}{n_1}} \quad (8-21)$$

其中，$q_\alpha(m, n-m)$ 查附表 11 得到。若 $|\bar{x}_i.-\bar{x}_k.|\geqslant W$，则说明水平 $i$ 的总体均值与水平 $k$ 的总体均值之间存在显著差异，此时 $\mu_i-\mu_k$ 的置信水平为 $1-\alpha$ 的置信区间为

$$[\bar{x}_i.-\bar{x}_k.-W, \bar{x}_i.-\bar{x}_k.+W] \quad (8-22)$$

**例 8-8** 对例 8-4 作进一步的 W 检验(显著性水平 $\alpha=0.05$)。

**解** 根据例 8-4 有 $m=6$，$n=5$，$nm=30$，$mn-m=24$，$MS_E=1.1475$，不同环境下土壤有机碳含量数据的均值分别为 $\bar{x}_1.=39.8$，$\bar{x}_2.=40.9$，$\bar{x}_3.=38.626$，$\bar{x}_4.=38.12$，$\bar{x}_5.=38.516$，$\bar{x}_6.=38.6$，查附表 11 有 $q_\alpha(m, n-m)=4.68$，代入式(8-21)得 $W=4.68\times\sqrt{\frac{1.1475}{5}}=2.242$。

例如，比较环境条件 2 和环境条件 4 的土壤有机碳含量均值的差异，先计算 $|\bar{x}_2.-\bar{x}_4.|=2.78>2.242$，可以认为二者之间存在差异，且计算 $\mu_1-\mu_2$ 的 95% 置信区间为

$$[2.78-2.242, 2.78+2.242]=[0.538, 5.022]$$

## 8.2.3 邓肯检验

邓肯(Duncan)检验同样要求各组样本数量相同，即 $n_1=n_2=\cdots=n_m$。假设方差分析的结论为存在显著差异，令

$$W_d=q'_\alpha(d, n-m)\sqrt{\frac{MS_E}{n_1}} \quad (8-23)$$

其中，$d$ 为各组样本均值从小到大排列后，要比较的两个组之间的间隔，例如要比较的两个组的均值相邻，则 $d=2$，若这两个组之间还有另外一个样本均值，则 $d=3$。$q'_\alpha(d, n-m)$ 查附表 12 得到。若 $|\bar{x}_i.-\bar{x}_k.|\geqslant W_d$，则说明水平 $i$ 的总体均值与水平 $k$ 的总体均值之间存在显著差异，此时 $\mu_i-\mu_k$ 的置信水平为 $1-\alpha$ 的置信区间为

$$[\bar{x}_i.-\bar{x}_k.-W_d, \bar{x}_i.-\bar{x}_k.+W_d] \quad (8-24)$$

**例 8-9** 对例 8-4 作进一步的 Duncan 检验(显著性水平 $\alpha=0.05$)。

**解** 将各环境条件下的均值按从小到大排列，结果为

$$4 \quad 5 \quad 6 \quad 3 \quad 1 \quad 2$$

$m=6$，$n=5$，$n-m=24$，$MS_E=1.1475$，查附表 12 得到 $q'_{0.05}(d, 24)$，见表 8-9。

表 8-9 $W_d$ 的值

| $d$ | 2 | 3 | 4 | 5 | 6 |
| --- | --- | --- | --- | --- | --- |
| $q'_{0.05}(d, 24)$ | 2.92 | 3.07 | 3.15 | 3.22 | 3.28 |
| $W_d$ | 1.399 | 1.471 | 1.509 | 1.543 | 1.571 |

代入式(8-24)可得到检验结果。例如，比较环境条件 2 和环境条件 3 的土壤有机碳含量均值的差异，此时 $d=3$，$W_d=1.471$，$|\overline{x}_{2.}-\overline{x}_{3.}|=2.274>W_d$。因此，可以认为二者之间存在差异，且计算 $\mu_2-\mu_3$ 的 95% 置信区间为

$$[2.274-1.471, 2.274+1.471]=[0.803, 3.745]$$

## 8.3 双因素方差分析

单因素方差分析考虑的是一个试验因素对结果的影响，在实际问题研究中，经常需要分析两个或两个以上因素对试验结果的影响。在设计试验时，还要考虑不同因素各水平之间的搭配。本节考虑两个因素的方差分析，即**双因素方差分析**。

### 8.3.1 双因素等重复试验的方差分析

假设有两个因素 $A$ 和 $B$ 作用于研究对象，因素 $A$ 有 $m$ 种不同处理方法，即 $m$ 个不同水平，因素 $B$ 有 $n$ 种不同处理方法，即 $n$ 个不同水平，则一共存在 $mn$ 种不同的组合，每一组合重复 $k$ 次试验，共有 $nmk$ 个观测值，见表 8-10。

假设因素 $A$ 的 $m$ 个不同水平和因素 $B$ 的 $n$ 个不同水平的每个组合下的总体都服从正态分布，且具有相同的方差 $\sigma^2$，即 $x_{ijt} \sim N(\mu_{ijt}, \sigma^2)$，各 $x_{ijt}$ 相互独立。引入记号

$$\mu = \frac{1}{mn}\sum_{i=1}^{m}\sum_{j=1}^{n}\mu_{ij}$$

$$\mu_{i.} = \frac{1}{n}\sum_{j=1}^{n}\mu_{ij} \quad \alpha_i = \mu_{i.}-\mu \quad (i=1, 2, \cdots, m)$$

$$\mu_{.j} = \frac{1}{m}\sum_{i=1}^{m}\mu_{ij} \quad \beta_j = \mu_{.j}-\mu \quad (j=1, 2, \cdots, n)$$

称 $\mu$ 为**总平均**，$\alpha_i$ 为**水平 $A_i$ 的效应**，$\beta_j$ 为**水平 $B_j$ 的效应**，满足

$$\sum_{i=1}^{m}\alpha_i = 0 \quad \sum_{j=1}^{n}\beta_j = 0$$

可以将 $\mu_{ij}$ 表示为

$$\mu_{ij} = \mu + \alpha_i + \beta_j + (\mu_{ij}-\mu_{i.}-\mu_{.j}+\mu) \quad (i=1, 2, \cdots, m; j=1, 2, \cdots, n) \tag{8-25}$$

记 $\gamma_{ij} = \mu_{ij}-\mu_{i.}-\mu_{.j}+\mu$，则有

$$\mu_{ij} = \mu + \alpha_i + \beta_j + \gamma_{ij} \quad (i=1, 2, \cdots, m; j=1, 2, \cdots, n) \tag{8-26}$$

称 $\gamma_{ij}$ 为水平 $A_i$ 和水平 $B_j$ 的**交互效应**，由水平 $A_i$ 和水平 $B_j$ 组合产生，且有

$$\sum_{i=1}^{m}\gamma_{ij} = 0 \quad (j=1, 2, \cdots, n)$$

表 8-10 双因素重复试验观测值的数据模式

| 因素 $A$ | 因素 $B$ | | | | | 因素 $A$ 样本总和 | 因素 $A$ 样本均值 |
| --- | --- | --- | --- | --- | --- | --- | --- |
| | $B_1$ | $B_2$ | $\cdots$ | $B_j$ | $\cdots$ | $B_n$ | | |
| $A_1$ | $x_{111}, x_{112},$ $\cdots, x_{11t},$ $\cdots, x_{11k}$ | $x_{121}, x_{122},$ $\cdots, x_{12t},$ $\cdots, x_{12k}$ | $\cdots$ | $x_{1j1}, x_{1j2},$ $\cdots, x_{1jt},$ $\cdots, x_{1jk}$ | $\cdots$ | $x_{1n1}, x_{1n2},$ $\cdots, x_{1nt},$ $\cdots, x_{1nk}$ | $x_{1\cdot\cdot}$ | $\overline{x}_{1\cdot\cdot}$ |
| $A_2$ | $x_{211}, x_{212},$ $\cdots, x_{21t},$ $\cdots, x_{21k}$ | $x_{221}, x_{222},$ $\cdots, x_{22t},$ $\cdots, x_{22k}$ | $\cdots$ | $x_{2j1}, x_{2j2},$ $\cdots, x_{2jt},$ $\cdots, x_{2jk}$ | $\cdots$ | $x_{2n1}, x_{2n2},$ $\cdots, x_{2nt},$ $\cdots, x_{2nk}$ | $x_{2\cdot\cdot}$ | $\overline{x}_{2\cdot\cdot}$ |
| $\vdots$ | $\vdots$ | $\vdots$ | $\cdots$ | $\vdots$ | $\cdots$ | $\vdots$ | $\vdots$ | $\vdots$ |
| $A_i$ | $x_{i11}, x_{i12},$ $\cdots, x_{i1t},$ $\cdots, x_{i1k}$ | $x_{i21}, x_{i22},$ $\cdots, x_{i2t},$ $\cdots, x_{i2k}$ | $\cdots$ | $x_{ij1}, x_{ij2},$ $\cdots, x_{ijt},$ $\cdots, x_{ijk}$ | $\cdots$ | $x_{in1}, x_{in2},$ $\cdots, x_{int},$ $\cdots, x_{ink}$ | $x_{i\cdot\cdot}$ | $\overline{x}_{i\cdot\cdot}$ |
| $\vdots$ | $\vdots$ | $\vdots$ | $\cdots$ | $\vdots$ | $\cdots$ | $\vdots$ | $\vdots$ | $\vdots$ |
| $A_m$ | $x_{m11}, x_{m12},$ $\cdots, x_{m1t},$ $\cdots, x_{m1k}$ | $x_{m21}, x_{m22},$ $\cdots, x_{m2t},$ $\cdots, x_{m2k}$ | $\cdots$ | $x_{mj1}, x_{mj2},$ $\cdots, x_{mjt},$ $\cdots, x_{mjk}$ | $\cdots$ | $x_{mn1}, x_{mn2},$ $\cdots, x_{mnt},$ $\cdots, x_{mnk}$ | $x_{m\cdot\cdot}$ | $\overline{x}_{m\cdot\cdot}$ |
| 因素 $B$ 样本总和 | $x_{\cdot 1\cdot}$ | $x_{\cdot 2\cdot}$ | | $x_{\cdot j\cdot}$ | | $x_{\cdot n\cdot}$ | $x$ | |
| 因素 $B$ 样本均值 | $\overline{x}_{\cdot 1\cdot}$ | $\overline{x}_{\cdot 2\cdot}$ | | $\overline{x}_{\cdot j\cdot}$ | | $\overline{x}_{\cdot n\cdot}$ | | $\overline{x}$ |

注：表中，$x_{ijt}$ 表示在因素 $A$ 的第 $i$ 个水平与因素 $B$ 的第 $j$ 个水平的组合处理下第 $t$ 次重复试验得到的观测值（$i = 1, 2, \cdots, m$；$j = 1, 2, \cdots, n$；$t = 1, 2, \cdots, k$）；$x_{ij\cdot} = \sum_{t=1}^{k} x_{ijt}$ 表示在因素 $A$ 的第 $i$ 个水平与因素 $B$ 的第 $j$ 个水平的组合下的所有数据之和；$\overline{x}_{ij\cdot} = \frac{1}{k} \sum_{t=1}^{k} x_{ijt} = \frac{1}{k} x_{ij\cdot}$ 表示在因素 $A$ 的第 $i$ 个水平与因素 $B$ 的第 $j$ 个水平的组合下的所有数据的平均值；$x_{i\cdot\cdot} = \sum_{j=1}^{n} \sum_{t=1}^{k} x_{ijt}$ 表示在因素 $A$ 的第 $i$ 个水平下的所有数据之和；$\overline{x}_{i\cdot\cdot} = \sum_{j=1}^{n} \sum_{t=1}^{k} \frac{x_{ijt}}{nk} = \frac{x_{i\cdot\cdot}}{nk}$ 表示在因素 $A$ 的第 $i$ 个水平下所有数据的平均值；$x_{\cdot j\cdot} = \sum_{i=1}^{m} \sum_{t=1}^{k} x_{ijt}$ 表示在因素 $B$ 的第 $j$ 个水平下所有数据之和；$\overline{x}_{\cdot j\cdot} = \sum_{i=1}^{m} \sum_{t=1}^{k} \frac{x_{ijt}}{mk} = \frac{x_{\cdot j\cdot}}{mk}$ 表示在因素 $B$ 第 $j$ 个水平下所有数据的平均值；$x = \sum_{i=1}^{m} \sum_{j=1}^{n} \sum_{t=1}^{k} x_{ijt} = \sum_{i=1}^{m} \sum_{j=1}^{n} x_{ij\cdot} = \sum_{i=1}^{m} x_{i\cdot\cdot} = \sum_{j=1}^{n} x_{\cdot j\cdot}$ 表示全部试验数据的总和；$\overline{x} = \frac{1}{nmk} \sum_{i=1}^{m} \sum_{j=1}^{n} \sum_{t=1}^{k} x_{ijt} = \frac{x}{nmk}$ 表示全部试验数据的平均值。

$$\sum_{j=1}^{n}\gamma_{ij}=0 \quad (i=1,2,\cdots,m)$$

由 $x_{ijt}\sim N(\mu_{ijt},\sigma^2)$，可将 $x_{ijt}$ 表示为

$$\begin{cases} x_{ijt}=\mu+\alpha_i+\beta_j+\gamma_{ij}+\varepsilon_{ijt}, & (i=1,\cdots,m;j=1,\cdots,n;t=1,\cdots,k) \\ \sum_{i=1}^{m}\alpha_i=0,\ \sum_{j=1}^{n}\beta_j=0,\ \sum_{i=1}^{m}\gamma_{ij}=0,\ \sum_{j=1}^{n}\gamma_{ij}=0 \\ \varepsilon_{ijt}\text{ 相互独立，且都服从 } N(0,\sigma^2) \end{cases} \quad (8\text{-}27)$$

称(8-27)为双因素试验方差分析的数学模型，$\mu$，$\alpha_i$，$\beta_j$，$\gamma_{ij}$ 与 $\sigma^2$ 为未知参数。

对模型(8-27)，需要考虑下面 3 个假设检验问题：

$H_{01}: \gamma_{11}=\gamma_{12}=\cdots=\gamma_{mn}=0$ vs $H_{11}: \gamma_{11},\gamma_{12},\cdots,\gamma_{mn}$ 中至少两个不相等 (8-28)

$H_{02}: \alpha_1=\alpha_2=\cdots=\alpha_m=0$ vs $H_{12}: \alpha_1,\alpha_2,\cdots,\alpha_m$ 中至少两个不相等 (8-29)

$H_{03}: \beta_1=\beta_2=\cdots=\beta_m=0$ vs $H_{13}: \beta_1,\beta_2,\cdots,\beta_m$ 中至少两个不相等 (8-30)

与单因素情况类似，对这些问题的检验方法也是建立在平方和的分解上的。

**(1) 平方和的分解**

总偏差平方和表示为：

$$S_T=\sum_{i=1}^{m}\sum_{j=1}^{n}\sum_{t=1}^{k}(x_{ijt}-\overline{x})^2$$

$$=\sum_{i=1}^{m}\sum_{j=1}^{n}\sum_{t=1}^{k}[(x_{ijt}-\overline{x}_{ij\cdot})+(\overline{x}_{i\cdot}-\overline{x})+(\overline{x}_{\cdot j}-\overline{x})+(\overline{x}_{ij\cdot}-\overline{x}_{i\cdot}-\overline{x}_{\cdot j}+\overline{x})]^2$$

$$=\sum_{i=1}^{m}\sum_{j=1}^{n}\sum_{t=1}^{k}(x_{ijt}-\overline{x}_{ij\cdot})^2+\sum_{i=1}^{m}\sum_{j=1}^{n}\sum_{t=1}^{k}(\overline{x}_{i\cdot}-\overline{x})^2+\sum_{i=1}^{m}\sum_{j=1}^{n}\sum_{t=1}^{k}(\overline{x}_{\cdot j}-\overline{x})^2$$

$$+\sum_{i=1}^{m}\sum_{j=1}^{n}\sum_{t=1}^{k}(\overline{x}_{ij\cdot}-\overline{x}_{i\cdot}-\overline{x}_{\cdot j}+\overline{x})^2$$

$$=\sum_{i=1}^{m}\sum_{j=1}^{n}\sum_{t=1}^{k}(x_{ijt}-\overline{x}_{ij\cdot})^2+nk\sum_{i=1}^{m}(\overline{x}_{i\cdot}-\overline{x})^2+mk\sum_{j=1}^{n}(\overline{x}_{\cdot j}-\overline{x})^2$$

$$+k\sum_{i=1}^{m}\sum_{j=1}^{n}(\overline{x}_{ij\cdot}-\overline{x}_{i\cdot}-\overline{x}_{\cdot j}+\overline{x})^2 \quad (8\text{-}31)$$

由此得到平方和的分解式：

$$S_T=S_A+S_B+S_{AB}+S_E \quad (8\text{-}32)$$

其中

$$S_A=nk\sum_{i=1}^{m}(\overline{x}_{i\cdot}-\overline{x})^2 \quad (8\text{-}33)$$

$$S_B=mk\sum_{j=1}^{n}(\overline{x}_{\cdot j}-\overline{x})^2 \quad (8\text{-}34)$$

$$S_{AB} = k \sum_{i=1}^{m} \sum_{j=1}^{n} (\overline{x}_{ij.} - \overline{x}_{i..} - \overline{x}_{.j.} + \overline{x})^2 \tag{8-35}$$

$$S_E = \sum_{i=1}^{m} \sum_{j=1}^{n} \sum_{t=1}^{k} (x_{ijt} - \overline{x}_{ij.})^2 \tag{8-36}$$

$S_A$,$S_B$ 分别称为因素 $A$、因素 $B$ 的**效应偏差平方和**,$S_{AB}$ 称为因素 $A$ 和因素 $B$ 的**交互效应偏差平方和**,$S_E$ 称为**随机误差平方和**。

可以得到 $S_T$,$S_A$,$S_B$,$S_{AB}$ 和 $S_E$ 的自由度,依次是 $mnk-1$,$m-1$,$n-1$,$(m-1)(n-1)$,$mn(k-1)$ 且有

$$E\left(\frac{S_A}{m-1}\right) = \sigma^2 + \frac{nk \sum_{i=1}^{m} \alpha_i^2}{m-1} \tag{8-37}$$

$$E\left(\frac{S_B}{n-1}\right) = \sigma^2 + \frac{mk \sum_{j=1}^{n} \beta_j^2}{n-1} \tag{8-38}$$

$$E\left[\frac{S_{AB}}{(m-1)(n-1)}\right] = \sigma^2 + \frac{k \sum_{i=1}^{m} \sum_{j=1}^{n} \gamma_{ij}^2}{m-1} \tag{8-39}$$

$$E\left[\frac{S_E}{mn(k-1)}\right] = \sigma^2 \tag{8-40}$$

当假设 $H_{01}$ 成立时,可以证明:

$$F_{AB} = \frac{\dfrac{S_{AB}/\sigma^2}{(m-1)(n-1)}}{\dfrac{S_E/\sigma^2}{mn(k-1)}} = \frac{S_{AB}/(m-1)(n-1)}{S_E/mn(k-1)}$$

$$= \frac{MS_{AB}}{MS_E} \sim F[(m-1)(n-1), mn(k-1)] \tag{8-41}$$

类似地,当 $H_{02}$ 成立时,有

$$F_A = \frac{\dfrac{S_A/\sigma^2}{m-1}}{\dfrac{S_E/\sigma^2}{mn(k-1)}} = \frac{S_A/(m-1)}{S_E/mn(k-1)} = \frac{MS_A}{MS_E} \sim F[m-1, mn(k-1)] \tag{8-42}$$

当 $H_{03}$ 成立时,有

$$F_B = \frac{\dfrac{S_B/\sigma^2}{n-1}}{\dfrac{S_E/\sigma^2}{mn(k-1)}} = \frac{S_B/(n-1)}{S_E/mn(k-1)} = \frac{MS_B}{MS_E} \sim F[n-1, mn(k-1)] \tag{8-43}$$

分别称 $MS_A$,$MS_B$,$MS_{AB}$ 和 $MS_E$ 为因素 $A$、因素 $B$、交互项和误差项的**均方和**。

**(2) 假设检验问题的拒绝域**

上述结果可以汇总为考虑交互作用的**双因素方差分析表**，见表 8-11。

表 8-11 考虑交互作用的双因素方差分析表

| 方差来源 | 平方和 | 自由度 | 均方和 | F 比 |
|---|---|---|---|---|
| 因素 $A$ | $S_A$ | $m-1$ | $MS_A = \dfrac{S_A}{m-1}$ | $F_A = \dfrac{MS_A}{MS_E}$ |
| 因素 $B$ | $S_B$ | $n-1$ | $MS_B = \dfrac{S_B}{n-1}$ | $F_B = \dfrac{MS_B}{MS_E}$ |
| 交互作用 | $S_{AB}$ | $(m-1)(n-1)$ | $MS_{AB} = \dfrac{S_{AB}}{(m-1)(n-1)}$ | $F_{AB} = \dfrac{MS_{AB}}{MS_E}$ |
| 误差 | $S_E$ | $mn(k-1)$ | $MS_E = \dfrac{S_E}{mn(k-1)}$ | |
| 总和 | $S_T$ | $mnk-1$ | | |

取显著性水平 $\alpha$，假设检验问题 $H_{01}$ 的拒绝域

$$W = \{F_{AB} \geqslant F_\alpha [(m-1)(n-1), mn(k-1)]\} \quad (8\text{-}44)$$

假设检验问题 $H_{02}$ 的拒绝域

$$W = \{F_A \geqslant F_\alpha [m-1, mn(k-1)]\} \quad (8\text{-}45)$$

假设检验问题 $H_{03}$ 的拒绝域

$$W = \{F_B \geqslant F_\alpha [n-1, mn(k-1)]\} \quad (8\text{-}46)$$

平方和计算的简便公式如下：

$$\begin{cases} S_T = \sum_{i=1}^{m} \sum_{j=1}^{n} \sum_{t=1}^{k} x_{ijt}^2 - \dfrac{x^2}{mnk} \\ S_A = \sum_{i=1}^{m} \dfrac{x_{i\cdot\cdot}^2}{nk} - \dfrac{x^2}{mnk} \\ S_B = \sum_{j=1}^{n} \dfrac{x_{\cdot j\cdot}^2}{mk} - \dfrac{x^2}{mnk} \\ S_{AB} = \left( \sum_{i=1}^{m} \sum_{j=1}^{n} \dfrac{x_{ij\cdot}^2}{k} - \dfrac{x^2}{mnk} \right) - S_A - S_B \\ S_E = S_T - S_A - S_B - S_{AB} \end{cases} \quad (8\text{-}47)$$

**例 8-10** 考虑两个因素 $A$（降水量）和 $B$（树木间伐程度）对土壤微生物生物量碳（MBC）含量的影响。$A$ 有 2 个水平：$A_1$（自然降水）和 $A_2$（减少降水）；$B$ 有 3 个水平：$B_1$（无间伐）、$B_2$（30% 的间伐），$B_3$（45% 的间伐）。$A$，$B$ 各水平的每一种组合都进行重复试验 5 次，数据见表 8-12 所列，括号内为各种因素组合的重复试验数据和。试进行方差分析（显著性水平 $\alpha = 0.05$）。

表 8-12　不同降水量不同间伐下的土壤微生物生物量碳含量

| 因素 $A$ | 因素 $B$ | | | 因素 $A$ 样本总和 | 因素 $A$ 样本均值 |
| --- | --- | --- | --- | --- | --- |
| | $B_1$ | $B_2$ | $B_3$ | | |
| $A_1$ | 425.8, 366.7, 394.6, 339.4, 400.6(1 927.1) | 403.5, 319.5, 359.7, 378.8, 442(1 903.5) | 460.1, 393, 403.4, 384, 389.8(2 030.3) | 5 860.9 | 586.09 |
| $A_2$ | 404.8, 269.7, 341.4, 290.2, 270.5(1 576.6) | 322.2, 384.3, 291.9, 360.9, 378.5(1 737.8) | 355.1, 358.8, 319.1, 358.4, 342.3(1 733.7) | 5 048.1 | 504.81 |
| 因素 $B$ 样本总和 | 3 503.7 | 3 641.3 | 3 764 | 10 909 | |
| 因素 $B$ 样本均值 | 350.37 | 364.13 | 376.4 | | 363.633 |

**解** 根据题意有 $m=2$，$n=3$，$k=5$，由式(8-47)得

$$S_T = \sum_{i=1}^{m}\sum_{j=1}^{n}\sum_{t=1}^{k} x_{ijt}^2 - \frac{x^2}{mnk} = 4\,031\,595 - \frac{10\,909^2}{30} = 64\,719$$

$$S_A = \sum_{i=1}^{m} \frac{x_{i\cdot\cdot}^2}{nk} - \frac{x^2}{mnk} = 3\,988\,897 - \frac{10\,909^2}{30} = 22\,021$$

$$S_B = \sum_{j=1}^{n} \frac{x_{\cdot j\cdot}^2}{mk} - \frac{x^2}{mnk} = 3\,970\,268 - \frac{10\,909^2}{30} = 3\,392$$

$$S_{AB} = \left(\sum_{i=1}^{m}\sum_{j=1}^{n} \frac{x_{ij\cdot}^2}{k} - \frac{x^2}{mnk}\right) - S_A - S_B = \left(3\,994\,095 - \frac{10\,909^2}{30}\right) - 22\,021 - 3\,392 = 1\,806$$

$$S_E = S_T - S_A - S_B - S_{AB} = 64\,719 - 22\,021 - 3\,392 - 1\,806 = 37\,500$$

$S_T$，$S_A$，$S_B$，$S_{AB}$ 和 $S_E$ 的自由度依次是 $mnk-1=29$，$m-1=1$，$n-1=2$，$(m-1)(n-1)=2$，$mn(k-1)=24$，得到如下双因素方差分析表(表 8-13)。

表 8-13　例 8-10 考虑交互作用的双因素方差分析表

| 方差来源 | 平方和 | 自由度 | 均方和 | $F$ 比 |
| --- | --- | --- | --- | --- |
| 因素 $A$ | 22 021 | 1 | 22 021 | 14.093 |
| 因素 $B$ | 3 392 | 2 | 1 696 | 1.085 |
| 交互作用 | 1 806 | 2 | 903 | 0.578 |
| 误差 | 37 500 | 24 | 1 562.5 | |
| 总和 | 64 719 | 29 | | |

由于 $F_{0.05}(2, 24)=3.40>0.578$，故接受原假设 $H_{01}$，可以认为林地降水量与间伐的交互作用对土壤微生物生物量碳的含量无显著影响。

## 8.3.2 双因素无重复试验的方差分析

8.3.1 节考虑了双因素试验中两个因素的交互作用。为了检验交互作用的效应是否显著，对于两个因素的每一种组合 $(A_i, B_j)$ 至少要做两次试验。如果能够判断所研究的两个因素之间不存在交互效应，或者交互效应对研究对象的影响很小，则只需要检验各因素的主效应是否存在，即不考虑交互作用的双因素方差分析。此时，两个因素的每一种组合只需要做 1 次试验，也能对因素 $A$、因素 $B$ 的效应进行分析。

假设有两个因素 $A$ 和 $B$ 作用于研究对象，因素 $A$ 有 $m$ 种不同处理方法，即 $m$ 个不同水平，因素 $B$ 有 $n$ 种不同处理方法，即 $n$ 个不同水平，则一共存在 $mn$ 种不同的组合，进行无重复试验，共得到 $nm$ 个试验观测值。数据见表 8-14 所列。

表 8-14 双因素试验观测值的数据模式

| 因素 $A$ | 因素 $B$ | | | | | | 因素 $A$ 样本总和 | 因素 $A$ 样本均值 |
|---|---|---|---|---|---|---|---|---|
| | $B_1$ | $B_2$ | $\cdots$ | $B_j$ | $\cdots$ | $B_n$ | | |
| $A_1$ | $x_{11}$ | $x_{12}$ | $\cdots$ | $x_{1j}$ | $\cdots$ | $x_{1n}$ | $x_{1\cdot}$ | $\bar{x}_{1\cdot}$ |
| $A_2$ | $x_{21}$ | $x_{22}$ | $\cdots$ | $x_{2j}$ | $\cdots$ | $x_{2n}$ | $x_{2\cdot}$ | $\bar{x}_{2\cdot}$ |
| $\vdots$ | $\vdots$ | $\vdots$ | | $\vdots$ | | $\vdots$ | $\vdots$ | $\vdots$ |
| $A_i$ | $x_{i1}$ | $x_{i2}$ | $\cdots$ | $x_{ij}$ | $\cdots$ | $x_{in}$ | $x_{i\cdot}$ | $\bar{x}_{i\cdot}$ |
| $\vdots$ | $\vdots$ | $\vdots$ | | $\vdots$ | | $\vdots$ | $\vdots$ | $\vdots$ |
| $A_m$ | $x_{m1}$ | $x_{m2}$ | $\cdots$ | $x_{mj}$ | $\cdots$ | $x_{mn}$ | $x_{m\cdot}$ | $\bar{x}_{m\cdot}$ |
| 因素 $B$ 样本总和 | $x_{\cdot 1}$ | $x_{\cdot 2}$ | | $x_{\cdot j}$ | | $x_{\cdot n}$ | $x$ | |
| 因素 $B$ 样本均值 | $\bar{x}_{\cdot 1}$ | $\bar{x}_{\cdot 2}$ | | $\bar{x}_{\cdot j}$ | | $\bar{x}_{\cdot n}$ | | $\bar{x}$ |

假设因素 $A$ 的 $m$ 个不同水平和因素 $B$ 的 $n$ 个不同水平的各种组合的总体都服从正态分布，且具有相同的方差 $\sigma^2$，即 $x_{ij} \sim N(\mu_{ij}, \sigma^2)$，假设各 $x_{ij}$ 是相互独立的。沿用 8.3.1 节中的记号，由于不存在交互作用，$\gamma_{ij}=0$，$x_{ij}$ 可表示为

$$\begin{cases} x_{ij}=\mu+\alpha_i+\beta_j+\varepsilon_{ij} & (i=1,\cdots,m; j=1,\cdots,n) \\ \sum_{i=1}^{m}\alpha_i=0, \sum_{j=1}^{n}\beta_j=0 \\ \varepsilon_{ij} \text{ 相互独立，且都服从 } N(0,\sigma^2) \end{cases} \quad (8\text{-}48)$$

对于模型(8-48)，考虑的假设检验问题为

$$H_{01}: \alpha_1=\alpha_2=\cdots=\alpha_m=0 \quad \text{vs} \quad H_{11}: \alpha_1,\alpha_2,\cdots,\alpha_m \text{ 不全为零} \quad (8\text{-}49)$$

$$H_{02}: \beta_1=\beta_2=\cdots=\beta_m=0 \quad \text{vs} \quad H_{12}: \beta_1,\beta_2,\cdots,\beta_m \text{ 不全为零} \quad (8\text{-}50)$$

与 8.3.1 节的讨论类似，可得无交互作用的方差分析表(表 8-15)。

表 8-15  无交互作用的双因素方差分析表

| 方差来源 | 平方和 | 自由度 | 均方和 | F 比 |
| --- | --- | --- | --- | --- |
| 因素 A | $S_A$ | $m-1$ | $MS_A = \dfrac{S_A}{m-1}$ | $F_A = \dfrac{MS_A}{MS_E}$ |
| 因素 B | $S_B$ | $n-1$ | $MS_B = \dfrac{S_B}{n-1}$ | $F_B = \dfrac{MS_B}{MS_E}$ |
| 误差 | $S_E$ | $(m-1)(n-1)$ | $MS_E = \dfrac{S_E}{(m-1)(n-1)}$ | |
| 总和 | $S_T$ | $mn-1$ | | |

取显著性水平 $\alpha$，假设检验问题 $H_{01}$ 的拒绝域

$$W = \{F_A \geqslant F_\alpha[m-1, (m-1)(n-1)]\} \tag{8-51}$$

假设检验问题 $H_{02}$ 的拒绝域

$$W = \{F_B \geqslant F_\alpha[n-1, (m-1)(n-1)]\} \tag{8-52}$$

在实际计算中，可以按照下面简便的公式计算表 8-15 中的各个平方和：

$$\begin{cases} S_T = \sum_{i=1}^{m}\sum_{j=1}^{n}(x_{ij}-\overline{x})^2 = \sum_{i=1}^{m}\sum_{j=1}^{n}x_{ij}^2 - \dfrac{x^2}{mn} \\ S_A = n\sum_{i=1}^{m}(\overline{x}_{i\cdot}-\overline{x})^2 = n\left(\sum_{i=1}^{m}\overline{x}_{i\cdot}^2 - m\overline{x}^2\right) = \sum_{i=1}^{m}\dfrac{x_{i\cdot}^2}{n} - \dfrac{x^2}{mn} \\ S_B = m\sum_{j=1}^{n}(\overline{x}_{\cdot j}-\overline{x})^2 = m\left(\sum_{j=1}^{n}n\overline{x}_{\cdot j}^2 - n\overline{x}^2\right) = \sum_{j=1}^{n}\dfrac{x_{\cdot j}^2}{m} - \dfrac{x^2}{mn} \\ S_E = S_T - S_A - S_B \end{cases} \tag{8-53}$$

**例 8-11** 假设例 8-2 中各品系(因素 A)小叶杨在不同光照强度(因素 B)下的叶绿素含量符合双因素方差分析模型所需的条件，并假设两个因素之间不存在相互作用，试问不同品系 $A_1, A_2, A_3, A_4$ 和不同光照强度 $B_1, B_2, B_3$ 对叶绿素含量有无显著影响(显著性水平 $\alpha = 0.05$)？

**解** 按题意需检验假设 $H_{01}$ 和 $H_{02}$，$x_{i\cdot}$，$x_{\cdot j}$ 与 $x$ 的值已算出列于表 8-2，且有 $m=4$，$n=3$，$nm=12$，由式(8-53)得

$$S_T = \sum_{i=1}^{m}\sum_{j=1}^{n}x_{ij}^2 - \dfrac{x^2}{mn} = \sum_{i=1}^{4}\sum_{j=1}^{3}x_{ij}^2 - \dfrac{1\,098^2}{12} = 113\,542 - \dfrac{1\,205\,604}{12} = 13\,075$$

$$S_A = \sum_{i=1}^{m}\dfrac{x_{i\cdot}^2}{n} - \dfrac{x^2}{mn} = \sum_{i=1}^{4}\dfrac{x_{i\cdot}^2}{3} - \dfrac{1\,098^2}{12} = 106\,924.7 - \dfrac{1\,205\,604}{12} = 6\,457.7$$

$$S_B = \sum_{j=1}^{n}\dfrac{x_{\cdot j}^2}{m} - \dfrac{x^2}{mn} = \sum_{j=1}^{3}\dfrac{x_{\cdot j}^2}{4} - \dfrac{1\,098^2}{12} = 106\,541 - \dfrac{1\,205\,604}{12} = 6\,074$$

$$S_E = S_T - S_A - S_B = 13\,075 - 6\,457.7 - 6\,074 = 543.3$$

$S_T$，$S_A$，$S_B$ 和 $S_E$ 和的自由度分别为 $nm-1=11$，$m-1=3$，$n-1=2$，$(m-1)(n-1)=6$，得以下方差分析(表8-16)。

表 8-16　例 8-11 的双因素方差分析

| 方差来源 | 平方和 | 自由度 | 均方和 | F 比 |
| --- | --- | --- | --- | --- |
| 因素 $A$ | 6 457.7 | 3 | 2 152.567 | 23.772 |
| 因素 $B$ | 6 074 | 2 | 3 037 | 33.539 |
| 误差 | 543.3 | 6 | 90.55 | |
| 总和 | 13 075 | 11 | | |

由于 $F_{0.05}(3,6)=4.76<23.772$，$F_{0.05}(2,6)=5.14<33.539$，故在显著性水平 $\alpha=0.05$ 下拒绝原假设 $H_{01}$ 和 $H_{02}$，可以认为不同品系的小叶杨叶绿素含量的均值存在显著差异，不同光照强度下的小叶杨叶绿素含量的均值也存在显著差异。由此得到结论：本题中小叶杨品系和光照强度对叶绿素含量都有显著影响。

## 习　题

1. 在一个单因素试验中，因素 $A$ 有 4 个水平，每个水平下重复次数分别为 4，6，5，7。分别求组内偏差平方和、组间偏差平方和、总偏差平方和的自由度。

2. 在一个单因素试验中，因素 $A$ 有 4 个水平，每个水平各做 4 次重复试验，请完成下列方差分析表，并在显著性水平 $\alpha=0.05$ 下判断因素 $A$ 是否显著。

| 来源 | 平方和 | 自由度 | 均方 | F 比 |
| --- | --- | --- | --- | --- |
| 因素 $A$ | 5.1 | | | |
| 误差 | 3.6 | | | |
| 总和 | 8.7 | | | |

3. 今有 3 种型号的手机，为了评比 3 种型号手机在充满电时的续航表现，每种型号随机抽取 5 部手机为样品，经试验得到其续航时间(单位：小时)如下：

| 型号 | 续航时间 | | | | |
| --- | --- | --- | --- | --- | --- |
| $A$ | 8.6 | 9.1 | 8.5 | 9.2 | 8.8 |
| $B$ | 7.8 | 8.2 | 8.1 | 8.2 | 8.3 |
| $C$ | 8.1 | 8.3 | 8.2 | 8.4 | 8.1 |

试在显著性水平 $\alpha=0.05$ 下检验 3 种型号手机的平均续航时间有无显著差异。

4. 一试验用来比较服用 4 种不同退烧药品的正常体温持续时间(单位：小时)，试验数据如下：

| 型号 | 持续时间 | | | |
| --- | --- | --- | --- | --- |
| $A$ | 5 | 5.5 | 5.4 | 5.2 |
| $B$ | 5.5 | 5.6 | 5.4 | 5.6 |
| $C$ | 5.1 | 5.3 | 4.9 | 5.2 | 5.3 |
| $D$ | 5.1 | 5.2 | 5.4 | |

试在显著性水平 $\alpha=0.05$ 下检验 4 种退烧药品的效果有无显著差异。

5. 为了解 3 种饲料对仔猪生长影响的差异，现从 4 种不同品种的仔猪中各选 3 头进行试验，分别测得 2 个月间体重增加量(单位：千克)见下表：

| 品种 | 饲料 | | |
|---|---|---|---|
|  | $B_1$ | $B_2$ | $B_3$ |
| $A_1$ | 31 | 33 | 35 |
| $A_2$ | 34 | 36 | 37 |
| $A_3$ | 35 | 37 | 39 |
| $A_4$ | 39 | 38 | 42 |

分析不同饲料与不同仔猪品种分别对仔猪的生长有无显著影响(显著性水平 $\alpha=0.05$)。

6. 为了研究土壤和肥料对苗高(单位：厘米)生长的影响，设计了有重复的双因素方差试验，数据如下表所示：

| 土壤 | 肥料 | | |
|---|---|---|---|
|  | N | K | P |
| 砂土 | 76 | 60 | 40 |
|  | 71 | 64 | 38 |
|  | 75 | 62 | 42 |
| 壤土 | 90 | 74 | 56 |
|  | 88 | 75 | 58 |
|  | 92 | 70 | 60 |
| 黏土 | 86 | 70 | 50 |
|  | 84 | 71 | 52 |
|  | 84 | 69 | 51 |

假设苗高服从正态分布，且不同组的苗高方差相同。分析不同土壤、不同肥料及它们的交互作用对苗高是否有显著影响(显著性水平 $\alpha=0.05$)。

## 著名学者小传

马志明，1948 年 1 月出生于四川成都，中国科学院院士，第三世界科学院院士，中国科学院应用数学研究所研究员、博士生导师。马志明 1978 年毕业于重庆师范学院数学系；1981 年从中国科学技术大学研究生院硕士毕业后进入中国科学院应用数学研究所从事科研工作，历任副所长、所长、学术委员会主任；1984 年获得中国科学院应用数学研究所博士学位；1994 年受邀在第二十二届国际数学家大会上作报告；1995 年当选为中国科学院院士；1999 年当选为第三世界科学院院士；2000 年至 2003 年担任中国数学会第八届理事长；2002 年担任国际数学家大会组委会主席；2006 年当选为国际数学联盟副主席，是中国数学家首次担任该职位；2007 年当选为国际数理统计学会会士；2011 年担任中国科学技术大学数学科学学院首任院长；2018 年担任南开大学统计与数据科学学院首任院长。

马志明院士在概率论与随机分析领域有重要贡献。他研究狄氏型与马氏过程的对应关系取得了突破性进展，与研究者合作建立了拟正则狄氏型与右连续马氏过程一一对应的新框架。他与 Rockner 合写的英文专著已成为该领域基本文献。在 Malliavin 算法方面，他与合作者证明了 Wiener 空间的容度与所选取的可测范数无关。他还在奇异位势理论、费曼积分、薛定锷方程的概率解、随机线性泛函的积分表现、无处 Radon 光滑测度等方面获得多项研究成果。

# 第 9 章

# 回归分析

自然界中很多变量之间存在依赖关系。常见的关系有两类:一类是变量之间存在完全确定性的关系,可以用精确的数学表达式来刻画。例如,长方形的面积($S$)与长($a$)、宽($b$)的关系可以表达为 $S=ab$,这里变量 $S$ 和 $a$,$b$ 之间的关系是确定性的,只要知道了其中两个变量的值就可以精确地计算出另一个变量的值。另一类是变量之间存在相关关系,即变量之间有关系,但不能用函数来表示,如人的身高与体重的关系等。回归分析就是研究变量之间相关关系的统计方法,通过对大量数据进行统计分析,确定因变量与自变量的关系。

研究"一因一果",即一个自变量与一个因变量的回归分析称为**一元回归分析**;研究"多因一果",即多个自变量与一个因变量的回归分析称为**多元回归分析**。一元回归分析分为**直线回归分析**与**曲线回归分析**;多元回归分析分为**多元线性回归分析**与**多元非线性回归分析**。

## 9.1 一元线性回归

### 9.1.1 一元线性回归的数学模型

设两个变量 $y$ 与 $x$ 之间存在相关关系。通过试验或调查获得两个变量的成对观测值,可表示为 $(x_1, y_1)$, $(x_2, y_2)$, …, $(x_n, y_n)$。为了直观地看出 $x$ 和 $y$ 之间的变化趋势,可将每一对观测值在平面直角坐标系描点,作散点图(图9-1)。

例如,在林业生产中往往要考虑林木胸径 $y$ 与树高 $x$ 之间的相关关系。显然,这种变量之间的关系一般不能从理论研究或推导中得到一个准确的表达式,但使用回归分析可以帮助读者构建 $y$ 关于 $x$ 的关系,通过回归分析得出的表达变量之间关系的方程称为**回归方程**。

**例 9-1** 研究某品系树种的生长特性,得到如下一组关于茎高(单位:米)与直径(单位:厘米)的数据(表 9-1),试建立茎高与直径的回归方程。

这里直径 $y$ 是随机变量(因变量),茎高 $x$ 是普通变量(自变量)。

由散点图 9-2 可见茎高与直径间存在直线关系,直径随茎高的增长而增大。实际观测

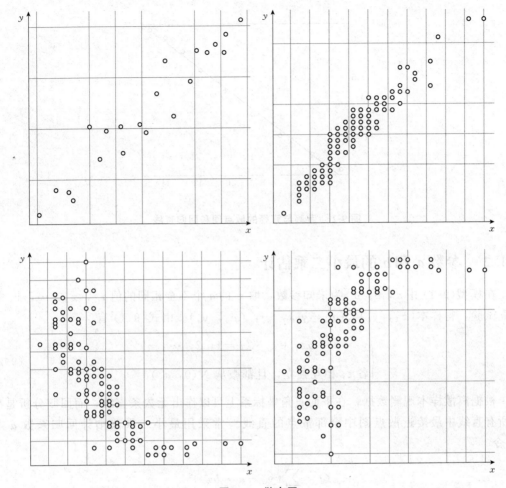

图 9-1  散点图

表 9-1  茎高与直径的测定结果

| 时间(年) | 1 | 2 | 3 | 4 | 5 | 6 | 7 | 8 | 9 |
|---|---|---|---|---|---|---|---|---|---|
| 茎高(m) | 3.17 | 4.96 | 6.94 | 8.61 | 10.38 | 11.85 | 12.96 | 14.00 | 14.96 |
| 直径(cm) | 3.00 | 5.04 | 7.49 | 10.28 | 13.23 | 16.11 | 18.51 | 20.29 | 21.30 |

值 $y$ 不仅受 $x$ 的影响,还受随机误差的影响,因而 $y$ 可表示为

$$y = a + bx + \varepsilon \qquad \varepsilon \sim N(0, \sigma^2) \qquad (9\text{-}1)$$

其中,$a$,$b$,$\sigma^2$ 为不依赖于 $x$ 的未知参数。称式(9-1)为**一元线性回归模型**,其中,$b$ 称为**回归系数**。

式(9-1)表明,因变量 $y$ 由两部分组成:一部分是 $x$ 的线性函数;另一部分 $\varepsilon \sim N(0, \sigma^2)$ 是随机误差,是人为不可控制的。

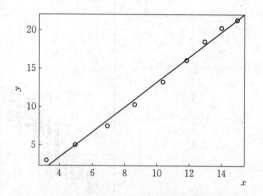

图 9-2 茎高与直径的散点图和回归直线

## 9.1.2 参数 $a$ 和 $b$ 的最小二乘估计

在模型(9-1)中 $a$，$b$，$\sigma^2$ 为未知参数，取 $x$ 的 $n$ 个不全相同的值 $x_1$，$x_2$，$\cdots$，$x_n$ 做独立试验，得样本 $(x_1, y_1)$，$(x_2, y_2)$，$\cdots$，$(x_n, y_n)$。由式(9-1)有

$$\begin{cases} y_i = a + bx_i + \varepsilon_i \quad (i=1, 2, \cdots, n) \\ 各 \varepsilon_i 相互独立，且都服从 N(0, \sigma^2) \end{cases} \tag{9-2}$$

根据离散样本观测数据，在平面直角坐标系上可以作出无数条直线，而回归分析是确定所有直线中最接近散点图中全部散点的直线。常采用最小二乘法估计回归系数 $a$ 与 $b$。令

$$Q = \sum_{i=1}^{n}(y_i - a - bx_i)^2$$

$Q$ 是 $n$ 次观察中误差项 $\varepsilon_i^2$ 之和，称 $Q$ 为**误差平方和**，反映了总的误差大小。

最小二乘法就是要寻找使得 $Q$ 达到最小值的 $\hat{a}$ 和 $\hat{b}$ 作为 $a$ 和 $b$ 的点估计，这时称 $\hat{a}$ 和 $\hat{b}$ 为参数 $a$ 和 $b$ 的**最小二乘估计**。由于 $Q$ 是关于 $a$ 和 $b$ 的二次函数，根据微积分学中的极值原理，令 $Q$ 对 $a$ 和 $b$ 的一阶偏导数等于 $0$，即

$$\begin{cases} \dfrac{\partial Q}{\partial a} = -2\sum_{i=1}^{n}(y_i - a - bx_i) = 0 \\ \dfrac{\partial Q}{\partial b} = -2\sum_{i=1}^{n}(y_i - a - bx_i)x_i = 0 \end{cases} \tag{9-3}$$

记

$$\overline{x} = \frac{1}{n}\sum_{i=1}^{n}x_i \qquad \overline{y} = \frac{1}{n}\sum_{i=1}^{n}y_i$$

$$S_{xx} = \sum_{i=1}^{n}(x_i - \overline{x})^2 = \sum_{i=1}^{n}x_i^2 - \frac{1}{n}\left(\sum_{i=1}^{n}x_i\right)^2$$

$$S_{yy} = \sum_{i=1}^{n}(y_i - \overline{y})^2 = \sum_{i=1}^{n} y_i^2 - \frac{1}{n}\left(\sum_{i=1}^{n} y_i\right)^2$$

$$S_{xy} = \sum_{i=1}^{n}(x_i - \overline{x})(y_i - \overline{y}) = \sum_{i=1}^{n} x_i y_i - \frac{1}{n}\left(\sum_{i=1}^{n} x_i\right)\left(\sum_{i=1}^{n} y_i\right)$$

由式(9-3)得方程组

$$\begin{cases} na + n\overline{x}b = n\overline{y} \\ n\overline{x}a + b\sum_{i=1}^{n} x_i^2 = \sum_{i=1}^{n} x_i y_i \end{cases} \tag{9-4}$$

称式(9-4)为**正规方程组**，解方程组，得 $a$ 和 $b$ 的**最小二乘估计**为

$$\begin{cases} \hat{a} = \overline{y} - \hat{b}\overline{x} \\ \hat{b} = \dfrac{\sum_{i=1}^{n} x_i y_i - n\overline{x}\cdot\overline{y}}{\sum_{i=1}^{n} x_i^2 - n\overline{x}^2} = \dfrac{S_{xy}}{S_{xx}} \end{cases} \tag{9-5}$$

称方程 $y = \hat{a} + \hat{b}x$ 为 $y$ 关于 $x$ 的**经验线性回归方程**，简称回归方程或回归直线方程，其图形称为**回归直线**。

【注】由于模型中误差服从正态分布，可以证明，参数的最小二乘估计与极大似然估计完全相同。进一步可以证明 $\hat{a}$ 和 $\hat{b}$ 服从正态分布，并且

$$\hat{a} \sim N\left[a, \sigma^2\left(\frac{1}{n} + \frac{\overline{x}^2}{S_{xx}}\right)\right] \quad \hat{b} \sim N\left(b, \frac{\sigma^2}{S_{xx}}\right)$$

**例 9-2**　求例 9-1 中 $y$ 关于 $x$ 的线性回归方程。

**解**　根据实际观测值计算得 $\overline{x} = 9.758\,889$，$\overline{y} = 12.805\,56$，$S_{xx} = 135.753\,1$，$S_{xy} = 221.116\,4$，$S_{yy} = 362.899$。$a$ 和 $b$ 的最小二乘估计为

$$\hat{b} = \frac{S_{xy}}{S_{xx}} = \frac{221.116\,4}{135.753\,1} = 1.628\,813$$

$$\hat{a} = \overline{y} - \hat{b}\overline{x} = 12.805\,56 - 1.628\,813 \times 9.758\,889 = -3.089\,847$$

因此，直径 $y$ 关于茎高 $x$ 的直线回归方程为 $\hat{y} = -3.089\,847 + 1.628\,813x$。从回归系数可知，茎高每增加 1 米，直径增加 1.628 813 厘米。

## 9.1.3　参数 $\sigma^2$ 的无偏估计

由式(9-1)得

$$E\{[y - (a + bx)]^2\} = E(\varepsilon^2) = D(\varepsilon) + [E(\varepsilon)]^2 = \sigma^2$$

这表明，$\sigma^2$ 越小时，以 $a + bx$ 近似 $y$ 所产生的误差就越小。因为 $\sigma^2$ 是未知参数，需要利用样本估计 $\sigma^2$。

记 $\hat{y}_i = \hat{a} + \hat{b}x_i$，$i = 1, 2, \cdots, n$，称 $y_i - \hat{y}_i$ 为 $x_i$ 处的**残差**。

平方和 $S_e = \sum_{i=1}^{n}(y_i - \hat{y}_i)^2 = \sum_{i=1}^{n}(y_i - \hat{a} - \hat{b}x_i)^2$ 称为**残差平方和**(图 9-3)。残差平方

和是经验回归方程在 $x_i$ 处的函数值 $\hat{y}_i = \hat{a} + \hat{b}x_i$ 与 $x_i$ 处的实际观察值的偏差的平方和。它的大小衡量了实际样本值与回归直线偏离的程度,因而残差平方和又称为**偏差平方和**或**离差平方和**。

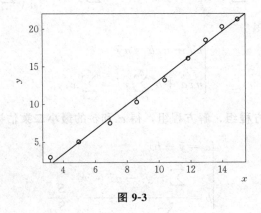

图 9-3

下面计算残差平方和,由式(9-5)得

$$S_e = \sum_{i=1}^{n}(y_i - \hat{y}_i)^2 = \sum_{i=1}^{n}(y_i - \overline{y} + \hat{b}\overline{x} - \hat{b}x_i)^2 = \sum_{i=1}^{n}[y_i - \overline{y} - \hat{b}(x_i - \overline{x})]^2$$

$$= \sum_{i=1}^{n}(y_i - \overline{y})^2 + \hat{b}^2 \sum_{i=1}^{n}(x_i - \overline{x})^2 - 2\hat{b}\sum_{i=1}^{n}(y_i - \overline{y})(x_i - \overline{x})$$

$$= S_{yy} + \hat{b}^2 S_{xx} - 2\hat{b}S_{xy} = S_{yy} - \frac{S_{xy}^2}{S_{xx}} \tag{9-6}$$

可以证明(参见附录5)

$$\frac{S_e}{\sigma^2} \sim \chi^2(n-2)$$

故

$$E\left(\frac{S_e}{n-2}\right) = \sigma^2$$

$\sigma^2$ 的无偏估计量为

$$\hat{\sigma}^2 = \frac{S_e}{n-2} = \frac{1}{n-2}\left(S_{yy} - \frac{S_{xy}^2}{S_{xx}}\right) \tag{9-7}$$

称 $\hat{\sigma} = \sqrt{\dfrac{S_e}{n-2}}$ 为随机变量 $y$ 与 $x$ 的**回归剩余标准差**或**剩余标准差**。

回归剩余标准差的大小描述了回归直线与样本实际观测值的偏离程度,即回归估计值 $\hat{y}$ 与实际观测值 $y$ 偏离的程度。回归剩余标准差大表示回归方程偏离度大,回归剩余标准差小表示回归方程偏离度小。

**例 9-3** 求例 9-1 中 $\sigma^2$ 的无偏估计。

**解** 利用式(9-6)得 $S_e = S_{yy} - \dfrac{S_{xy}^2}{S_{xx}} = 2.741\,894$。$\sigma^2$ 的无偏估计量为

$$\hat{\sigma}^2 = \frac{S_e}{n-2} = \frac{1}{n-2}\left(S_{yy} - \frac{S_{xy}^2}{S_{xx}}\right) = 0.391\,699\,1$$

随机变量 $y$ 与 $x$ 的回归剩余标准差 $\hat{\sigma} = \sqrt{\dfrac{S_e}{n-2}} = 0.6258587$。

## 9.1.4 回归方程的显著性检验

求随机变量 $y$ 关于 $x$ 的线性回归方程时，需要根据样本数据运用假设检验的方法判断 $y$ 与 $x$ 之间是否存在线性关系。由模型(9-1)知，$b=0$ 表示 $y$ 不依赖于 $x$，可以认为它们不存在线性关系；$b \neq 0$ 表示 $y$ 与 $x$ 之间存在线性关系。因此，判断 $y$ 与 $x$ 之间是否存在线性关系归结为如下假设检验问题：

$$H_0: b=0 \quad \text{vs} \quad H_1: b \neq 0$$

回归方程的显著性检验常采用 $r$ 检验法、$t$ 检验法和 $F$ 检验法。

**(1) $r$ 检验法**

$r$ 检验法又称**相关系数检验法**。偏差平方和 $S_{yy} = \sum\limits_{i=1}^{n}(y_i - \bar{y})^2$ 反映了随机变量样本值与均值之间波动的大小。造成波动的因素可能有两个：一是当 $y$ 与 $x$ 之间存在线性关系时，$x$ 的波动引起 $y$ 的波动；二是随机因素引起的。将偏差平方和进行分解，有

$$S_{yy} = \sum_{i=1}^{n}[(y_i - \hat{y}_i) + (\hat{y}_i - \bar{y})]^2$$
$$= \sum_{i=1}^{n}(y_i - \hat{y}_i)^2 + \sum_{i=1}^{n}(\hat{y}_i - \bar{y})^2 + 2\sum_{i=1}^{n}(y_i - \hat{y}_i)(\hat{y}_i - \bar{y})$$

由 $\hat{y}_i = \hat{a} + \hat{b}x_i = (\bar{y} - \hat{b}\bar{x}) + \hat{b}x_i = \bar{y} + \hat{b}(x_i - \bar{x})$ 得 $\hat{y}_i - \bar{y} = \hat{b}(x_i - \bar{x})$。因此

$$\sum_{i=1}^{n}(y_i - \hat{y}_i)(\hat{y}_i - \bar{y}) = \sum_{i=1}^{n}\hat{b}(x_i - \bar{x})(y_i - \hat{y}_i)$$
$$= \sum_{i=1}^{n}\hat{b}(x_i - \bar{x})[(y_i - \bar{y}) + (\bar{y} - \hat{y}_i)]$$
$$= \sum_{i=1}^{n}\hat{b}(x_i - \bar{x})[(y_i - \bar{y}) - \hat{b}(x_i - \bar{x})]$$
$$= \sum_{i=1}^{n}\hat{b}(x_i - \bar{x})(y_i - \bar{y}) - \sum_{i=1}^{n}\hat{b}^2(x_i - \bar{x})^2$$
$$= \hat{b}S_{xy} - \hat{b}^2 S_{xx} = \dfrac{S_{xy}}{S_{xx}}S_{xy} - \left(\dfrac{S_{xy}}{S_{xx}}\right)^2 S_{xx} = 0$$

记 $S_{回} = \sum\limits_{i=1}^{n}(\hat{y}_i - \bar{y})^2$，$S_e = \sum\limits_{i=1}^{n}(y_i - \hat{y}_i)^2$，则有偏差平方和分解式：

$$S_{yy} = S_{回} + S_e$$

$S_{yy}$ 反映了 $y$ 的总偏离程度，也称为 $y$ 的**总偏差平方和**。$S_{回}$ 反映了由于 $y$ 与 $x$ 之间存在直线关系所引起的 $y$ 的偏离程度，称 $S_{回}$ 为**回归平方和**。$S_e$ 反映了随机因素引起的 $y$ 的偏离程度，称 $S_e$ 为**残差平方和**或**剩余平方和**。

当 $S_回$ 在 $S_{yy}$ 中占主要地位时,说明样本数据主要围绕在回归方程附近,即 $y$ 与 $x$ 的回归直线关系是紧密的。定义

$$r^2 = \frac{S_回}{S_{yy}}$$

$r^2$ 代表了回归平方和在总偏差平方和中所占的比例。比例越大,$x$ 与 $y$ 之间的线性关系越强。反之,比例越小,$x$ 与 $y$ 的之间的线性关系越弱。由于

$$S_e = \sum_{i=1}^{n}(y_i - \hat{y}_i)^2 = S_{yy} - \hat{b}S_{xy} = S_{yy} - \frac{S_{xy}^2}{S_{xx}} \qquad S_回 = S_{yy} - S_e = \frac{S_{xy}^2}{S_{xx}}$$

因此有

$$r^2 = \frac{S_回}{S_{yy}} = \frac{S_{xy}^2}{S_{xx}S_{yy}}$$

取

$$r = \frac{S_{xy}}{\sqrt{S_{xx}S_{yy}}} = \frac{\sum_{i=1}^{n}(x_i - \overline{x})(y_i - \overline{y})}{\sqrt{\sum_{i=1}^{n}(x_i - \overline{x})^2 \sum_{i=1}^{n}(y_i - \overline{y})^2}}$$

称 $r$ 为 $y$ 对 $x$ 的**样本相关系数**。$r$ 的符号与 $S_{xy}$ 的符号相同,由式(9-5)知 $r$ 的符号与回归系数 $\hat{b}$ 的符号也相同。当 $\hat{b} > 0$ 时 $r > 0$,称 $y$ 与 $x$ **正相关**,即当 $x$ 增大时 $y$ 也增大;当 $\hat{b} < 0$ 时 $r < 0$,称 $y$ 与 $x$ **负相关**,即当 $x$ 增大时 $y$ 减小。

由 $S_回 \leqslant S_{yy}$ 知 $|r| \leqslant 1$。当 $S_{yy}$ 固定时,$|r|$ 越接近于 1,残差平方和 $S_e$ 越小。特别地当 $|r| = 1$ 时,$S_e = 0$,$S_回 = S_{yy}$,说明 $y$ 的变化完全由 $y$ 与 $x$ 之间的线性关系所引起。

给定显著性水平 $\alpha$(一般为 0.05,0.01 等)及自由度 $n-2$,可通过附表 13 查得临界值 $r_\alpha$。若 $|r| \geqslant r_\alpha$,则拒绝原假设 $H_0: b = 0$,认为 $y$ 与 $x$ 之间存在线性关系,回归方程是显著的,反之认为回归方程不显著。

相关系数 $r$ 检验法的一般步骤如下:
① 假设检验问题 $H_0: b = 0$ vs $H_1: b \neq 0$。
② 根据检验统计量计算 $r$ 的值。
③ 给定显著性水平 $\alpha$ 及自由度 $n-2$,查相关系数检验法的临界值(附表 13),确定临界值 $r_\alpha$。
④ 判断:若 $|r| \geqslant r_\alpha$,则拒绝 $H_0: b = 0$,认为回归方程显著;反之,则接受 $H_0: b = 0$,认为回归方程不显著。

**例 9-4** 在例 9-1 中,用 $r$ 检验法检验 $H_0: b = 0$,显著性水平 $\alpha = 0.01$。

**解** 计算检验统计量 $r$ 的值:

$$r = \frac{S_{xy}}{\sqrt{S_{xx}S_{yy}}} = \frac{221.116\,4}{\sqrt{135.753\,1 \times 362.899}} \approx 0.996$$

给定显著性水平 $\alpha = 0.01$,查附表 13 得 $r_{0.01} \approx 0.797\,7$。因 $r > r_{0.01}$,故拒绝 $H_0: b = 0$,认为 $y$ 与 $x$ 之间的回归方程显著。

**(2) $t$ 检验法**

采用回归系数的显著性检验——$t$ 检验法也可检验 $x$ 与 $y$ 之间是否存在直线关系。回归系数显著性检验的原假设和备择假设分别为 $H_0: b=0$ vs $H_1: b \neq 0$。

由 $\hat{b} \sim N\left(b, \dfrac{\sigma^2}{S_{xx}}\right)$ 得

$$\frac{\hat{b}-b}{\sigma}\sqrt{S_{xx}} \sim N(0, 1)$$

由附录 5 知 $\dfrac{S_e}{\sigma^2} \sim \chi^2(n-2)$，利用 $\dfrac{\hat{b}-b}{\sigma}\sqrt{S_{xx}}$ 与 $\dfrac{S_e}{\sigma^2}$ 相互独立，由 $t$ 分布定义，有

$$\frac{\hat{b}-b}{\sqrt{\dfrac{S_e}{n-2}}}\sqrt{S_{xx}} \sim t(n-2) \tag{9-8}$$

当 $H_0$ 为真时 $b=0$，此时

$$T = \frac{\hat{b}}{\sqrt{\dfrac{S_e}{n-2}}}\sqrt{S_{xx}} \sim t(n-2)$$

给定显著性水平 $\alpha$，拒绝域 $W = \{|T| > t_\alpha(n-2)\}$，若 $|T| > t_\alpha(n-2)$，则拒绝 $H_0: b=0$。

**例 9-5** 在例 9-1 中，用 $t$ 检验法检验 $H_0: b=0$，显著性水平 $\alpha = 0.01$。

**解** 计算检验统计量的值：

$$t = \frac{\hat{b}}{\sqrt{\dfrac{S_e}{n-2}}}\sqrt{S_{xx}} = 30.32$$

查附表 3 得 $t_{0.01}(7) = 2.998 < t$，拒绝 $H_0: b=0$，认为 $y$ 与 $x$ 之间的回归方程显著。

**(3) $F$ 检验法**

$F$ 检验法同样可以检验 $x$ 与 $y$ 之间是否存在直线关系。考虑的假设检验问题为 $H_0: b=0$ vs $H_1: b \neq 0$。总偏差平方和 $S_{yy}$ 可以分解为回归平方和 $S_回$ 与残差平方和 $S_e$ 两个部分，即 $S_{yy} = S_回 + S_e$。与此相对应，$y$ 的**总自由度 $df_y$** 也划分为**回归自由度 $df_回$** 与**残差自由度 $df_e$** 两部分，即 $df_y = df_回 + df_e$。在一元线性回归分析中，回归自由度等于自变量的个数，即 $df_回 = 1$；$y$ 的总自由度 $df_y = n-1$；残差自由度 $df_e = n-2$。于是，**残差均方和** $MS_e = \dfrac{S_e}{df_e} = \dfrac{S_e}{n-2}$，**回归均方和** $MS_回 = \dfrac{S_回}{df_回} = S_回$。在原假设成立的条件下，回归均方和与残差均方和的比值服从自由度为 1 和 $n-2$ 的 $F$ 分布，即

$$F = \frac{MS_回}{MS_e} = \frac{S_回/df_回}{S_e/df_e} = \frac{S_回}{S_e/(n-2)} \sim F(1, n-2)$$

给定显著性水平 $\alpha$，若 $F > F_\alpha(1, n-2)$，则拒绝 $H_0: b=0$，认为 $y$ 与 $x$ 之间存在线性关系，这时回归方程显著；否则回归方程不显著。

用 $F$ 检验法可以列出方差分析表(表 9-2)。

表 9-2  方差分析表

| 方差来源 | 自由度 | 平方和 | 均方和 | $F$ 值 |
| --- | --- | --- | --- | --- |
| 回归 | 1 | $S_回$ | $MS_回$ | $\dfrac{MS_回}{MS_e}$ |
| 残差 | $n-2$ | $S_e$ | $MS_e$ | |
| 总和 | $n-1$ | $S_{yy}$ | | |

**例 9-6**  在例 9-1 中，用 $F$ 检验法检验 $H_0:b=0$，显著性水平 $\alpha=0.01$。

**解**  计算得

$$S_{yy}=362.899 \qquad S_{xy}=221.1164 \qquad S_{xx}=135.7531$$

$$S_回=\frac{S_{xy}^2}{S_{xx}}=360.1572 \qquad S_e=S_{yy}-S_回=2.7418$$

自由度为 $df_y=n-1=8$，$df_回=1$，$df_e=n-2=7$，方差分析表见表 9-3。

表 9-3  差分析表

| 方差来源 | 自由度 | 平方和 | 均方和 | $F$ 值 |
| --- | --- | --- | --- | --- |
| 回归 | 1 | 360.1572 | 360.1472 | 919.449 |
| 残差 | 7 | 2.741894 | 0.391699 | |
| 总和 | 8 | 362.899 | | |

查表得 $F_{0.01}(1,7)=12.25$。因为 $F=919.449>F_{0.01}(1,7)$，拒绝原假设，表明在显著性水平 $\alpha=0.01$ 下，$y$ 与 $x$ 之间存在线性关系。

### 9.1.5  置信区间

**(1) $b$ 的置信区间**

当回归效果显著时，常需要对系数 $b$ 作区间估计。利用式(9-8)可得 $b$ 的置信水平为 $1-\alpha$ 的置信区间为

$$\left[\hat{b}-\frac{t_{\alpha/2}(n-2)}{\sqrt{n-2}}\sqrt{\frac{S_e}{S_{xx}}},\ \hat{b}+\frac{t_{\alpha/2}(n-2)}{\sqrt{n-2}}\sqrt{\frac{S_e}{S_{xx}}}\right]$$

**例 9-7**  计算例 9-1 中 $b$ 的置信水平为 95% 和 99% 的置信区间。

**解**  对于例 9-1，有

$$\hat{b}=1.628813 \qquad S_{xy}=0.6258587 \qquad S_{xx}=135.7531$$

$$S_e=S_{yy}-\frac{S_{xy}^2}{S_{xx}}=2.7418 \qquad \frac{1}{\sqrt{n-2}}\sqrt{\frac{S_e}{S_{xx}}}=0.0537$$

查附表 3 得 $t_{0.025}(n-2)=t_{0.025}(7)=2.365$，$t_{0.005}(n-2)=t_{0.005}(7)=3.499$。于是 $b$ 的 95% 和 99% 置信区间分别为

$$[1.628\,813 - 2.365 \times 0.053\,7,\ 1.628\,813 + 2.365 \times 0.053\,7]$$
$$= [1.501\,812\,5,\ 1.755\,813\,5]$$
$$[1.628\,813 - 3.499 \times 0.053\,7,\ 1.628\,813 + 3.499 \times 0.053\,7]$$
$$= [1.440\,916\,7,\ 1.816\,709\,3]$$

**(2) $a + bx$ 的置信区间**

类似式(9-8)的证明，可以得到

$$\frac{\hat{y} - (a + bx)}{\sqrt{\dfrac{S_e}{n-2}}\sqrt{\dfrac{1}{n} + \dfrac{(x-\overline{x})^2}{S_{xx}}}} \sim t(n-2)$$

由此推出 $a + bx$ 的置信水平为 $1 - \alpha$ 的置信区间为

$$\left[\hat{y} - t_{\alpha/2}(n-2)\sqrt{\frac{S_e}{n-2}}\sqrt{\frac{1}{n} + \frac{(x-\overline{x})^2}{S_{xx}}},\ \hat{y} + t_{\alpha/2}(n-2)\sqrt{\frac{S_e}{n-2}}\sqrt{\frac{1}{n} + \frac{(x-\overline{x})^2}{S_{xx}}}\right]$$

**例 9-8**  计算例 9-1 中，当 $x = 9$ 时，$y$ 的总体平均数 $a + bx$ 的置信水平为 $95\%$ 和 $99\%$ 的置信区间。

**解**  对于例 9-1，当 $x = 9$ 时，有

$$\hat{y} = -3.089\,847 + 1.628\,813 \times 9 = 11.569\,47$$

$$\sqrt{\frac{S_e}{n-2}}\sqrt{\frac{1}{n} + \frac{(x-\overline{x})^2}{S_{xx}}} = 0.212\,6$$

查附表 3 得 $t_{0.025}(n-2) = t_{0.025}(7) = 2.365$，$t_{0.005}(n-2) = t_{0.005}(7) = 3.499$。当 $x = 9$ 时，$y$ 的 $95\%$ 和 $99\%$ 置信区间分别为

$$[11.569\,47 - 2.365 \times 0.212\,6,\ 11.569\,47 + 2.365 \times 0.212\,6]$$
$$= [11.066\,671,\ 12.190\,519]$$
$$[11.569\,47 - 3.499 \times 0.212\,6,\ 11.569\,47 + 3.499 \times 0.212\,6]$$
$$= [10.825\,58,\ 12.313\,36]$$

## 9.1.6 预测与控制

若在指定点 $x = x_0$ 处并未对 $y$ 进行观测或者暂时无法观测，想要得到 $x = x_0$ 处因变量 $y$ 的观测值 $y_0$，则可以利用回归方程对因变量 $y$ 的观测值 $y_0$ 进行预测与控制。**预测**是指对于给定的 $x$ 的值预测 $y$ 的值，包括点预测与区间预测。**控制**是指通过 $x$ 的值把 $y$ 的值控制在指定的范围之内。

**(1) 预测**

设回归方程 $\hat{y} = \hat{a} + \hat{b}x$ 是由样本值 $(x_1, y_1), (x_2, y_2), \cdots, (x_n, y_n)$ 求得的。令 $y_0$ 是在 $x = x_0$ 处 $y$ 的观测值，即 $y_0$ 满足：

$$y_0 = a + bx_0 + \varepsilon_0 \quad \varepsilon_0 \sim N(0, \sigma^2)$$

$y_0$ 是将要做的一次独立试验的结果，因此它与已经得到的试验结果 $y_1, \cdots, y_n$ 相互独立。根据回归方程的意义，可以用 $\hat{y}_0 = \hat{a} + \hat{b}x_0$ 作为 $y_0$ 的点预测值。

下面讨论 $y_0$ 的预测区间。可以证明

$$\frac{\hat{y}_0 - y_0}{\sigma\sqrt{1+\dfrac{1}{n}+\dfrac{(x_0-\overline{x})^2}{S_{xx}}}} \bigg/ \sqrt{\frac{S_e}{\sigma^2(n-2)}} = \frac{y_0-\hat{y}_0}{\sqrt{\dfrac{S_e}{n-2}}\sqrt{1+\dfrac{1}{n}+\dfrac{(x_0-\overline{x})^2}{S_{xx}}}} \sim t(n-2)$$

由此推出，$y_0$ 的置信水平为 $1-\alpha$ 的预测区间为

$$\Big[\hat{y}_0 - t_{\frac{\alpha}{2}}(n-2)\sqrt{\frac{S_e}{n-2}}\sqrt{1+\frac{1}{n}+\frac{(x_0-\overline{x})^2}{S_{xx}}},$$

$$\hat{y}_0 + t_{\frac{\alpha}{2}}(n-2)\sqrt{\frac{S_e}{n-2}}\sqrt{1+\frac{1}{n}+\frac{(x_0-\overline{x})^2}{S_{xx}}}\Big]$$

$\sqrt{\dfrac{S_e}{n-2}}$ 越小，预测区间越窄，即预测越精确；$x_0$ 越靠近 $\overline{x}$，预测越精确。当 $x_0 = \overline{x}$ 时预测区间最窄。

若记 $\delta(x_0) = t_{\frac{\alpha}{2}}(n-2)\sqrt{\dfrac{S_e}{n-2}}\sqrt{1+\dfrac{1}{n}+\dfrac{(x_0-\overline{x})^2}{S_{xx}}}$，则预测区间可写成

$$[\hat{y}_0 - \delta(x_0), \hat{y}_0 + \delta(x_0)]$$

**例 9-9** 求例 9-1 中当 $x_0 = 9$ 时 $y_0$ 的预测值以及置信水平为 95% 的预测区间。

**解** 由例 9-2 可得回归方程为 $\hat{y} = -3.089\,847 + 1.628\,813x$。当 $x_0 = 9$ 时，预测值为

$$\hat{y}_0 = -3.089\,847 + 1.628\,813x = 11.569\,47$$

计算得

$$\sqrt{\frac{S_e}{n-2}}\sqrt{1+\frac{1}{n}+\frac{(x_0-\overline{x})^2}{S_{xx}}} = 0.660\,971\,8$$

查附表 3 得 $t_{0.025}(n-2) = t_{0.025}(7) = 2.365$，当 $x_0 = 9$ 时，$y_0$ 的置信水平为 95% 的预测区间为 $[10.006\,52, 13.132\,42]$

实际上，当 $x_0$ 的取值在 $\overline{x}$ 附近并且 $n$ 较大时，可以做如下近似替代：

$$1 + \frac{1}{n} + \frac{(x_0-\overline{x})^2}{s_{xx}} \approx 1 \qquad t_{\alpha/2}(n-2) \approx u_{\alpha/2}$$

则预测区间近似为 $[\hat{y}_0 - u_{\alpha/2}S, \hat{y}_0 + u_{\alpha/2}S]$，其中，$S = \sqrt{\dfrac{S_e}{n-2}}$。

**（2）控制**

控制是预测的反问题，即若要观测值 $y$ 以 $1-\alpha$ 的概率落在指定区间 $(y_1', y_2')$ 时，那么 $x$ 应控制在什么范围之内？即要求出区间 $(x_1', x_2')$，使当 $x_1' < x < x_2'$ 时，对应的观测值 $y$ 以 $1-\alpha$ 的概率落在 $(y_1', y_2')$ 中。

记 $S = \sqrt{\dfrac{S_e}{n-2}} \sqrt{1 + \dfrac{1}{n} + \dfrac{(x_0 - \overline{x})^2}{S_{xx}}}$，对给出的 $y'_1 < y'_2$ 和置信度 $1-\alpha$，$x$ 的取值在 $\overline{x}$ 附近并且 $n$ 较大时，由

$$\begin{cases} y'_1 = \hat{a} + \hat{b} x'_1 - u_{\alpha/2} S \\ y'_2 = \hat{a} + \hat{b} x'_2 + u_{\alpha/2} S \end{cases}$$

可得

$$\begin{cases} x'_1 = \dfrac{y'_1 - \hat{a} + u_{\alpha/2} S}{\hat{b}} \\ x'_2 = \dfrac{y'_2 - \hat{a} - u_{\alpha/2} S}{\hat{b}} \end{cases}$$

显然当 $y'_2 - y'_1 > 2 u_{\alpha/2} S$ 时，$\hat{b} > 0$ 的控制范围是 $(x'_1, x'_2)$，$\hat{b} < 0$ 的控制范围是 $(x'_2, x'_1)$。

## 9.2 常用曲线回归的线性化方法

  线性关系是两个变量之间最简单的一种关系。实际工作中会遇到更为复杂的回归问题，变量之间未必都存在线性关系。例如，细菌的繁殖速率与温度关系、服药后血药浓度与时间的关系、株距与树高的关系等常呈曲线关系。曲线回归是指对非线性关系的变量进行回归分析的方法，通过两个相关变量 $x$ 与 $y$ 的实际观测数据建立曲线回归方程，以揭示 $x$ 与 $y$ 之间的曲线联系的形式。

  曲线回归分析最困难和首要的工作是确定变量 $y$ 与 $x$ 之间的曲线关系的类型。通常通过两个途径来确定：

  ① 根据已有的理论规律和实践经验。例如，细菌数量的增长常具有指数函数的形式 $y = a e^{bx}$；树木高度和直径的增长常具有"S"形曲线的形状，即 Logistic 曲线的形式等。

  ② 若没有已知的理论规律和经验可以利用，则可用描点法将数据在平面直角坐标系上描出，观察数据的分布趋势与哪一类已知的函数曲线接近，然后选用该函数关系式来拟合数据。对于同一组数据，根据散点图的形状可用几种相近的曲线进行拟合，同时建立几个曲线回归方程，然后根据 $R^2$ 值的大小和专业知识选择既符合规律，拟合度又较高的曲线回归方程来描述这两个变量之间的曲线关系。

  许多曲线类型都可以根据数据特点先进行某些变换（如对数变换、平方根变换等）转换成直线形式，利用直线回归的方法得到直线回归方程，再还原成曲线回归方程。基本过程是：首先将 $x$ 或 $y$ 进行变量转换，然后对新变量进行直线回归分析——建立直线回归方程并进行显著性检验和区间估计，最后将新变量还原为原变量，由新变量的直线回归方程得出原变量的曲线回归方程。

如果变换后仍得不到线性模型，则可以用曲线拟合的方法对原始数据进行拟合，确定曲线回归方程。

下面是几种常用的可线性化的曲线函数类型及其图形，通过适当的变换转化为线性形式，以供曲线回归分析时选用。

## 9.2.1 双曲线 $\dfrac{1}{y} = a + \dfrac{b}{x}$

令 $y' = \dfrac{1}{y}$，$x' = \dfrac{1}{x}$，可将双曲线函数 $\dfrac{1}{y} = a + \dfrac{b}{x}$（图 9-4）转化为线性函数 $y' = a + bx'$。

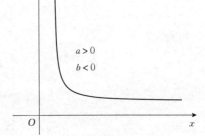

图 9-4　双曲线函数 $1/y = a + b/x$ 图形

## 9.2.2 幂函数曲线 $y = ax^b$ $(a > 0)$

对幂函数 $y = ax^b$（图 9-5）两端求自然对数，得 $\ln y = \ln a + b\ln x$。令

$$y' = \ln y \qquad a' = \ln a \qquad x' = \ln x$$

则幂函数 $y = ax^b$ 转化为 $y' = a' + x'$。

## 9.2.3 指数函数曲线 $y = ae^{bx}$ 或 $y = ae^{b/x}$ $(a > 0)$

① 对指数函数 $y = ae^{bx}$（图 9-6）两端求自然对数，得 $\ln y = \ln a + bx$。令 $y' = \ln y$，$a' = \ln a$，则 $y = ae^{bx}$ 转化为 $y' = a' + bx$。

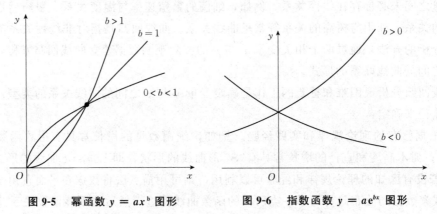

图 9-5　幂函数 $y = ax^b$ 图形　　　图 9-6　指数函数 $y = ae^{bx}$ 图形

**例 9-10** 某树种幼苗的培养过程中，记录了部分时间点的根数量随时间的变化特征，见表 9-4。

表 9-4

| 时间 $t$(小时) | 1 | 2 | 3 | 4 | 5 | 6 | 7 | 8 | 9 | 10 | 11 |
|---|---|---|---|---|---|---|---|---|---|---|---|
| 根数量 $N$ | 2 | 3 | 3 | 4 | 6 | 10 | 12 | 15 | 20 | 26 | 40 |

若 $N$ 与 $t$ 的关系为 $N = N_0 e^{-Ct}$，其中，$N_0$，$C$ 未知，求 $N$ 对 $t$ 的回归方程。

**解** 在 $N = N_0 e^{-Ct}$ 两边取对数，得 $\ln N = \ln N_0 - Ct$。令 $y = \ln N$，$a = \ln N_0$，$b = -C$，则有 $y = a + bt$。对表 9-4 中的数据做变换，得表 9-5。

表 9-5

| $t$（小时） | 1 | 2 | 3 | 4 | 5 | 6 | 7 | 8 | 9 | 10 | 11 |
|---|---|---|---|---|---|---|---|---|---|---|---|
| $y = \ln N$ | 0.7 | 1.1 | 1.1 | 1.4 | 1.8 | 2.3 | 2.5 | 2.7 | 3.0 | 3.3 | 3.7 |

这里 $n = 11$，$\bar{t} = 5$，$\bar{y} = 2.137$，$S_{tt} = 110$，$S_{yy} = 9.801$，$S_{ty} = 32.645$。根据式(9-5)得

$$\hat{b} = \frac{S_{ty}}{S_{tt}} = 0.297 \qquad \hat{a} = \bar{y} - \hat{b}\bar{t} = 0.356$$

由此得

$$\hat{C} = -\hat{b} = -0.297 \qquad N_0 = e^{\hat{a}} = 1.428$$

故所求回归方程为

$$N = 1.428 e^{0.297t}$$

② 在指数函数 $y = a e^{b/x}$（图 9-7）两端取自然对数，得 $\ln y = \ln a + b/x$。令 $y' = \ln y$，$a' = \ln a$，$x' = 1/x$，则 $y = a e^{b/x}$ 转化为 $y' = a' + bx'$。

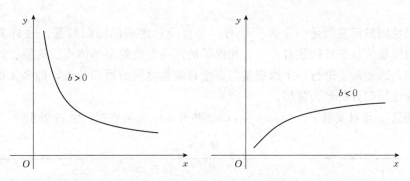

图 9-7　指数函数 $y = a e^{b/x}$ 图形

## 9.2.4　对数函数曲线 $y = a + b \ln x$

令 $x' = \ln x$，则 $y = a + b \ln x$（图 9-8）转化为 $y = a + bx'$。

## 9.2.5　Logistic 生长曲线 $y = \dfrac{k}{1 + a e^{-bx}}$

将 Logistic 生长曲线（图 9-9）两端取倒数，有

$$\frac{k}{y} = 1 + a e^{-bx}$$

整理得

$$\frac{k - y}{y} = a e^{-bx}$$

上式两端取自然对数，有

$$\ln \frac{k-y}{y} = \ln a - bx$$

令 $y' = \ln \dfrac{k-y}{y}$，$a' = \ln a$，$b' = -b$，则 $\ln \dfrac{k-y}{y} = \ln a - bx$ 转化为 $y' = a' + b'x$。

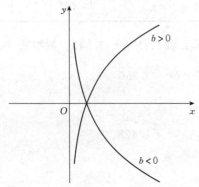

图 9-8　对数函数 $y = a + b\ln x$ 图形

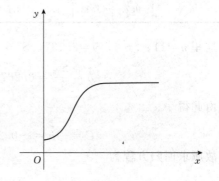

图 9-9　Logistic 生长曲线 $y = \dfrac{k}{1 + a\mathrm{e}^{-bx}}$ 图形

## 9.3　多元线性回归

一元线性回归研究的是一个因变量与一个自变量之间的回归问题。在许多实际问题中，影响因变量的自变量往往有多个，如绵羊的产毛量受到绵羊体重、胸围、体长等多个变量的影响，因此需要进行一个因变量与多个自变量之间的回归分析，即多元回归分析，其中多元线性回归分析最为常用。

设因变量 $y$ 与自变量 $x_1, x_2, \cdots, x_m$ 共有 $n$ 组观测数据，见表 9-6。

表 9-6

| 序号 | 变量 | | | | |
|---|---|---|---|---|---|
| | $y$ | $x_1$ | $x_2$ | $\cdots$ | $x_m$ |
| 1 | $y_1$ | $x_{11}$ | $x_{12}$ | $\cdots$ | $x_{1m}$ |
| 2 | $y_2$ | $x_{21}$ | $x_{22}$ | $\cdots$ | $x_{2m}$ |
| $\vdots$ | $\vdots$ | $\vdots$ | $\vdots$ | $\vdots$ | $\vdots$ |
| $n$ | $y_n$ | $x_{n1}$ | $x_{n2}$ | $\cdots$ | $x_{nm}$ |

假定因变量 $y$ 与自变量 $x_1, x_2, \cdots, x_m$ 之间存在线性关系，其数学模型为

$$y_j = b_0 + b_1 x_{j1} + b_2 x_{j2} + \cdots + b_m x_{jm} + \varepsilon_j \quad (j = 1, 2, \cdots, n) \tag{9-9}$$

其中，$x_1, x_2, \cdots, x_m$ 为可以观测的一般变量或随机变量；$y$ 为可以观测的随机变量，随 $x_1, x_2, \cdots, x_m$ 而变。受试验误差的影响，$\varepsilon_j$ 为相互独立且都服从 $N(0, \sigma^2)$ 的随机变量。可以根据观测值对 $b_0, b_1, \cdots, b_m$ 以及方差 $\sigma^2$ 进行估计。

设 $y$ 对 $x_1, x_2, \cdots, x_m$ 的线性回归方程为

$$\hat{y}_j = \hat{b}_0 + \hat{b}_1 x_{j1} + \hat{b}_2 x_{j2} + \cdots + \hat{b}_m x_{jm} \quad (j=1, 2, \cdots, n)$$

其中，$\hat{b}_0, \hat{b}_1, \cdots, \hat{b}_m$ 为 $b_0, b_1, \cdots, b_m$ 的最小二乘估计值，当满足 $b_0 = \hat{b}_0$，$b_1 = \hat{b}_1, \cdots, b_m = \hat{b}_m$ 时

$$Q = \sum_{j=1}^{n} (y_j - b_0 - b_1 x_{j1} - \cdots - b_m x_{jm})^2$$

达到最小。根据微分学中多元函数求极值的方法，有

$$\begin{cases} \dfrac{\partial Q}{\partial b_0} = -2 \sum_{j=1}^{n} (y_j - b_0 - b_1 x_{j1} - \cdots - b_m x_{jm}) = 0 \\ \dfrac{\partial Q}{\partial b_i} = -2 \sum_{j=1}^{n} (y_j - b_0 - b_1 x_{j1} - \cdots - b_m x_{jm}) x_{ji} = 0 \quad (i=1, 2, \cdots, m) \end{cases}$$

整理得

$$\begin{cases} b_0 n + b_1 \sum_{j=1}^{n} x_{j1} + b_2 \sum_{j=1}^{n} x_{j2} + \cdots + b_m \sum_{j=1}^{n} x_{jm} = \sum_{j=1}^{n} y_j \\ b_0 \sum_{j=1}^{n} x_{j1} + b_1 \sum_{j=1}^{n} x_{j1}^2 + b_2 \sum_{j=1}^{n} x_{j1} x_{j2} + \cdots + b_m \sum_{j=1}^{n} x_{j1} x_{jm} = \sum_{j=1}^{n} x_{j1} y_j \\ b_0 \sum_{j=1}^{n} x_{j2} + b_1 \sum_{j=1}^{n} x_{j2} x_{j1} + b_2 \sum_{j=1}^{n} x_{j2}^2 + \cdots + b_m \sum_{j=1}^{n} x_{j2} x_{jm} = \sum_{j=1}^{n} x_{j2} y_j \\ \cdots \cdots \\ b_0 \sum_{j=1}^{n} x_{jm} + b_1 \sum_{j=1}^{n} x_{jm} x_{j1} + b_2 \sum_{j=1}^{n} x_{jm} x_{j2} + \cdots + b_m \sum_{j=1}^{n} x_{jm}^2 = \sum_{j=1}^{n} x_{jm} y_j \end{cases} \quad (9\text{-}10)$$

式(9-10)称为**正规方程组**。为了方便求解，将式(9-10)改写为矩阵形式。令

$$\boldsymbol{X} = \begin{pmatrix} 1 & x_{11} & x_{12} & \cdots & x_{1m} \\ 1 & x_{21} & x_{22} & \cdots & x_{2m} \\ 1 & x_{31} & x_{32} & \cdots & x_{3m} \\ \vdots & \vdots & \vdots & & \vdots \\ 1 & x_{n1} & x_{n2} & \cdots & x_{nm} \end{pmatrix} \quad Y = \begin{pmatrix} y_1 \\ y_2 \\ y_3 \\ \vdots \\ y_n \end{pmatrix} \quad B = \begin{pmatrix} b_0 \\ b_1 \\ b_2 \\ \vdots \\ b_m \end{pmatrix}$$

由于

$$\boldsymbol{X}^{\mathrm{T}} \boldsymbol{X} = \begin{pmatrix} 1 & 1 & 1 & \cdots & 1 \\ x_{11} & x_{21} & x_{31} & \cdots & x_{n1} \\ x_{12} & x_{22} & x_{32} & \cdots & x_{n2} \\ \vdots & \vdots & \vdots & & \vdots \\ x_{1m} & x_{2m} & x_{3m} & \cdots & x_{nm} \end{pmatrix} \begin{pmatrix} 1 & x_{11} & x_{12} & \cdots & x_{1m} \\ 1 & x_{21} & x_{22} & \cdots & x_{2m} \\ 1 & x_{31} & x_{32} & \cdots & x_{3m} \\ \vdots & \vdots & \vdots & & \vdots \\ 1 & x_{n1} & x_{n2} & \cdots & x_{nm} \end{pmatrix}$$

$$= \begin{pmatrix} n & \sum_{j=1}^{n} x_{j1} & \sum_{j=1}^{n} x_{j2} & \cdots & \sum_{j=1}^{n} x_{jm} \\ \sum_{j=1}^{n} x_{j1} & \sum_{j=1}^{n} x_{j1}^{2} & \sum_{j=1}^{n} x_{j1} x_{j1} & \cdots & \sum_{j=1}^{n} x_{j1} x_{jm} \\ \sum_{j=1}^{n} x_{j2} & \sum_{j=1}^{n} x_{j2} x_{j1} & \sum_{j=1}^{n} x_{j2}^{2} & \cdots & \sum_{j=1}^{n} x_{j2} x_{jm} \\ \vdots & \vdots & \vdots & & \vdots \\ \sum_{j=1}^{n} x_{jm} & \sum_{j=1}^{n} x_{jm} x_{j1} & \sum_{j=1}^{n} x_{jm} x_{j2} & \cdots & \sum_{j=1}^{n} x_{jm}^{2} \end{pmatrix}$$

$$\boldsymbol{X}^{\mathrm{T}} \boldsymbol{Y} = \begin{pmatrix} 1 & 1 & 1 & \cdots & 1 \\ x_{11} & x_{21} & x_{31} & \cdots & x_{n1} \\ x_{12} & x_{22} & x_{32} & \cdots & x_{n2} \\ \vdots & \vdots & \vdots & & \vdots \\ x_{1m} & x_{2m} & x_{3m} & \cdots & x_{nm} \end{pmatrix} \begin{pmatrix} y_1 \\ y_2 \\ y_3 \\ \vdots \\ y_n \end{pmatrix} = \begin{pmatrix} \sum_{j=1}^{n} y_j \\ \sum_{j=1}^{n} x_{j1} y_j \\ \sum_{j=1}^{n} x_{j2} y_j \\ \vdots \\ \sum_{j=1}^{n} x_{jm} y_j \end{pmatrix}$$

于是式(9-10)可以表示为矩阵方程的形式,即

$$\boldsymbol{X}^{\mathrm{T}} \boldsymbol{X} \boldsymbol{B} = \boldsymbol{X}^{\mathrm{T}} \boldsymbol{Y} \tag{9-11}$$

当 $\boldsymbol{X}^{\mathrm{T}} \boldsymbol{X}$ 可逆时,在式(9-11)的两边左乘矩阵 $(\boldsymbol{X}^{\mathrm{T}} \boldsymbol{X})^{-1}$ 可得

$$\hat{\boldsymbol{B}} = \begin{pmatrix} \hat{B}_0 \\ \hat{b}_1 \\ \hat{b}_2 \\ \vdots \\ \hat{b}_m \end{pmatrix} = (\boldsymbol{X}^{\mathrm{T}} \boldsymbol{X})^{-1} \boldsymbol{X} \boldsymbol{Y} \tag{9-12}$$

由式(9-12)可以得到参数 $b_0, b_1, \cdots, b_m$ 的**最小二乘估计**。事实上,利用最大似然估计法可得 $b_0, b_1, \cdots, b_m$ 的最大似然估计与式(9-12)相同。最小二乘法不能得到 $\sigma^2$ 的估计,利用最大似然估计法可得到 $\sigma^2$ 的估计为

$$\hat{\sigma}^2 = \frac{1}{n} (\boldsymbol{Y} - \boldsymbol{X}\hat{\boldsymbol{B}})^{\mathrm{T}} (\boldsymbol{Y} - \boldsymbol{X}\hat{\boldsymbol{B}}) \tag{9-13}$$

式(9-13) 不是无偏估计，修正后可得 $\sigma^2$ 的无偏估计为

$$S^2 = \frac{1}{n-m-1}(Y-X\hat{B})^\mathrm{T}(Y-X\hat{B}) \tag{9-14}$$

**例 9-11** 已知变量 $y$，$x_1$，$x_2$ 的数据如下：

| $y$ | 11 | 10 | 7 | 14 | 6 | 18 |
|---|---|---|---|---|---|---|
| $x_1$ | 3 | 2 | 4 | 5 | 2 | 9 |
| $x_2$ | 16 | 15 | 5 | 18 | 8 | 13 |

试建立 $y$ 关于 $x_1$ 和 $x_2$ 的二元线性回归方程，并给出方差 $\sigma^2$ 的无偏估计。

**解** 令

$$\boldsymbol{X} = \begin{pmatrix} 1 & 3 & 16 \\ 1 & 2 & 15 \\ 1 & 4 & 5 \\ 1 & 5 & 18 \\ 1 & 2 & 8 \\ 1 & 9 & 13 \end{pmatrix} \quad \boldsymbol{Y} = \begin{pmatrix} 11 \\ 10 \\ 7 \\ 14 \\ 6 \\ 18 \end{pmatrix} \quad \boldsymbol{B} = \begin{pmatrix} b_0 \\ b_1 \\ b_2 \end{pmatrix}$$

由式(9-12)得

$$\hat{\boldsymbol{B}} = \begin{pmatrix} \hat{b}_0 \\ \hat{b}_1 \\ \hat{b}_2 \end{pmatrix} = (\boldsymbol{X}^\mathrm{T}\boldsymbol{X})^{-1}\boldsymbol{X}\boldsymbol{Y} = \begin{pmatrix} -0.3584 \\ 1.3211 \\ 0.4683 \end{pmatrix}$$

故 $y$ 关于 $x_1$ 和 $x_2$ 的二元线性回归方程为

$$\hat{y} = -0.3584 + 1.3211x_1 + 0.4683x_2$$

由式(9-14)得 $\sigma^2$ 的无偏估计为

$$S^2 = \frac{1}{n-m-1}(Y-X\hat{B})^\mathrm{T}(Y-X\hat{B}) = 0.387\,657$$

与一元线性回归类似，模型(9-9)只是一种假定，在实际问题中，事先并不能判定因变量 $y$ 与自变量 $x_1$, $x_2$, $\cdots$, $x_m$ 之间是否存在线性关系。在求出线性回归方程后，对 $y$ 与 $x_1$, $x_2$, $\cdots$, $x_m$ 之间是否存在线性关系还需进行假设检验，这等价于假设检验问题

$$H_0: b_1 = b_2 = \cdots = b_m = 0 \tag{9-15}$$

令

$$T = \frac{S_{回}/m}{S_e/(n-m-1)} \tag{9-16}$$

其中

$$S_e = \sum_{i=1}^n (y_i - \hat{y}_i)^2, \quad S_{回} = \sum_{i=1}^n (\hat{y}_i - \overline{y})^2, \quad \hat{y}_i = \hat{b}_0 + \hat{b}_1 x_{i1} + \hat{b}_2 x_{i2} + \cdots + \hat{b}_m x_{im}$$

当 $H_0$ 成立时，检验统计量 $T \sim F(m, n-m-1)$，其中，$m$ 和 $n-m-1$ 分别称为**模型的自由度**和**误差的自由度**，故假设检验问题(9-15)的拒绝域

$$W = \{T \geqslant F_\alpha(m, n-m-1)\} \tag{9-17}$$

其中，$F_\alpha(m, n-m-1)$ 是分布 $F(m, n-m-1)$ 的上 $\alpha$ 分位数。若在显著性水平 $\alpha$ 下拒绝 $H_0$，则可以认为回归效果是显著的。

回归方程经假设检验结果为显著后，可以利用多元线性回归方程确定在给定点 $(x_{01}, x_{02}, \cdots, x_{0m})$ 处对应的 $y$ 的观察值的预测区间。

**例 9-12** 检验例 9-11 得到的回归方程的显著性(显著性水平 $\alpha=0.05$)。

**解** 在例 9-11 中，回归方程为 $\hat{y}=-0.3584+1.3211x_1+0.4683x_2$，利用 $\hat{y}_i=\hat{b}_0+\hat{b}_1x_{i1}+\hat{b}_2x_{i2}+\cdots+\hat{b}_mx_{im}$ 计算 $\hat{y}_i$ 的值，结果如下表所示。

| $y$ | 11 | 10 | 7 | 14 | 6 | 18 |
|---|---|---|---|---|---|---|
| $x_1$ | 3 | 2 | 4 | 5 | 2 | 9 |
| $x_2$ | 16 | 15 | 5 | 18 | 8 | 13 |
| $\hat{y}$ | 11.0977 | 9.3083 | 7.2675 | 14.6765 | 6.0302 | 17.6194 |

进一步有

$$S_e = \sum_{i=1}^{n}(y_i-\hat{y}_i)^2 = 1.162971 \qquad S_{回} = \sum_{i=1}^{n}(\hat{y}_i-\overline{y})^2 = 98.83497$$

由式(9-16)得到检验统计量值为 $T = \dfrac{S_{回}/m}{S_e/(n-m-1)} = 127.4773$，查附表 5 得 $F_{0.05}(2, 3) = 9.55209$，拒绝原假设，可以认为回归方程显著。

# 习 题

1. 什么是直线回归分析？回归系数与回归估计值 $\hat{y}$ 的统计意义是什么？
2. 什么是直线相关分析？相关系数的意义是什么？如何计算？
3. 直线相关系数与回归系数的关系如何？直线相关系数与回归直线有何关系？
4. 如何确定两个变量之间的曲线类型？可直线化的曲线回归分析的基本步骤是什么？
5. 对于线性回归模型，为了进行统计推断，通常假定模型中各随机误差项的方差(　　)。
(A) 均等于 0　　　(B) 均相等　　　(C) 不相等　　　(D) 均不为 0
6. 在线性回归分析中，回归平方和反映(　　)。
(A) 由 $x$ 与 $y$ 之间的线性关系引起的 $y$ 的变化部分
(B) 由 $x$ 与 $y$ 之间的非线性关系引起的 $y$ 的变化部分
(C) 除了 $x$ 对 $y$ 的线性影响外的其他因素对 $y$ 的影响
(D) 由 $y$ 的变化引起 $x$ 的误差
7. 对模型 $Y_i = \beta_0 + \beta_1 X_{1i} + \beta_2 X_{2i} + \mu_i$ 进行总体显著性 $F$ 检验，检验的原假设是(　　)。
(A) $\beta_1 = \beta_2 = 0$　　(B) $\beta_1 = 0$　　(C) $\beta_2 = 0$　　(D) $\beta_1 = 0$ 或 $\beta_2 = 0$

8. 根据下列表格中的数据求线性回归方程。

| X | 36 | 30 | 26 | 23 | 26 | 30 | 20 | 19 | 20 | 16 |
|---|---|---|---|---|---|---|---|---|---|---|
| Y | 0.89 | 0.80 | 0.74 | 0.80 | 0.85 | 0.68 | 0.73 | 0.68 | 0.80 | 0.58 |

9. 在人身高相等的情况下，血压的收缩压 $Y$ 与体重 $X_1$（千克）、年龄 $X_2$（岁）有关。现收集了 13 个男子数据，见下表，试建立 $Y$ 关于 $X_1$，$X_2$ 的线性回归方程。

| 序号 | $X_1$ | $X_2$ | Y | 序号 | $X_1$ | $X_2$ | Y |
|---|---|---|---|---|---|---|---|
| 1 | 76.0 | 50 | 120 | 8 | 79.0 | 50 | 125 |
| 2 | 91.5 | 20 | 141 | 9 | 85.0 | 40 | 132 |
| 3 | 85.5 | 20 | 124 | 10 | 76.5 | 55 | 123 |
| 4 | 82.5 | 30 | 126 | 11 | 82.0 | 40 | 132 |
| 5 | 79.0 | 30 | 117 | 12 | 95.0 | 40 | 155 |
| 6 | 80.5 | 50 | 125 | 13 | 92.5 | 20 | 147 |
| 7 | 74.5 | 60 | 123 | | | | |

## 著名学者小传

陈松蹊，1961 年 11 月出生于北京市，统计学家，中国科学院院士，北京大学教授、讲席教授，数学科学学院、光华管理学院教授、统计科学中心科学委员会主席。陈松蹊 1983 年毕业于北京师范大学，获数学学士学位；1988 年毕业于北京师范大学，获数学硕士学位；1990 年毕业于惠灵顿维多利亚大学，获统计与运筹学硕士学位；1993 年毕业于澳大利亚国立大学，获统计学博士学位；1995—2000 年任拉筹伯大学(La Trobe University)讲师、高级讲师(终身教职)；2000—2003 年任新加坡国立大学副教授；2003—2017 年任爱荷华州立大学(Iowa State University)统计系终身副教授、教授；2008 年任北京大学教授、讲席教授；2008—2013 年任北京大学商务统计与经济计量系系主任；2010 年创立北京大学统计科学中心，任北京大学统计科学中心首届联席主任；2014—2021 年任北京大学联合系主任；2021 年当选中国科学院院士。

陈松蹊的主要研究方向为超高维大数据统计分析、环境统计、非参数统计方法等，在超高维假设检验方法和非参数经验似然方法方面取得了丰硕成果。陈松蹊与合作者提出了基于 U-统计量和 L2 范数的超高维均值向量、协方差矩阵和回归系数的假设检验方法，突破了已有检验均要求数据维数和样本量是同阶的限制，在超高维下实现了对假设检验第一类错误概率的控制。他关于高维数据统计推断的研究获得了 2017 年教育部自然科学一等奖。他在几个重要框架下建立了经验似然的一阶 Wilks 定理和二阶巴特莱特调整,为经验似然成为基本的非参数统计方法作出了贡献。陈松蹊院士注重数理统计的应用,以国家大气污染防治的重大需求为出发点,在数学地球物理领域做出了前沿交叉成果,为精准度量污染排放和评估大气治理效果提供了科学方法,提出了去除大气监测数据中的气象因素干扰的方法,获得时间上可比较的空气质量指标和"人努力 — 天帮忙"指数。其研究成果得到了国际同行的高度认可。

# 第 10 章

# R 语言应用介绍

前面的章节介绍了处理数据的理论与方法，当数据量较大时，传统的人工处理手段无法完成计算，需要学习相应的计算机技术，用数学软件进行数据处理和分析。

R 语言是目前最为流行的统计软件之一，又称 R 软件，简称 R。它的主要特点是完全免费且具有强大的数据处理和绘图功能。本章对 R 语言进行简要介绍，并给出部分统计方法的 R 代码。

## 10.1 R 语言简介

R 语言可以在 CRAN(Comprehensive R Archive Network, http://cran.r-project.org)上免费下载。Linux、Mac 和 Windows 操作系统都有相应编译好的二进制版本，可以根据所选平台的安装说明进行安装。本节以 Windows 操作系统为例介绍 R 的基本使用方法，其他操作系统上 R 的使用方法请参考 R 相关说明。

### 10.1.1 R 语言的特点

R 语言是一款具有强大的统计分析和作图功能的软件系统，在 GNU 协议 General Public Licence 下免费发行，最初是由 Ross Ihaka 和 Robert Gentleman 共同创立，现在由 R 开发核心小组(R development core team)维护。他们完全自愿，将全球优秀的统计应用软件打包提供给用户共享。R 具有许多值得推荐的特性：

①全程免费。相比于购买价格不菲的专业统计软件，R 是一款完全免费的专业统计分析软件。

②运算功能强大。R 可以作为一台高级科学计算器进行运算。

③帮助功能完善。R 嵌入了一个非常实用的帮助系统，随软件附带的 pdf 或 html 帮助文件可以随时通过主菜单打开浏览或打印。此外，使用 help 命令可随时了解 R 所提供的各类函数的使用方法和例子。

④作图功能强大。R 内嵌的作图函数能将生成的图片展示在一个独立的窗口中，并且可以将其保存为各种形式的文件，如 jpg、png、bmp、ps、pdf、emf、pictex、xfig 等。R 拥有顶尖水准的制图功能，如果需要对复杂数据进行可视化，那么 R 拥有最全面且最强大的

一系列功能。

⑤统计分析能力完善。R 是一个全面的统计研究平台，提供了各式各样的数据分析技术。几乎所有类型的数据分析工作皆可在 R 中完成。最新的统计分析方法一般都由统计学家编写相应的包供用户直接使用，这是其他软件不具备的。

### 10.1.2 R 软件的下载、安装和运行

**(1) 下载 R 软件**

打开网址 http：//cran.r-project.org，点击 Download R for Windows，然后单击 base，接下来单击 Download R-4.2.1 for Windows，就可以下载可执行文件 R-4.2.1-win.exe 了。这里 4.2.1 代表 R 软件的版本号，随着时间的推移，它会不断更新。

**(2) 安装 R 软件**

双击可执行文件 R-4.2.1-win.exe，按照提示完成安装。

**(3) 运行 R 软件**

双击安装目录下或桌面上的 R 图标即可打开 R 软件，打开后如图 10-1 所示。

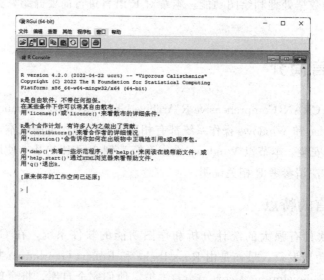

图 10-1 Windows 系统下运行 R

菜单栏下面的 R Console 窗口是控制台，用户可以在该窗口输入命令，其中符号">"是命令提示符，在其后输入 R 命令。每次打开 R 软件，命令提示符之前都有一些介绍性的文字，可以通过鼠标右键菜单选项选择"清空窗口"消除这些文字。

关闭 R 软件有多种方式，如单击菜单栏中"文件"菜单下的"退出"选项，或单击 R Gui 最右侧的"×"，或在 R Console 窗口输入命令"q()"。

### 10.1.3 R 命令

最基本的 R 命令是表达式和赋值语句。例如，输入"1+1"后按 Enter 键得到"2"，R Console 窗口会出现如下所示内容：

```
> 1+1
[1] 2
>
```

第一行是输入的 R 命令(表达式),第二行是按 Enter 键后得到的运行结果,第三行是新的输入命令行。R 语言以向量的形式输出结果,输出结果只有一个元素时也将其视为一维向量,第二行中"2"之前的"[1]"表示 2 是输出结果中的第一个元素。

当输入的 R 命令不完整而按 Enter 键后,R 会在下一行出现符号"+"提示继续输入命令,例如:

```
>1+
+
```

第二行的"+"提示继续输入命令,继续输入命令后再按 Enter 键可以得到结果:

```
> 1+
+ 1
[1] 2
```

赋值语句是最常用的 R 命令,如"a<-1"就是一条赋值语句,它表示用字母 a 代表数字 1,赋值符号"<-"由小于号"<"和减号"-"构成,两者之间不能有空格,表示将右侧的内容赋值给左侧的变量名。"a<-1"可等价地表示"1->a"。在 R 中,a 称为**对象**,对象名可由大小写字母、数字 0~9、句号(英文句号.)和下划线构成,对象名不能以数字开始。可以直接将表达式赋值给某对象,如"a<-1+1",它表示将 1+1 的结果赋值给对象 a。需要注意的是,输入"a<-1+1"并按 Enter 键后不会出现运算结果,当需要查看结果时,输入"a"再按 Enter 键即可,例如:

```
>a<-1+1
> a
[1] 2
```

多条命令既可以在多行分别输入,也可以在同一行输入,但两条命令之间要用分号";"隔开;可以将多行命令放在一对花括号"{}"内组成一组复合表达式,如"{a<-1;b<-2}"就是一组复合表达式。

R 命令对大小写敏感,使用时应特别注意。

为了方便阅读,常常需要对命令进行注释,R 软件的注释符为"#","#"之后的内容都不会被软件运行。

### 10.1.4 R 包

R 中的多数功能需要使用函数完成,如输入"sqrt(4)"得到 2,其中,sqrt 就是一个函数,其作用是计算自变量 4 的开平方根,自变量需要放在圆括号内。R 软件提供了许多函数供用户使用,随着新的统计方法出现,用户可以使用的函数越来越多,根据解决问题的不同,这些函数集合在某一包(package)内。例如,ggplot2 包是具有强大作图功能的 R 包,它提供了大量函数帮助用户完成复杂的作图任务。

R 包是 R 函数、数据、预编译代码以一种定义完善的格式组成的集合。R 软件自带了一系列默认包,如 base、datasets、utils、grDevices、graphics、stats、methods 等,这些包内的函数可以直接使用。此外,用户还可以下载和安装更多的包,通过载入这些包来使用其中的函数与数据集。

**(1) 安装包**

以 ggplot2 包为例,在链接互联网状态下输入"install.packages("ggplot2")"后按 Enter 键,选择镜像后自动安装完成。需要注意的是,必须将包的名称放在引号内(英文输入法状态下的引号" ",否则 R 软件会报错)。一个包仅需安装一次。

**(2) 更新包**

包经常被其作者更新。使用命令"update.packages("ggplot2")"可以更新已经安装的 ggplot2 包。

**(3) 载入包**

一个包安装完成后,包内的函数不能直接使用,每次打开 R 软件后,要先载入包才能使用。使用"library(ggplot2)"载入包,然后可以使用 ggplot2 包内的函数和数据集,载入包时包的名字可以不用引号。

**(4) 查看包**

包提供了演示性的小型数据集和示例代码,能够让用户演示这些新功能。帮助系统包含了每个函数的描述(同时带有示例)和每个数据集的信息。命令"help(package="ggplot2")"可以输出 ggplot2 包的简短描述以及包中的函数名称和数据集名称的列表。

计算机上存储包的位置称为**库**(library)。函数".libPaths()"能够显示库所在的位置,函数"library()"则可以显示库中有哪些包。

### 10.1.5 帮助

R 语言中包含众多函数,不同函数的使用方法有所不同,使用者难以记住所有函数的详细使用方法,因此,学会借助帮助文档正确使用函数成为至关重要的一步。

以函数 mean 为例,输入"help(mean)"或者"? mean"会打开函数 mean 的详细使用说明。但输入"help(qplot)"或者"? qplot"则无法打开函数 qplot 的说明文档,原因在于 qplot 函数在 ggplot2 包内,打开 R 软件不会自动载入 ggplot2 包,可以先输入"library(ggplot2)",再输入"help(qplot)"或者"? qplot"则可以得到函数 qplot 的详细使用说明。如果不知道某函数属于哪个包,可以使用"help.search("qplot")"或者"?? qplot"来查看函数 qplot 所在的包。

## 10.2 创建数据

使用 R 语言处理数据时,首要任务是学会将数据赋值给合适的对象,创建数据是统计分析的第一步。针对不同特点的数据，R 语言提供了许多用于存储数据的结构，如向量、矩阵、数据框等，这些多样化的数据结构赋予了 R 软件极其灵活的数据处理能力。

### 10.2.1 向量

**(1)创建数值型向量**

R 语言中最简单的数据结构是向量，向量是用于存储数值型、字符型或逻辑型数据的一维数组。函数"c()"可用来创建向量。

最常用的向量是数值型向量，即由数字构成的向量。例如，一个简单随机样本为 1，3，4，2，1，利用命令"c()"可以将这 5 个数据转化为一个向量，即命令"c(1,3,4,2,1)"得到一个由 1，3，4，2，1 共 5 个数字构成的向量。为了方便后续使用，通常将向量赋值给某个对象，如命令"data<-c(1,3,4,2,1)"将向量 c(1,3,4,2,1)赋值给对象 data。

使用特殊函数可以构造一些有特殊规律的数值型向量：

① $1:n$ 表示由 1，2，3，4，…，$n$ 共 $n$ 个数字构成的 $n$ 维向量。

② $rep(x,n)$ 表示将数字 $x$ 重复 $n$ 次得到的 $n$ 维向量，如输入"rep(1,5)"得到 1，1，1，1，1。其中，$x$ 也可以是一个向量，如"rep(1:3,2)"得到 1，2，3，1，2，3。

③ $seq(a,b,d)$ 输出由 $a$ 为首项、$d$ 为公差的等差数列构成的向量，其中最后一项不能超过 $b$。例如，输入"seq(1,6,3)"得到 1，4。需要注意的是：当 $b>a$ 时，$d$ 必须为正数；当 $b<a$ 时，$d$ 必须是负数；当省略 $d$ 时，其值默认为 1，如"seq(1,n)"生成与 $1:n$ 相同的向量。

④ $sample(x,n,replace=FALSE)$ 表示从向量 $x$ 的分量中用不放回抽样方式等可能地抽取 $n$ 个数组成向量。当 replace=TRUE 时，表示从向量 $x$ 的分量中用有放回抽样方式等可能地抽取 $n$ 个数组成向量。当 replace=FALSE 时，$n$ 必须小于等于向量 $x$ 的长度，且此时可省略 replace 的值，即 sample($x,n$)就是不放回等可能抽样。例如，"$x$<-c(1,2,3,4,5)"，再输入"sample($x$,5)"得到 2，3，1，5，4。输入"sample($x$,6,replace=TRUE)"得到 2，5，1，2，3，4。

**(2)创建字符型向量**

统计学上的数据，不仅包括数值型数据，还包括非数值型数据。例如，研究一个问题时涉及人的性别，性别有男(male)和女(female)两个值，如果 5 个研究对象的性别分别为男、女、女、男、女，则可以将它们以向量的形式储存：

> data<-c("male","female","female","male","female")

其中，male，female 称为**字符串**，data 就是一个**字符型向量**。在使用字符串时一定要将字符串放在引号内。

字符型向量常用来给数据添加标签，如给一个数值型向量的每个分量添加说明：

```
＞data＜－c(99,98,100)
＞ names(data)＜－c("Zhang San","Li Si","Wang Xiaoming")
＞ data
    Zhang San        Li Si   Wang Xiaoming
           99           98             100
```

这里给向量 data 的每个分量添加了一个字符串作为说明，需要指出的是，data 的分量只有 99，98，100 这 3 个数值，字符串只是"额外的说明"，不是 data 的内容。

一个向量中只能含有一种类型的数据，当在字符型向量中加入数值时，数值会被强制转化为字符串，例如：

```
＞ c("green","red",1)
[1] "green" "red"   "1"
```

输入时数值 1 未加引号，但显示时 1 被当成字符而非数值。

**(3) 创建逻辑型向量**

逻辑型向量在 R 软件中具有重要作用。由 TRUE 和 FALSE 作为分量得到的向量称为**逻辑型向量**，如"c(TRUE，TRUE，FALSE)"就是一个逻辑型向量。需要注意的是，这里的 TRUE 和 FALSE 不是字符串，不能放在引号内。

逻辑型向量一般由逻辑操作符得到。例如，输入"$a<-1:10$"后，代码"$a<5$"表示将向量 $a$ 中每个分量与 5 进行比较，分量小于 5 时得到 TRUE，分量大于等于 5 时得到 FALSE，因此输入"$a<5$"并按 Enter 键后得到

TRUE TRUE TRUE TRUE FALSE FALSE FALSE FALSE FALSE FALSE

这就是一个逻辑向量。常用的逻辑操作符包括小于"＜"，小于等于"＜＝"，大于"＞"，大于等于"＞＝"，相等"＝＝"，不等于"！＝"，如"$a==5$"得到

FALSE FALSE FALSE FALSE TRUE FALSE FALSE FALSE FALSE FALSE。

**(4) 创建因子型向量**

在实际问题中，有些变量用于表示类别，如性别，这种变量称为**名义型变量**。还有些变量不仅表示类别，而且类别的值还有顺序，如成绩，有"优""良""中"且 3 个值是有顺序的，这种变量称为**有序型变量**。名义型变量和有序型变量的数据都可以用字符型向量来表示，但使用字符串表示这类变量的值存在缺点：在对数据进行统计分析时，对字符串做处理的方法非常有限，在 R 语言中要想对名义型变量和有序型变量进行统计分析，就需要将它们的值表示为**因子型向量**而非字符型向量，这一点非常重要，因为 R 语言会自动根据向量的类型选择适合它的统计方法。

创建因子型向量时，可以先创建一个字符型向量或数值型向量，然后再使用 factor 函数将它们转化为因子型向量。例如：

```
data＜－c("Male","Male","Female","Male")
fdata＜－factor(data)
```

其中，data 是一个字符型向量，fdata 是一个因子型向量，先来看两者的内容：

```
> data
[1] "Male"   "Male"   "Female" "Male"
> fdata
[1] Male   Male   Female Male
Levels：Female Male
```

其中，data 的值有引号，表示这些值是字符串；fdata 的值没有引号，表示它们不是字符串。另外，fdata 下面有 Levels 行，展示了向量 fdata 的不同值，并按字母顺序排序，Female 和 Male 称为**水平**(level)。在 R 语言中，使用 factor 函数创建因子型向量时，会自动将 Female 对应为 1，将 Male 对应为 2。因此，在 R 语言中，fdata 以向量 2，2，1，2 的形式存在，使用 str 函数可以查看结果。

```
> str(fdata)
 Factor w/ 2 levels "Female","Male"：2 2 1 2
```

以上展示了 fdata 是一个因子型向量(Factor)，它有两个水平(levels)"Female"和"Male"，在 R 语言中，fdata 以 2 2 1 2 的形式存在。请读者输入 str(data)查看 data 的结果。另外，在 factor 函数内可以使用参数 levels 指定水平的顺序：

```
> fdata2<-factor(data,levels=c("Male","Female"))
> fdata2
[1] Male   Male   Female Male
Levels：Male Female
> str(fdata2)
 Factor w/ 2 levels "Male","Female"：1 1 2 1
```

对比 fdata 和 fdata2，读者可以理解参数 levels 的作用。

将有序性变量的值转化为因子时，要在 factor 函数内增加参数 order＝TRUE，例如：

```
> data<-c("poor","good","excellent","poor","poor")
> fdata<-factor(data,levels=c("poor","good","excellent"),order=TRUE)
> str(fdata)
 Ord. factor w/ 3 levels "poor"<"good"<"excellent"：1 2 3 1 1
```

Ord. factor 显示了 fdata 是一个有序因子型向量，与无序因子型向量 Factor 不同，处理数据时，R 语言会自动选择不同的统计方法。

在一个调查研究中，一组数据为 1 1 2 1 1 2 1 2 2，其中 1 代表 Male，2 代表 Female，显然，这组数据应该创建为因子型向量。使用 factor 函数也可以将数值型向量转化为因子型向量。

```
> data<-c(1,1,2,1,1,2,1,2,2)
> fdata<-factor(data,levels=c("1","2"),labels=c("Male","Female"))
> str(fdata)
  Factor w/ 2 levels "Male","Female": 1 1 2 1 1 2 1 2 2
> fdata
[1] Male    Male    Female  Male    Male    Female  Male    Female  Female
Levels: Male Female
```

读者应理解参数 labels 的作用：这里的水平是数字，可读性差，可以使用 lables 给每个水平添加标签增加可读性。

**(5) 选取向量的分量**

有时需要从一个向量中选取某些分量，这可以通过在向量后面追加一个方括号 [ ] 来实现。例如，"$x[k]$"表示从向量 $x$ 中选取第 $k$ 个分量。"$x[c(1,3,5)]$"表示从向量 $x$ 中选取第 1、3、5 个分量，方括号 [ ] 内的 $c(1,3,5)$ 称为**索引向量**，指明了选取分量的位置。

当索引向量前面有减号时，表示选取除了索引向量对应位置之外的所有分量。例如，"$x[-k]$"表示选取除了第 $k$ 个分量外的其他所有分量。索引向量还可以是逻辑向量，此时逻辑向量必须与被选择向量具有相等的长度，逻辑向量中 TRUE 对应位置的元素被选出。例如，若"$a<-c(1,3,5)$""$b<-c(TRUE, TRUE, FALSE)$"，则代码"$a[b]$"得到 1,3。又如，若"$a<-1:50$"，要从向量 $a$ 中选出大于 45 的分量，可以使用代码"$a[a>45]$"得到 46,47,48,49,50。在 R 语言中，使用逻辑向量作为索引向量是一种常见的数据处理方式。

**(6) 数值型向量的运算**

假设 $x$ 和 $y$ 是两个相同长度的向量，$c$ 是一个数字，则 $(x+y)$ 表示普通意义下的两个向量相加，$c*x$ 表示普通意义下的数乘向量。在 R 语言中，向量运算除了普通意义下的两个向量相加与向量数乘，还包括一些特有的运算。

$(x+c)$ 表示向量 $x$ 的每个元素都加上数字 $c$，如"$c(1,2,3)+1$"得到 2,3,4。

$x*y$ 表示向量 $x$ 与向量 $y$ 对应的分量相乘，其结果是与 $x,y$ 同维的向量，如"$c(1,2,3)*c(3,2,1)$"得到 3,4,3。

$c/x$ 表示 $c$ 除以 $x$ 中每个分量，其结果是与 $x$ 同维的向量，如"$16/c(2,4,8)$"得到 8,4,2。

$x\^2$ 表示 $x$ 中每个分量平方，其结果是与 $x$ 同维的向量，如"$c(1,2,3)\^2$"得到 1,4,9。

## 10.2.2 矩阵

有时需要将数据存储为矩阵，使用函数 matrix() 可以完成这一任务。设 $x$ 是由矩阵所有元素组成的向量，代码 matrix($x$, nrow=$n$, ncol=$m$) 将 $x$ 的分量排成 $n$ 行 $m$ 列的矩阵，默认按列排列，需要按行排列时增加参数 byrow=TRUE 即可。例如：

```
> matrix(c(1,2,3,4,5,6),nrow=2,ncol=3)
     [,1] [,2] [,3]
[1,]   1    3    5
[2,]   2    4    6
```

```
> matrix(c(1,2,3,4,5,6),nrow=2,ncol=3,byrow=TRUE)
     [,1] [,2] [,3]
[1,]   1    2    3
[2,]   4    5    6
```

选择矩阵的元素也是通过索引向量的方式,如 $A$ 是一个矩阵,$A[1,2]$ 表示选择 $A$ 的第 1 行、第 2 列的元素,[ ]内逗号","前的位置是**行索引向量**,逗号","后的位置是**列索引向量**,当省略行索引向量时,表示选择所有行,如 $A[,2]$ 表示 $A$ 的第 2 列所有元素。同样的,索引向量也可以是逻辑向量。

与向量一样,矩阵中只能有同一类型的数据,不能把数值、字符串、逻辑值混合为一个矩阵。

设 $x$ 是一个矩阵,则 $t(x)$ 表示矩阵 $x$ 的转置,$det(x)$ 表示 $x$ 的行列式(当 $x$ 是方阵时),$c*x$ 表示常数 $c$ 乘以矩阵 $x$。当 $x$ 和 $y$ 是两个同型矩阵时,$(x+y)$ 就是普通意义下的两个矩阵相加;当 $x$ 的列数等于 $y$ 的行数时,$x\%*\%y$ 表示两个矩阵相乘,这里要注意,两个矩阵相乘用的符号是"%*%"而非"*"。当 $x$ 和 $y$ 是同型矩阵时,$x*y$ 表示将两个矩阵相同位置的元素相乘,其结果是一个与 $x$ 同型的矩阵。$x\hat{}2$ 表示将矩阵 $x$ 中每个元素平方,其结果是一个与 $x$ 同型的矩阵。

## 10.2.3 数据框

矩阵的局限性在于其中的元素必须属于同一类型,数据框对这一局限进行了改进。从形式上看,数据框类似于一个矩阵,但它与矩阵有所不同:数据框的同一列中必须是同一类型的数据,但不同列可以是不同类型的数据。例如,数据框的第一列可以是数值,第二列可以是字符串,第三列可以是逻辑值。虽然不同列的数据可以是不同类型,但不同列的长度必须一致。

建立数据框时,先单独建立每一列,再用函数 data.frame 将所有列组成一个数据框。看下面的例子。

```
> name<-c("Zhang San","Li si")
> math<-c(98,85)
> data<-data.frame(name,math)
```

```
> data
      name math
1 Zhang San  98
2     Li si  85
```

其中，data 就是一个数据框，可以用类似选取矩阵元素的方法选取数据框中的元素。例如，data[1,]表示选择第一行，data[,2]表示选择第二列。除此之外，还可以用 data$name 选取 name 对应列的数据，这里使用了符号"$"，它后面跟的是数据框中列的变量名。

## 10.3 数值处理函数

本节介绍 R 语言中常用的数值处理函数，它们是处理数据的基础。

### 10.3.1 数学与统计函数

假设 $x$ 是一个数字，表 10-1 列出了处理数字的常用函数。

表 10-1 常用数学函数表

| 函数 | 作用 |
| --- | --- |
| $abs(x)$ | $x$ 的绝对值 |
| $sqrt(x)$ | $x$ 的平方根 |
| $ceiling(x)$ | 不小于 $x$ 的最小整数 |
| $floor(x)$ | 不大于 $x$ 的最大整数 |
| $trunc(x)$ | 向 0 的方向截取 $x$ 中的整数部分 |
| $round(x, digits=n)$ | 当 $x$ 是一个小数时，按"五舍六入"原则保留 $n$ 位小数 |
| $cos(x)$、$sin(x)$、$tan(x)$ | 分别表示余弦、正弦、正切 |
| $acos(x)$、$asin(x)$、$atan(x)$ | 分别表示反余弦、反正弦、反正切 |
| $log(x, base=n)$ | 对 $x$ 取以 $n$ 为底的对数，为了方便使用，$log(x)$ 是以自然常数 e 为底的对数，$log10(x)$ 是以 10 为底的对数 |
| $exp(x)$ | e 的 x 次方 |

以下是使用函数的一些简单示例。输入 abs(-4)得到 4；sqrt(25)得到 5；ceiling(3.6)得到 4，ceiling(-3.6)得到-3；floor(3.6)得到 3，floor(-3.6)得到-4；trunc(3.6)得到 3，trunc(-3.6)得到-3；round(4.475, 2)得到 4.47，round(4.476, 2)得到 4.48。

表 10-1 中的函数不仅可以用于数字，还可以应用到向量和矩阵上。当 $x$ 是一个 $n$ 维向量或矩阵时，函数会对向量或矩阵的每个分量做处理并输出 $n$ 维向量或矩阵。例如：

```
> x<-c(4,9,16)
```

```
> sqrt(x)
[1] 2 3 4
```

除了表 10-1 中的函数可以作用于向量和矩阵，还有其他常用的统计分析函数，见表 10-2。

表 10-2　常用的统计分析函数表

| 函数 | 作用 |
| --- | --- |
| $\max(x)$ | 向量 $x$ 的分量中的最大值 |
| $\min(x)$ | 向量 $x$ 的分量中的最小值 |
| $\text{which.max}(x)$ | 向量 $x$ 中最大分量的位置坐标 |
| $\text{which.min}(x)$ | 向量 $x$ 中最小分量的位置坐标 |
| $\text{range}(x)$ | 向量 $x$ 中最小分量和最大分量构成的二维向量，相当于 $c[\min(x),\max(x)]$ |
| $\text{length}(x)$ | 向量 $x$ 中分量的个数 |
| $\text{sort}(x)$ | 向量 $x$ 的分量从小到大排序，参数 decreasing=TRUE 从大到小排序 |
| $\text{sum}(x)$ | 向量 $x$ 中所有分量相加得到的和 |
| $\text{prod}(x)$ | 向量 $x$ 中所有分量相乘得到的积 |
| $\text{cumsum}(x)$ | 向量 $x$ 中所有分量的累加和 |
| $\text{cumprod}(x)$ | 向量 $x$ 中所有分量的累乘积 |
| $\text{mean}(x)$ | 向量 $x$ 中所有分量的平均值，即样本均值 |
| $\text{var}(x)$ | 向量 $x$ 中所有分量对应的样本方差 |
| $\text{sd}(x)$ | 向量 $x$ 中所有分量对应的样本标准差 |
| $\text{median}(x)$ | 向量 $x$ 中所有分量对应的样本中位数 |
| $\text{quantile}(x,p)$ | 向量 $x$ 中所有分量对应的样本 $p$ 分位数 |
| $\text{scale}(x)$ | 向量 $x$ 中每个元素减去样本均值、除以标准差，称为数据标准化 |

## 10.3.2　概率函数

在概率论部分学习了几种常见的分布，如二项分布、正态分布等。对于离散型分布，通常使用分布律和分布函数来描述其统计规律；对于连续型分布，则使用概率密度函数和分布函数。在数理统计部分，解决假设检验和置信区间相关问题时常常需要使用分布的分位数。R 语言提供了常见的每个分布的 4 种信息，这里分别以二项分布（代表离散型分布）和正态分布（代表连续型分布）为例进行介绍。

在 R 语言中，二项分布的名称为 binom，以它为基础加上 4 个前缀 d，p，q，r 分别得到 4 个函数 dbinom，pbinom，qbinom，rbinom，其中，前缀 d 表示离散型随机变量的分布律，p 表示分布函数，q 表示分位数，r 表示生成随机数。设 $X \sim B(n,p)$：

dbinom($k$，$n$，$p$)表示 $P(X=k)$ 的值，其中，$k$ 是 0 到 $n$ 之间的整数；

pbinom($x$，$n$，$p$)表示 $P(X \leqslant x)$ 的值，其中，$x$ 可以是任意实数；

qbinom($q$，$n$，$p$)表示满足不等式 $P(X \leqslant x) \geqslant q$ 的 $x$ 的最小值，其中，$q$ 是 0 到 1 之间的实数；

rbinom($m$，$n$，$p$)表示从 $X \sim B(n,p)$ 中抽取一个样本容量为 $m$ 的简单随机样本。

例如，设 $X \sim B(2,0.5)$，求 $P(X=1)$。在 R 语言中输入 dbinom(1，2，0.5)得到

结果为 0.5。输入 pbinom(1，2，0.5)则得到 $P(X\leqslant 1)$ 的值为 0.75。输入 qbinom(0.6，2，0.5)得到 1。输入 rbinom(6，2，0.5)得到 2，1，1，1，1，0。

正态分布的名称为 norm，对应地有 dbinom、pbinom、qbinom、rbinom 4 个函数。设 $X \sim N(\mu, \sigma^2)$：

dnorm$(x, \mu, \sigma)$表示 $f(x)$ 的值，其中，$x$ 是任意实数，$f$ 是 $N(\mu, \sigma^2)$ 的概率密度函数；

pnorm$(x, \mu, \sigma)$表示 $F(x)=P(X\leqslant x)$ 的值，其中，$x$ 可以是任意实数，$F$ 是 $N(\mu, \sigma^2)$ 的分布函数；

qnorm$(q, \mu, \sigma)$表示满足不等式 $P(X\leqslant x)\geqslant p$ 的 $x$ 的最小值，其中，$q$ 是 0 到 1 之间的实数；这个函数得到的是 $N(\mu, \sigma^2)$ 的 $(1-q)$ 分位数；

rnorm$(m, \mu, \sigma)$表示从 $X \sim N(\mu, \sigma^2)$ 中抽取一个样本容量为 $m$ 的简单随机样本。

例如，输入 qnorm(0.95，0，1)得到 1.644 854，这就是 $N(0,1)$ 的上 0.05 分位数，输入 rnorm(5，0，1)得到 0.415 838 3，−0.484 214 1，−0.601 825 0，0.655 827 6，1.284 098 6，这是来自总体 $N(0,1)$ 的一个简单随机样本。

常用的分布名称见表 10-3。

表 10-3 概率分布函数名称

| 分布 | 名称 | 分布 | 名称 |
| --- | --- | --- | --- |
| 贝塔分布 | beta | 逻辑斯谛分布 | logis |
| 二项分布 | binom | 多项分布 | multinom |
| 柯西分布 | cauchy | 负二项分布 | nbinom |
| 卡方分布 | chisq | 正态分布 | norm |
| 指数分布 | exp | 泊松分布 | pois |
| $F$ 分布 | f | Wilcoxom 符号秩分布 | signrank |
| 伽马分布 | gamma | $t$ 分布 | t |
| 几何分布 | geom | 均匀分布 | unif |
| 超几何分布 | hyper | 韦伯分布 | weibull |
| 对数正态分布 | lnorm | Wilcoxom 秩和分布 | wilcox |

可以通过 R 语言的帮助系统查询每个分布对应函数命令的详细使用方式。

## 10.4 R 语言作图

通过图形的形式展现数据，能够对数据特征有直观的认识。例如，直方图和箱线图都以图形的形式展示了数据分布的特征。R 语言具备非常强大的作图功能，本节将首先介绍 R 语言中的基本作图函数，再利用 R 语言对常见分布进行可视化，最后介绍使用 R 语言生成频数频率表、直方图和箱线图的方式。

## 10.4.1 R 语言的作图函数

R 提供了丰富的绘图功能,读者可以在 R 语言中输入 demo(graphics)查看二维图形的示例,输入 demo(persp)查看三维图形的示例。绘图函数的结果在一个单独的窗口显示,该窗口称为**绘图窗口**,这是查看绘图函数结果最直接的方式,也可以将绘图函数得到的图形保存为文件后进行查看。显然,直接在绘图窗口查看结果更为方便,且选中绘图窗口后,可以通过 R 语言菜单栏的"文件"菜单下的"另存为"选项将图形存储为需要的格式,如 pdf、png、jpg 等。在 R 语言自带包中,绘图函数可分为以下两类:

① 高级绘图函数(high-level plotting functions):用于创建一个新的图形。
② 低级绘图函数(low-level plotting functions):用于在已有的图形上添加元素。

**(1) 高级绘图函数**

本节介绍 plot 和 curve 两个高级绘图函数,使用 plot 函数可以绘制离散型分布概率的图形,使用 curve 函数则可以绘制连续型分布的概率密度函数的图形。

函数 plot 用来"画点",基本使用格式为 plot($x$,type=)。其中,$x$ 是一个 $n$ 维数值型向量,以 $x$ 的分量值为纵坐标、以分量对应的位置序号为横坐标绘图,即以(1,$x_1$),(2,$x_2$),…,($n$,$x_n$)共 $n$ 个点作图;参数 type 的值指定图形的类型:"p"(点)、"l"(线)、"b"(点连线,点线分开)、"o"(点连线,点线连接)、"c"(线,点缺失)、"h"(垂直线)、"s"(阶梯式,垂直线顶端显示数据)、"S"(阶梯式,垂直线底端显示数据)、"n"(不作图)。图 10-2 展示了向量 $x$<-c(2,1,3,4)的 type 取不同值时对应的图形类型。

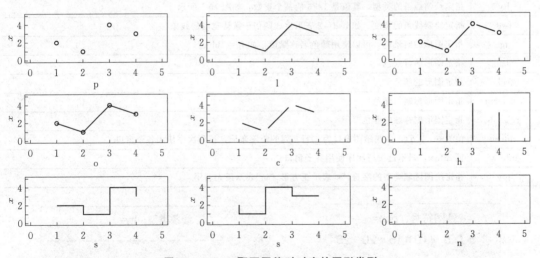

图 10-2　Type 取不同值时对应的图形类型

除了参数 type 外,还有其他参数。例如,axes=FALSE 不绘制坐标轴与边框,默认值为 TRUE;xlim=c($a$,$b$)与 ylim=c($c$,$d$)分别指定横坐标轴、纵坐标轴的范围;xlab=" "和 ylab=" "分别控制横坐标轴和纵坐标轴的标签,值必须是字符串;main=" "控制图形的主标题,值必须是字符串;sub=" "控制图形的副标题,值必须是字符串。

当有 $x$ 和 $y$ 两个同维向量时,使用 plot($x$,$y$)可以得到由 $x$ 作为横坐标、$y$ 作为纵坐标的图形,其余参数设置与前文相同。

函数 curve 用来"画线",基本使用格式为 curve($f(x)$, from=, to=)。其中,$f(x)$ 可以是一个表达式,也可以是用函数名表示的函数,from 和 to 指定了函数的定义域。例如,curve($\sin(x)$, from=$-2*$pi, to=$2*$pi)得到图 10-3。

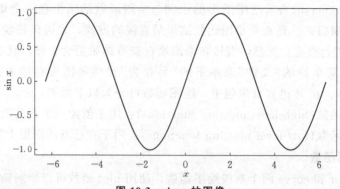

图 10-3 $\sin x$ 的图像

**(2)图形参数**

修改图形参数的选项可以自定义一幅图形的多个特征,最常用的是点和线条的类型以及图形颜色。表 10-4 列出了常用的图形参数。

表 10-4 图形参数

| 参数 | 作用 |
| --- | --- |
| pch | 指定绘制点的形状,其值是 1~25 的某个整数,如图 10-4 所示 |
| lty | 指定绘制线条的类型,其值是 1~6 的某个整数,如图 10-5 所示 |
| lwd | 指定绘制线条的宽度,如 lwd=2 表示生成两倍于默认宽度的线条 |
| fg | 指定图形的前景色,可以使用颜色名称赋值,如 fg="blue" |
| bg | 指定图形的背景色 |
| col | 指定图形的颜色 |
| col.main | 指定图形标题的颜色 |
| col.sub | 指定图形副标题的颜色 |
| mfcol | 值为 $c(a,b)$,分割绘图窗口为 $a$ 行 $b$ 列的矩阵布局,按列次序使用各子窗口 |
| mfrow | 同 mfcol,只不过按行次序使用各子窗口 |
| pty | 指定绘图区域类型的字符,"s"表示正方形,"m"表示最大利用 |

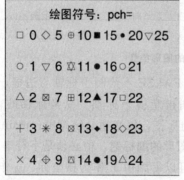

图 10-4 参数 pch 可指定的点的符号

图 10-5 参数 lty 可指定的线条的符号

图形参数的使用方法有两种。第一种是在绘图函数内部使用，如 plot($x$, pch=2, lty=1, col="red")，这种方法指定的参数值只对函数 plot 绘制的图形有效。另外，图形参数并不是对所有的高级绘图函数起作用，需要参考每个特定绘图函数的帮助（如？plot、？hist 或？boxplot）以确定哪些参数可以用这种方式设置。第二种方法是通过函数 par() 来指定参数值，以这种方式设定的参数值除非被再次修改，否则将在会话结束前一直有效，其调用格式为 par(参数名=值)。

**(3) 低级绘图函数**

R 语言的低级绘图函数的作用是在高级绘图函数得到的图形上添加元素。表 10-5 给出了一些主要的函数。

表 10-5 常用的低级绘图函数

| 函数名 | 作用 | 函数名 | 作用 |
| --- | --- | --- | --- |
| points | 在图形上添加点 | rect | 添加长方形 |
| lines | 在图形上添加线 | polygon | 添加多边形 |
| text | 在图形上添加字符串 | legend | 添加图例 |
| segments | 添加线段 | title | 添加标题 |
| arrows | 添加带箭头的线段 | axis | 添加坐标轴 |
| abline | 添加直线 | | |

每个函数的具体使用方式通过 help(函数名) 查看。下面介绍函数 axis 和 abline 的使用方法。

R 语言使用函数 axis() 创建自定义的坐标轴时，要在高级绘图函数中使用参数 axis=FALSE 来取消图形自带的坐标轴。函数 axis() 的基本格式为 axis(side=, at=, lty=, las=)，各个参数的值及意义见表 10-6。

表 10-6 坐标轴选项

| 选项 | 描述 |
| --- | --- |
| side | side 的值为 4 个整数，控制坐标轴在图形的位置，1=下，2=左，3=上，4=右 |
| at | at 的值是一个数值型向量，控制坐标轴上刻度线的位置以及刻度线上的值 |
| lty | 坐标轴的线条类型，共有 1~6 共 6 个数值，其中，1 表示实线，其余为不同类型的虚线 |
| las | las=0 表示标签与坐标轴平行，las=2 表示标签与坐标轴垂直 |

除了坐标轴，有时需要为图形添加参考线，使用函数 abline() 实现。函数 abline() 的使用格式为

abline($a=$, $b=$)，在已有图形上添加截距为 $a$、斜率为 $b$ 的直线。

abline($h=$)，$h$ 的值是一个数值型向量，在纵轴上的刻度处绘制水平直线。

abline($v=$)，$v$ 的值是一个数值型向量，在横轴上的刻度处绘制垂直直线。

### 10.4.2 常用分布的概率函数图

使用 R 语言可以得到常用分布的概率函数图形,帮助用户更直观地了解一个分布的特征。对于离散型分布,可以使用 plot 函数对每个值的概率进行图形展示;对于连续型分布,可以使用 curve 函数绘制其密度函数的图形。

图 10-6 是二项分布 $B(20,0.2)$ 和泊松分布 $P(5.5)$ 的概率分布律的图形展示,线条的高度由横坐标 $k$ 对应的概率 $P(X=k)$ 决定。从图中可以直观地看到,对于二项分布 $B(20,0.2)$,取 4 的概率最大,超过 10 的值对应的概率非常小。对于泊松分布 $P(5.5)$,尽管能取从 0 开始的任何整数,但取"大值"的概率非常小。图 10-6 的代码为

```
par(mfrow=c(1,2))
n<-20
p<-0.2
k<-seq(0,n)
plot(k,dbinom(k,n,p),type='h',main='Binomial distribution,n=20,p=0.2',xlab='k')
lambda<-4.0
k<-seq(0,20)
plot(k,dpois(k,lambda),type='h',main='Poisson distribution,lambda=5.5',xlab='k')
```

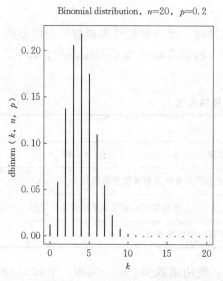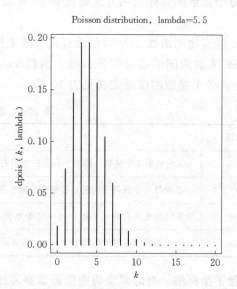

图 10-6 二项分布和泊松分布的概率分布律图

图 10-7 是几何分布 $Ge(0.5)$ 和超几何分布 $H(30,10,10)$ 的概率分布律的图形展示,代码为

```
par(mfrow=c(1,2))
p<-0.5
k<-seq(0,10)
plot(k,dgeom(k,p),type='h',main='Geometric distribution,p=0.5',xlab='k')
N<-30
M<-10
n<-10
k<-seq(0,10)
plot(k,dhyper(k,N,M,n),type='h',main='Hypergeometric distribution,
N=30,M=10,n=10',xlab='k')
```

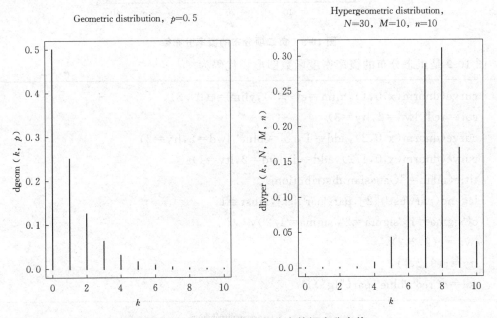

图 10-7  几何分布和超几何分布的概率分布律

图 10-8 是负二项分布 NB(10，0.5)的概率分布列的图形展示，代码为

```
par(mfrow=c(1,1))
n<-10
p<-0.5
k<-seq(0,40)
plot(k,dnbinom(k,n,p),type='h',main='Negative Binomial distribution,n=10,
p=0.5',xlab='k')
```

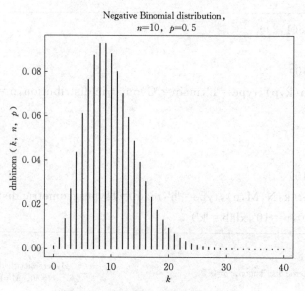

图 10-8 负二项分布的概率分布律

图 10-9 是正态分布的概率密度函数图形,代码为

```
curve(dnorm(x,0,1),xlim=c(-5,5),ylim=c(0,.8),
col='red',lwd=2,lty=3)
curve(dnorm(x,0,2),add=T,col='blue',lwd=2,lty=2)
curve(dnorm(x,0,1/2),add=T,lwd=2,lty=1)
title(main="Gaussian distributions")
legend(par('usr')[2],par('usr')[4],xjust=1,
c('sigma=1','sigma=2','sigma=1/2'),
lwd=c(2,2,2),
lty=c(3,2,1),
col=c('red','blue',par("fg")))
```

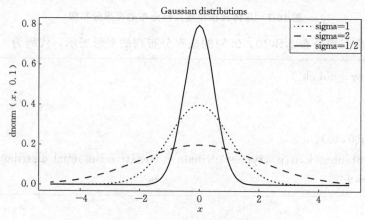

图 10-9 正态分布的概率密度

函数 curve( ) 中的参数 add=T 表示将多条曲线在同一个图形窗口中绘制，add=F 表示在新的图形窗口重新绘图。

图 10-10 是 $t$ 分布和 $\chi^2$ 分布的概率密度函数图形，代码为

```
curve(dt(x,1),xlim=c(-3,3),ylim=c(0,.4),
col='red',lwd=2,lty=1)
curve(dt(x,2),add=T,col='green',lwd=2,lty=2)
curve(dt(x,10),add=T,col='orange',lwd=2,lty=3)
curve(dnorm(x),add=T,lwd=3,lty=4)
title(main="Student T distributions")
legend(par('usr')[2],par('usr')[4],xjust=1,
c('df=1','df=2','df=10','Gaussian'),
lwd=c(2,2,2,2),
lty=c(1,2,3,4),
col=c('red','green','orange',par("fg")))
curve(dchisq(x,1),xlim=c(0,10),ylim=c(0,.6),col='red',lwd=2,lty=1)
curve(dchisq(x,2),add=T,col='green',lwd=2,lty=2)
curve(dchisq(x,3),add=T,col='blue',lwd=2,lty=3)
curve(dchisq(x,5),add=T,col='orange',lwd=2,lty=4)
abline(h=0,lty=3)
abline(v=0,lty=3)
title(main='Chi square Distributions')
legend(par('usr')[2],par('usr')[4],xjust=1,
c('df=1','df=2','df=3','df=5'),
lwd=c(2,2,2,2),
lty=c(1,2,3,4),
col=c('red','green','blue','orange'))
```

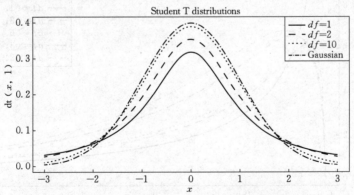

图 10-10　$t$ 分布和 $\chi^2$ 分布的概率密度函数图形

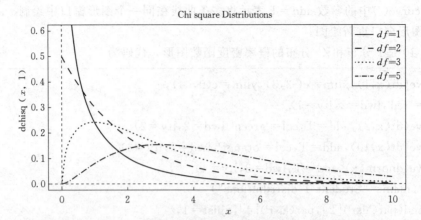

图 10-10  $t$ 分布和 $\chi^2$ 分布的概率密度函数图形（续）

图 10-11 是 $F$ 分布的概率密度函数图形，代码为

```
curve(df(x,1,1),xlim=c(0,2),ylim=c(0,.8),lwd=1,lty=1)
curve(df(x,3,1),add=T,lwd=2,lty=2)
curve(df(x,6,1),add=T,lwd=2,lty=3)
curve(df(x,3,3),add=T,col='red',lwd=3,lty=4)
curve(df(x,3,6),add=T,col='blue',lwd=3,lty=5)
title(main="Fisher's F")
legend(par('usr')[2],par('usr')[4],xjust=1,
c('df=(1,1)','df=(3,1)','df=(6,1)',
'df=(3,3)','df=(3,6)'),
lwd=c(1,2,2,3,3),
lty=c(1,2,3,4,5),
col=c(par("fg"),par("fg"),par("fg"),'red','blue'))
```

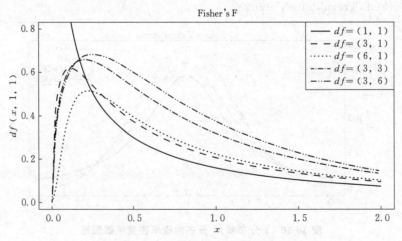

图 10-11  $F$ 分布的概率密度函数图形

## 10.4.3 频数频率表、直方图和箱线图

以例 5-3 为例展示如何使用 R 语言得到频数频率表、直方图和箱线图。首先将 60 个数据赋值为对象 data：

data<-c(31，15，28，29，15，14，38，75，62，27，41，49，21，23，32，20，96，22，25，18，44，23，11，42，27，10，1，48，21，19，28，43，62，35，24，73，46，51，29，15，15，49，6，16，34，45，32，25，33，13，19，41，29，16，11，29，28，17，16，24)

**(1)频数频率表**

使用 cut 和 table 两个函数可以得到一组数据的频数频率表，由函数自动分组并统计频数，也可以按用户指定分组方式统计。

table(cut(data，k))：将数据集 data 分为 k 组，其中，k 值由用户给出，分组区间由函数自动建立，得到每个区间的频数。

输入 table(cut(data,6)) 得到以下频数表：

```
> table(cut(data,6))
 (0.905,16.8]  (16.8,32.7]  (32.7,48.5]  (48.5,64.3]  (64.3,80.2]  (80.2,96.1]
      14           26           12            5            2            1
```

输入 table(cut(data,6))/length(data) 得到以下频率表：

```
> table(cut(data,6))/length(data)
 (0.905,16.8]  (16.8,32.7]  (32.7,48.5]  (48.5,64.3]  (64.3,80.2]  (80.2,96.1]
  0.23333333   0.43333333   0.20000000   0.08333333   0.03333333   0.01666667
```

输入 cumsum(table(cut(data，6))/length(data)) 得到以下累积频率表：

```
> cumsum(table(cut(data,6))/length(data))
 (0.905,16.8]  (16.8,32.7]  (32.7,48.5]  (48.5,64.3]  (64.3,80.2]  (80.2,96.1]
  0.2333333    0.6666667    0.8666667    0.9500000    0.9833333    1.0000000
```

如果用户想自行指定分组区间，则由每个分组区间端点构成向量：breaks<-c(0.5，16.5，32.5，48.5，64.5，80.5，96.5)；输入 table(cut(data，breaks)) 可以得到第 5 章表 5-1 的结果。

**(2)直方图**

使用 hist 函数可以绘制直方图。hist(data，6) 由软件自动将数据分为 6 组并绘制频率直方图。hist(data，breaks) 根据用户指定的分组区间绘制频率直方图。绘制频率直方图，只需要在函数 hist( ) 内增加参数 freq=F，即 hist(data，breaks，freq=F) 得到频率直方图，如图 10-12 所示。特别指出，频率直方图的纵坐标不是每个分组区间的频率，而是频率/组距。

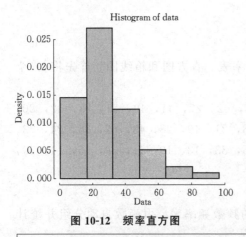

图 10-12　频率直方图

**(3) 箱线图**

使用 boxplot 函数可以绘制箱线图。boxplot(data, range=0) 可以得到 60 个数据的箱线图，其中，range=0 表示不考虑数据是否含有异常值。默认得到的箱线图是垂直箱线图（图 10-13），在函数 boxplot( ) 内增加参数 horizontal=TRUE 可以到水平箱线图，即 boxplot(data, range=0, horizontal=TRUE) 得到 60 个数据的水平箱线图（图 10-14）。

例 5-4 将两组数据的箱线图放在一起，图 5-6 的实现代码为

```
jia<-c(50,52,56,61,61,62,64,65,65,65,67,67,67,68,71,72,74,74,76,76,
77,77,78,82,83,85,86,86,87,88,90,91,92,93,93,97,100,100,103,105)
yi<-c(56,66,67,67,68,68,72,72,74,75,75,75,75,76,76,76,76,78,78,79,
80,81,81,83,83,83,84,84,84,86,86,87,87,88,92,92,93,95,98,107)
data<-matrix(c(jia,yi),ncol=2)
boxplot(data,range=0, horizontal=TRUE,names=c("甲车间","乙车间"))
```

其中，names 给出了多个箱线图的名称，必须在默认坐标轴出现时起作用。

**(4) 图形美化**

图 10-12 中直方图的横坐标没有展示正确的分组区间，图 10-13 与图 10-14 中的箱线图没有展示"五个数"，要想坐标轴展示特定的数值，则需要对图形做更精细的调整。一方面需要删除函数自带的坐标轴，另一方面要根据需求添加坐标轴。

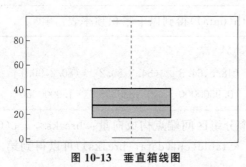
图 10-13　垂直箱线图

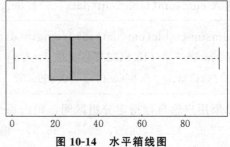
图 10-14　水平箱线图

在 hist 和 boxplot 两个函数中，括号( )内增加参数 axes=FALSE 可以得到不带坐标轴的图形，读者可自行输入命令 hist(data, breaks, freq=F, axes=FALSE) 和 boxplot(data, range=0, axes=FALSE) 查看输出的图形。

以下代码可以绘制自定义坐标轴的直方图（图 10-15）。

```
b<-hist(data,breaks,freq=T,axe=FALSE)
axis(1,at=breaks)
```

```
    axis(2,at=b$counts,las=1)
    abline(h=b$counts,lty=3)
```

以下代码可以绘制自定义坐标轴的箱线图(图 10-16)。

```
    m=min(data);M=max(data);Q1=quantile(data,0.25);Q3=quantile(data,
0.75);
    md=quantile(data,0.5);
    kedu=c(m,Q1,md,Q3,M)
    boxplot(data,range=0,horizontal=FALSE,axes=FALSE)
    axis(2,at=kedu,las=1)
    abline(h=kedu,lty=2)
```

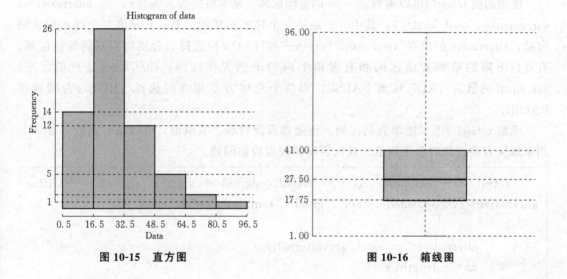

图 10-15　直方图　　　　　　　　图 10-16　箱线图

## 10.5　参数估计

求参数的点估计可以使用矩估计法和最大似然估计法。矩估计法的核心是求总体矩，并用总体矩表示待估参数，待估参数的表达式需要理论推导，没有固定的 R 语言程序直接得到参数的矩估计值，需要具体问题具体分析。最大似然估计法的核心是求似然函数的最大值点，也需要根据不同条件编写不同的函数求解。正态总体参数的区间估计有固定的公式，可以使用 R 语言提供的函数或自己编写的函数求解。

### 10.5.1　正态总体均值的置信区间

R 语言提供了方差未知情形下正态总体均值的置信区间，下面对单总体和两总体分别介绍。

设 $X_1, X_2, \cdots, X_n$ 是来自 $N(\mu, \sigma^2)$ 的简单随机样本，当 $\sigma$ 未知时，$\mu$ 的置信水平为 $(1-\alpha)$ 的置信区间为 $\left[\overline{X}-\dfrac{s}{\sqrt{n}}t_{\frac{\alpha}{2}}(n-1),\ \overline{X}+\dfrac{s}{\sqrt{n}}t_{\frac{\alpha}{2}}(n-1)\right]$。使用函数 t.test( ) 可以得到 $\mu$ 的置信区间，基本格式为 t.test($x$, alternative=, conf.level=)，其中，$x$ 是样本构成的向量，alternative 的值有 "two.sided" "greater" 和 "less" 3 种选择，分别对应双侧置信区间、有置信下限的单侧置信区间和有置信上限的单侧置信区间，conf.level 是置信水平。

设 $X_1, X_2, \cdots, X_m$ 是来自 $N(\mu_1, \sigma_1^2)$ 的简单随机样本，$Y_1, Y_2, \cdots, Y_n$ 是来自 $N(\mu_2, \sigma_2^2)$ 的简单随机样本。当 $\sigma_1^2 = \sigma_2^2$ 且未知时，$\mu_1 - \mu_2$ 的置信水平为 $1-\alpha$ 的置信区间为

$$\left[\overline{X}-\overline{Y}-t_{\frac{\alpha}{2}}(m+n-2)\cdot S_w\sqrt{\dfrac{m+n}{mn}},\ \overline{X}-\overline{Y}+t_{\frac{\alpha}{2}}(m+n-2)\cdot S_w\sqrt{\dfrac{m+n}{mn}}\right]$$

使用函数 t.test() 可以得到 $\mu_1 - \mu_2$ 的置信区间，基本格式为 t.test($x$, $y$, alternative=, var.equal=, conf.level=)，其中，$x$ 是第一个样本构成的向量；$y$ 是第二个样本构成的向量；alternative 的值有 "two.sided" "greater" 和 "less" 3 种选择，分别对应双侧置信区间、有置信下限的单侧置信区间和有置信上限的单侧置信区间；conf.level 是置信水平；var.equal 的值为 TRUE 或者 FALSE，当两个总体方差相等时选择 TRUE，否则选择 FALSE。

函数 t.test( ) 不仅能求置信区间，还能做假设检验。类似地，可以编写函数 u.test( )，用来解决方差已知时总体均值的置信区间和假设检验问题。

```
u.test <- function (x, y = NULL, sigma1 = sigma1, sigma2 = NULL,
alternative=c("two.sided","less","greater"),mu=0,conf.level=0.95)
{
        alternative<-match.arg(alternative)
        nx<-length(x)
        mx<-mean(x)
        if (is.null(y)){
            stderr<-sigma1/sqrt(nx)
            tstat<-(mx -mu)/stderr
            method<-"One Sample z-test"
            estimate<-setNames(mx,  "mean of x")
        }
        else {
            ny<-length(y)
            my<-mean(y)
            vy<-var(y)
            method<-"Two Sample z-test"
```

```
        estimate<-c(mx,my)
        names(estimate)<-c("mean of x","mean of y")
        stderr<-sqrt(sigma1^2/nx+sigma2^2/ny)
        tstat<-(mx -my -mu)/stderr
    }
    if (alternative=="less"){
        pval<-pnorm(tstat)
        cint<-c(-Inf,tstat + qnorm(conf.level))
    }
    else if (alternative=="greater"){
        pval<-pnorm(tstat,lower.tail=FALSE)
        cint<-c(tstat -qnorm(conf.level),Inf)
    }
    else {
        pval<-2 * pnorm(-abs(tstat))
        alpha<-1 -conf.level
        cint<-qnorm(1 -alpha/2)
        cint<-tstat + c(-cint,cint)
    }
    cint<-mu + cint * stderr
    names(tstat)<-"u"
    names(mu)<-   if (! is.null(y))
        "difference in means"
    else "mean"
    attr(cint,"conf.level")<-conf.level
    rval<-list(statistic=tstat,p.value=pval,
        conf.int=cint,estimate=estimate,null.value=mu,
        stderr=stderr,alternative=alternative,method=method)
    class(rval)<-"htest"
    rval
}
```

使用函数 u.test() 可以得到方差已知时单正态总体均值 $\mu$ 的置信区间,基本格式为 u.test($x$, sigma1=, alternative=, conf.level=)。其中,$x$ 是样本构成的向量,sigma1 是总体的标准差,alternative 的值有"two.sided""greater"和"less" 3 种选择,分别对应双侧置信区间、有置信下限的单侧置信区间和有置信上限的单侧置信区间,conf.level 是置信水平。

使用函数 u.test() 可以得到方差已知时两正态总体均值差 $\mu_1 - \mu_2$ 的置信区间,基本格式为 u.test($x$, $y$, sigma1=, sigma2=, alternative=, conf.level=)。其中，$x$ 是第一个样本构成的向量；$y$ 是第二个样本构成的向量；sigma1 是第一个总体的标准差，sigma2 是第二个总体的标准差，alternative 的值有"two.sided""greater"和"less" 3 种选择，分别对应双侧置信区间、有置信下限的单侧置信区间和有置信上限的单侧置信区间，conf.level 是置信水平。

例 6-15 可以使用以下代码求置信区间：

```
    x<-c(15.2, 16.7,14.3,10.5,9.6,18.0,14.6,15.2,16.5,12.9,17.1,14.8)
    t.test(x,alternative="two-sided",conf.level=0.95)
```
输出结果为
```
        One Sample t-test
data: x
t=19.877,df=11,p-value=5.709e-10
alternative hypothesis: true mean is not equal to 0
95 percent confidence interval:
 12.99818 16.23515
sample estimates:
mean of x
 14.61667
```

### 10.5.2 正态总体方差的置信区间

R 语言提供了函数 var.test() 解决均值未知情形下两个正态总体方差之比的置信区间和假设检验问题，均值未知情形下单个正态总体方差的置信区间和假设检验问题则需要读者自行编写函数完成。读者可以参考下面编写的函数 var1.test() 来解决单个正态总体方差的置信区间和假设检验问题。

```
    var1.test<-function (x, alternative=c("two.sided","less","greater"),
sigma02=1, conf.level=0.95)
        {
        n<-length(x)
        df<-n-1
        s2<-var(x)
        tstat<-(n-1)*s2/sigma02
        if (alternative=="less"){
            pval<-pchisq(tstat,df)
            cint<-c(-Inf,(n-1)*s2/ qchisq(1-conf.level,df))
        }
        else if (alternative=="greater"){
            pval<-pchisq(tstat,df,lower.tail=FALSE)
```

```
            cint<-c((n-1) * s2/ qchisq(conf.level,df),Inf)
        }
        else {
            pval<-2 * min(pchisq(tstat,df),pchisq(tstat,df,lower.tail=FALSE))
            alpha<-1 -conf.level
            cint<-(n-1) * s2/ c(qchisq(1 -alpha/2,df),qchisq(alpha/2,df))
        }
        names(tstat)<-"chisq"
        attr(cint,"conf.level")<-conf.level
        rval<-list(statistic=tstat,p.value=pval,
            conf.int=cint,null.value=sigma02,
            alternative=alternative)
        class(rval)<-"htest"
        rval
    }
```

使用函数 var1.test()求单个正态总体方差置信区间的格式为 var1.test($x$, alternative=, conf.level=)。其中, $x$ 是样本构成的向量, alternative 的值有"two.sided""greater"和"less" 3 种选择, 分别对应双侧置信区间、有置信下限的单侧置信区间和有置信上限的单侧置信区间, conf.level 是置信水平。

使用 R 语言自带函数 var.test( )求两个正态总体方差之比的置信区间的格式为 var.test($x$, $y$, alternative=, conf.level=)。其中, $x$ 是第一个样本构成的向量, $y$ 是第二个样本构成的向量, alternative 的值有"two.sided""greater"和"less" 3 种选择, 分别对应双侧置信区间、有置信下限的单侧置信区间和有置信上限的单侧置信区间, conf.level 是置信水平。

例 6-16 可以使用以下代码求置信区间:

```
x<-c(145.4,146.8,143.1,145.7,145.5,145.7,144.9,145.0)
var1.test(x,alternative="two.sided",conf.level=0.99)
data:
chisq=7.6988,p-value=0.7198
alternative hypothesis: true   is not equal to 1
99 percent confidence interval:
 0.3796651 7.7823662
```

## 10.6 假设检验

R 语言提供了部分函数直接处理假设检验问题, 有些假设检验问题则需要读者编程实现。

## 10.6.1 正态总体均值的检验

R 语言提供了函数 t.test() 解决方差未知时均值的假设检验问题,包括单个总体和两个总体两种情形。方差已知时均值的假设检验问题可以用 10.5 节定义的函数 u.test() 解决。下面先介绍 R 语言自带的函数 t.test() 的用法,再介绍用函数 u.test() 做 U 检验。

**(1) 方差未知时的 $t$ 检验法**

设 $X_1, \cdots, X_n$ 是来自正态总体 $N(\mu, \sigma^2)$ 的样本,样本均值和样本方差分别为 $\overline{X}$ 和 $S^2$。关于总体均值 $\mu$ 常见的假设检验问题有以下 3 种:

$$H_0: \mu = \mu_0 \quad \text{vs} \quad H_1: \mu \neq \mu_0$$
$$H_0: \mu \leqslant \mu_0 \quad \text{vs} \quad H_1: \mu > \mu_0$$
$$H_0: \mu \geqslant \mu_0 \quad \text{vs} \quad H_1: \mu < \mu_0$$

其中,$\mu_0$ 是已知常数。函数 t.test() 的使用格式为 t.test($x$, alternative =, mu =)。其中,$x$ 是样本构成的向量,alternative 的值有 "two.sided" "greater" 和 "less" 3 种选择,分别对应 3 种假设检验问题,mu 的值是假设检验问题中的 $\mu_0$。

例 7-5 可以使用以下代码进行假设检验:

```
x<-c(9.8,10.4,10.6,9.6,9.7,9.9,10.9,11.1,9.6,10.2,
10.3,9.6,9.9,11.2,10.6,9.8,10.5,10.1,10.5,9.7)
t.test(x,alternative="greater",mu=10)
        One Sample t-test
data: x
t=1.7541,df=19,p-value=0.04776
alternative hypothesis: true mean is greater than 10
95 percent confidence interval:
 10.00285         Inf
sample estimates:
mean of x
    10.2
```

可以看到,检验统计量的值为 1.7541,$t$ 分布的自由度为 19,$p$ 值为 0.04776。需要注意的是,R 语言作假设检验时,结果都是根据 $p$ 值来作决定的,当 $p$ 值小于显著性水平 $\alpha$ 时,拒绝原假设,否则接受原假设。另外,结果还给出样本均值的结果为 10.2。

设 $X_1, \cdots, X_{n_1}$ 是来自正态总体 $N(\mu_1, \sigma_1^2)$ 的样本,$Y_1, \cdots, Y_{n_2}$ 是来自正态总体 $N(\mu_2, \sigma_2^2)$ 的样本,且两组样本相互独立,样本均值分别为 $\overline{X}$ 和 $\overline{Y}$,样本方差分别为 $S_X^2$ 和 $S_Y^2$。关于总体均值 $(\mu_1 - \mu_2)$ 常见的假设检验问题有以下 3 种:

$$H_0: \mu_1 - \mu_2 = \mu_0 \quad \text{vs} \quad H_1: \mu_1 - \mu_2 \neq \mu_0$$
$$H_0: \mu_1 - \mu_2 \leqslant \mu_0 \quad \text{vs} \quad H_1: \mu_1 - \mu_2 > \mu_0$$
$$H_0: \mu_1 - \mu_2 \geqslant \mu_0 \quad \text{vs} \quad H_1: \mu_1 - \mu_2 < \mu_0$$

其中,$\mu_0$ 是已知常数。对于两总体的情形,函数 t.test() 的使用格式为 t.test($x$, $y$, alternative=, mu=, paired=, var. equal=)。其中，$x$ 是第一个样本构成的向量，$y$ 是第二个样本构成的向量；alternative 的值有"two. sided""greater"和"less" 3 种选择，分别对应 3 种假设检验问题；mu 的值是假设检验问题中的 $\mu_0$；paired 的值为 TRUE 或 FALSE，当数据是成对数据时选择 TRUE，否则选择 FALSE；var. equal 的值为 TRUE 或 FALSE，当两个总体方差相等时选择 TRUE，否则选择 FALSE。

例 7-8 可以使用以下代码进行假设检验：

```
x<-c(25,28,23,26,29,22)
y<-c(28,23,30,25,21,27)
t. test(x,y,alternative="two. side", mu=0,paired=FALSE,var. equal=TRUE)
        Two Sample t-test
data: x and y
t=-0.094745,df=10,p-value=0.9264
alternative hypothesis: true difference in means is not equal to 0
95 percent confidence interval:
 -4.086193   3.752860
sample estimates:
mean of x mean of y
 25.50000   25.66667
```

可以看到，检验统计量的值为 $-0.094\ 745$，$t$ 分布的自由度为 10，$p$ 值为 0.9246。由于 $p$ 值大于显著性水平 $\alpha=0.05$，因此接受原假设。

例 7-9 可以使用以下代码进行假设检验：

```
x<-c(0.19,0.18,0.21,0.30,0.66,0.42,0.08,0.12,0.30,0.27)
y<-c(0.15,0.13,0.07,0.24,0.19,0.04,0.08,0.20)
t. test(x,y,alternative="greater",  mu=0,paired=FALSE,var. equal=TRUE)
        Two Sample t-test
data: x and y
t=2.1301,df=16,p-value=0.02452
alternative hypothesis: true difference in means is greater than 0
95 percent confidence interval:
 0.02443895         Inf
sample estimates:
mean of x mean of y
  0.2730     0.1375
```

可以看到，$p$ 值为 $0.024\ 52$，小于显著性水平 $\alpha$，拒绝原假设。

例 7-10 可以使用以下代码进行假设检验：

```
x<-c(6.6,7.0,8.3,8.2,5.2,9.3,7.9,8.5,7.8,7.5,6.1,8.9,6.1,9.4,9.1)
y<-c(7.4,5.4,8.8,8.0,6.8,9.1,6.3,7.5,7.0,6.5,4.4,7.7,4.2,9.4,9.1)
t.test(x,y,alternative="greater", mu=0,paired=TRUE,var.equal=TRUE)
        Paired t-test

data: x and y
t=2.0959,df=14,p-value=0.02737
alternative hypothesis: true mean difference is greater than 0
95 percent confidence interval:
 0.08832882          Inf
sample estimates:
mean difference
    0.5533333
```

可以看到，$p$ 值为 0.027 37，小于显著性水平 $\alpha=0.05$，拒绝原假设。

**(2) 方差已知时的 $U$ 检验法**

使用 10.5 节定义的函数 u.test() 可以解决方差已知时总体均值的假设检验问题。

对于单个正态总体，函数 u.test() 的使用格式为 u.test($x$, sigma1=, alternative=, mu=)。其中，$x$ 是样本构成的向量，sigma1 是总体标准差，alternative 的值有 "two.sided" "greater" 和 "less" 3 种选择，分别对应 3 种假设检验问题，mu 的值是假设检验问题中的 $\mu_0$。

对于两个正态总体，函数 u.test() 的使用格式为 u.test($x$, $y$, sigma1=, sigma2=, alternative=, mu=)。其中，$x$ 是第一个样本构成的向量，$y$ 是第二个样本构成的向量，sigma1 是第一个总体的标准差，sigma2 是第二个总体的标准差，alternative 的值有 "two.sided" "greater" 和 "less" 3 种选择，分别对应 3 种假设检验问题，mu 的值是假设检验问题中的 $\mu_0$。

例 7-3 可以使用以下代码进行假设检验：

```
x<-c(14.7,15.1,14.8,15.0,15.2,14.6)
u.test(x,sigma1=0.05,alternative="less",mu=15)
        One Sample z-test

data:
z=-4.899,p-value=4.817e-07
alternative hypothesis: true mean is less than 15
95 percent confidence interval:
    -Inf 14.93358
sample estimates:
mean of x
  14.9
```

可以看到，$p$ 值为 $5 \times 10^{-7}$，小于显著性水平 $\alpha = 0.05$，拒绝原假设。

例 7-4 可以使用以下代码进行假设检验：

```
x<-c(101,100,99,99,98,100,98,99,99,99)
y<-c(100,98,100,99,98,99,98,98,99,100)
u.test(x,y,sigma1=sqrt(0.84),sigma2=sqrt(0.77),alternative="two.sided",mu=0)
        Two Sample z-test
data:
z=0.74767,p-value=0.4547
alternative hypothesis: true difference in means is not equal to 0
95 percent confidence interval:
 -0.4864317  1.0864317
sample estimates:
mean of x mean of y
    99.2      98.9
```

可以看到，$p$ 值为 0.5，大于显著性水平 $\alpha = 0.05$，接受原假设。

## 10.6.2 正态总体方差的检验

R 语言提供了函数 var.test() 解决两个正态总体方差之比的假设检验问题，另外可以使用 10.5 节定义的函数 var1.test() 来解决单个正态总体方差的假设检验问题。

设 $X_1, \cdots, X_n$ 是来自正态总体 $N(\mu, \sigma^2)$ 的样本，样本均值和样本方差分别为 $\overline{X}$ 和 $S^2$。关于总体方差 $\sigma^2$ 常见的假设检验问题有以下 3 种：

$$H_0: \sigma^2 = \sigma_0^2 \quad \text{vs} \quad H_1: \sigma^2 \neq \sigma_0^2$$
$$H_0: \sigma^2 \leq \sigma_0^2 \quad \text{vs} \quad H_1: \sigma^2 > \sigma_0^2$$
$$H_0: \sigma^2 \geq \sigma_0^2 \quad \text{vs} \quad H_1: \sigma^2 < \sigma_0^2$$

其中，$\sigma_0^2$ 是已知常数。函数 var1.test() 的使用格式为 var1.test($x$, alternative=, sigma02=)。其中，$x$ 是样本构成的向量，alternative 的值有 "two.sided" "greater" 和 "less" 3 种选择，分别对应 3 种假设检验问题，sigma02 的值对应假设中的常数 $\sigma_0^2$。

设 $X_1, \cdots, X_{n_1}$ 是来自正态总体 $N(\mu_1, \sigma_1^2)$ 的样本，$Y_1, \cdots, Y_{n_2}$ 是来自正态总体 $N(\mu_2, \sigma_2^2)$ 的样本，且两组样本相互独立，样本均值分别为 $\overline{X}$ 和 $\overline{Y}$，样本方差分别为 $S_X^2$ 和 $S_Y^2$。关于总体方差 $\sigma_1^2, \sigma_2^2$ 常见的假设检验问题有以下 3 种：

$$H_0: \frac{\sigma_1^2}{\sigma_2^2} = c \quad \text{vs} \quad H_1: \frac{\sigma_1^2}{\sigma_2^2} \neq c$$
$$H_0: \frac{\sigma_1^2}{\sigma_2^2} \leq c \quad \text{vs} \quad H_1: \frac{\sigma_1^2}{\sigma_2^2} > c$$
$$H_0: \frac{\sigma_1^2}{\sigma_2^2} \geq c \quad \text{vs} \quad H_1: \frac{\sigma_1^2}{\sigma_2^2} < c$$

其中，$c$ 是已知常数。函数 var.test( ) 的使用格式为 var.test($x$, $y$, alternative =, ratio =)。其中，$x$ 是第一个样本构成的向量，$y$ 是第二个样本构成的向量，alternative 的值有"two.sided""greater"和"less" 3 种选择，分别对应 3 种假设检验问题，ratio 的值对应假设中的常数 $c$。

例 7-12 可以使用以下代码进行假设检验：

```
x<-c(90,105,101,95,100,100,101,105,93,97)
var1.test(x,"less",sigma02=14^2)
data:
chisq=1.1128,p-value=0.0008694
alternative hypothesis: true  is less than 196
95 percent confidence interval:
    -Inf 65.59176
```

可以看到，检验统计量的值为 1.1，$p$ 值为 0.00087，小于显著性水平 $\alpha=0.01$，故拒绝原假设。

例 7-13 可以使用以下代码进行假设检验：

```
x<-c(15.0,14.5,15.2,15.5,14.8,15.1,15.2,14.8)
y<-c(15.2,15.0,14.8,15.2,15.0,15.0,14.8,15.1,14.8)
var.test(x,y,alternative="two.sided",ratio=1)
        F test to compare two variances
data:  x and y
F=3.6588,num df=7,denom df=8,p-value=0.08919
alternative hypothesis: true ratio of variances is not equal to 1
95 percent confidence interval:
    0.8079418 17.9257790
sample estimates:
ratio of variances
        3.658815
```

可以看到，检验统计量的值为 3.6588，$p$ 值为 0.08919，大于显著性水平 $\alpha=0.05$，故接受原假设。

### 10.6.3 比率的检验

将比率 $p$ 看作 $0-1$ 分布 $B(1,p)$ 中的参数，考虑如下 3 类假设检验问题：

$$H_0: p=p_0 \quad \text{vs} \quad H_1: p \neq p_0$$
$$H_0: p \leqslant p_0 \quad \text{vs} \quad H_1: p > p_0$$
$$H_0: p \geqslant p_0 \quad \text{vs} \quad H_1: p < p_0$$

其中，$p_0$ 是已知常数。使用函数 prop.test( ) 给出以上假设检验问题的 $p$ 值，格式为

prop. test($x$, $n=$, alternative $=$, $p=$)。其中，$x$ 是成功的次数，$n$ 是试验总次数，alternative 的值有"two.sided""greater"和"less" 3 种选择，分别对应 3 种假设检验问题，$p$ 是假设中的 $p_0$。

例 7-16 可以使用以下代码进行假设检验：

```
prop.test(x=70,n=120,alternative="less",p=0.8)
        1-sample proportions test with continuity correction
data： 70 out of 120,null probability 0.8
X-squared=33.867,df=1,p-value=2.95e-09
alternative hypothesis：true p is less than 0.8
95 percent confidence interval：
 0.0000000 0.6586951
sample estimates：
        p
0.5833333
```

可以看到，$p$ 值为 $3\times 10^{-9}$，小于显著性水平 $\alpha=0.05$，应拒绝原假设。

使用函数 prop.test( ) 可以比较两个总体的比率的假设检验问题，使用格式为 prop.test($x=$，$n=$，alternative$=$)。其中，$x$ 是由两个总体的成功次数组成的二维向量，$n$ 是由两个总体的试验总次数组成的二维向量，alternative 的值有"two.sided""greater"和"less" 3 种选择，分别对应 3 种假设检验问题。

例 7-17 可以使用以下代码进行假设检验：

```
x<-c(8,1)
n<-c(467,433)
prop.test(x,n,alternative="less")
         2-sample test for equality of proportions with continuity correction
data： x out of n
X-squared=3.6006,df=1,p-value=0.9711
alternative hypothesis：less
95 percent confidence interval：
 -1.00000000  0.02762684
sample estimates：
     prop 1      prop 2
0.017130621 0.002309469
Warning message：
In prop.test(x,n,alternative="less")：Chi-squared 近似算法有可能不准
```

可以看到，$p$ 值为 1，大于显著性水平 $\alpha=0.05$，应接受原假设。

### 10.6.4　正态性检验

R语言提供了函数 shapiro.test( ) 做夏皮洛－威尔克检验，使用格式为 shapiro.test($x$)，其中，$x$ 是样本组成的向量。

例 7-18 可以使用以下代码进行假设检验：

```
x<-c(108,124,124,106,138,163,159,134)
shapiro.test(x)
        Shapiro-Wilk normality test
data: x
W=0.92503,p-value=0.472
```

可以看到，$p$ 值为 0.472，因此接受原假设。

R语言没有编制好的函数做爱泼斯—普利检验，下面代码可以根据样本 $x$ 得到爱泼斯—普利检验统计量的值：

```
TEP<-function(x){
n<-length(x)
xx<-matrix(x,nrow=n,ncol=1)
a<-matrix(rep(1,n),nrow=n,ncol=1)%*%t(xx)
b<-xx%*%matrix(rep(1,n),nrow=1,ncol=n)
m<-sum((x-mean(x))^2)/n
t<-1+n/sqrt(3)+(sum(exp(-round((a-b),2)^2/2/m))-n)/n-sqrt(2)*sum(exp(-(x-
mean(x))^2/4/m))
t
}
```

使用 TEP 函数的格式为 TEP($x$)，其中，$x$ 是由样本组成的向量，输出检验统计量的值，将该值与临界值比较得出拒绝或接受原假设的结论。

例 7-18 可以使用以下代码得到爱泼斯—普利检验的检验统计量的值：

```
x<-c(108, 124, 124, 106, 138, 163, 159, 134)
TEP(x)
0.06932
```

输出结果为 0.069 32，与临界值比较，接受原假设。

### 10.6.5　拟合优度检验

R语言提供了函数 chisq.test( ) 做拟合优度检验。要检验第 $i$ 类样本的占比是否为 $p_i$，$i=1,\cdots,k$，假设样本中第 $i$ 类样本的个数为 $x_i$，令 $x<-c(x_1,\cdots,x_k)$，prop$<-c$

$(p_1, \cdots, p_k)$,则 chisq.test$(x, p=\text{prop})$可以给出检验结果。

例 7-19 的 R 语言代码如下：

```
x<-c(8,5,8)
prop<-c(1/3,1/3,1/3)
chisq.test(x,p=prop)
        Chi-squared test for given probabilities
data: x
X-squared=0.85714,df=2,p-value=0.6514
```

可以看到，检验统计量的值为 0.857 14，$p$ 值为 0.651 4，大于显著性水平 $\alpha$，接受原假设。

当第 $i$ 类样本的占比 $p_i$ 依赖于未知参数时，要先求出未知参数的最大似然估计值，进一步得到 $p_i$ 的估计值 $\hat{p}_i$，令 prop$<-c(\hat{p}_1, \cdots, \hat{p}_k)$，则 chisq.test$(x, p=\text{prop})$可以给出检验结果。

例 7-20 的 R 语言代码如下：

```
x<-c(35,40,19,6)
prop<-c(0.3679,0.3679,0.1839,0.0803)
chisq.test(x,p=prop)
        Chi-squared test for given probabilities
data: x
X-squared=0.90059,df=3,p-value=0.8253
```

可以看到，检验统计量的值为 0.900 59，$p$ 值为 0.825 3，大于显著性水平 $\alpha$，接受原假设。

使用函数 chisq.test( )也可以做列联表的独立性检验，此时将列联表的数据以矩阵形式赋值给 $x$，再使用 chisq.test$(x)$即可。

例 7-21 的代码如下：

```
x<-matrix(c(32,44,47,28,21,12,14,17,13),nrow=3)
chisq.test(x)
        Pearson's Chi-squared test
data: x
X-squared=9.6132,df=4,p-value=0.04747
```

可以看到，检验统计量的值为 9.613 2，$p$ 值为 0.047 47，小于显著性水平 $\alpha=0.05$，拒绝原假设。

使用 lawstat 包内的函数 runs.test( )可以做游程检验，使用格式为 runs.test(data)，其中，data 是样本。另外，要先使用代码 library(lawstat)载入包后再使用函数 runs.test( )。

例 7-22 的代码如下：

```
library(lawstat)
data<-c(16,25,21,20,23,21,19,15,13,23,17,20,29,18,22,16,22)
runs.test(data)
Runs Test -Two sided
data： data
Standardized Runs Statistic=0.26621,p-value=0.7901
```

可以看到，$p$ 值为 0.790 1，大于显著性水平 $\alpha=0.05$，接受原假设。

使用函数 wilcox.test() 可以做秩和检验，使用格式为 wilcox.test($x$, $y$, alternative=)，其中，$x$ 是第一个总体的样本，$y$ 是第二个总体的样本，alternative 的值有"two.sided""greater"和"less"3 种选择，分别对应 3 种假设检验问题。

例 7-23 的代码如下：

```
x<-c(108,123,109,119,117,120,109,112,122,115)
y<-c(124,120,128,126,114,133,132,122,117,125)
wilcox.test(x,y,alternative="less")
        Wilcoxon rank sum test with continuity correction
data： x and y
W=14.5,p-value=0.004028
alternative hypothesis：true location shift is less than 0
Warning message：
In wilcox.test.default(x,y,alternative="less")：
    无法精确计算带连结的 p 值
```

可以看到，$p$ 值为 0.004 028，小于显著性水平 $\alpha=0.05$，拒绝原假设。其中警告"无法精确计算带连结的 $p$ 值"是因为数据中存在重复值，一旦去掉重复值，警告就不会出现。要注意的是：wiloc.test 求出的检验统计量的值 $W$ 等于 $R_1-n\times(n+1)/2$，其中 $n$ 是第一个样本的样本容量。

## 10.7 方差分析与回归分析

### 10.7.1 单因素方差分析

使用 R 语言做方差分析前，需要先学习更多有关数据的知识。假设因子有 4 个水平 $A_1$，$A_2$，$A_3$，$A_4$，分别用 1，2，3，4 来表示。这里的 1，2，3，4 只是一种"代号"，并非"真正的数字"，这类数据在 R 语言中称为**因子**，可以使用 factor 函数将数字转化为因子，代码为

```
A<-factor(c(1,2,3,4))
```

使用 factor 函数处理后，1，2，3，4 不再是普通的数字，对象 A 不能进行加减乘除等运算。

使用函数 aov() 可以做单因素方差分析。例 8-3 的方差分析表(表 8-5)可由如下代码得到：

```
X<-c(375,395,385,405,390,382.5,415,415,405,407.5,400,395)
A<-factor(rep(1:4,rep=3))
data<-data.frame(X,A)
result<-aov(X~A,data)
summary(result)
            Df    Sum Sq    Mean Sq    F value    Pr(>F)
A           3     375       125.0      0.708      0.574
Residuals   8     1412      176.6
```

上述结果中，Df 表示自由度，Sum Sq 表示平方和，Mean Sq 表示均方和，F value 表示 F 检验统计量的值，即 F 比，Pr(>F) 表示检验的 $p$ 值，A 就是因素 A，Residuals 为残差。

### 10.7.2 考虑交互作用的双因素方差分析

例 8-10 的方差分析表(表 8-13)可由如下代码得到：

```
X<-c(425.8,366.7,394.6,339.4,400.6,403.5,319.5,
359.7,378.8,442,460.1,393,403.4,384,389.8,404.8,
269.7,341.4,290.2,270.5,322.2,384.3,291.9,360.9,
378.5,355.1,358.8,319.1,358.4,342.3)
A<-gl(2,15,30)
B<-gl(3,5,30)
data<-data.frame(X,A,B)
result<-aov(X~A+B+A:B,data)
summary(result)
            Df    Sum Sq    Mean Sq    F value    Pr(>F)
A           1     22021     22021      14.094     0.000978 ***
B           2     3392      1696       1.085      0.353809
A:B         2     1806      903        0.578      0.568610
Residuals   24    37499     1562
---
Signif.codes:  0 '***' 0.001 '**' 0.01 '*' 0.05 '.' 0.1 ' ' 1
```

在函数 aov() 中，A+B+A:B 表示考虑 A、B 以及 A 与 B 的交互作用。从输出结果可以看到，A:B 的交互作用对应的 $p$ 值为 0.568 610，大于显著性水平 $\alpha=0.05$，故交互作用不显著。再做无交互作用的双因素方差分析，表 8-13 可由如下代码得到：

```
result<-aov(X~A+B,data)
summary(result)
            Df   Sum Sq   Mean Sq   F value   Pr(>F)
A           1    22021    22021     14.567    0.000753 ***
B           2    3392     1696      1.122     0.340979
Residuals   26   39306    1512
---
Signif.codes: 0 '***' 0.001 '**' 0.01 '*' 0.05 '.' 0.1 ' ' 1
```

### 10.7.3 不考虑交互作用的双因素方差分析

例 8-11 的方差分析表(表 8-16)可由如下代码得到：

```
X<-c(106,116,145,42,68,115,70,111,133,42,63,87)
A=gl(4,3)
B=gl(3,1,12)
data<-data.frame(X,A,B)
result<-aov(X~A+B,data)
summary(result)
           Df   Sum Sq   Mean Sq   F value   Pr(>F)
A          3    6458     2152.6    23.77     0.000992 ***
B          2    6074     3037.0    33.54     0.000554 ***
Residuals  6    543      90.6
---
Signif.codes: 0 '***' 0.001 '**' 0.01 '*' 0.05 '.' 0.1 ' ' 1
```

函数 gl( ) 用来给出因子水平，其调用格式为 gl($n$, $k$, $length = n*k$)，其中，$n$ 是水平数，$k$ 是每一水平上的重复次数，$length$ 是总观测值数。在函数 aov( ) 中，$A+B$ 表示考虑 $A$ 和 $B$ 两个因素。

### 10.7.4 回归分析

使用函数 lm( ) 可以做回归分析，下面用两个案例给出一元线性回归和多元线性回归的 R 代码与详细分析。

**案例 1** 树木的胸径 $y$（单位：厘米）与时间 $x$（单位：年）有关。从实验中收集了一批数据 $(x_i, y_i)$（表 10-7）。分析树木胸径 $y$ 和时间 $x$ 之间的关系：

① 求一元线性回归方程；

② 自变量 $x$ 在区间 $[0, 12]$ 内的回归方程的预测值、预测区间和置信区间（显著性水平 $\alpha = 0.05$）。

表 10-7　树木胸径与时间数据表

| 序号 | 时间 | 直径 | 序号 | 时间 | 直径 |
|---|---|---|---|---|---|
| 1 | 1 | 1.4 | 7 | 7 | 8.8 |
| 2 | 2 | 3.1 | 8 | 8 | 11.1 |
| 3 | 3 | 3.9 | 9 | 9 | 12.3 |
| 4 | 4 | 4.7 | 10 | 10 | 12.7 |
| 5 | 5 | 5.9 | 11 | 11 | 13.6 |
| 6 | 6 | 7.4 | 12 | 12 | 14.2 |

解：①利用以下代码得到时间与直径的散点图，如图 10-17 所示。

```
x<-seq(1,12)
y<-c(1.4,3.1,3.9,4.7,5.9,7.4,8.8,11.1,12.3,12.7,13.6,14.2)
plot(x,y)
```

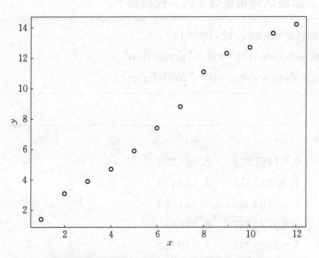

图 10-17　时间与直径(单位：厘米)散点图

通过画图发现，$x$，$y$ 两个变量之间存在某种线性关系，用函数 lm() 来拟合直线。

```
lm.sol<- lm(y~1+x)
#lm()函数返回拟合结果的对象,可以用函数 summary()查看其内容
summary(lm.sol)
    Call：
    lm(formula=y~1+x)

    Residuals：
        Min        1Q     Median       3Q       Max
```

```
    -0.82564 -0.30291 -0.08228  0.19604  0.99604
Coefficients:
            Estimate Std. Error t value Pr(>|t|)
(Intercept)  0.26061    0.35765   0.729    0.483
x            1.23042    0.04859  25.320 2.12e-10 ***
---
Signif. codes:  0 '***' 0.001 '**' 0.01 '*' 0.05 '.' 0.1 ' ' 1

Residual standard error: 0.5811 on 10 degrees of freedom
Multiple R-squared: 0.9846, Adjusted R-squared: 0.9831
F-statistic: 641.1 on 1 and 10 DF,  p-value: 2.117e-10
```

结果表明系数和方程均通过检验。回归方程为
$$y = 0.26061 + 1.23042x$$

② 计算预测值，预测区间和置信区间。代码如下：

```
new<-data.frame(x=seq(1,12,by=1))
pp<-predict(lm.sol,new,interval="prediction")
pc<-predict(lm.sol,new,interval="confidence")
```

预测区间：

|    | fit       | lwr        | upr       |
|----|-----------|------------|-----------|
| 1  | 1.491026  | 0.01765852 | 2.964393  |
| 2  | 2.721445  | 1.28841515 | 4.154475  |
| 3  | 3.951865  | 2.55194095 | 5.351789  |
| 4  | 5.182284  | 3.80771337 | 6.556855  |
| 5  | 6.412704  | 5.05529788 | 7.770110  |
| 6  | 7.643124  | 6.29438184 | 8.991865  |
| 7  | 8.873543  | 7.52480142 | 10.222285 |
| 8  | 10.103963 | 8.74655662 | 11.461369 |
| 9  | 11.334382 | 9.95981127 | 12.708953 |
| 10 | 12.564802 | 11.16487802| 13.964726 |
| 11 | 13.795221 | 12.36219138| 15.228252 |
| 12 | 15.025641 | 13.55227390| 16.499008 |

置信区间：

|    | fit      | lwr       | upr      |
|----|----------|-----------|----------|
| 1  | 1.491026 | 0.7879303 | 2.194121 |

| | | | |
|---|---|---|---|
| 2 | 2.721445 | 2.1073544 | 3.335536 |
| 3 | 3.951865 | 3.4195875 | 4.484142 |
| 4 | 5.182284 | 4.7207892 | 5.643780 |
| 5 | 6.412704 | 6.0051704 | 6.820238 |
| 6 | 7.643124 | 7.2654510 | 8.020796 |
| 7 | 8.873543 | 8.4958706 | 9.251216 |
| 8 | 10.103963 | 9.6964291 | 10.511496 |
| 9 | 11.334382 | 10.8728871 | 11.795877 |
| 10 | 12.564802 | 12.0325246 | 13.097079 |
| 11 | 13.795221 | 13.1811306 | 14.409312 |
| 12 | 15.025641 | 14.3225457 | 15.728736 |

**案例 2** 表 10-8 是两种与树木生长量($y$)相关的因素($x_1$，$x_2$)。试根据这些数据建立一个数学模型，分析树木生长量与两种因素的关系。

表 10-8 树木生长量与相关变量数据表

| $x_1$ | $x_2$ | $y$ | $x_1$ | $x_2$ | $y$ |
|---|---|---|---|---|---|
| 7 | 25 | 76.8 | 3 | 72 | 100.8 |
| 2 | 30 | 70.5 | 1 | 31 | 70.5 |
| 10 | 55 | 100.3 | 2 | 52 | 92.4 |
| 11 | 30 | 87.4 | 20 | 45 | 113.6 |
| 6 | 52 | 94.9 | 2 | 40 | 84.2 |
| 12 | 57 | 110.2 | 11 | 63 | 107.4 |

**解：** 代码为

```
growth<-data.frame(x1=c(7,2,10,11,6,12,3,1,2,20,2,11),
        x2=c(25,30,55,30,52,57,72,31,52,45,40,63),
        y=c(76.8,70.5,100.3,87.4,94.9,110.2,100.8,70.5,92.4,
            113.6,84.2,107.4))
lm.sol<-lm(y~x1+x2,data=growth)
#建立 y=b0+b1*x1+b2*x2 的线性模型
summary(lm.sol)#模型检验
```

计算结果：

```
Call：
lm(formula=y ~ x1 + x2,data=growth)
```

```
Residuals:
    Min      1Q  Median      3Q     Max
 -2.656  -2.357  -0.661   1.644   4.405

Coefficients:
             Estimate Std.Error t value Pr(>|t|)
(Intercept) 49.69412   2.93497   16.93  3.92e-08 ***
x1           1.61308   0.15504   10.40  2.57e-06 ***
x2           0.67452   0.05957   11.32  1.26e-06 ***
---
Signif.codes:  0 '***' 0.001 '**' 0.01 '*' 0.05 '.' 0.1 ' ' 1

Residual standard error: 2.921 on 9 degrees of freedom
Multiple R-squared:   0.9683,   Adjusted R-squared:  0.9613
F-statistic: 137.6 on 2 and 9 DF,  p-value: 1.79e-07
```

计算结果通过了回归系数检验和回归方程检验,由此得到因变量与自变量 $x_1$ 和自变量 $x_2$ 之间的关系为 $y=49.6941+1.61308x_1+0.67452x_2$。

○○○

## 著名学者小传

范剑青,1962 年 12 月出生于福建莆田市,数学家、统计学家、金融学家,美国普林斯顿大学金融终身教授。范剑青 1982 年本科毕业于复旦大学数学系,随后考入中国科学院应用数学所攻读硕士,1986 年进入美国加州柏克莱大学攻读博士学位,1989 年以优异成绩提前毕业后,前往北卡罗纳教堂山大学担任助理教授、副教授、教授,并于 1997—2000 年担任加州洛杉矶大学终身教授,及 2000—2003 年任香港中文大学讲座教授,2003 年任普林斯顿大学金融工程终身教授,2005 年任普林斯顿大学统计研究会主席,2006 荣获普林斯顿大学冠名的金融讲座教授。2012 年起任普林斯顿大学运筹学与金融工程学系主任,2000 年获 COPSS 总统奖(堪称统计学中的"诺贝尔奖"),2006 年获洪堡基金会终身成就奖,2009 年获古根海姆学者奖,2013 年获泛华统计学会"许宝禄"奖,2014 年获英国皇家统计学会授予的"Guy Medal"银质奖章,2018 年获诺特资深学者奖。

范剑青一直从事非参数建模、机器学习、生物统计、计量金融与生物信息等方面的研究。他是非参数建模与高维复杂数据建模等方面的国际权威,有着巨大的贡献和影响。他首创的"局部建模"法为非参数统计奠定了理论基础,并为非参数统计的研究开创了广阔的研究领域;他首创了"非渐近替代方法"来解决局部建模区域的带宽问题,可以推广到许多非参数建模问题中;他首创广义似然比检验,成为一个能够得以广泛应用的非参数检验工具。他首创的"非凹性惩罚似然法",克服了模型选择的偏差,为机器学习与高维复杂数据分析的理论与方法开拓了新篇章;他首创的"独立筛选法",大大提高了高维变量选择的计算速度及统计性质。他在高维统计建模及机器学习方面取得了骄人的成就。他的研究成果已在经济、金融、医学、资讯、生物科技及社会科学领域被广泛采用。他利用非参数方法及非凹性惩罚似然法在资产定价、计量金融、风险管理、机器学习、资讯工程,生物信息、生物统计等方面作出卓越的贡献。在过去的十多年里,他发表了一百多篇论文,大多刊登在统计学、金融学及其他科学的顶尖刊物上,并已经出版两本权威性专著。他的文章引用次数从2001年第一次排名以来,一直位列世界数学家排名榜的前十名。

范剑青一直热心于中国的教育和科研工作,经常应邀到国内许多大学做学术报告。他既是高等教育出版社的海外专家,中国科学院外审专家,中国科学院数学研究院复杂性团队的成员、名誉研究员,中国科学院数学与系统科学研究院统计科学研究中心主任,上海财经大学特聘荣誉教授,中国科学技术大学的华罗庚大师讲席教授,也致力于参与和创建沪港联合研究所,并积极帮助中国科学院、上海财经大学、北京大学、中国人民大学、中国科技大学。厦门大学和四川大学等科研单位及高等院校的优秀青年学者提高统计学和金融方面的教育与科研水平。他在中国创立并组织每年一度的"金融工程与风险管理国际研讨会"系列,及"统计前沿国际研讨会"系列,引进了大量的享有高度声誉的金融、统计的专家和学者,提高了中国的学术水平,增进了国际的合作与交流。

# 参 考 文 献

杨荣，张静，付瑶. 概率论与数理统计习题课教程[M]. 2版. 北京：清华大学出版社，2019.

陈希孺. 概率论与数理统计[M]. 合肥：中国科学技术大学出版社，2017.

华中科技大学数学系. 概率论与数理统计学习辅导与习题全解[M]. 3版. 北京：高等教育出版社，2019.

贾俊平，何晓群，金勇进. 统计学[M]. 7版. 北京：中国人民大学出版社，2018.

贾乃光. 数理统计[M]. 3版. 中国林业出版社，1999.

李贤平. 概率论基础[M]. 3版. 高等教育出版社，2010.

龙永红. 概率论与数理统计中的典型例题分析与习题[M]. 3版. 北京：高等教育出版社，2021.

罗伯特·卡巴科弗. R语言实战[M]. 3版. 王韬，译. 北京：人民邮电出版社，2023.

茆诗松，程依明，濮晓龙. 概率论与数理统计教程[M]. 3版. 北京：高等教育出版社，2018.

茆诗松，吕晓玲. 数理统计学[M]. 2版. 北京：中国人民大学出版社，2016.

盛骤，谢式千，潘承毅. 概率论与数理统计[M]. 4版. 北京：高等教育出版社，2008.

汤银才. R语言与统计分析[M]. 北京：高等教育出版社，2008.

王松桂，陈敏，陈立萍. 线性统计模型[M]. 北京：高等教育出版社，1999.

威廉·费勒. 概率论及其应用：卷1[M]. 3版. 胡迪鹤，译. 北京：人民邮电出版社，2013.

威廉·费勒. 概率论及其应用：卷2[M]. 2版. 郑元禄，译. 北京：人民邮电出版社，2021.

魏宗舒. 概率论与数理统计教程[M]. 3版. 北京：高等教育出版社，2019.

# 附 录

### 附录 1　定理 5-2 的证明

证明：使用数学归纳法证明。

当 $n=1$ 时，$Y=X_1^2$，易得 $Y=X_1^2$ 的概率密度函数为

$$f(y)=\begin{cases}\dfrac{1}{\sqrt{2\pi}}y^{-\frac{1}{2}}e^{-\frac{y}{2}}, & y>0 \\ 0, & y\leq 0\end{cases}=\begin{cases}\dfrac{\left(\dfrac{1}{2}\right)^{1/2}}{\Gamma\left(\dfrac{1}{2}\right)}y^{\frac{1}{2}-1}e^{-\frac{y}{2}}, & y>0 \\ 0, & y\leq 0\end{cases}$$

故 $Y=X_1^2 \sim \chi^2(1)$。

假设 $Y_1=X_1^2+\cdots+X_{n-1}^2 \sim \chi^2(n-1)$。

根据定理 3-2，当 $y>0$ 时，$Y=X_1^2+\cdots+X_{n-1}^2+X_n^2=Y_1+X_n^2$ 的概率密度函数

$$f(y)=\int_0^y \frac{\left(\dfrac{1}{2}\right)^{\frac{n-1}{2}}}{\Gamma\left(\dfrac{n-1}{2}\right)}t^{\frac{n-1}{2}-1}e^{-\frac{t}{2}}\cdot\frac{\left(\dfrac{1}{2}\right)^{\frac{1}{2}}}{\Gamma\left(\dfrac{1}{2}\right)}(y-t)^{\frac{1}{2}-1}e^{-\frac{y-t}{2}}dt$$

$$=\frac{\left(\dfrac{1}{2}\right)^{\frac{n}{2}}e^{-\frac{y}{2}}}{\Gamma\left(\dfrac{n-1}{2}\right)\Gamma\left(\dfrac{1}{2}\right)}\int_0^y t^{\frac{n-1}{2}-1}(y-t)^{\frac{1}{2}-1}dt$$

$$=\frac{\left(\dfrac{1}{2}\right)^{\frac{n}{2}}e^{-\frac{y}{2}}}{\Gamma\left(\dfrac{n-1}{2}\right)\Gamma\left(\dfrac{1}{2}\right)}\int_0^1 (xy)^{\frac{n-1}{2}-1}(y-xy)^{\frac{1}{2}-1}y dx$$

$$=\frac{\left(\dfrac{1}{2}\right)^{\frac{n}{2}}e^{-\frac{y}{2}}y^{\frac{n}{2}-1}}{\Gamma\left(\dfrac{n-1}{2}\right)\Gamma\left(\dfrac{1}{2}\right)}\int_0^1 (x)^{\frac{n-1}{2}-1}(1-x)^{\frac{1}{2}-1}dx$$

$$=\frac{\left(\dfrac{1}{2}\right)^{\frac{n}{2}}e^{-\frac{y}{2}}y^{\frac{n}{2}-1}}{\Gamma\left(\dfrac{n-1}{2}\right)\Gamma\left(\dfrac{1}{2}\right)}B\left(\dfrac{n-1}{2},\dfrac{1}{2}\right)=\frac{\left(\dfrac{1}{2}\right)^{\frac{n}{2}}}{\Gamma\left(\dfrac{n}{2}\right)}y^{\frac{n}{2}-1}e^{-\frac{y}{2}}$$

故 $Y=X_1^2+\cdots+X_{n-1}^2+X_n^2 \sim \chi^2(n)$。

### 附录 2　定理 5-4 的证明

证明：令 $W=\sqrt{Y/n}$，首先求 $W$ 的概率密度函数 $f_W(w)$。

由于 $W$ 取非负值，因此，当 $w \leqslant 0$ 时，$f_W(w)=0$。当 $w>0$ 时，$W$ 的分布函数为
$$F_W(w)=P(W \leqslant w)=P(\sqrt{Y/n} \leqslant w)=P(Y \leqslant nw^2)=F_Y(nw^2)$$
其中，$F_Y$ 是 $\chi^2(n)$ 的分布函数。求导得
$$f_W(w)=\frac{\mathrm{d}F_W(w)}{\mathrm{d}w}=f_Y(nw^2) \cdot 2nw = \frac{1}{2^{n/2-1}\Gamma\left(\frac{n}{2}\right)} n^{\frac{n}{2}} w^{n-1} \mathrm{e}^{-\frac{nw^2}{2}}$$

利用求随机变量商的概率密度函数的公式可得 $Z=\dfrac{X}{\sqrt{Y/n}}=\dfrac{X}{W}$ 的概率密度函数为
$$\begin{aligned}
f_Z(z) &= \int_{-\infty}^{+\infty} |w| f_W(w) \cdot f_X(wz) \mathrm{d}w \\
&= \int_0^{+\infty} w \, \frac{1}{2^{n/2-1}\Gamma\left(\frac{n}{2}\right)} n^{\frac{n}{2}} w^{n-1} \mathrm{e}^{-\frac{nw^2}{2}} \cdot \frac{1}{\sqrt{2\pi}} \mathrm{e}^{-\frac{w^2 z^2}{2}} \mathrm{d}w \\
&= \frac{n^{\frac{n}{2}}}{\sqrt{\pi} \, 2^{(n-1)/2} \Gamma\left(\frac{n}{2}\right)} \int_0^{+\infty} w^n \mathrm{e}^{-\frac{w^2}{2}(n+z^2)} \mathrm{d}w
\end{aligned}$$

令 $\dfrac{w^2}{2}(n+z^2)=t$，则
$$\begin{aligned}
f_Z(z) &= \frac{n^{\frac{n}{2}}}{\sqrt{\pi} \, 2^{(n-1)/2} \Gamma\left(\frac{n}{2}\right)} \cdot \left(\frac{2}{n+z^2}\right)^{\frac{n-1}{2}} \frac{1}{n+z^2} \int_0^{+\infty} t^{\frac{n+1}{2}-1} \mathrm{e}^{-t} \mathrm{d}t \\
&= \frac{1}{\sqrt{n\pi}\,\Gamma\left(\frac{n}{2}\right)} \left(1+\frac{z^2}{n}\right)^{-\frac{n+1}{2}} \int_0^{+\infty} t^{\frac{n+1}{2}-1} \mathrm{e}^{-t} \mathrm{d}t = \frac{\Gamma\left(\frac{n}{2}+1\right)}{\sqrt{n\pi}\,\Gamma\left(\frac{n}{2}\right)} \left(1+\frac{z^2}{n}\right)^{-\frac{n+1}{2}}
\end{aligned}$$

## 附录3　定理 5-5 的证明

分两步证明。

首先求 $W=\dfrac{X}{Y}$ 的概率密度函数。$f_1(x)$ 和 $f_2(x)$ 分别表示 $\chi^2(n_1)$ 和 $\chi^2(n_2)$ 的概率密度函数，根据独立随机变量商的概率密度函数公式，$W$ 的概率密度函数为
$$\begin{aligned}
f_W(w) &= \int_{-\infty}^{+\infty} x_2 f_1(wx_2) f_2(x_2) \mathrm{d}x_2 \\
&= \frac{w^{\frac{n_1}{2}-1}}{\Gamma\left(\frac{n_1}{2}\right) \Gamma\left(\frac{n_2}{2}\right) 2^{\frac{n_1+n_2}{2}}} \int_0^{+\infty} x_2^{\frac{n_1+n_2}{2}-1} \mathrm{e}^{-\frac{(w+1)x_2}{2}} \mathrm{d}x_2 \\
&= \frac{w^{\frac{n_1}{2}-1}}{\Gamma\left(\frac{n_1}{2}\right) \Gamma\left(\frac{n_2}{2}\right) 2^{\frac{n_1+n_2}{2}}} \int_0^{+\infty} x_2^{\frac{n_1+n_2}{2}-1} \mathrm{e}^{-\frac{(w+1)x_2}{2}} \mathrm{d}x_2
\end{aligned}$$

令 $\dfrac{(w+1)x_2}{2}=t$,则

$$f_W(w)=\dfrac{w^{\frac{n_1}{2}-1}}{\Gamma\left(\dfrac{n_1}{2}\right)\Gamma\left(\dfrac{n_2}{2}\right)2^{\frac{n_1+n_2}{2}}}\cdot\int_0^{+\infty}\left(\dfrac{2}{w+1}\right)^{\frac{n_1+n_2}{2}-1}t^{\frac{n_1+n_2}{2}-1}e^{-t}\dfrac{2}{w+1}dt$$

$$=\dfrac{w^{\frac{n_1}{2}-1}}{\Gamma\left(\dfrac{n_1}{2}\right)\Gamma\left(\dfrac{n_2}{2}\right)}\cdot\left(\dfrac{1}{w+1}\right)^{\frac{n_1+n_2}{2}}\int_0^{+\infty}t^{\frac{n_1+n_2}{2}-1}e^{-t}dt$$

$$=\dfrac{\Gamma\left(\dfrac{n_1+n_2}{2}\right)}{\Gamma\left(\dfrac{n_1}{2}\right)\Gamma\left(\dfrac{n_2}{2}\right)}w^{\frac{n_1}{2}-1}(1+w)^{-\frac{n_1+n_2}{2}} \quad (w>0)$$

其次,求 $Z=\dfrac{X/n_1}{Y/n_2}=\dfrac{n_2}{n_1}\dfrac{X}{Y}=\dfrac{n_2}{n_1}W$ 的概率密度函数。当 $z>0$ 时

$$f_Z(z)=f_W\left(\dfrac{n_1}{n_2}z\right)\cdot\dfrac{n_1}{n_2}=\dfrac{\Gamma\left(\dfrac{n_1+n_2}{2}\right)}{\Gamma\left(\dfrac{n_1}{2}\right)\Gamma\left(\dfrac{n_2}{2}\right)}\left(\dfrac{n_1}{n_2}\right)^{\frac{n_1}{2}-1}z^{\frac{n_1}{2}-1}\left(1+\dfrac{n_1}{n_2}z\right)^{-\frac{n_1+n_2}{2}}\cdot\dfrac{n_1}{n_2}$$

$$=\dfrac{\Gamma\left(\dfrac{n_1+n_2}{2}\right)}{\Gamma\left(\dfrac{n_1}{2}\right)\Gamma\left(\dfrac{n_2}{2}\right)}\left(\dfrac{n_1}{n_2}\right)^{\frac{n_1}{2}}z^{\frac{n_1}{2}-1}\left(1+\dfrac{n_1}{n_2}z\right)^{-\frac{n_1+n_2}{2}}$$

### 附录4 定理5-6 结论②和结论③的证明

令 $Y_i=\dfrac{X_i-\mu}{\sigma}$,由定理 5-6 的条件可知 $Y_1,\cdots,Y_n$ 相互独立同分布,$Y_i\sim N(0,1)$,所以 $(Y_1,\cdots,Y_n)$ 服从 $n$ 维正态分布。

利用 $Y_i=\dfrac{X_i-\mu}{\sigma}$ 可得

$$\overline{X}=\dfrac{1}{n}\sum_{i=1}^n X_i=\dfrac{1}{n}\sum_{i=1}^n(\sigma Y_i+\mu)=\sigma\cdot\overline{Y}+\mu$$

$$S^2=\dfrac{1}{n-1}\sum_{i=1}^n(X_i-\overline{X})^2=\dfrac{1}{n-1}\sum_{i=1}^n(\sigma Y_i+\mu-\sigma\cdot\overline{Y}-\mu)^2$$

$$=\dfrac{\sigma^2}{n-1}\sum_{i=1}^n(Y_i-\overline{Y})^2=\dfrac{\sigma^2}{n-1}\cdot\left[\sum_{i=1}^n Y_i^2-n\overline{Y}^2\right]$$

即

$$\dfrac{(n-1)S^2}{\sigma^2}=\sum_{i=1}^n Y_i^2-n\overline{Y}^2$$

构造正交矩阵

$$\boldsymbol{A} = \begin{pmatrix} \frac{1}{\sqrt{n}} & \frac{1}{\sqrt{n}} & \cdots & \frac{1}{\sqrt{n}} \\ a_{21} & a_{22} & \cdots & a_{2n} \\ \vdots & \vdots & \ddots & \vdots \\ a_{n1} & a_{n2} & \cdots & a_{nn} \end{pmatrix}$$

由正交矩阵的性质可得

$$\sum_{j=1}^{n} a_{ij} = 0, \quad \sum_{j=1}^{n} a_{ij}^{\ 2} = 1 \quad (i = 2, 3, \cdots, n)$$

令 $\begin{pmatrix} Z_1 \\ Z_2 \\ \vdots \\ Z_n \end{pmatrix} = \boldsymbol{A} \begin{pmatrix} Y_1 \\ Y_2 \\ \vdots \\ Y_n \end{pmatrix}$，则

$$Z_1 = \frac{1}{\sqrt{n}}(Y_1 + Y_2 + \cdots + Y_n) = \sqrt{n}\,\overline{Y}$$

$$Z_i = a_{i1}Y_1 + a_{i2}Y_2 + \cdots + a_{in}Y_n \quad (i = 2, 3, \cdots, n)$$

由正交变换的不变性可得

$$Z_1^2 + Z_2^2 + \cdots + Z_n^2 = Y_1^2 + Y_2^2 + \cdots + Y_n^2$$

于是

$$\overline{X} = \sigma \cdot \frac{1}{\sqrt{n}} Z_1 + \mu$$

$$\frac{(n-1)S^2}{\sigma^2} = \sum_{i=1}^{n} Y_i^{\ 2} - n\overline{Y}^2 = \sum_{i=1}^{n} Z_i^{\ 2} - Z_1^{\ 2} = \sum_{i=2}^{n} Z_i^2$$

利用多元正态分布的线性不变性可知 $Z_1, \cdots, Z_n$ 服从多元正态分布。根据 $Y_1, \cdots, Y_n$ 独立同分布且都服从 $N(0, 1)$，利用数学期望、方差和协方差的性质易得 $Z_1, \cdots, Z_n$ 的数字特征：

$$EZ_i = 0 \quad DZ_i = 1 \quad \mathrm{Cov}(Z_i, Z_j) = 0 \quad (i \neq j)$$

因此 $Z_1, \cdots, Z_n$ 独立同分布且都服从 $N(0, 1)$，由 $\chi^2$ 分布的定义立即得到

$$\frac{(n-1)S^2}{\sigma^2} = \sum_{i=2}^{n} Z_i^{\ 2} \sim \chi^2(n-1)$$

注意到 $\overline{X}$ 依赖于 $Z_1$，$S^2$ 依赖于 $Z_2, \cdots, Z_n$，由 $Z_1, \cdots, Z_n$ 的相互独立性可知 $\overline{X}$ 与 $S^2$ 相互独立。

## 附录 5

以下为证明第 9 章涉及的各有关统计量的一些结果。

1. $\overline{Y} \sim N(a + b\overline{x}, \sigma^2/n)$。

证明：$Y_1, Y_2, \cdots, Y_n$ 是相互独立的正态变量，故 $\overline{Y}, \hat{b}, \hat{y}_0$ 都是正态变量。令

$$V_i = \frac{\varepsilon_i}{\sigma} = \frac{Y_i - (a + bx_i)}{\sigma} \quad (i = 1, 2, \cdots, n)$$

则 $V_1, V_2, \cdots, V_n$ 相互独立。引入向量
$$\boldsymbol{V} = (V_1, V_2, \cdots, V_n)^{\mathrm{T}},$$
取一个 $n$ 阶正交矩阵 $\boldsymbol{A} = (a_{ij})$，它的前两行元素分别为
$$a_{1j} = \frac{1}{\sqrt{n}} \qquad (j=1, 2, \cdots, n)$$
$$a_{2j} = \frac{x_j - \overline{x}}{\sqrt{S_{xx}}} \qquad (j=1, 2, \cdots, n)$$

令 $Z = AV$，其中，$\boldsymbol{Z} = (Z_1, Z_2, \cdots, Z_n)^{\mathrm{T}}$，则 $Z_1, Z_2, \cdots, Z_n$ 相互独立同分布，$Z_i \sim N(0, 1)$，且有
$$Z_1 = \sum_{j=1}^{n} a_{1j} V_j = \frac{1}{\sqrt{n}} \sum_{j=1}^{n} V_j = \sqrt{n}\,\overline{V} = \frac{\sqrt{n}}{\sigma} [\overline{Y} - (a + b\overline{x})]$$

即得
$$\overline{Y} \sim N(a + b\overline{x}, \frac{\sigma^2}{n})$$

2. $\hat{b} \sim N(b, \sigma^2/S_{xx})$。

证明：接 1 的证明，有
$$Z_2 = \sum_{j=1}^{n} a_{2j} V_j = \frac{\sum_{i=1}^{n} V_j (x_j - \overline{x})}{\sqrt{S_{xx}}} = \frac{\sum_{i=1}^{n} (Y_j - a - bx_j)(x_j - \overline{x})}{\sigma \sqrt{S_{xx}}}$$
$$= \frac{\sum_{i=1}^{n} Y_j (x_j - \overline{x}) - b \sum_{i=1}^{n} x_j (x_j - \overline{x})}{\sigma \sqrt{S_{xx}}} = \frac{\sum_{i=1}^{n} (Y_j - \overline{Y})(x_j - \overline{x}) - b \sum_{i=1}^{n} x_j (x_j - \overline{x})}{\sigma \sqrt{S_{xx}}}$$
$$= \frac{(\hat{b} - b) \sqrt{S_{xx}}}{\sigma}$$

即得 2。

3. $\dfrac{Q_e}{\sigma^2} \sim \chi^2(n-2)$。

证明：接 2 的证明，有
$$Q_e = \sum_{j=1}^{n} [Y_j - \overline{Y} - \hat{b}(x_j - \overline{x})]^2$$
$$= \sum_{j=1}^{n} [(Y_j - a - bx_j) - (\overline{Y} - a - b\overline{x}) - (\hat{b} - b)(x_j - \overline{x})]^2$$
$$= \sum_{j=1}^{n} \left[ \sigma V_j - \sigma \overline{V} - \frac{\sigma Z_2 (x_j - \overline{x})}{\sqrt{S_{xx}}} \right]$$
$$= \sigma^2 \left[ \sum_{j=1}^{n} (V_j - \overline{V})^2 + \frac{Z_2^2 \sum_{j=1}^{n} (x_j - \overline{x})^2}{S_{xx}} - 2 \frac{Z_2 \sum_{j=1}^{n} (V_j - \overline{V})(x_j - \overline{x})}{\sqrt{S_{xx}}} \right]$$

$$= \sigma^2 \left[ \sum_{j=1}^{n} V_j^2 - n\overline{V}^2 + Z_2^2 - 2Z_2 \sum_{j=1}^{n} \frac{V_j(x_j - \overline{x})}{\sqrt{S_{xx}}} \right]$$

由于 $\sum_{j=1}^{n} V_j^2 = \sum_{j=1}^{n} Z_j^2$，且 $\sum_{j=1}^{n} \frac{V_j(x_j - \overline{x})}{\sqrt{S_{xx}}} = Z_2$，故有

$$Q_e = \sigma^2 (\sum_{j=1}^{n} Z_j^2 - Z_1^2 + Z_2^2 - 2Z_2^2) = \sigma^2 \sum_{j=3}^{n} Z_j^2$$

因此，$\frac{Q_e}{\sigma^2} \sim \chi^2(n-2)$。

4. $\overline{Y}$，$\hat{b}$，$Q_e$ 相互独立。

证明：接 3 的证明，因为 $Z_1$，$Z_2$，$\cdots$，$Z_n$ 相互独立，$\overline{Y}$，$\hat{b}$，$Q_e$ 依次是 $Z_1$，$Z_2$，$(Z_3 \cdots$，$Z_n)$ 的函数，故 $\overline{Y}$，$\hat{b}$，$Q_e$ 独立。

5. $\hat{Y}_0 = \hat{a} + \hat{b}x_0 = \overline{Y} + \hat{b}(x_0 - \overline{x}) \sim N\left[a + bx_0, \left(\frac{1}{n} + \frac{(x_0 - \overline{x})^2}{s_{xx}}\right)\sigma^2\right]$。

证明：由 1，2，4 直接可得结论。

6. 若 $Y_0 = a + bx_0 + \varepsilon_0$ 与 $Y_1$，$Y_2$，$\cdots$，$Y_n$ 独立，则 $Y_0$，$\hat{Y}_0$，$Q_e$ 相互独立。

证明：接 5 的证明，因 $Y_0 = a + bx_0 + \varepsilon_0$ 与 $Y_1$，$Y_2$，$\cdots$，$Y_n$ 独立，若记 $V_0 = \varepsilon_0/\sigma$，则 $V_0 \sim N(0, 1)$，且 $V_1$，$V_2$，$\cdots$，$V_n$ 相互独立，从而由

$$\begin{pmatrix} Z_0 \\ Z \end{pmatrix} = \begin{pmatrix} 1 & 0 \\ 0 & A \end{pmatrix} \begin{pmatrix} V_0 \\ V \end{pmatrix}$$

知各分量 $Z_0$，$Z_1$，$Z_2$，$\cdots$，$Z_n$ 相互独立。因 $Z_0 = V_0$，故 $V_0$，$Z_1$，$Z_2$，$(Z_3, \cdots, Z_n)$ 相互独立。而 $Y_0$，$\overline{Y}$，$\hat{b}$，$Q_e$ 依次是 $V_0$，$Z_1$，$Z_2$，$(Z_3, \cdots, Z_n)$ 的函数，因而 $Y_0$，$\overline{Y}$，$\hat{b}$，$Q_e$ 相互独立。故 $Y_0$，$\hat{y}_0$（它是 $\overline{Y}$ 与 $\hat{b}$ 的函数），$Q_e$ 相互独立。

# 附 表

### 附表1 标准正态分布函数表

$$\Phi(x)=\int_{-\infty}^{x}\frac{1}{\sqrt{2\pi}}e^{-\frac{t^2}{2}}dt$$

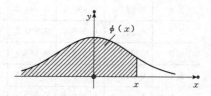

| $x$ | 0.00 | 0.01 | 0.02 | 0.03 | 0.04 | 0.05 | 0.06 | 0.07 | 0.08 | 0.09 |
| --- | --- | --- | --- | --- | --- | --- | --- | --- | --- | --- |
| 0.0 | 0.500 0 | 0.504 0 | 0.508 0 | 0.512 0 | 0.516 0 | 0.519 9 | 0.523 9 | 0.527 9 | 0.531 9 | 0.535 9 |
| 0.1 | 0.539 8 | 0.543 8 | 0.547 8 | 0.551 7 | 0.555 7 | 0.559 6 | 0.563 6 | 0.567 5 | 0.571 4 | 0.575 3 |
| 0.2 | 0.579 3 | 0.583 2 | 0.587 1 | 0.591 0 | 0.594 8 | 0.598 7 | 0.602 6 | 0.606 4 | 0.610 3 | 0.614 1 |
| 0.3 | 0.617 9 | 0.621 7 | 0.625 5 | 0.629 3 | 0.633 1 | 0.636 8 | 0.640 6 | 0.644 3 | 0.648 0 | 0.651 7 |
| 0.4 | 0.655 4 | 0.659 1 | 0.662 8 | 0.666 4 | 0.670 0 | 0.673 6 | 0.677 2 | 0.680 8 | 0.684 4 | 0.687 9 |
| 0.5 | 0.691 5 | 0.695 0 | 0.698 5 | 0.701 9 | 0.705 4 | 0.708 8 | 0.712 3 | 0.715 7 | 0.719 0 | 0.722 4 |
| 0.6 | 0.725 7 | 0.729 1 | 0.732 4 | 0.735 7 | 0.738 9 | 0.742 2 | 0.745 4 | 0.748 6 | 0.751 7 | 0.754 9 |
| 0.7 | 0.758 0 | 0.761 1 | 0.764 2 | 0.767 3 | 0.770 4 | 0.773 4 | 0.776 4 | 0.779 4 | 0.782 3 | 0.785 2 |
| 0.8 | 0.788 1 | 0.791 0 | 0.793 9 | 0.796 7 | 0.799 5 | 0.802 3 | 0.805 1 | 0.807 8 | 0.810 6 | 0.813 3 |
| 0.9 | 0.815 9 | 0.818 6 | 0.821 2 | 0.823 8 | 0.826 4 | 0.828 9 | 0.831 5 | 0.834 0 | 0.836 5 | 0.838 9 |
| 1.0 | 0.841 3 | 0.843 8 | 0.846 1 | 0.848 5 | 0.850 8 | 0.853 1 | 0.855 4 | 0.857 7 | 0.859 9 | 0.862 1 |
| 1.1 | 0.864 3 | 0.866 5 | 0.868 6 | 0.870 8 | 0.872 9 | 0.874 9 | 0.877 0 | 0.879 0 | 0.881 0 | 0.883 0 |
| 1.2 | 0.884 9 | 0.886 9 | 0.888 8 | 0.890 7 | 0.892 5 | 0.894 4 | 0.896 2 | 0.898 0 | 0.899 7 | 0.901 5 |
| 1.3 | 0.903 2 | 0.904 9 | 0.906 6 | 0.908 2 | 0.909 9 | 0.911 5 | 0.913 1 | 0.914 7 | 0.916 2 | 0.917 7 |
| 1.4 | 0.919 2 | 0.920 7 | 0.922 2 | 0.923 6 | 0.925 1 | 0.926 5 | 0.927 8 | 0.929 2 | 0.930 6 | 0.931 9 |
| 1.5 | 0.933 2 | 0.934 5 | 0.935 7 | 0.937 0 | 0.938 2 | 0.939 4 | 0.940 6 | 0.941 8 | 0.942 9 | 0.944 1 |
| 1.6 | 0.945 2 | 0.946 3 | 0.947 4 | 0.948 4 | 0.949 5 | 0.950 5 | 0.951 5 | 0.952 5 | 0.953 5 | 0.954 5 |
| 1.7 | 0.955 4 | 0.956 4 | 0.957 3 | 0.958 2 | 0.959 1 | 0.959 9 | 0.960 8 | 0.961 6 | 0.962 5 | 0.963 3 |
| 1.8 | 0.964 1 | 0.964 9 | 0.965 6 | 0.966 4 | 0.967 1 | 0.967 8 | 0.968 6 | 0.969 3 | 0.969 9 | 0.970 6 |
| 1.9 | 0.971 3 | 0.971 9 | 0.972 6 | 0.973 2 | 0.973 8 | 0.974 4 | 0.975 0 | 0.975 6 | 0.976 1 | 0.976 7 |
| 2.0 | 0.977 2 | 0.977 8 | 0.978 3 | 0.978 8 | 0.979 3 | 0.979 8 | 0.980 3 | 0.980 8 | 0.981 2 | 0.981 7 |
| 2.1 | 0.982 1 | 0.982 6 | 0.983 0 | 0.983 4 | 0.983 8 | 0.984 2 | 0.984 6 | 0.985 0 | 0.985 4 | 0.985 7 |
| 2.2 | 0.986 1 | 0.986 4 | 0.986 8 | 0.987 1 | 0.987 5 | 0.987 8 | 0.988 1 | 0.988 4 | 0.988 7 | 0.989 0 |
| 2.3 | 0.989 3 | 0.989 6 | 0.989 8 | 0.990 1 | 0.990 4 | 0.990 6 | 0.990 9 | 0.991 1 | 0.991 3 | 0.991 6 |
| 2.4 | 0.991 8 | 0.992 0 | 0.992 2 | 0.992 5 | 0.992 7 | 0.992 9 | 0.993 1 | 0.993 2 | 0.993 4 | 0.993 6 |
| 2.5 | 0.993 8 | 0.994 0 | 0.994 1 | 0.994 3 | 0.994 5 | 0.994 6 | 0.994 8 | 0.994 9 | 0.995 1 | 0.995 2 |

(续)

| $x$ | 0.00 | 0.01 | 0.02 | 0.03 | 0.04 | 0.05 | 0.06 | 0.07 | 0.08 | 0.09 |
|---|---|---|---|---|---|---|---|---|---|---|
| 2.6 | 0.9953 | 0.9955 | 0.9956 | 0.9957 | 0.9959 | 0.9960 | 0.9961 | 0.9962 | 0.9963 | 0.9964 |
| 2.7 | 0.9965 | 0.9966 | 0.9967 | 0.9968 | 0.9969 | 0.9970 | 0.9971 | 0.9972 | 0.9973 | 0.9974 |
| 2.8 | 0.9974 | 0.9975 | 0.9976 | 0.9977 | 0.9977 | 0.9978 | 0.9979 | 0.9979 | 0.9980 | 0.9981 |
| 2.9 | 0.9981 | 0.9982 | 0.9982 | 0.9983 | 0.9984 | 0.9984 | 0.9985 | 0.9985 | 0.9986 | 0.9986 |
| 3.0 | 0.9987 | 0.9987 | 0.9987 | 0.9988 | 0.9988 | 0.9989 | 0.9989 | 0.9989 | 0.9990 | 0.9990 |
| 3.1 | 0.9990 | 0.9991 | 0.9991 | 0.9991 | 0.9992 | 0.9992 | 0.9992 | 0.9992 | 0.9993 | 0.9993 |
| 3.2 | 0.9993 | 0.9993 | 0.9994 | 0.9994 | 0.9994 | 0.9994 | 0.9994 | 0.9995 | 0.9995 | 0.9995 |
| 3.3 | 0.9995 | 0.9995 | 0.9995 | 0.9996 | 0.9996 | 0.9996 | 0.9996 | 0.9996 | 0.9996 | 0.9997 |
| 3.4 | 0.9997 | 0.9997 | 0.9997 | 0.9997 | 0.9997 | 0.9997 | 0.9997 | 0.9997 | 0.9997 | 0.9998 |

## 附表 2  泊松分布函数表

$$P(X \leqslant x) = \sum_{k=0}^{x} \frac{\lambda^k}{k!} \mathrm{e}^{-\lambda}$$

| $x$ | $\lambda$ | | | | | | | | |
|---|---|---|---|---|---|---|---|---|---|
| | 0.1 | 0.2 | 0.3 | 0.4 | 0.5 | 0.6 | 0.7 | 0.8 | 0.9 |
| 0 | 0.9048 | 0.8187 | 0.7408 | 0.6730 | 0.6065 | 0.5488 | 0.4966 | 0.4493 | 0.4066 |
| 1 | 0.9953 | 0.9825 | 0.9631 | 0.9384 | 0.9098 | 0.8781 | 0.8442 | 0.8088 | 0.7725 |
| 2 | 0.9998 | 0.9989 | 0.9964 | 0.9921 | 0.9856 | 0.9769 | 0.9659 | 0.9526 | 0.9371 |
| 3 | 1.0000 | 0.9999 | 0.9997 | 0.9992 | 0.9982 | 0.9966 | 0.9942 | 0.9909 | 0.9865 |
| 4 | | 1.0000 | 1.0000 | 0.9999 | 0.9998 | 0.9996 | 0.9992 | 0.9986 | 0.9977 |
| 5 | | | | 1.0000 | 1.0000 | 1.0000 | 0.9999 | 0.9998 | 0.9997 |
| 6 | | | | | | | 1.0000 | 1.0000 | 1.0000 |

| $x$ | $\lambda$ | | | | | | | | |
|---|---|---|---|---|---|---|---|---|---|
| | 1.0 | 1.5 | 2.0 | 2.5 | 3.0 | 3.5 | 4.0 | 4.5 | 5.0 |
| 0 | 0.3679 | 0.2231 | 0.1353 | 0.0821 | 0.0498 | 0.0302 | 0.0183 | 0.0111 | 0.0067 |
| 1 | 0.7358 | 0.5578 | 0.4060 | 0.2873 | 0.1991 | 0.1359 | 0.0916 | 0.0611 | 0.0404 |
| 2 | 0.9197 | 0.8088 | 0.6767 | 0.5438 | 0.4232 | 0.3208 | 0.2381 | 0.1736 | 0.1247 |
| 3 | 0.9810 | 0.9344 | 0.8571 | 0.7576 | 0.6472 | 0.5366 | 0.4335 | 0.3423 | 0.2650 |
| 4 | 0.9963 | 0.9814 | 0.9473 | 0.8912 | 0.8153 | 0.7254 | 0.6288 | 0.5321 | 0.4405 |
| 5 | 0.9994 | 0.9955 | 0.9834 | 0.9580 | 0.9161 | 0.8576 | 0.7851 | 0.7029 | 0.6160 |
| 6 | 0.9999 | 0.9991 | 0.9955 | 0.9858 | 0.9665 | 0.9347 | 0.8893 | 0.8311 | 0.7622 |
| 7 | 1.0000 | 0.9998 | 0.9989 | 0.9958 | 0.9881 | 0.9733 | 0.9489 | 0.9134 | 0.8666 |
| 8 | | 1.0000 | 0.9998 | 0.9989 | 0.9962 | 0.9901 | 0.9786 | 0.9597 | 0.9319 |
| 9 | | | 1.0000 | 0.9997 | 0.9989 | 0.9967 | 0.9919 | 0.9829 | 0.9682 |

(续)

| $x$ | $\lambda$ | | | | | | | | |
|---|---|---|---|---|---|---|---|---|---|
| | 1.0 | 1.5 | 2.0 | 2.5 | 3.0 | 3.5 | 4.0 | 4.5 | 5.0 |
| 10 | | | | 0.999 9 | 0.999 7 | 0.999 0 | 0.997 2 | 0.993 3 | 0.986 3 |
| 11 | | | | 1.000 0 | 0.999 9 | 0.999 7 | 0.999 1 | 0.997 6 | 0.994 5 |
| 12 | | | | | 1.000 0 | 0.999 9 | 0.999 7 | 0.999 2 | 0.998 0 |

| $x$ | $\lambda$ | | | | | | | | |
|---|---|---|---|---|---|---|---|---|---|
| | 5.5 | 6.0 | 6.5 | 7.0 | 7.5 | 8.0 | 8.5 | 9.0 | 9.5 |
| 0 | 0.004 1 | 0.002 5 | 0.001 5 | 0.000 9 | 0.000 6 | 0.000 3 | 0.000 2 | 0.000 1 | 0.000 1 |
| 1 | 0.026 6 | 0.017 4 | 0.011 3 | 0.007 3 | 0.004 7 | 0.003 0 | 0.001 9 | 0.001 2 | 0.000 8 |
| 2 | 0.088 4 | 0.062 0 | 0.043 0 | 0.029 6 | 0.020 3 | 0.013 8 | 0.009 3 | 0.006 2 | 0.004 2 |
| 3 | 0.201 7 | 0.151 2 | 0.111 8 | 0.081 8 | 0.059 1 | 0.042 4 | 0.030 1 | 0.021 2 | 0.014 9 |
| 4 | 0.357 5 | 0.285 1 | 0.223 7 | 0.173 0 | 0.132 1 | 0.099 6 | 0.074 4 | 0.055 0 | 0.040 3 |
| 5 | 0.528 9 | 0.445 7 | 0.369 0 | 0.300 7 | 0.241 4 | 0.191 2 | 0.149 6 | 0.115 7 | 0.088 5 |
| 6 | 0.686 0 | 0.606 3 | 0.526 5 | 0.449 7 | 0.378 2 | 0.313 4 | 0.256 2 | 0.206 8 | 0.164 9 |
| 7 | 0.809 5 | 0.744 0 | 0.672 8 | 0.598 7 | 0.524 6 | 0.453 0 | 0.385 6 | 0.323 9 | 0.268 7 |
| 8 | 0.894 4 | 0.847 2 | 0.791 6 | 0.729 1 | 0.662 0 | 0.592 5 | 0.523 1 | 0.455 7 | 0.391 8 |
| 9 | 0.946 2 | 0.916 1 | 0.877 4 | 0.830 5 | 0.776 4 | 0.716 6 | 0.653 0 | 0.587 4 | 0.521 8 |
| 10 | 0.974 7 | 0.957 4 | 0.933 2 | 0.901 5 | 0.862 2 | 0.815 9 | 0.763 4 | 0.706 0 | 0.645 3 |
| 11 | 0.989 0 | 0.979 9 | 0.966 1 | 0.946 6 | 0.920 8 | 0.888 1 | 0.848 7 | 0.803 0 | 0.752 0 |
| 12 | 0.995 5 | 0.991 2 | 0.984 0 | 0.973 0 | 0.957 3 | 0.936 2 | 0.909 1 | 0.875 8 | 0.836 4 |
| 13 | 0.998 3 | 0.996 4 | 0.992 9 | 0.987 2 | 0.978 4 | 0.965 8 | 0.948 6 | 0.926 1 | 0.898 1 |
| 14 | 0.999 4 | 0.998 6 | 0.997 0 | 0.994 3 | 0.989 7 | 0.982 7 | 0.972 6 | 0.958 5 | 0.940 0 |
| 15 | 0.999 8 | 0.999 5 | 0.998 8 | 0.997 6 | 0.995 4 | 0.991 8 | 0.986 2 | 0.978 0 | 0.966 5 |
| 16 | 0.999 9 | 0.999 8 | 0.999 6 | 0.999 0 | 0.998 0 | 0.996 3 | 0.993 4 | 0.988 9 | 0.982 3 |
| 17 | 1.000 0 | 0.999 9 | 0.999 8 | 0.999 6 | 0.999 2 | 0.998 4 | 0.997 0 | 0.994 7 | 0.991 1 |
| 18 | | 1.000 0 | 0.999 9 | 0.999 9 | 0.999 7 | 0.999 4 | 0.998 7 | 0.997 6 | 0.995 7 |
| 19 | | | 1.000 0 | 1.000 0 | 0.999 9 | 0.999 7 | 0.999 5 | 0.998 9 | 0.998 0 |
| 20 | | | | | 1.000 0 | 0.999 9 | 0.999 8 | 0.999 6 | 0.999 1 |

| $x$ | $\lambda$ | | | | | | | | |
|---|---|---|---|---|---|---|---|---|---|
| | 10.0 | 11.0 | 12.0 | 13.0 | 14.0 | 15.0 | 16.0 | 17.0 | 18.0 |
| 0 | 0.000 0 | 0.000 0 | 0.000 0 | | | | | | |
| 1 | 0.000 5 | 0.000 2 | 0.000 1 | 0.000 0 | 0.000 0 | | | | |
| 2 | 0.002 8 | 0.001 2 | 0.000 5 | 0.000 2 | 0.000 1 | 0.000 0 | 0.000 0 | | |
| 3 | 0.010 3 | 0.004 9 | 0.002 3 | 0.001 0 | 0.000 5 | 0.000 2 | 0.000 1 | 0.000 0 | 0.000 0 |

(续)

| $x$ | $\lambda$ | | | | | | | | |
|---|---|---|---|---|---|---|---|---|---|
| | 10.0 | 11.0 | 12.0 | 13.0 | 14.0 | 15.0 | 16.0 | 17.0 | 18.0 |
| 4 | 0.029 3 | 0.015 1 | 0.007 6 | 0.003 7 | 0.001 8 | 0.000 9 | 0.000 4 | 0.000 2 | 0.000 1 |
| 5 | 0.067 1 | 0.037 5 | 0.020 3 | 0.010 7 | 0.005 5 | 0.002 8 | 0.001 4 | 0.000 7 | 0.000 3 |
| 6 | 0.130 1 | 0.078 6 | 0.045 8 | 0.025 9 | 0.014 2 | 0.007 6 | 0.004 0 | 0.002 1 | 0.001 0 |
| 7 | 0.220 2 | 0.143 2 | 0.089 5 | 0.054 0 | 0.031 6 | 0.018 0 | 0.010 0 | 0.005 4 | 0.002 9 |
| 8 | 0.332 8 | 0.232 0 | 0.155 0 | 0.099 8 | 0.062 1 | 0.037 4 | 0.022 0 | 0.012 6 | 0.007 1 |
| 9 | 0.457 9 | 0.340 5 | 0.242 4 | 0.165 8 | 0.109 4 | 0.069 9 | 0.043 3 | 0.026 1 | 0.015 4 |
| 10 | 0.583 0 | 0.459 9 | 0.347 2 | 0.251 7 | 0.175 7 | 0.118 5 | 0.077 4 | 0.049 1 | 0.030 4 |
| 11 | 0.696 8 | 0.579 3 | 0.461 6 | 0.353 2 | 0.260 0 | 0.184 8 | 0.127 0 | 0.084 7 | 0.054 9 |
| 12 | 0.791 6 | 0.688 7 | 0.576 0 | 0.463 1 | 0.358 5 | 0.267 6 | 0.193 1 | 0.135 0 | 0.091 7 |
| 13 | 0.864 5 | 0.781 3 | 0.681 5 | 0.573 0 | 0.464 4 | 0.363 2 | 0.274 5 | 0.200 9 | 0.142 6 |
| 14 | 0.916 5 | 0.854 0 | 0.772 0 | 0.675 1 | 0.570 4 | 0.465 7 | 0.367 5 | 0.280 8 | 0.208 1 |
| 15 | 0.951 3 | 0.907 4 | 0.844 4 | 0.763 6 | 0.669 4 | 0.568 1 | 0.466 7 | 0.371 5 | 0.286 7 |
| 16 | 0.973 0 | 0.944 1 | 0.898 7 | 0.835 5 | 0.755 9 | 0.664 1 | 0.566 0 | 0.467 7 | 0.375 0 |
| 17 | 0.985 7 | 0.967 8 | 0.937 0 | 0.890 5 | 0.827 2 | 0.748 9 | 0.659 3 | 0.564 0 | 0.468 6 |
| 18 | 0.992 8 | 0.989 3 | 0.962 6 | 0.930 2 | 0.882 6 | 0.819 5 | 0.742 3 | 0.655 0 | 0.562 2 |
| 19 | 0.996 5 | 0.990 7 | 0.978 7 | 0.957 3 | 0.923 5 | 0.875 2 | 0.812 2 | 0.736 3 | 0.650 9 |
| 20 | 0.998 4 | 0.995 3 | 0.988 4 | 0.975 0 | 0.952 1 | 0.917 0 | 0.868 2 | 0.805 5 | 0.730 7 |
| 21 | 0.999 3 | 0.997 7 | 0.993 9 | 0.985 9 | 0.971 2 | 0.946 9 | 0.910 8 | 0.861 5 | 0.799 1 |
| 22 | 0.999 7 | 0.999 0 | 0.997 0 | 0.992 4 | 0.983 3 | 0.967 3 | 0.941 8 | 0.904 7 | 0.855 1 |
| 23 | 0.999 9 | 0.999 5 | 0.998 5 | 0.996 0 | 0.990 7 | 0.980 5 | 0.963 3 | 0.936 7 | 0.898 9 |
| 24 | 1.000 0 | 0.999 8 | 0.999 3 | 0.998 0 | 0.995 0 | 0.988 8 | 0.977 7 | 0.959 4 | 0.931 7 |
| 25 | | 0.999 9 | 0.999 7 | 0.999 0 | 0.997 4 | 0.993 8 | 0.986 9 | 0.974 8 | 0.955 4 |
| 26 | | 1.000 0 | 0.999 9 | 0.999 5 | 0.998 7 | 0.996 7 | 0.992 5 | 0.984 8 | 0.971 8 |
| 27 | | | 0.999 9 | 0.999 8 | 0.999 4 | 0.998 3 | 0.995 9 | 0.991 2 | 0.982 7 |
| 28 | | | 1.000 0 | 0.999 9 | 0.999 7 | 0.999 1 | 0.997 8 | 0.995 0 | 0.989 7 |
| 29 | | | | 1.000 0 | 0.999 9 | 0.999 6 | 0.998 9 | 0.997 3 | 0.994 1 |
| 30 | | | | | 0.999 9 | 0.999 8 | 0.999 4 | 0.998 6 | 0.996 7 |
| 31 | | | | | 1.000 0 | 0.999 9 | 0.999 7 | 0.999 3 | 0.998 2 |
| 32 | | | | | | 1.000 0 | 0.999 9 | 0.999 6 | 0.999 0 |
| 33 | | | | | | | 0.999 9 | 0.999 8 | 0.999 5 |
| 34 | | | | | | | 1.000 0 | 0.999 9 | 0.999 8 |
| 35 | | | | | | | | 1.000 0 | 0.999 9 |
| 36 | | | | | | | | | 0.999 9 |
| 37 | | | | | | | | | 1.000 0 |

## 附表3 t分布分位数表

$P[t(n) > t_\alpha(n)] = \alpha$

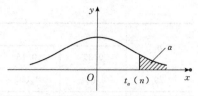

| n | α | | | | | | |
|---|---|---|---|---|---|---|---|
| | 0.20 | 0.15 | 0.10 | 0.05 | 0.025 | 0.01 | 0.005 |
| 1 | 1.376 | 1.963 | 3.0777 | 6.3138 | 12.7062 | 31.8207 | 63.6574 |
| 2 | 1.061 | 1.386 | 1.8856 | 2.9200 | 4.3027 | 6.9646 | 9.9248 |
| 3 | 0.978 | 1.250 | 1.6377 | 2.3534 | 3.1824 | 4.5407 | 5.8409 |
| 4 | 0.941 | 1.190 | 1.5332 | 2.1318 | 2.7764 | 3.7469 | 4.6041 |
| 5 | 0.920 | 1.156 | 1.4759 | 2.0150 | 2.5706 | 3.3649 | 4.0322 |
| 6 | 0.906 | 1.134 | 1.4398 | 1.9432 | 2.4469 | 3.1427 | 3.7074 |
| 7 | 0.896 | 1.119 | 1.4149 | 1.8946 | 2.3646 | 2.9980 | 3.4995 |
| 8 | 0.889 | 1.108 | 1.3968 | 1.8595 | 2.3060 | 2.8965 | 3.3554 |
| 9 | 0.883 | 1.100 | 1.3830 | 1.8331 | 2.2622 | 2.8214 | 3.2498 |
| 10 | 0.879 | 1.093 | 1.3722 | 1.8125 | 2.2281 | 2.7638 | 3.1693 |
| 11 | 0.876 | 1.088 | 1.3634 | 1.7959 | 2.2010 | 2.7181 | 3.1058 |
| 12 | 0.873 | 1.083 | 1.3562 | 1.7823 | 2.1788 | 2.6810 | 3.0545 |
| 13 | 0.870 | 1.079 | 1.3502 | 1.7709 | 2.1604 | 2.6503 | 3.0123 |
| 14 | 0.868 | 1.076 | 1.3450 | 1.7613 | 2.1448 | 2.6245 | 2.9768 |
| 15 | 0.866 | 1.074 | 1.3406 | 1.7531 | 2.1315 | 2.6025 | 2.9467 |
| 16 | 0.865 | 1.071 | 1.3368 | 1.7459 | 2.1199 | 2.5835 | 2.9208 |
| 17 | 0.863 | 1.069 | 1.3334 | 1.7396 | 2.1098 | 2.5669 | 2.8982 |
| 18 | 0.862 | 1.067 | 1.3304 | 1.7341 | 2.1009 | 2.5524 | 2.8784 |
| 19 | 0.861 | 1.066 | 1.3277 | 1.7291 | 2.0930 | 2.5395 | 2.8609 |
| 20 | 0.860 | 1.064 | 1.3253 | 1.7247 | 2.0860 | 2.5280 | 2.8453 |
| 21 | 0.859 | 1.063 | 1.3232 | 1.7207 | 2.0796 | 2.5177 | 2.8314 |
| 22 | 0.858 | 1.061 | 1.3212 | 1.7171 | 2.0739 | 2.5083 | 2.8188 |
| 23 | 0.858 | 1.060 | 1.3195 | 1.7139 | 2.0687 | 2.4999 | 2.8073 |
| 24 | 0.857 | 1.059 | 1.3178 | 1.7109 | 2.0639 | 2.4922 | 2.7969 |
| 25 | 0.856 | 1.058 | 1.3163 | 1.7081 | 2.0595 | 2.4851 | 2.7874 |
| 26 | 0.856 | 1.058 | 1.3150 | 1.7056 | 2.0555 | 2.4786 | 2.7787 |
| 27 | 0.855 | 1.057 | 1.3137 | 1.7033 | 2.0518 | 2.4727 | 2.7707 |
| 28 | 0.855 | 1.056 | 1.3125 | 1.7011 | 2.0484 | 2.4671 | 2.7633 |

(续)

| n | α | | | | | | |
|---|---|---|---|---|---|---|---|
| | 0.20 | 0.15 | 0.10 | 0.05 | 0.025 | 0.01 | 0.005 |
| 29 | 0.854 | 1.055 | 1.311 4 | 1.699 1 | 2.045 2 | 2.462 0 | 2.756 4 |
| 30 | 0.854 | 1.055 | 1.310 4 | 1.697 3 | 2.042 3 | 2.457 3 | 2.750 0 |
| 31 | 0.853 5 | 1.054 1 | 1.309 5 | 1.695 5 | 2.039 5 | 2.452 8 | 2.744 0 |
| 32 | 0.853 1 | 1.053 6 | 1.308 6 | 1.693 9 | 2.036 9 | 2.448 7 | 2.738 5 |
| 33 | 0.852 7 | 1.053 1 | 1.307 7 | 1.692 4 | 2.034 5 | 2.444 8 | 2.733 3 |
| 34 | 0.852 4 | 1.052 6 | 1.307 0 | 1.690 9 | 2.032 2 | 2.441 1 | 2.728 4 |
| 35 | 0.852 1 | 1.052 1 | 1.306 2 | 1.689 6 | 2.030 1 | 2.437 7 | 2.723 8 |
| 36 | 0.851 8 | 1.051 6 | 1.305 5 | 1.688 3 | 2.028 1 | 2.434 5 | 2.719 5 |
| 37 | 0.851 5 | 1.051 2 | 1.304 9 | 1.687 1 | 2.026 2 | 2.431 4 | 2.715 4 |
| 38 | 0.851 2 | 1.050 8 | 1.304 2 | 1.686 0 | 2.024 4 | 2.428 6 | 2.711 6 |
| 39 | 0.851 0 | 1.050 4 | 1.303 6 | 1.684 9 | 2.022 7 | 2.425 8 | 2.707 9 |
| 40 | 0.850 7 | 1.050 1 | 1.303 1 | 1.683 9 | 2.021 1 | 2.423 3 | 2.704 5 |
| 41 | 0.859 5 | 1.049 8 | 1.302 5 | 1.682 9 | 3.019 5 | 2.420 8 | 2.701 2 |
| 42 | 0.850 3 | 1.049 4 | 1.302 0 | 1.682 0 | 2.018 1 | 2.418 5 | 2.698 1 |
| 43 | 0.850 1 | 1.049 1 | 1.301 6 | 1.681 1 | 2.016 7 | 2.416 3 | 2.695 1 |
| 44 | 0.849 9 | 1.048 8 | 1.301 1 | 1.680 2 | 2.015 4 | 2.414 1 | 2.692 3 |
| 45 | 0.849 7 | 1.048 5 | 1.300 6 | 1.679 4 | 2.014 1 | 2.412 1 | 2.689 6 |

## 附表 4  $\chi^2$ 分布分位数表

$P[\chi^2(n) > \chi^2_\alpha(n)] = \alpha$

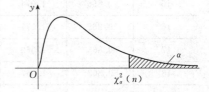

| n | α | | | | | | | | | |
|---|---|---|---|---|---|---|---|---|---|---|
| | 0.995 | 0.99 | 0.975 | 0.95 | 0.90 | 0.10 | 0.05 | 0.025 | 0.01 | 0.005 |
| 1 | 0.000 | 0.000 | 0.001 | 0.004 | 0.016 | 2.706 | 3.843 | 5.025 | 6.637 | 7.882 |
| 2 | 0.010 | 0.020 | 0.051 | 0.103 | 0.211 | 4.605 | 5.992 | 7.378 | 9.210 | 10.597 |
| 3 | 0.072 | 0.115 | 0.216 | 0.352 | 0.584 | 6.251 | 7.815 | 9.348 | 11.344 | 12.837 |
| 4 | 0.207 | 0.297 | 0.484 | 0.711 | 1.064 | 7.779 | 9.488 | 11.143 | 13.277 | 14.860 |
| 5 | 0.412 | 0.554 | 0.831 | 1.145 | 1.610 | 9.236 | 11.070 | 12.832 | 15.085 | 16.748 |
| 6 | 0.676 | 0.872 | 1.237 | 1.635 | 2.204 | 10.645 | 12.592 | 14.440 | 16.812 | 18.548 |
| 7 | 0.989 | 1.239 | 1.690 | 2.167 | 2.833 | 12.017 | 14.067 | 16.012 | 18.474 | 20.276 |
| 8 | 1.344 | 1.646 | 2.180 | 2.733 | 3.490 | 13.362 | 15.507 | 17.534 | 20.090 | 21.954 |

(续)

| n | α | | | | | | | | | |
|---|---|---|---|---|---|---|---|---|---|---|
| | 0.995 | 0.99 | 0.975 | 0.95 | 0.90 | 0.10 | 0.05 | 0.025 | 0.01 | 0.005 |
| 9 | 1.735 | 2.088 | 2.700 | 3.325 | 4.168 | 14.684 | 16.919 | 19.022 | 21.665 | 23.587 |
| 10 | 2.156 | 2.558 | 3.247 | 3.940 | 4.865 | 15.987 | 18.307 | 20.483 | 23.209 | 25.188 |
| 11 | 2.603 | 3.053 | 3.816 | 4.575 | 5.578 | 17.275 | 19.675 | 21.920 | 24.724 | 26.755 |
| 12 | 3.074 | 3.571 | 4.404 | 5.226 | 6.304 | 18.549 | 21.026 | 23.337 | 26.217 | 28.300 |
| 13 | 3.565 | 4.107 | 5.009 | 5.892 | 7.041 | 19.812 | 22.362 | 24.735 | 27.687 | 29.817 |
| 14 | 4.075 | 4.660 | 5.629 | 6.571 | 7.790 | 21.064 | 23.685 | 26.119 | 29.141 | 31.319 |
| 15 | 4.600 | 5.229 | 6.262 | 7.261 | 8.547 | 22.307 | 24.996 | 27.488 | 30.577 | 32.799 |
| 16 | 5.142 | 5.812 | 6.908 | 7.962 | 9.312 | 23.542 | 26.296 | 28.845 | 32.000 | 34.267 |
| 17 | 5.697 | 6.407 | 7.564 | 8.682 | 10.085 | 24.769 | 27.587 | 30.190 | 33.408 | 35.716 |
| 18 | 6.265 | 7.015 | 8.231 | 9.390 | 10.865 | 25.989 | 28.869 | 31.526 | 34.805 | 37.156 |
| 19 | 6.843 | 7.632 | 8.906 | 10.117 | 11.651 | 27.203 | 30.143 | 32.852 | 36.190 | 38.580 |
| 20 | 7.434 | 8.260 | 9.591 | 10.851 | 12.443 | 28.412 | 31.410 | 34.170 | 37.566 | 39.997 |
| 21 | 8.033 | 8.897 | 10.283 | 11.591 | 13.240 | 29.615 | 32.670 | 35.478 | 38.930 | 41.399 |
| 22 | 8.643 | 9.542 | 10.982 | 12.338 | 14.042 | 30.813 | 33.924 | 36.781 | 40.289 | 42.796 |
| 23 | 9.260 | 10.195 | 11.688 | 13.090 | 14.848 | 32.007 | 35.172 | 38.075 | 41.637 | 44.179 |
| 24 | 9.886 | 10.856 | 12.401 | 13.848 | 15.659 | 33.196 | 36.415 | 39.364 | 42.980 | 45.558 |
| 25 | 10.519 | 11.524 | 13.120 | 14.611 | 16.473 | 34.382 | 37.652 | 40.646 | 44.314 | 46.925 |
| 26 | 11.160 | 12.198 | 13.844 | 15.379 | 17.292 | 35.563 | 38.885 | 41.923 | 45.642 | 48.290 |
| 27 | 11.807 | 12.878 | 14.573 | 16.151 | 18.114 | 36.741 | 40.113 | 43.194 | 46.962 | 49.642 |
| 28 | 12.461 | 13.565 | 15.308 | 16.928 | 18.939 | 37.916 | 41.337 | 44.461 | 48.278 | 50.993 |
| 29 | 13.120 | 14.256 | 16.147 | 17.708 | 19.768 | 39.087 | 42.557 | 45.722 | 49.586 | 52.333 |
| 30 | 13.787 | 14.954 | 16.791 | 18.493 | 20.599 | 40.256 | 43.773 | 46.979 | 50.892 | 53.672 |
| 31 | 14.457 | 15.655 | 17.538 | 19.280 | 21.433 | 41.422 | 44.985 | 48.231 | 52.190 | 55.000 |
| 32 | 15.134 | 16.362 | 18.291 | 20.072 | 22.271 | 42.585 | 46.194 | 49.480 | 53.486 | 56.328 |
| 33 | 15.814 | 17.073 | 19.046 | 20.866 | 23.110 | 43.745 | 47.400 | 50.724 | 54.774 | 57.646 |
| 34 | 16.501 | 17.789 | 19.806 | 21.664 | 23.952 | 44.903 | 48.602 | 51.966 | 56.061 | 58.964 |
| 35 | 17.191 | 18.508 | 20.569 | 22.465 | 24.796 | 46.059 | 49.802 | 53.203 | 57.340 | 60.272 |
| 36 | 17.887 | 19.233 | 21.336 | 23.269 | 25.643 | 47.212 | 50.998 | 54.437 | 58.619 | 61.581 |
| 37 | 18.584 | 19.960 | 22.105 | 24.075 | 26.492 | 48.363 | 52.192 | 55.667 | 59.891 | 62.880 |
| 38 | 19.289 | 20.691 | 22.878 | 24.884 | 27.343 | 49.513 | 53.384 | 56.896 | 61.162 | 64.181 |
| 39 | 19.994 | 21.425 | 23.654 | 25.695 | 28.196 | 50.660 | 54.572 | 58.119 | 62.426 | 65.473 |
| 40 | 20.706 | 22.164 | 24.433 | 26.509 | 29.050 | 51.805 | 55.758 | 59.342 | 63.691 | 66.766 |

注：当 $n>40$ 时，$\chi_\alpha^2(n) \approx \frac{1}{2}(u_\alpha + \sqrt{2n-1})^2$。

### 附表5  F 分布分位数表

$$P[F(n_1, n_2) > F_\alpha(n_1, n_2)] = \alpha \quad (\alpha = 0.1)$$

| $n_2$ | $n_1$ | | | | | | | | | |
|---|---|---|---|---|---|---|---|---|---|---|
| | 1 | 2 | 3 | 4 | 5 | 6 | 7 | 8 | 9 | 10 |
| 1 | 39.86 | 49.50 | 53.59 | 55.83 | 57.24 | 58.20 | 58.91 | 59.44 | 59.86 | 60.19 |
| 2 | 8.53 | 9.00 | 9.16 | 9.24 | 9.29 | 9.33 | 9.35 | 9.37 | 9.38 | 9.39 |
| 3 | 5.54 | 5.46 | 5.39 | 5.34 | 5.31 | 5.28 | 5.27 | 5.25 | 5.24 | 5.23 |
| 4 | 4.54 | 4.32 | 4.19 | 4.11 | 4.05 | 4.01 | 3.98 | 3.95 | 3.94 | 3.92 |
| 5 | 4.06 | 3.78 | 3.62 | 3.52 | 3.45 | 3.40 | 3.37 | 3.34 | 3.32 | 3.30 |
| 6 | 3.78 | 3.46 | 3.29 | 3.18 | 3.11 | 3.05 | 3.01 | 2.98 | 2.96 | 2.94 |
| 7 | 3.59 | 3.26 | 3.07 | 2.96 | 2.88 | 2.83 | 2.78 | 2.75 | 2.72 | 2.70 |
| 8 | 3.46 | 3.11 | 2.92 | 2.81 | 2.73 | 2.67 | 2.62 | 2.59 | 2.56 | 2.54 |
| 9 | 3.36 | 3.01 | 2.81 | 2.69 | 2.61 | 2.55 | 2.51 | 2.47 | 2.44 | 2.42 |
| 10 | 3.29 | 2.92 | 2.73 | 2.61 | 2.52 | 2.46 | 2.41 | 2.38 | 2.35 | 2.32 |
| 11 | 3.23 | 2.86 | 2.66 | 2.54 | 2.43 | 2.39 | 2.34 | 2.30 | 2.27 | 2.25 |
| 12 | 3.18 | 2.81 | 2.61 | 2.48 | 2.39 | 2.33 | 2.28 | 2.24 | 2.21 | 2.19 |
| 13 | 3.14 | 2.76 | 2.56 | 2.43 | 2.35 | 2.28 | 2.23 | 2.20 | 2.16 | 2.14 |
| 14 | 3.10 | 2.73 | 2.52 | 2.39 | 2.31 | 2.24 | 2.19 | 2.15 | 2.12 | 2.10 |
| 15 | 3.07 | 2.70 | 2.49 | 2.36 | 2.27 | 2.21 | 2.16 | 2.12 | 2.09 | 2.06 |
| 16 | 3.05 | 2.67 | 2.46 | 2.33 | 2.24 | 2.18 | 2.13 | 2.09 | 2.06 | 2.03 |
| 17 | 3.03 | 2.64 | 2.44 | 2.31 | 2.22 | 2.15 | 2.10 | 2.06 | 2.03 | 2.00 |
| 18 | 3.01 | 2.62 | 2.42 | 2.29 | 2.20 | 2.13 | 2.08 | 2.04 | 2.00 | 1.98 |
| 19 | 2.99 | 2.61 | 2.40 | 2.27 | 2.18 | 2.11 | 2.06 | 2.02 | 1.98 | 1.96 |
| 20 | 2.97 | 2.59 | 2.38 | 2.25 | 2.16 | 2.09 | 2.04 | 2.00 | 1.96 | 1.94 |
| 21 | 2.96 | 2.57 | 2.36 | 2.23 | 2.14 | 2.08 | 2.02 | 1.98 | 1.95 | 1.92 |
| 22 | 2.95 | 2.56 | 2.35 | 2.22 | 2.13 | 2.06 | 2.01 | 1.97 | 1.93 | 1.90 |
| 23 | 2.94 | 2.55 | 2.34 | 2.21 | 2.11 | 2.05 | 1.99 | 1.95 | 1.92 | 1.89 |
| 24 | 2.93 | 2.54 | 2.33 | 2.19 | 2.10 | 2.04 | 1.98 | 1.94 | 1.91 | 1.88 |
| 25 | 2.92 | 2.53 | 2.32 | 2.18 | 2.09 | 2.02 | 1.97 | 1.93 | 1.89 | 1.87 |
| 26 | 2.91 | 2.52 | 2.31 | 2.17 | 2.08 | 2.01 | 1.96 | 1.92 | 1.88 | 1.86 |
| 27 | 2.90 | 2.51 | 2.30 | 2.17 | 2.07 | 2.00 | 1.95 | 1.91 | 1.87 | 1.85 |
| 28 | 2.89 | 2.50 | 2.29 | 2.16 | 2.06 | 2.00 | 1.94 | 1.90 | 1.87 | 1.84 |
| 29 | 2.89 | 2.50 | 2.28 | 2.15 | 2.06 | 1.99 | 1.93 | 1.89 | 1.86 | 1.83 |
| 30 | 2.88 | 2.49 | 2.28 | 2.14 | 2.05 | 1.98 | 1.93 | 1.88 | 1.85 | 1.82 |
| 40 | 2.84 | 2.44 | 2.23 | 2.09 | 2.00 | 1.93 | 1.87 | 1.83 | 1.79 | 1.76 |
| 60 | 2.79 | 2.39 | 2.18 | 2.04 | 1.95 | 1.87 | 1.82 | 1.77 | 1.74 | 1.71 |
| 120 | 2.75 | 2.35 | 2.13 | 1.99 | 1.90 | 1.82 | 1.77 | 1.72 | 1.68 | 1.65 |
| $\infty$ | 2.71 | 2.30 | 2.08 | 1.94 | 1.85 | 1.77 | 1.72 | 1.67 | 1.63 | 1.60 |

(续)

| $n_2$ | $n_1$ | | | | | | | | |
|---|---|---|---|---|---|---|---|---|---|
| | 12 | 15 | 20 | 24 | 30 | 40 | 60 | 120 | $\infty$ |
| 1 | 60.71 | 61.22 | 61.74 | 62.00 | 62.26 | 62.53 | 62.79 | 63.06 | 63.33 |
| 2 | 9.41 | 9.42 | 9.44 | 9.45 | 9.46 | 9.47 | 9.47 | 9.48 | 9.49 |
| 3 | 5.22 | 5.20 | 5.18 | 5.18 | 5.17 | 5.16 | 5.15 | 5.14 | 5.13 |
| 4 | 3.90 | 3.87 | 3.84 | 3.83 | 3.82 | 3.80 | 3.79 | 3.78 | 3.76 |
| 5 | 3.27 | 3.24 | 3.21 | 3.19 | 3.17 | 3.16 | 3.14 | 3.12 | 3.10 |
| 6 | 2.90 | 2.87 | 2.84 | 2.82 | 2.80 | 2.78 | 2.76 | 2.74 | 2.72 |
| 7 | 2.67 | 2.63 | 2.59 | 2.58 | 2.56 | 2.54 | 2.51 | 2.49 | 2.47 |
| 8 | 2.50 | 2.46 | 2.42 | 2.40 | 2.38 | 2.36 | 2.34 | 2.32 | 2.29 |
| 9 | 2.38 | 2.34 | 2.30 | 2.28 | 2.25 | 2.23 | 2.21 | 2.18 | 2.16 |
| 10 | 2.28 | 2.24 | 2.20 | 2.18 | 2.16 | 2.13 | 2.11 | 2.08 | 2.06 |
| 11 | 2.21 | 2.17 | 2.12 | 2.10 | 2.08 | 2.05 | 2.03 | 2.00 | 1.97 |
| 12 | 2.15 | 2.10 | 2.06 | 2.04 | 2.01 | 1.99 | 1.96 | 1.93 | 1.90 |
| 13 | 2.10 | 2.05 | 2.01 | 1.98 | 1.96 | 1.93 | 1.90 | 1.88 | 1.85 |
| 14 | 2.05 | 2.01 | 1.96 | 1.94 | 1.91 | 1.89 | 1.86 | 1.83 | 1.80 |
| 15 | 2.02 | 1.97 | 1.92 | 1.90 | 1.87 | 1.85 | 1.82 | 1.79 | 1.76 |
| 16 | 1.99 | 1.94 | 1.89 | 1.87 | 1.84 | 1.81 | 1.78 | 1.75 | 1.72 |
| 17 | 1.96 | 1.91 | 1.86 | 1.84 | 1.81 | 1.78 | 1.75 | 1.72 | 1.69 |
| 18 | 1.93 | 1.89 | 1.84 | 1.81 | 1.78 | 1.75 | 1.72 | 1.69 | 1.66 |
| 19 | 1.91 | 1.86 | 1.81 | 1.79 | 1.76 | 1.73 | 1.70 | 1.67 | 1.63 |
| 20 | 1.89 | 1.84 | 1.79 | 1.77 | 1.74 | 1.71 | 1.68 | 1.64 | 1.61 |
| 21 | 1.87 | 1.83 | 1.78 | 1.75 | 1.72 | 1.69 | 1.66 | 1.62 | 1.59 |
| 22 | 1.86 | 1.81 | 1.76 | 1.73 | 1.70 | 1.67 | 1.64 | 1.60 | 1.57 |
| 23 | 1.84 | 1.80 | 1.74 | 1.72 | 1.69 | 1.66 | 1.62 | 1.59 | 1.55 |
| 24 | 1.83 | 1.78 | 1.73 | 1.70 | 1.67 | 1.64 | 1.61 | 1.57 | 1.53 |
| 25 | 1.82 | 1.77 | 1.72 | 1.69 | 1.66 | 1.63 | 1.59 | 1.56 | 1.52 |
| 26 | 1.81 | 1.76 | 1.71 | 1.68 | 1.65 | 1.61 | 1.58 | 1.54 | 1.50 |
| 27 | 1.80 | 1.75 | 1.70 | 1.67 | 1.64 | 1.60 | 1.57 | 1.53 | 1.49 |
| 28 | 1.79 | 1.74 | 1.69 | 1.66 | 1.63 | 1.59 | 1.56 | 1.52 | 1.48 |
| 29 | 1.78 | 1.73 | 1.68 | 1.65 | 1.62 | 1.58 | 1.55 | 1.51 | 1.47 |
| 30 | 1.77 | 1.72 | 1.67 | 1.64 | 1.61 | 1.57 | 1.54 | 1.50 | 1.46 |
| 40 | 1.71 | 1.66 | 1.61 | 1.57 | 1.54 | 1.51 | 1.47 | 1.42 | 1.38 |
| 60 | 1.66 | 1.60 | 1.54 | 1.51 | 1.48 | 1.44 | 1.40 | 1.35 | 1.29 |
| 120 | 1.60 | 1.55 | 1.48 | 1.45 | 1.41 | 1.37 | 1.32 | 1.26 | 1.19 |
| $\infty$ | 1.55 | 1.49 | 1.42 | 1.38 | 1.34 | 1.30 | 1.24 | 1.17 | 1.00 |

$$P[F(n_1, n_2) > F_\alpha(n_1, n_2)] = \alpha \quad (\alpha = 0.05)$$

| $n_2$ | $n_1$ | | | | | | | | | |
|---|---|---|---|---|---|---|---|---|---|---|
| | 1 | 2 | 3 | 4 | 5 | 6 | 7 | 8 | 9 | 10 |
| 1 | 161 | 200 | 216 | 225 | 230 | 234 | 237 | 239 | 241 | 242 |
| 2 | 18.5 | 19.0 | 19.2 | 19.2 | 19.3 | 19.3 | 19.4 | 19.4 | 19.4 | 19.4 |
| 3 | 10.1 | 9.55 | 9.28 | 9.12 | 9.01 | 8.94 | 8.89 | 8.85 | 8.81 | 8.79 |
| 4 | 7.71 | 6.94 | 6.59 | 6.39 | 6.26 | 6.16 | 6.09 | 6.04 | 6.00 | 5.96 |
| 5 | 6.61 | 5.79 | 5.41 | 5.19 | 5.05 | 4.95 | 4.88 | 4.82 | 4.77 | 4.74 |
| 6 | 5.99 | 5.14 | 4.76 | 4.53 | 4.39 | 4.28 | 4.21 | 4.15 | 4.10 | 4.06 |
| 7 | 5.59 | 4.74 | 4.35 | 4.12 | 3.97 | 3.87 | 3.79 | 3.73 | 3.68 | 3.64 |
| 8 | 5.32 | 4.46 | 4.07 | 3.84 | 3.69 | 3.58 | 3.50 | 3.44 | 3.39 | 3.35 |
| 9 | 5.12 | 4.26 | 3.86 | 3.63 | 3.48 | 3.37 | 3.29 | 3.23 | 3.18 | 3.14 |
| 10 | 4.96 | 4.10 | 3.71 | 3.48 | 3.33 | 3.22 | 3.14 | 3.07 | 3.02 | 2.98 |
| 11 | 4.84 | 3.98 | 3.59 | 3.36 | 3.20 | 3.09 | 3.01 | 2.95 | 2.90 | 2.85 |
| 12 | 4.75 | 3.89 | 3.49 | 3.26 | 3.11 | 3.00 | 2.91 | 2.85 | 2.80 | 2.75 |
| 13 | 4.67 | 3.81 | 3.41 | 3.18 | 3.03 | 2.92 | 2.83 | 2.77 | 2.71 | 2.67 |
| 14 | 4.60 | 3.74 | 3.34 | 3.11 | 2.96 | 2.85 | 2.76 | 2.70 | 2.65 | 2.60 |
| 15 | 4.54 | 3.68 | 3.29 | 3.06 | 2.90 | 2.79 | 2.71 | 2.64 | 2.59 | 2.54 |
| 16 | 4.49 | 3.63 | 3.24 | 3.01 | 2.85 | 2.74 | 2.66 | 2.59 | 2.54 | 2.49 |
| 17 | 4.45 | 3.59 | 3.20 | 2.96 | 2.81 | 2.70 | 2.61 | 2.55 | 2.49 | 2.45 |
| 18 | 4.41 | 3.55 | 3.16 | 2.93 | 2.77 | 2.66 | 2.58 | 2.51 | 2.46 | 2.41 |
| 19 | 4.38 | 3.52 | 3.13 | 2.90 | 2.74 | 2.63 | 2.54 | 2.48 | 2.42 | 2.38 |
| 20 | 4.35 | 3.49 | 3.10 | 2.87 | 2.71 | 2.60 | 2.51 | 2.45 | 2.39 | 2.35 |
| 21 | 4.32 | 3.47 | 3.07 | 2.84 | 2.68 | 2.57 | 2.49 | 2.42 | 2.37 | 2.32 |
| 22 | 4.30 | 3.44 | 3.05 | 2.82 | 2.66 | 2.55 | 2.46 | 2.40 | 2.34 | 2.30 |
| 23 | 4.28 | 3.42 | 3.03 | 2.80 | 2.64 | 2.53 | 2.44 | 2.37 | 2.32 | 2.27 |
| 24 | 4.26 | 3.40 | 3.01 | 2.78 | 2.62 | 2.51 | 2.42 | 2.36 | 2.30 | 2.25 |
| 25 | 4.24 | 3.39 | 2.99 | 2.76 | 2.60 | 2.49 | 2.40 | 2.34 | 2.28 | 2.24 |
| 26 | 4.23 | 3.37 | 2.98 | 2.74 | 2.59 | 2.47 | 2.39 | 2.32 | 2.27 | 2.22 |
| 27 | 4.21 | 3.35 | 2.96 | 2.73 | 2.57 | 2.46 | 2.37 | 2.31 | 2.25 | 2.20 |
| 28 | 4.20 | 3.34 | 2.95 | 2.71 | 2.56 | 2.45 | 2.36 | 2.29 | 2.24 | 2.19 |
| 29 | 4.18 | 3.33 | 2.93 | 2.70 | 2.55 | 2.43 | 2.35 | 2.28 | 2.22 | 2.18 |
| 30 | 4.17 | 3.32 | 2.92 | 2.69 | 2.53 | 2.42 | 2.33 | 2.27 | 2.21 | 2.16 |
| 40 | 4.08 | 3.23 | 2.84 | 2.61 | 2.45 | 2.34 | 2.25 | 2.18 | 2.12 | 2.08 |
| 60 | 4.00 | 3.15 | 2.76 | 2.53 | 2.37 | 2.25 | 2.17 | 2.10 | 2.04 | 1.99 |
| 120 | 3.92 | 3.07 | 2.68 | 2.45 | 2.29 | 2.17 | 2.09 | 2.02 | 1.96 | 1.91 |
| ∞ | 3.84 | 3.00 | 2.60 | 2.37 | 2.21 | 2.10 | 2.01 | 1.94 | 1.88 | 1.83 |

(续)

| $n_2$ | $n_1$ | | | | | | | | |
|---|---|---|---|---|---|---|---|---|---|
| | 12 | 15 | 20 | 24 | 30 | 40 | 60 | 120 | $\infty$ |
| 1 | 244 | 246 | 248 | 249 | 250 | 251 | 252 | 253 | 254 |
| 2 | 19.4 | 19.4 | 19.4 | 19.5 | 19.5 | 19.5 | 19.5 | 19.5 | 19.5 |
| 3 | 8.74 | 8.70 | 8.66 | 8.64 | 8.62 | 8.59 | 8.57 | 8.55 | 8.53 |
| 4 | 5.91 | 5.86 | 5.80 | 5.77 | 5.75 | 5.72 | 5.69 | 5.66 | 5.63 |
| 5 | 4.68 | 4.62 | 4.56 | 4.53 | 4.50 | 4.46 | 4.43 | 4.40 | 4.36 |
| 6 | 4.00 | 3.94 | 3.87 | 3.84 | 3.81 | 3.77 | 3.74 | 3.70 | 3.67 |
| 7 | 3.57 | 3.51 | 3.44 | 3.41 | 3.38 | 3.34 | 3.30 | 3.27 | 3.23 |
| 8 | 3.28 | 3.22 | 3.15 | 3.12 | 3.08 | 3.04 | 3.01 | 2.97 | 2.93 |
| 9 | 3.07 | 3.01 | 2.94 | 2.90 | 2.86 | 2.83 | 2.79 | 2.75 | 2.71 |
| 10 | 2.91 | 2.85 | 2.77 | 2.74 | 2.70 | 2.66 | 2.62 | 2.58 | 2.54 |
| 11 | 2.79 | 2.72 | 2.65 | 2.61 | 2.57 | 2.53 | 2.49 | 2.45 | 2.40 |
| 12 | 2.69 | 2.62 | 2.54 | 2.51 | 2.47 | 2.43 | 2.38 | 2.34 | 2.30 |
| 13 | 2.60 | 2.53 | 2.46 | 2.42 | 2.38 | 2.34 | 2.30 | 2.25 | 2.21 |
| 14 | 2.53 | 2.46 | 2.39 | 2.35 | 2.31 | 2.27 | 2.22 | 2.18 | 2.13 |
| 15 | 2.48 | 2.40 | 2.33 | 2.29 | 2.25 | 2.20 | 2.16 | 2.11 | 2.07 |
| 16 | 2.42 | 2.35 | 2.28 | 2.24 | 2.19 | 2.15 | 2.11 | 2.06 | 2.01 |
| 17 | 2.38 | 2.31 | 2.23 | 2.19 | 2.15 | 2.10 | 2.06 | 2.01 | 1.96 |
| 18 | 2.34 | 2.27 | 2.19 | 2.15 | 2.11 | 2.06 | 2.02 | 1.97 | 1.92 |
| 19 | 2.31 | 2.23 | 2.16 | 2.11 | 2.07 | 2.03 | 1.98 | 1.93 | 1.88 |
| 20 | 2.28 | 2.20 | 2.12 | 2.08 | 2.04 | 1.99 | 1.95 | 1.90 | 1.84 |
| 21 | 2.25 | 2.18 | 2.10 | 2.05 | 2.01 | 1.96 | 1.92 | 1.87 | 1.81 |
| 22 | 2.23 | 2.15 | 2.07 | 2.03 | 1.98 | 1.94 | 1.89 | 1.84 | 1.78 |
| 23 | 2.20 | 2.13 | 2.05 | 2.01 | 1.96 | 1.91 | 1.86 | 1.81 | 1.76 |
| 24 | 2.18 | 2.11 | 2.03 | 1.98 | 1.94 | 1.89 | 1.84 | 1.79 | 1.73 |
| 25 | 2.16 | 2.09 | 2.01 | 1.96 | 1.92 | 1.87 | 1.82 | 1.77 | 1.71 |
| 26 | 2.15 | 2.07 | 1.99 | 1.95 | 1.90 | 1.85 | 1.80 | 1.75 | 1.69 |
| 27 | 2.13 | 2.06 | 1.97 | 1.93 | 1.88 | 1.84 | 1.79 | 1.73 | 1.67 |
| 28 | 2.12 | 2.04 | 1.96 | 1.91 | 1.87 | 1.82 | 1.77 | 1.71 | 1.65 |
| 29 | 2.10 | 2.03 | 1.94 | 1.90 | 1.85 | 1.81 | 1.75 | 1.70 | 1.64 |
| 30 | 2.09 | 2.01 | 1.93 | 1.89 | 1.84 | 1.79 | 1.74 | 1.68 | 1.62 |
| 40 | 2.00 | 1.92 | 1.84 | 1.79 | 1.74 | 1.69 | 1.64 | 1.58 | 1.51 |
| 60 | 1.92 | 1.84 | 1.75 | 1.70 | 1.65 | 1.59 | 1.53 | 1.47 | 1.39 |
| 120 | 1.83 | 1.75 | 1.66 | 1.61 | 1.55 | 1.50 | 1.43 | 1.35 | 1.25 |
| $\infty$ | 1.75 | 1.67 | 1.57 | 1.52 | 1.46 | 1.39 | 1.32 | 1.22 | 1.00 |

$$P[F(n_1, n_2) > F_\alpha(n_1, n_2)] = \alpha \quad (\alpha = 0.025)$$

| $n_2$ | $n_1$ | | | | | | | | | |
|---|---|---|---|---|---|---|---|---|---|---|
| | 1 | 2 | 3 | 4 | 5 | 6 | 7 | 8 | 9 | 10 |
| 1 | 648 | 800 | 864 | 900 | 922 | 937 | 948 | 957 | 963 | 969 |
| 2 | 38.5 | 39.0 | 39.2 | 39.2 | 39.3 | 39.3 | 39.4 | 39.4 | 39.4 | 39.4 |
| 3 | 17.4 | 16.0 | 15.4 | 15.1 | 14.9 | 14.7 | 14.6 | 14.5 | 14.5 | 14.4 |
| 4 | 12.2 | 10.6 | 9.98 | 9.60 | 9.36 | 9.20 | 9.07 | 8.98 | 8.90 | 8.84 |
| 5 | 10.0 | 8.43 | 7.76 | 7.39 | 7.15 | 6.98 | 6.85 | 6.76 | 6.68 | 6.62 |
| 6 | 8.81 | 7.26 | 6.60 | 6.23 | 5.99 | 5.82 | 5.70 | 5.60 | 5.52 | 5.46 |
| 7 | 8.07 | 6.54 | 5.89 | 5.52 | 5.29 | 5.12 | 4.99 | 4.90 | 4.82 | 4.76 |
| 8 | 7.57 | 6.06 | 5.42 | 5.05 | 4.82 | 4.65 | 4.53 | 4.43 | 4.36 | 4.30 |
| 9 | 7.21 | 5.71 | 5.08 | 4.72 | 4.48 | 4.32 | 4.20 | 4.10 | 4.03 | 3.96 |
| 10 | 6.94 | 5.46 | 4.83 | 4.47 | 4.24 | 4.07 | 3.95 | 3.85 | 3.78 | 3.72 |
| 11 | 6.72 | 5.26 | 4.63 | 4.28 | 4.04 | 3.88 | 3.76 | 3.66 | 3.59 | 3.53 |
| 12 | 6.55 | 5.10 | 4.47 | 4.12 | 3.89 | 3.73 | 3.61 | 3.51 | 3.44 | 3.37 |
| 13 | 6.41 | 4.97 | 4.35 | 4.00 | 3.77 | 3.60 | 3.48 | 3.39 | 3.31 | 3.25 |
| 14 | 6.30 | 4.86 | 4.24 | 3.89 | 3.66 | 3.50 | 3.38 | 3.29 | 3.21 | 3.15 |
| 15 | 6.20 | 4.77 | 4.15 | 3.80 | 3.58 | 3.41 | 3.29 | 3.20 | 3.12 | 3.06 |
| 16 | 6.12 | 4.69 | 4.08 | 3.73 | 3.50 | 3.34 | 3.22 | 3.12 | 3.05 | 2.99 |
| 17 | 6.04 | 4.62 | 4.01 | 3.66 | 3.44 | 3.28 | 3.16 | 3.06 | 2.98 | 2.92 |
| 18 | 5.98 | 4.56 | 3.95 | 3.61 | 3.38 | 3.22 | 3.10 | 3.01 | 2.93 | 2.87 |
| 19 | 5.92 | 4.51 | 3.90 | 3.56 | 3.33 | 3.17 | 3.05 | 2.96 | 2.88 | 2.82 |
| 20 | 5.87 | 4.46 | 3.86 | 3.51 | 3.29 | 3.13 | 3.01 | 2.91 | 2.84 | 2.77 |
| 21 | 5.83 | 4.42 | 3.82 | 3.48 | 3.25 | 3.09 | 2.97 | 2.87 | 2.80 | 2.73 |
| 22 | 5.79 | 4.38 | 3.78 | 3.44 | 3.22 | 3.05 | 2.93 | 2.84 | 2.76 | 2.70 |
| 23 | 5.75 | 4.35 | 3.75 | 3.41 | 3.18 | 3.02 | 2.90 | 2.81 | 2.73 | 2.67 |
| 24 | 5.72 | 4.32 | 3.72 | 3.38 | 3.15 | 2.99 | 2.87 | 2.78 | 2.70 | 2.64 |
| 25 | 5.69 | 4.29 | 3.69 | 3.35 | 3.13 | 2.97 | 2.85 | 2.75 | 2.68 | 2.61 |
| 26 | 5.66 | 4.27 | 3.67 | 3.33 | 3.10 | 2.94 | 2.82 | 2.73 | 2.65 | 2.59 |
| 27 | 5.63 | 4.24 | 3.65 | 3.31 | 3.08 | 2.92 | 2.80 | 2.71 | 2.63 | 2.57 |
| 28 | 5.61 | 4.22 | 3.63 | 3.29 | 3.06 | 2.90 | 2.78 | 2.69 | 2.61 | 2.55 |
| 29 | 5.59 | 4.20 | 3.61 | 3.27 | 3.04 | 2.88 | 2.76 | 2.67 | 2.59 | 2.53 |
| 30 | 5.57 | 4.18 | 3.59 | 3.25 | 3.03 | 2.87 | 2.75 | 2.65 | 2.57 | 2.51 |
| 40 | 5.42 | 4.05 | 3.46 | 3.13 | 2.90 | 2.74 | 2.62 | 2.53 | 2.45 | 2.39 |
| 60 | 5.29 | 3.93 | 3.34 | 3.01 | 2.79 | 2.63 | 2.51 | 2.41 | 2.33 | 2.27 |
| 120 | 5.15 | 3.80 | 3.23 | 2.89 | 2.67 | 2.52 | 2.39 | 2.30 | 2.22 | 2.16 |
| $\infty$ | 5.02 | 3.69 | 3.12 | 2.79 | 2.57 | 2.41 | 2.29 | 2.19 | 2.11 | 2.05 |

（续）

| $n_2$ | $n_1$ | | | | | | | | |
|---|---|---|---|---|---|---|---|---|---|
| | 12 | 15 | 20 | 24 | 30 | 40 | 60 | 120 | ∞ |
| 1 | 977 | 985 | 993 | 997 | 1 000 | 1 010 | 1 010 | 1 010 | 1 020 |
| 2 | 39.4 | 39.4 | 39.4 | 39.5 | 39.5 | 39.5 | 39.5 | 39.5 | 39.5 |
| 3 | 14.3 | 14.3 | 14.2 | 14.1 | 14.1 | 14.0 | 14.0 | 13.9 | 13.9 |
| 4 | 8.75 | 8.66 | 8.56 | 8.51 | 8.46 | 8.41 | 8.36 | 8.31 | 8.26 |
| 5 | 6.52 | 6.43 | 6.33 | 6.28 | 6.23 | 6.18 | 6.12 | 6.07 | 6.02 |
| 6 | 5.37 | 5.27 | 5.17 | 5.12 | 5.07 | 5.01 | 4.96 | 4.90 | 4.85 |
| 7 | 4.67 | 4.57 | 4.47 | 4.42 | 4.36 | 4.31 | 4.25 | 4.20 | 4.14 |
| 8 | 4.20 | 4.10 | 4.00 | 3.95 | 3.89 | 3.84 | 3.78 | 3.73 | 3.67 |
| 9 | 3.87 | 3.77 | 3.67 | 3.61 | 3.56 | 3.51 | 3.45 | 3.39 | 3.33 |
| 10 | 3.62 | 3.52 | 3.42 | 3.37 | 3.31 | 3.26 | 3.20 | 3.14 | 3.08 |
| 11 | 3.43 | 3.33 | 3.23 | 3.17 | 3.12 | 3.06 | 3.00 | 2.94 | 2.88 |
| 12 | 3.28 | 3.18 | 3.07 | 3.02 | 2.96 | 2.91 | 2.85 | 2.79 | 2.72 |
| 13 | 3.15 | 3.05 | 2.95 | 2.89 | 2.84 | 2.78 | 2.72 | 2.66 | 2.60 |
| 14 | 3.05 | 2.95 | 2.84 | 2.79 | 2.73 | 2.67 | 2.61 | 2.55 | 2.49 |
| 15 | 2.96 | 2.86 | 2.76 | 2.70 | 2.64 | 2.59 | 2.52 | 2.46 | 2.40 |
| 16 | 2.89 | 2.79 | 2.68 | 2.63 | 2.57 | 2.51 | 2.45 | 2.38 | 2.32 |
| 17 | 2.82 | 2.72 | 2.62 | 2.56 | 2.50 | 2.44 | 2.38 | 2.32 | 2.25 |
| 18 | 2.77 | 2.67 | 2.56 | 2.50 | 2.44 | 2.38 | 2.32 | 2.26 | 2.19 |
| 19 | 2.72 | 2.62 | 2.51 | 2.45 | 2.39 | 2.33 | 2.27 | 2.20 | 2.13 |
| 20 | 2.68 | 2.57 | 2.46 | 2.41 | 2.35 | 2.29 | 2.22 | 2.16 | 2.09 |
| 21 | 2.64 | 2.53 | 2.42 | 2.37 | 2.31 | 2.25 | 2.18 | 2.11 | 2.04 |
| 22 | 2.60 | 2.50 | 2.39 | 2.33 | 2.27 | 2.21 | 2.14 | 2.08 | 2.00 |
| 23 | 2.57 | 2.47 | 2.36 | 2.30 | 2.24 | 2.18 | 2.11 | 2.04 | 1.97 |
| 24 | 2.54 | 2.44 | 2.33 | 2.27 | 2.21 | 2.15 | 2.08 | 2.01 | 1.94 |
| 25 | 2.51 | 2.41 | 2.30 | 2.24 | 2.18 | 2.12 | 2.05 | 1.98 | 1.91 |
| 26 | 2.49 | 2.39 | 2.28 | 2.22 | 2.16 | 2.09 | 2.03 | 1.95 | 1.88 |
| 27 | 2.47 | 2.36 | 2.25 | 2.19 | 2.13 | 2.07 | 2.00 | 1.93 | 1.85 |
| 28 | 2.45 | 2.34 | 2.23 | 2.17 | 2.11 | 2.05 | 1.98 | 1.91 | 1.83 |
| 29 | 2.43 | 2.32 | 2.21 | 2.15 | 2.09 | 2.03 | 1.96 | 1.89 | 1.81 |
| 30 | 2.41 | 2.31 | 2.20 | 2.14 | 2.07 | 2.01 | 1.94 | 1.87 | 1.79 |
| 40 | 2.29 | 2.18 | 2.07 | 2.01 | 1.94 | 1.88 | 1.80 | 1.72 | 1.64 |
| 60 | 2.17 | 2.06 | 1.94 | 1.88 | 1.82 | 1.74 | 1.67 | 1.58 | 1.48 |
| 120 | 2.05 | 1.94 | 1.82 | 1.76 | 1.69 | 1.61 | 1.53 | 1.43 | 1.31 |
| ∞ | 1.94 | 1.83 | 1.71 | 1.64 | 1.57 | 1.48 | 1.39 | 1.27 | 1.00 |

$$P[F(n_1, n_2) > F_\alpha(n_1, n_2)] = \alpha \quad (\alpha = 0.01)$$

| $n_2$ | $n_1$ | | | | | | | | | |
|---|---|---|---|---|---|---|---|---|---|---|
| | 1 | 2 | 3 | 4 | 5 | 6 | 7 | 8 | 9 | 10 |
| 1 | 4 052 | 5 000 | 5 403 | 5 620 | 5 760 | 5 860 | 5 930 | 5 980 | 6 020 | 6 060 |
| 2 | 98.5 | 99.0 | 99.2 | 99.2 | 99.3 | 99.3 | 99.4 | 99.4 | 99.4 | 99.4 |
| 3 | 34.1 | 30.8 | 29.5 | 28.7 | 28.2 | 27.9 | 27.7 | 27.5 | 27.3 | 27.2 |
| 4 | 21.2 | 18.0 | 16.7 | 16.0 | 15.5 | 15.2 | 15.0 | 14.8 | 14.7 | 14.5 |
| 5 | 16.3 | 13.3 | 12.1 | 11.4 | 11.0 | 10.7 | 10.5 | 10.3 | 16.2 | 10.1 |
| 6 | 13.7 | 10.9 | 9.78 | 9.15 | 8.75 | 8.47 | 8.26 | 8.10 | 7.98 | 7.87 |
| 7 | 12.2 | 9.55 | 8.45 | 7.85 | 7.46 | 7.19 | 6.99 | 6.84 | 6.72 | 6.62 |
| 8 | 11.3 | 8.65 | 7.59 | 7.01 | 6.63 | 6.37 | 6.18 | 6.03 | 5.91 | 5.81 |
| 9 | 10.6 | 8.62 | 6.99 | 6.42 | 6.06 | 5.80 | 5.61 | 5.47 | 5.35 | 5.26 |
| 10 | 10.0 | 7.56 | 6.55 | 5.99 | 5.64 | 5.39 | 5.20 | 5.06 | 4.94 | 4.85 |
| 11 | 9.65 | 7.21 | 6.22 | 5.67 | 5.32 | 5.07 | 4.89 | 4.74 | 4.63 | 4.54 |
| 12 | 9.33 | 6.93 | 5.95 | 5.41 | 5.06 | 4.82 | 4.64 | 4.50 | 4.39 | 4.30 |
| 13 | 9.07 | 6.70 | 5.74 | 5.21 | 4.86 | 4.62 | 4.44 | 4.30 | 4.19 | 4.10 |
| 14 | 8.86 | 6.51 | 5.56 | 5.04 | 4.69 | 4.46 | 4.28 | 4.14 | 4.03 | 3.94 |
| 15 | 8.68 | 6.36 | 5.42 | 4.89 | 4.56 | 4.32 | 4.14 | 4.00 | 3.89 | 3.80 |
| 16 | 8.53 | 6.23 | 5.29 | 4.77 | 4.44 | 4.20 | 4.03 | 3.89 | 3.78 | 3.69 |
| 17 | 8.40 | 6.11 | 5.18 | 4.67 | 4.34 | 4.10 | 3.93 | 3.79 | 3.68 | 3.59 |
| 18 | 8.29 | 6.01 | 5.09 | 4.58 | 4.25 | 4.01 | 3.84 | 3.71 | 3.60 | 3.51 |
| 19 | 8.18 | 5.93 | 5.01 | 4.50 | 4.17 | 3.94 | 3.77 | 3.63 | 3.52 | 3.43 |
| 20 | 8.10 | 5.85 | 4.94 | 4.43 | 4.10 | 3.87 | 3.70 | 3.56 | 3.46 | 3.37 |
| 21 | 8.02 | 5.78 | 4.87 | 4.37 | 4.04 | 3.81 | 3.64 | 3.51 | 3.40 | 3.31 |
| 22 | 7.95 | 5.72 | 4.82 | 4.31 | 3.99 | 3.76 | 3.59 | 3.45 | 3.35 | 3.26 |
| 23 | 7.88 | 5.66 | 4.76 | 4.26 | 3.94 | 3.71 | 3.54 | 3.41 | 3.30 | 3.21 |
| 24 | 7.82 | 5.61 | 4.72 | 4.22 | 3.90 | 3.67 | 3.50 | 3.36 | 3.26 | 3.17 |
| 25 | 7.77 | 5.57 | 4.68 | 4.18 | 3.85 | 3.63 | 3.46 | 3.32 | 3.22 | 3.13 |
| 26 | 7.72 | 5.53 | 4.64 | 4.14 | 3.82 | 3.59 | 3.42 | 3.29 | 3.18 | 3.09 |
| 27 | 7.68 | 5.49 | 4.60 | 4.11 | 3.78 | 3.56 | 3.39 | 3.26 | 3.15 | 3.06 |
| 28 | 7.64 | 5.45 | 4.57 | 4.07 | 3.75 | 3.53 | 3.36 | 3.23 | 3.12 | 3.03 |
| 29 | 7.60 | 5.42 | 4.54 | 4.04 | 3.73 | 3.50 | 3.33 | 3.20 | 3.09 | 3.00 |
| 30 | 7.56 | 5.39 | 4.51 | 4.02 | 3.70 | 3.47 | 3.30 | 3.17 | 3.07 | 2.98 |
| 40 | 7.31 | 5.18 | 4.31 | 3.83 | 3.51 | 3.29 | 3.12 | 2.99 | 2.89 | 2.80 |
| 60 | 7.08 | 4.98 | 4.13 | 3.65 | 3.34 | 3.12 | 2.95 | 2.82 | 2.72 | 2.63 |
| 120 | 6.85 | 4.79 | 3.95 | 3.48 | 3.17 | 2.96 | 2.79 | 2.66 | 2.56 | 2.47 |
| $\infty$ | 6.63 | 4.61 | 3.78 | 3.32 | 3.02 | 2.80 | 2.64 | 2.51 | 2.41 | 2.32 |

(续)

| $n_2$ | $n_1$ | | | | | | | | |
|---|---|---|---|---|---|---|---|---|---|
| | 12 | 15 | 20 | 24 | 30 | 40 | 60 | 120 | $\infty$ |
| 1 | 6 110 | 6 160 | 6 210 | 6 230 | 6 260 | 6 290 | 6 310 | 6 340 | 6 370 |
| 2 | 99.4 | 99.4 | 99.4 | 99.5 | 99.5 | 99.5 | 99.5 | 99.5 | 99.5 |
| 3 | 27.1 | 26.9 | 26.7 | 26.6 | 26.5 | 26.4 | 26.3 | 26.2 | 26.1 |
| 4 | 14.4 | 14.2 | 14.0 | 13.9 | 13.8 | 13.7 | 13.7 | 13.6 | 13.5 |
| 5 | 9.89 | 9.72 | 9.55 | 9.47 | 9.38 | 9.29 | 9.20 | 9.11 | 9.02 |
| 6 | 7.72 | 7.56 | 7.40 | 7.31 | 7.23 | 7.14 | 7.06 | 6.97 | 6.88 |
| 7 | 6.47 | 6.31 | 6.16 | 6.07 | 5.99 | 5.91 | 5.82 | 5.74 | 5.65 |
| 8 | 5.67 | 5.52 | 5.36 | 5.28 | 5.20 | 5.12 | 5.03 | 4.95 | 4.86 |
| 9 | 5.11 | 4.96 | 4.81 | 4.73 | 4.65 | 4.57 | 4.48 | 4.40 | 4.31 |
| 10 | 4.71 | 4.56 | 4.41 | 4.33 | 4.25 | 4.17 | 4.08 | 4.00 | 3.91 |
| 11 | 4.40 | 4.25 | 4.10 | 4.02 | 3.94 | 3.86 | 3.78 | 3.69 | 3.60 |
| 12 | 4.16 | 4.01 | 3.86 | 3.78 | 3.70 | 3.62 | 3.54 | 3.45 | 3.36 |
| 13 | 3.96 | 3.82 | 3.66 | 3.59 | 3.51 | 3.43 | 3.34 | 3.25 | 3.17 |
| 14 | 3.80 | 3.66 | 3.51 | 3.43 | 3.35 | 3.27 | 3.18 | 3.09 | 3.00 |
| 15 | 3.67 | 3.52 | 3.37 | 3.29 | 3.21 | 3.13 | 3.05 | 2.96 | 2.87 |
| 16 | 3.55 | 3.41 | 3.26 | 3.18 | 3.10 | 3.02 | 2.93 | 2.84 | 2.75 |
| 17 | 3.46 | 3.31 | 3.16 | 3.08 | 3.00 | 2.92 | 2.83 | 2.75 | 2.65 |
| 18 | 3.37 | 3.23 | 3.08 | 3.00 | 2.92 | 2.84 | 2.75 | 2.66 | 2.57 |
| 19 | 3.30 | 3.15 | 3.00 | 2.92 | 2.84 | 2.76 | 2.67 | 2.58 | 2.49 |
| 20 | 3.23 | 3.09 | 2.94 | 2.86 | 2.78 | 2.69 | 2.61 | 2.52 | 2.42 |
| 21 | 3.17 | 3.03 | 2.88 | 2.80 | 2.72 | 2.64 | 2.55 | 2.46 | 2.36 |
| 22 | 3.12 | 2.98 | 2.83 | 2.75 | 2.67 | 2.58 | 2.50 | 2.40 | 2.31 |
| 23 | 3.07 | 2.93 | 2.78 | 2.70 | 2.62 | 2.54 | 2.45 | 2.35 | 2.26 |
| 24 | 3.03 | 2.89 | 2.74 | 2.66 | 2.58 | 2.49 | 2.40 | 2.31 | 2.21 |
| 25 | 2.99 | 2.85 | 2.70 | 2.62 | 2.54 | 2.45 | 2.36 | 2.27 | 2.17 |
| 26 | 2.96 | 2.81 | 2.66 | 2.58 | 2.50 | 2.42 | 2.33 | 2.23 | 2.13 |
| 27 | 2.93 | 2.78 | 2.63 | 2.55 | 2.47 | 2.38 | 2.29 | 2.20 | 2.10 |
| 28 | 2.90 | 2.75 | 2.60 | 2.52 | 2.44 | 2.35 | 2.26 | 2.17 | 2.06 |
| 29 | 2.87 | 2.73 | 2.57 | 2.49 | 2.41 | 2.33 | 2.23 | 2.14 | 2.03 |
| 30 | 2.84 | 2.70 | 2.55 | 2.47 | 2.39 | 2.30 | 2.21 | 2.11 | 2.01 |
| 40 | 2.66 | 2.52 | 2.37 | 2.29 | 2.20 | 2.11 | 2.02 | 1.92 | 1.80 |
| 60 | 2.50 | 2.35 | 2.20 | 2.12 | 2.03 | 1.94 | 1.84 | 1.73 | 1.60 |
| 120 | 2.34 | 2.19 | 2.03 | 1.95 | 1.86 | 1.76 | 1.66 | 1.53 | 1.38 |
| $\infty$ | 2.18 | 2.04 | 1.88 | 1.79 | 1.70 | 1.59 | 1.47 | 1.32 | 1.00 |

$$P[F(n_1, n_2) > F_\alpha(n_1, n_2)] = \alpha \quad (\alpha = 0.005)$$

| $n_2$ | $n_1$ | | | | | | | | | |
|---|---|---|---|---|---|---|---|---|---|---|
| | 1 | 2 | 3 | 4 | 5 | 6 | 7 | 8 | 9 | 10 |
| 1 | 16 200 | 20 000 | 21 600 | 22 500 | 23 100 | 23 400 | 23 700 | 23 900 | 24 100 | 24 200 |
| 2 | 199 | 199 | 199 | 199 | 199 | 199 | 199 | 199 | 199 | 199 |
| 3 | 55.6 | 49.8 | 47.5 | 46.2 | 45.4 | 44.8 | 44.4 | 44.1 | 43.9 | 43.7 |
| 4 | 31.3 | 26.3 | 24.3 | 23.2 | 22.5 | 22.0 | 21.6 | 21.4 | 21.1 | 21.0 |
| 5 | 22.8 | 18.3 | 16.5 | 15.6 | 14.9 | 14.5 | 14.2 | 14.0 | 13.8 | 13.6 |
| 6 | 18.6 | 14.5 | 12.9 | 12.0 | 11.5 | 11.1 | 10.8 | 10.6 | 10.4 | 10.3 |
| 7 | 16.2 | 12.4 | 10.9 | 10.1 | 9.52 | 9.16 | 8.89 | 8.68 | 8.51 | 8.38 |
| 8 | 14.7 | 11.0 | 9.60 | 8.81 | 9.30 | 7.95 | 7.69 | 7.50 | 7.34 | 7.21 |
| 9 | 13.6 | 10.1 | 8.72 | 7.96 | 7.47 | 7.13 | 6.88 | 6.69 | 6.54 | 6.42 |
| 10 | 12.8 | 9.43 | 8.08 | 7.34 | 6.87 | 6.54 | 6.30 | 6.12 | 5.97 | 5.85 |
| 11 | 12.2 | 8.91 | 7.60 | 6.88 | 6.42 | 6.10 | 5.86 | 5.68 | 5.54 | 5.42 |
| 12 | 11.8 | 8.51 | 7.23 | 6.52 | 6.07 | 5.76 | 5.52 | 5.35 | 5.20 | 5.09 |
| 13 | 11.4 | 8.19 | 6.93 | 6.23 | 5.79 | 5.48 | 5.25 | 5.08 | 4.94 | 4.82 |
| 14 | 11.1 | 7.92 | 6.68 | 6.00 | 5.56 | 5.26 | 5.03 | 4.86 | 4.72 | 4.60 |
| 15 | 10.8 | 7.70 | 6.48 | 5.80 | 5.37 | 5.07 | 4.85 | 4.67 | 4.54 | 4.42 |
| 16 | 10.6 | 7.51 | 6.30 | 5.64 | 5.21 | 4.91 | 4.69 | 4.52 | 4.38 | 4.27 |
| 17 | 10.4 | 7.35 | 6.16 | 5.50 | 5.07 | 4.78 | 4.56 | 4.39 | 4.25 | 4.14 |
| 18 | 10.2 | 7.21 | 6.03 | 5.37 | 4.96 | 4.66 | 4.44 | 4.28 | 4.14 | 4.03 |
| 19 | 10.1 | 7.09 | 5.92 | 5.27 | 4.85 | 4.56 | 4.34 | 4.18 | 4.04 | 3.93 |
| 20 | 9.94 | 6.99 | 5.82 | 5.17 | 4.76 | 4.47 | 4.26 | 4.09 | 3.96 | 3.85 |
| 21 | 9.83 | 6.89 | 5.73 | 5.09 | 4.68 | 4.39 | 4.18 | 4.01 | 3.88 | 3.77 |
| 22 | 9.73 | 6.81 | 5.65 | 5.02 | 4.61 | 4.32 | 4.11 | 3.94 | 3.81 | 3.70 |
| 23 | 9.63 | 6.73 | 5.58 | 4.95 | 4.54 | 4.26 | 4.05 | 3.88 | 3.75 | 3.64 |
| 24 | 9.55 | 6.66 | 5.52 | 4.89 | 4.49 | 4.20 | 3.99 | 3.83 | 3.69 | 3.59 |
| 25 | 9.48 | 6.60 | 5.46 | 4.84 | 4.43 | 4.15 | 3.94 | 3.78 | 3.64 | 3.54 |
| 26 | 9.41 | 6.54 | 5.41 | 4.79 | 4.38 | 4.10 | 3.89 | 3.73 | 3.60 | 3.49 |
| 27 | 9.34 | 6.49 | 5.36 | 4.74 | 4.34 | 4.06 | 3.85 | 3.69 | 3.56 | 3.45 |
| 28 | 9.28 | 6.44 | 5.32 | 4.70 | 4.30 | 4.02 | 3.81 | 3.65 | 3.52 | 3.41 |
| 29 | 9.23 | 6.40 | 5.28 | 4.66 | 4.26 | 3.98 | 3.77 | 3.61 | 3.48 | 3.38 |
| 30 | 9.18 | 6.35 | 5.24 | 4.62 | 4.23 | 3.95 | 3.74 | 3.58 | 3.45 | 3.34 |
| 40 | 8.83 | 6.07 | 4.98 | 4.37 | 3.99 | 3.71 | 3.51 | 3.35 | 3.22 | 3.12 |
| 60 | 8.49 | 5.79 | 4.73 | 4.14 | 3.76 | 3.49 | 3.29 | 3.13 | 3.01 | 2.90 |
| 120 | 8.18 | 5.54 | 4.50 | 3.92 | 3.55 | 3.28 | 3.09 | 2.93 | 2.81 | 2.71 |
| $\infty$ | 7.88 | 5.30 | 4.28 | 3.72 | 3.35 | 3.09 | 2.90 | 2.74 | 2.62 | 2.52 |

(续)

| $n_2$ | $n_1$ | | | | | | | | |
|---|---|---|---|---|---|---|---|---|---|
| | 12 | 15 | 20 | 24 | 30 | 40 | 60 | 120 | ∞ |
| 1 | 24 400 | 24 600 | 24 800 | 24 900 | 25 000 | 25 100 | 25 300 | 25 400 | 25 500 |
| 2 | 199 | 199 | 199 | 199 | 199 | 199 | 199 | 199 | 200 |
| 3 | 43.4 | 43.1 | 42.8 | 42.6 | 42.5 | 42.3 | 42.1 | 42.0 | 41.8 |
| 4 | 20.7 | 20.4 | 20.2 | 20.0 | 19.9 | 19.8 | 19.6 | 19.5 | 19.3 |
| 5 | 13.4 | 13.1 | 12.9 | 12.8 | 12.7 | 12.5 | 12.4 | 12.3 | 12.1 |
| 6 | 10.0 | 9.81 | 9.59 | 9.47 | 9.36 | 9.24 | 9.12 | 9.00 | 8.88 |
| 7 | 8.18 | 7.97 | 7.75 | 7.65 | 7.53 | 7.42 | 7.31 | 7.19 | 7.08 |
| 8 | 7.01 | 6.81 | 6.61 | 6.50 | 6.40 | 6.29 | 6.18 | 6.06 | 5.95 |
| 9 | 6.23 | 6.03 | 5.83 | 5.73 | 5.62 | 5.52 | 5.41 | 5.30 | 5.19 |
| 10 | 5.66 | 5.47 | 5.27 | 5.17 | 5.07 | 4.97 | 4.86 | 4.75 | 4.64 |
| 11 | 5.24 | 5.05 | 4.86 | 4.76 | 4.65 | 4.55 | 4.44 | 4.34 | 4.23 |
| 12 | 4.91 | 4.72 | 4.53 | 4.43 | 4.33 | 4.23 | 4.12 | 4.01 | 3.90 |
| 13 | 4.64 | 4.46 | 4.27 | 4.17 | 4.07 | 3.97 | 3.87 | 3.76 | 3.65 |
| 14 | 4.43 | 4.25 | 4.06 | 3.96 | 3.86 | 3.76 | 3.66 | 3.55 | 3.44 |
| 15 | 4.25 | 4.07 | 3.88 | 3.79 | 3.69 | 3.58 | 3.48 | 3.37 | 3.26 |
| 16 | 4.10 | 3.92 | 3.73 | 3.64 | 3.54 | 3.44 | 3.33 | 3.22 | 3.11 |
| 17 | 3.97 | 3.79 | 3.61 | 3.51 | 3.41 | 3.31 | 3.21 | 3.10 | 2.98 |
| 18 | 3.86 | 3.68 | 3.50 | 3.40 | 3.30 | 3.20 | 3.10 | 2.99 | 2.87 |
| 19 | 3.76 | 3.59 | 3.40 | 3.31 | 3.21 | 3.11 | 3.00 | 2.89 | 2.78 |
| 20 | 3.68 | 3.50 | 3.32 | 3.22 | 3.12 | 3.02 | 2.92 | 2.81 | 2.69 |
| 21 | 3.60 | 3.43 | 3.24 | 3.15 | 3.05 | 2.95 | 2.84 | 2.73 | 2.61 |
| 22 | 3.54 | 3.36 | 3.18 | 3.08 | 2.98 | 2.88 | 2.77 | 2.66 | 2.55 |
| 23 | 3.47 | 3.30 | 3.12 | 3.02 | 2.92 | 2.82 | 2.71 | 2.60 | 2.48 |
| 24 | 3.42 | 3.25 | 3.06 | 2.97 | 2.87 | 2.77 | 2.66 | 2.55 | 2.43 |
| 25 | 3.37 | 3.20 | 3.01 | 2.92 | 2.82 | 2.72 | 2.61 | 2.50 | 2.38 |
| 26 | 3.33 | 3.15 | 2.97 | 2.87 | 2.77 | 2.67 | 2.56 | 2.45 | 2.33 |
| 27 | 3.28 | 3.11 | 2.93 | 2.83 | 2.73 | 2.63 | 2.52 | 2.41 | 2.29 |
| 28 | 3.25 | 3.07 | 2.89 | 2.79 | 2.69 | 2.59 | 2.48 | 2.37 | 2.25 |
| 29 | 3.21 | 3.04 | 2.86 | 2.76 | 2.66 | 2.56 | 2.45 | 2.33 | 2.21 |
| 30 | 3.18 | 3.01 | 2.82 | 2.73 | 2.63 | 2.52 | 2.42 | 2.30 | 2.18 |
| 40 | 2.95 | 2.78 | 2.60 | 2.50 | 2.40 | 2.30 | 2.18 | 2.06 | 1.93 |
| 60 | 2.74 | 2.57 | 2.39 | 2.29 | 2.19 | 2.08 | 1.96 | 1.83 | 1.69 |
| 120 | 2.54 | 2.37 | 2.19 | 2.09 | 1.98 | 1.87 | 1.75 | 1.61 | 1.43 |
| ∞ | 2.36 | 2.19 | 2.00 | 1.90 | 1.79 | 1.67 | 1.53 | 1.36 | 1.00 |

## 附表6 正态性检验统计量 $W$ 的系数 $a_i(n)$ 的数值表

| $i$ | $n$ | | | | | | | | |
|---|---|---|---|---|---|---|---|---|---|
| | 8 | 9 | 10 | 11 | 12 | 13 | 14 | 15 | 16 |
| 1 | 0.605 2 | 0.588 8 | 0.573 9 | 0.560 1 | 0.547 5 | 0.535 9 | 0.525 1 | 0.515 0 | 0.505 6 |
| 2 | 0.316 4 | 0.324 4 | 0.329 1 | 0.331 5 | 0.332 5 | 0.332 5 | 0.331 8 | 0.330 6 | 0.329 0 |
| 3 | 0.174 3 | 0.197 6 | 0.214 1 | 0.226 0 | 0.234 7 | 0.241 2 | 0.246 0 | 0.249 5 | 0.252 1 |
| 4 | 0.056 1 | 0.094 7 | 0.122 4 | 0.142 9 | 0.158 6 | 0.170 7 | 0.180 2 | 0.187 8 | 0.193 9 |
| 5 | | | 0.039 9 | 0.069 5 | 0.092 2 | 0.109 9 | 0.124 0 | 0.135 3 | 0.144 7 |
| 6 | | | | | 0.030 3 | 0.053 9 | 0.072 7 | 0.088 0 | 0.100 5 |
| 7 | | | | | | | 0.024 0 | 0.043 3 | 0.059 3 |
| 8 | | | | | | | | | 0.019 6 |

| $i$ | $n$ | | | | | | | | |
|---|---|---|---|---|---|---|---|---|---|
| | 17 | 18 | 19 | 20 | 21 | 22 | 23 | 24 | 25 |
| 1 | 0.496 8 | 0.488 6 | 0.480 8 | 0.473 4 | 0.464 3 | 0.459 0 | 0.454 2 | 0.449 3 | 0.445 0 |
| 2 | 0.327 3 | 0.325 3 | 0.323 2 | 0.321 1 | 0.318 5 | 0.315 6 | 0.312 6 | 0.309 8 | 0.306 9 |
| 3 | 0.254 0 | 0.255 3 | 0.256 1 | 0.256 5 | 0.257 8 | 0.257 1 | 0.256 3 | 0.255 4 | 0.254 3 |
| 4 | 0.198 8 | 0.202 7 | 0.205 9 | 0.208 5 | 0.211 9 | 0.213 1 | 0.213 9 | 0.214 5 | 0.214 8 |
| 5 | 0.152 4 | 0.158 7 | 0.164 1 | 0.168 6 | 0.173 6 | 0.176 4 | 0.178 7 | 0.180 7 | 0.182 2 |
| 6 | 0.110 9 | 0.119 7 | 0.127 1 | 0.133 4 | 0.139 9 | 0.144 3 | 0.148 0 | 0.151 2 | 0.153 9 |
| 7 | 0.072 5 | 0.083 7 | 0.093 2 | 0.101 3 | 0.109 2 | 0.115 0 | 0.120 1 | 0.124 5 | 0.128 3 |
| 8 | 0.035 9 | 0.049 6 | 0.061 2 | 0.071 1 | 0.080 4 | 0.087 8 | 0.094 1 | 0.099 7 | 0.104 6 |
| 9 | | 0.016 3 | 0.030 3 | 0.042 2 | 0.053 0 | 0.061 8 | 0.069 6 | 0.076 4 | 0.082 3 |
| 10 | | | | 0.014 0 | 0.026 3 | 0.036 8 | 0.045 9 | 0.053 9 | 0.061 0 |
| 11 | | | | | | 0.012 2 | 0.022 8 | 0.032 1 | 0.040 3 |
| 12 | | | | | | | | 0.010 7 | 0.020 0 |

| $i$ | $n$ | | | | | | | | |
|---|---|---|---|---|---|---|---|---|---|
| | 26 | 27 | 28 | 29 | 30 | 31 | 32 | 33 | 34 |
| 1 | 0.440 7 | 0.436 6 | 0.432 8 | 0.429 1 | 0.425 4 | 0.422 0 | 0.418 8 | 0.415 6 | 0.412 7 |
| 2 | 0.304 3 | 0.301 8 | 0.299 2 | 0.296 8 | 0.294 4 | 0.292 1 | 0.289 8 | 0.287 6 | 0.285 4 |
| 3 | 0.253 3 | 0.252 2 | 0.251 0 | 0.249 9 | 0.248 7 | 0.247 5 | 0.246 3 | 0.245 1 | 0.243 9 |
| 4 | 0.215 1 | 0.215 2 | 0.215 1 | 0.215 0 | 0.214 8 | 0.214 5 | o.2 141 | 0.213 7 | 0.213 2 |
| 5 | 0.183 6 | 0.184 8 | 0.185 7 | 0.186 4 | 0.187 0 | 0.187 4 | 0.187 8 | 0.188 0 | 0.188 2 |
| 6 | 0.156 3 | 0.158 4 | 0.160 1 | 0.161 6 | 0.163 0 | 0.164 1 | 0.165 1 | 0.166 0 | 0.166 7 |
| 7 | 0.131 6 | 0.134 6 | 0.137 2 | 0.139 5 | 0.141 5 | 0.143 3 | 0.144 9 | 0.146 3 | 0.147 5 |
| 8 | 0.108 9 | 0.112 8 | 0.116 2 | 0.119 2 | 0.121 9 | 0.124 3 | 0.126 5 | 0.128 4 | 0.130 1 |

（续）

| $i$ | $n$ | | | | | | | | |
|---|---|---|---|---|---|---|---|---|---|
| | 26 | 27 | 28 | 29 | 30 | 31 | 32 | 33 | 34 |
| 9 | 0.087 6 | 0.092 3 | 0.096 5 | 0.100 2 | 0.103 6 | 0.106 6 | 0.109 3 | 0.111 8 | 0.114 0 |
| 10 | 0.067 2 | 0.072 8 | 0.077 8 | 0.082 2 | 0.086 2 | 0.089 9 | 0.093 1 | 0.096 1 | 0.098 8 |
| 11 | 0.047 6 | 0.054 0 | 0.059 8 | 0.065 0 | 0.066 8 | 0.073 9 | 0.077 7 | 0.081 2 | 0.084 4 |
| 12 | 0.028 4 | 0.035 8 | 0.042 4 | 0.048 3 | 0.053 7 | 0.058 5 | 0.062 9 | 0.066 9 | 0.070 6 |
| 13 | 0.009 4 | 0.017 8 | 0.025 3 | 0.032 0 | 0.038 1 | 0.043 5 | 0.048 5 | 0.053 0 | 0.057 2 |
| 14 | | | 0.008 4 | 0.015 9 | 0.022 7 | 0.028 9 | 0.034 4 | 0.039 5 | 0.044 1 |
| 15 | | | | | 0.007 6 | 0.014 4 | 0.020 6 | 0.026 2 | 0.031 4 |
| 16 | | | | | | | 0.006 8 | 0.013 1 | 0.018 7 |
| 17 | | | | | | | | | 0.006 2 |

| $i$ | $n$ | | | | | | | | |
|---|---|---|---|---|---|---|---|---|---|
| | 35 | 36 | 37 | 38 | 39 | 40 | 41 | 42 | 43 |
| 1 | 0.409 6 | 0.406 8 | 0.404 0 | 0.401 5 | 0.398 9 | 0.396 4 | 0.394 0 | 0.391 7 | 0.389 4 |
| 2 | 0.283 4 | 0.281 3 | 0.279 4 | 0.277 4 | 0.275 5 | 0.273 7 | 0.271 9 | 0.270 1 | 0.268 4 |
| 3 | 0.242 7 | 0.241 5 | 0.240 3 | 0.239 1 | 0.238 0 | 0.236 8 | 0.235 7 | 0.234 5 | 0.233 4 |
| 4 | 0.212 7 | 0.212 1 | 0.211 6 | 0.211 0 | 0.210 4 | 0.209 8 | 0.209 1 | 0.208 5 | 0.207 8 |
| 5 | 0.188 3 | 0.188 3 | 0.188 3 | 0.188 1 | 0.188 0 | 0.187 8 | 0.187 6 | 0.187 4 | 0.187 1 |
| 6 | 0.167 3 | 0.167 8 | 0.168 3 | 0.168 6 | 0.168 9 | 0.169 1 | 0.169 3 | 0.169 4 | 0.169 5 |
| 7 | 0.148 7 | 0.149 6 | 0.150 5 | 0.151 3 | 0.152 0 | 0.152 6 | 0.153 1 | 0.153 5 | 0.153 9 |
| 8 | 0.131 7 | 0.133 1 | 0.134 4 | 0.135 6 | 0.136 6 | 0.137 6 | 0.138 4 | 0.139 2 | 0.139 8 |
| 9 | 0.116 0 | 0.117 9 | 0.119 6 | 0.121 1 | 0.122 5 | 0.123 7 | 0.124 9 | 0.125 9 | 0.126 9 |
| 10 | 0.101 3 | 0.103 6 | 0.105 6 | 0.107 5 | 0.109 2 | 0.110 8 | 0.112 3 | 0.113 6 | 0.114 9 |
| 11 | 0.087 3 | 0.090 0 | 0.092 4 | 0.094 7 | 0.096 7 | 0.098 6 | 0.100 4 | 0.102 0 | 0.103 5 |
| 12 | 0.073 9 | 0.077 0 | 0.092 4 | 0.082 4 | 0.084 8 | 0.087 0 | 0.089 1 | 0.090 9 | 0.092 7 |
| 13 | 0.061 0 | 0.064 5 | 0.079 8 | 0.070 6 | 0.073 3 | 0.075 9 | 0.078 2 | 0.080 4 | 0.082 4 |
| 14 | 0.048 4 | 0.052 3 | 0.067 7 | 0.059 2 | 0.062 2 | 0.065 1 | 0.067 7 | 0.070 1 | 0.072 4 |
| 15 | 0.036 1 | 0.040 4 | 0.055 9 | 0.048 1 | 0.051 5 | 0.054 6 | 0.057 5 | 0.060 2 | 0.062 8 |
| 16 | 0.023 9 | 0.028 7 | 0.044 4 | 0.037 2 | 0.040 9 | 0.044 4 | 0.047 6 | 0.050 6 | 0.053 4 |
| 17 | 0.011 9 | 0.017 2 | 0.033 1 | 0.026 4 | 0.030 5 | 0.034 3 | 0.037 9 | 0.041 1 | 0.044 2 |
| 18 | | 0.005 7 | 0.022 0 | 0.015 8 | 0.020 3 | 0.024 4 | 0.028 3 | 0.031 8 | 0.035 2 |
| 19 | | | 0.011 0 | 0.005 3 | 0.010 1 | 0.014 6 | 0.018 8 | 0.022 7 | 0.026 3 |

（续）

| $i$ | $n$ | | | | | | | |
|---|---|---|---|---|---|---|---|---|
| | 35 | 36 | 37 | 38 | 39 | 40 | 41 | 42 | 43 |
| 20 | | | | | | 0.004 9 | 0.009 4 | 0.013 6 | 0.017 5 |
| 21 | | | | | | | | 0.004 5 | 0.008 7 |

| $i$ | $n$ | | | | | | |
|---|---|---|---|---|---|---|---|
| | 44 | 45 | 46 | 47 | 48 | 49 | 50 |
| 1 | 0.387 2 | 0.385 0 | 0.383 0 | 0.380 3 | 0.378 9 | 0.377 0 | 0.375 1 |
| 2 | 0.266 7 | 0.265 1 | 0.263 5 | 0.262 0 | 0.260 4 | 0.258 9 | 0.257 4 |
| 3 | 0.232 3 | 0.231 3 | 0.230 2 | 0.229 1 | 0.228 1 | 0.227 1 | 0.226 0 |
| 4 | 0.207 2 | 0.206 5 | 0.205 8 | 0.205 2 | 0.204 5 | 0.203 8 | 0.203 2 |
| 5 | 0.186 8 | 0.186 5 | 0.186 2 | 0.185 9 | 0.185 5 | 0.185 1 | 0.184 7 |
| 6 | 0.169 5 | 0.169 5 | 0.169 5 | 0.169 5 | 0.169 3 | 0.169 2 | 0.169 1 |
| 7 | 0.154 2 | 0.154 5 | 0.154 8 | 0.155 0 | 0.155 1 | 0.155 3 | 0.155 4 |
| 8 | 0.140 5 | 0.141 0 | 0.141 5 | 0.142 0 | 0.142 3 | 0.142 7 | 0.143 0 |
| 9 | 0.127 8 | 0.128 6 | 0.129 3 | 0.130 0 | 0.130 6 | 0.131 2 | 0.131 7 |
| 10 | 0.116 0 | 0.117 0 | 0.118 0 | 0.118 9 | 0.119 7 | 0.120 5 | 0.121 2 |
| 11 | 0.104 9 | 0.106 2 | 0.107 3 | 0.108 5 | 0.109 5 | 0.110 5 | 0.111 3 |
| 12 | 0.094 3 | 0.095 9 | 0.097 2 | 0.098 6 | 0.099 8 | 0.101 0 | 0.102 0 |
| 13 | 0.084 2 | 0.086 0 | 0.087 6 | 0.089 2 | 0.090 6 | 0.091 9 | 0.093 2 |
| 14 | 0.074 5 | 0.076 5 | 0.078 3 | 0.080 1 | 0.081 7 | 0.083 2 | 0.084 6 |
| 15 | 0.065 1 | 0.067 3 | 0.069 4 | 0.071 3 | 0.073 1 | 0.074 8 | 0.076 4 |
| 16 | 0.056 0 | 0.058 4 | 0.060 7 | 0.062 8 | 0.064 8 | 0.066 7 | 0.068 5 |
| 17 | 0.047 1 | 0.049 7 | 0.052 2 | 0.054 6 | 0.056 8 | 0.058 8 | 0.060 8 |
| 18 | 0.038 3 | 0.041 2 | 0.043 9 | 0.046 5 | 0.048 9 | 0.051 1 | 0.053 2 |
| 19 | 0.029 6 | 0.032 8 | 0.035 7 | 0.038 5 | 0.041 1 | 0.043 6 | 0.045 9 |
| 20 | 0.021 1 | 0.024 5 | 0.027 7 | 0.030 7 | 0.033 5 | 0.036 1 | 0.038 6 |
| 21 | 0.012 6 | 0.016 3 | 0.019 7 | 0.022 9 | 0.025 9 | 0.028 8 | 0.031 4 |
| 22 | 0.004 2 | 0.008 1 | 0.011 8 | 0.015 3 | 0.018 5 | 0.021 5 | 0.024 4 |
| 23 | | | 0.003 9 | 0.007 6 | 0.011 1 | 0.014 3 | 0.017 4 |
| 24 | | | | | 0.003 7 | 0.007 1 | 0.010 4 |
| 25 | | | | | | | 0.003 5 |

附表7　正态性检验统计量 $W$ 的分位数 $W_\alpha$ 表

| $n$ | $\alpha$ | | | $n$ | $\alpha$ | | |
|---|---|---|---|---|---|---|---|
| | 0.99 | 0.95 | 0.90 | | 0.99 | 0.95 | 0.90 |
| 8 | 0.749 | 0.818 | 0.851 | 30 | 0.900 | 0.927 | 0.939 |
| 9 | 0.764 | 0.829 | 0.859 | 31 | 0.902 | 0.929 | 0.940 |
| 10 | 0.781 | 0.842 | 0.869 | 32 | 0.904 | 0.930 | 0.941 |
| 11 | 0.792 | 0.850 | 0.876 | 33 | 0.906 | 0.931 | 0.942 |
| 12 | 0.805 | 0.859 | 0.883 | 34 | 0.908 | 0.933 | 0.943 |
| 13 | 0.814 | 0.866 | 0.889 | 35 | 0.910 | 0.934 | 0.944 |
| 14 | 0.825 | 0.874 | 0.895 | 36 | 0.912 | 0.935 | 0.945 |
| 15 | 0.835 | 0.881 | 0.901 | 37 | 0.914 | 0.936 | 0.946 |
| 16 | 0.844 | 0.887 | 0.906 | 38 | 0.916 | 0.938 | 0.947 |
| 17 | 0.851 | 0.892 | 0.910 | 39 | 0.917 | 0.939 | 0.948 |
| 18 | 0.858 | 0.897 | 0.914 | 40 | 0.919 | 0.940 | 0.949 |
| 19 | 0.863 | 0.901 | 0.917 | 41 | 0.920 | 0.941 | 0.950 |
| 20 | 0.868 | 0.905 | 0.920 | 42 | 0.922 | 0.942 | 0.951 |
| 21 | 0.873 | 0.908 | 0.923 | 43 | 0.923 | 0.943 | 0.951 |
| 22 | 0.878 | 0.911 | 0.926 | 44 | 0.924 | 0.944 | 0.952 |
| 23 | 0.881 | 0.914 | 0.928 | 45 | 0.926 | 0.945 | 0.953 |
| 24 | 0.884 | 0.916 | 0.930 | 46 | 0.927 | 0.945 | 0.953 |
| 25 | 0.888 | 0.918 | 0.931 | 47 | 0.928 | 0.946 | 0.954 |
| 26 | 0.891 | 0.920 | 0.933 | 48 | 0.929 | 0.947 | 0.954 |
| 27 | 0.894 | 0.923 | 0.935 | 49 | 0.929 | 0.947 | 0.955 |
| 28 | 0.896 | 0.924 | 0.936 | 50 | 0.930 | 0.947 | 0.955 |
| 29 | 0.898 | 0.926 | 0.937 | | | | |

附表8　正态性检验统计量 $T_{EP}$ 的分位数 $EP_\alpha$ 数值表

| $n$ | $\alpha$ | | | | | | | | |
|---|---|---|---|---|---|---|---|---|---|
| | 8 | 9 | 10 | 15 | 20 | 30 | 50 | 100 | 200 |
| 0.1 | 0.271 | 0.275 | 0.279 | 0.284 | 0.287 | 0.288 | 0.290 | 0.291 | 0.292 |
| 0.05 | 0.347 | 0.350 | 0.357 | 0.366 | 0.368 | 0.371 | 0.374 | 0.376 | 0.379 |
| 0.025 | 0.426 | 0.428 | 0.437 | 0.447 | 0.450 | 0.459 | 0.461 | 0.464 | 0.467 |
| 0.01 | 0.526 | 0.537 | 0.545 | 0.560 | 0.564 | 0.569 | 0.574 | 0.583 | 0.590 |

## 附表 9 游程检验临界值表

$$P(R \leqslant c_1) \leqslant \alpha, \quad P(R \geqslant c_2) \leqslant \alpha$$

| $n_2$ | $c_1, \alpha=0.025$ $n_1$ |   |   |   |   |   |   |   |   | $n_2$ | $c_2, \alpha=0.025$ $n_1$ |   |   |   |   |   |   |
|---|---|---|---|---|---|---|---|---|---|---|---|---|---|---|---|---|---|
|  | 2 | 3 | 4 | 5 | 6 | 7 | 8 | 9 | 10 |  | 4 | 5 | 6 | 7 | 8 | 9 | 10 |
| 5 |   |   | 2 | 2 |   |   |   |   |   | 5 | 9 | 10 |   |   |   |   |   |
| 6 |   | 2 | 2 | 3 | 3 |   |   |   |   | 6 | 9 | 10 | 11 |   |   |   |   |
| 7 |   | 2 | 3 | 3 | 3 | 3 |   |   |   | 7 |   | 11 | 12 | 13 |   |   |   |
| 8 |   | 2 | 3 | 3 | 3 | 4 | 4 |   |   | 8 |   | 11 | 12 | 13 | 14 |   |   |
| 9 |   | 2 | 3 | 3 | 4 | 4 | 5 | 5 |   | 9 |   |   | 13 | 14 | 14 | 15 |   |
| 10 |   | 2 | 3 | 3 | 4 | 5 | 5 | 5 | 6 | 10 |   |   | 13 | 14 | 15 | 16 | 16 |
| 11 |   | 2 | 3 | 4 | 4 | 5 | 5 | 6 | 6 | 11 |   |   | 13 | 14 | 15 | 16 | 17 |
| 12 | 2 | 2 | 3 | 4 | 4 | 5 | 6 | 6 | 7 | 12 |   |   | 13 | 14 | 16 | 16 | 17 |
| 13 | 2 | 2 | 3 | 4 | 5 | 5 | 6 | 6 | 7 | 13 |   |   |   | 15 | 16 | 17 | 18 |
| 14 | 2 | 2 | 3 | 4 | 5 | 5 | 6 | 7 | 7 | 14 |   |   |   | 15 | 16 | 17 | 18 |
| 15 | 2 | 3 | 3 | 4 | 5 | 6 | 6 | 7 | 7 | 15 |   |   |   | 15 | 16 | 18 | 18 |
| 16 | 2 | 3 | 4 | 4 | 5 | 6 | 6 | 7 | 8 | 16 |   |   |   |   | 17 | 18 | 19 |
| 17 | 2 | 3 | 4 | 4 | 5 | 6 | 7 | 7 | 8 | 17 |   |   |   |   | 17 | 18 | 19 |
| 18 | 2 | 3 | 4 | 5 | 5 | 6 | 7 | 8 | 8 | 18 |   |   |   |   | 17 | 18 | 19 |
| 19 | 2 | 3 | 4 | 5 | 6 | 6 | 7 | 8 | 8 | 19 |   |   |   |   | 17 | 18 | 20 |
| 20 | 2 | 3 | 4 | 5 | 6 | 6 | 7 | 8 | 9 | 20 |   |   |   |   | 17 | 18 | 20 |

| $n_2$ | $c_1, \alpha=0.05$ $n_1$ |   |   |   |   |   |   |   |   | $n_2$ | $c_2, \alpha=0.05$ $n_1$ |   |   |   |   |   |   |   |
|---|---|---|---|---|---|---|---|---|---|---|---|---|---|---|---|---|---|---|
|  | 2 | 3 | 4 | 5 | 6 | 7 | 8 | 9 | 10 |  | 3 | 4 | 5 | 6 | 7 | 8 | 9 | 10 |
| 4 |   |   | 2 |   |   |   |   |   |   | 4 | 7 | 8 |   |   |   |   |   |   |
| 5 |   | 2 | 2 | 3 |   |   |   |   |   | 5 |   | 9 | 9 |   |   |   |   |   |
| 6 |   | 2 | 3 | 3 | 3 |   |   |   |   | 6 |   | 9 | 10 | 11 |   |   |   |   |
| 7 |   | 2 | 3 | 3 | 4 | 4 |   |   |   | 7 |   | 9 | 10 | 11 | 12 |   |   |   |
| 8 | 2 | 2 | 3 | 3 | 4 | 4 | 5 |   |   | 8 |   |   | 11 | 12 | 13 | 13 |   |   |
| 9 | 2 | 2 | 3 | 4 | 4 | 5 | 5 | 6 |   | 9 |   |   | 11 | 12 | 13 | 14 | 14 |   |
| 10 | 2 | 3 | 3 | 4 | 5 | 5 | 6 | 6 | 6 | 10 |   |   | 11 | 12 | 13 | 14 | 15 | 16 |
| 11 | 2 | 3 | 3 | 4 | 5 | 5 | 6 | 6 | 7 | 11 |   |   |   | 13 | 14 | 15 | 15 | 16 |
| 12 | 2 | 3 | 4 | 4 | 5 | 6 | 6 | 7 | 7 | 12 |   |   |   | 13 | 14 | 15 | 16 | 17 |
| 13 | 2 | 3 | 4 | 4 | 5 | 6 | 6 | 7 | 8 | 13 |   |   |   | 13 | 14 | 15 | 16 | 17 |
| 14 | 2 | 3 | 4 | 5 | 5 | 6 | 7 | 7 | 8 | 14 |   |   |   | 13 | 14 | 16 | 17 | 17 |
| 15 | 2 | 3 | 4 | 5 | 6 | 6 | 7 | 8 | 8 | 15 |   |   |   |   | 15 | 16 | 17 | 18 |
| 16 | 2 | 3 | 4 | 5 | 6 | 6 | 7 | 8 | 8 | 16 |   |   |   |   | 15 | 16 | 17 | 18 |

(续)

| $n_2$ | $c_1, \alpha=0.05$ | | | | | | | | | $n_2$ | $c_2, \alpha=0.05$ | | | | | | | |
|---|---|---|---|---|---|---|---|---|---|---|---|---|---|---|---|---|---|---|
| | $n_1$ | | | | | | | | | | $n_1$ | | | | | | | |
| | 2 | 3 | 4 | 5 | 6 | 7 | 8 | 9 | 10 | | 3 | 4 | 5 | 6 | 7 | 8 | 9 | 10 |
| 17 | 2 | 3 | 4 | 5 | 6 | 7 | 7 | 8 | 9 | 17 | | | | | 15 | 16 | 17 | 18 |
| 18 | 2 | 3 | 4 | 5 | 6 | 7 | 8 | 8 | 9 | 18 | | | | | 15 | 16 | 18 | 19 |
| 19 | 2 | 3 | 4 | 5 | 6 | 7 | 8 | 8 | 9 | 19 | | | | | 15 | 16 | 18 | 19 |
| 20 | 2 | 3 | 4 | 5 | 6 | 7 | 8 | 9 | 9 | 20 | | | | | 15 | 17 | 18 | 19 |

### 附表 10  秩和检验临界值表

$$P(R \leqslant c) \leqslant \alpha$$

| $n_2$ | $n_1$ | $\alpha$ | | | | $n_2$ | $n_1$ | $\alpha$ | | | |
|---|---|---|---|---|---|---|---|---|---|---|---|
| | | 0.05 | 0.025 | 0.01 | 0.005 | | | 0.05 | 0.025 | 0.01 | 0.005 |
| 3 | 3 | 6 | — | — | — | 8 | 7 | 41 | 38 | 35 | 34 |
| 4 | 3 | 6 | — | — | — | | 8 | 51 | 49 | 45 | 43 |
| | 4 | 11 | 10 | — | — | 9 | 2 | 4 | 3 | — | — |
| 5 | 2 | 3 | — | — | — | | 3 | 10 | 8 | 7 | 6 |
| | 3 | 7 | 6 | — | — | | 4 | 16 | 14 | 13 | 11 |
| | 4 | 12 | 11 | 10 | — | | 5 | 24 | 22 | 20 | 18 |
| | 5 | 19 | 17 | 16 | 15 | | 6 | 33 | 31 | 28 | 26 |
| 6 | 2 | 3 | — | — | — | | 7 | 43 | 40 | 37 | 35 |
| | 3 | 8 | 7 | — | — | | 8 | 54 | 51 | 47 | 45 |
| | 4 | 13 | 12 | 11 | 10 | | 9 | 66 | 62 | 59 | 56 |
| | 5 | 20 | 18 | 17 | 16 | 10 | 2 | 4 | 3 | — | — |
| | 6 | 28 | 26 | 24 | 23 | | 3 | 10 | 9 | 7 | 6 |
| 7 | 2 | 3 | — | — | — | | 4 | 17 | 15 | 13 | 12 |
| | 3 | 8 | 7 | 6 | — | | 5 | 26 | 23 | 21 | 19 |
| | 4 | 14 | 13 | 11 | 10 | | 6 | 35 | 32 | 29 | 27 |
| | 5 | 21 | 20 | 18 | 16 | | 7 | 45 | 42 | 39 | 37 |
| | 6 | 29 | 27 | 25 | 24 | | 8 | 56 | 53 | 49 | 47 |
| | 7 | 39 | 36 | 34 | 32 | | 9 | 69 | 65 | 61 | 58 |
| 8 | 2 | 4 | 3 | — | — | | 10 | 82 | 78 | 74 | 71 |
| | 3 | 9 | 8 | 6 | — | 11 | 2 | 4 | 3 | — | — |
| | 4 | 15 | 14 | 12 | 11 | | 3 | 11 | 9 | 7 | 6 |
| | 5 | 23 | 21 | 19 | 17 | | 4 | 18 | 16 | 14 | 12 |
| | 6 | 31 | 29 | 27 | 25 | | 5 | 27 | 24 | 22 | 20 |

（续）

| $n_2$ | $n_1$ | $\alpha$ | | | | $n_2$ | $n_1$ | $\alpha$ | | | |
|---|---|---|---|---|---|---|---|---|---|---|---|
| | | 0.05 | 0.025 | 0.01 | 0.005 | | | 0.05 | 0.025 | 0.01 | 0.005 |
| 11 | 6 | 37 | 34 | 30 | 28 | 14 | 6 | 42 | 38 | 34 | 32 |
| | 7 | 47 | 44 | 40 | 38 | | 7 | 54 | 50 | 45 | 43 |
| | 8 | 59 | 55 | 51 | 49 | | 8 | 67 | 62 | 58 | 54 |
| | 9 | 72 | 68 | 63 | 61 | | 9 | 81 | 76 | 71 | 67 |
| | 10 | 86 | 81 | 77 | 73 | | 10 | 96 | 91 | 85 | 81 |
| | 11 | 100 | 96 | 91 | 87 | | 11 | 112 | 106 | 100 | 96 |
| 12 | 2 | 5 | 4 | — | — | | 12 | 129 | 123 | 116 | 112 |
| | 3 | 11 | 10 | 8 | 7 | | 13 | 147 | 141 | 134 | 129 |
| | 4 | 19 | 17 | 15 | 13 | | 14 | 166 | 160 | 152 | 147 |
| | 5 | 28 | 26 | 23 | 21 | 15 | 2 | 6 | 4 | 3 | — |
| | 6 | 38 | 35 | 32 | 30 | | 3 | 13 | 11 | 9 | 8 |
| | 7 | 49 | 46 | 42 | 40 | | 4 | 22 | 20 | 17 | 15 |
| | 8 | 62 | 58 | 53 | 51 | | 5 | 33 | 29 | 26 | 23 |
| | 9 | 75 | 71 | 66 | 63 | | 6 | 44 | 40 | 36 | 33 |
| | 10 | 89 | 84 | 79 | 76 | | 7 | 56 | 52 | 47 | 44 |
| | 11 | 104 | 99 | 94 | 90 | | 8 | 69 | 65 | 60 | 56 |
| | 12 | 120 | 115 | 109 | 105 | | 9 | 84 | 79 | 73 | 69 |
| 13 | 2 | 5 | 4 | 3 | — | | 10 | 99 | 94 | 88 | 84 |
| | 3 | 12 | 10 | 8 | 7 | | 11 | 116 | 110 | 103 | 99 |
| | 4 | 20 | 18 | 15 | 13 | | 12 | 133 | 127 | 120 | 115 |
| | 5 | 30 | 27 | 24 | 22 | | 13 | 152 | 145 | 138 | 133 |
| | 6 | 40 | 37 | 33 | 31 | | 14 | 171 | 164 | 156 | 151 |
| | 7 | 52 | 48 | 44 | 41 | | 15 | 192 | 184 | 176 | 171 |
| | 8 | 64 | 60 | 56 | 53 | 16 | 2 | 6 | 4 | 3 | — |
| | 9 | 78 | 73 | 68 | 65 | | 3 | 14 | 12 | 9 | 8 |
| | 10 | 92 | 88 | 82 | 79 | | 4 | 24 | 21 | 17 | 15 |
| | 11 | 108 | 103 | 97 | 93 | | 5 | 34 | 30 | 27 | 24 |
| | 12 | 125 | 119 | 113 | 109 | | 6 | 46 | 42 | 37 | 34 |
| | 13 | 142 | 136 | 130 | 125 | | 7 | 58 | 54 | 49 | 46 |
| 14 | 2 | 6 | 4 | 3 | — | | 8 | 72 | 67 | 62 | 58 |
| | 3 | 13 | 11 | 8 | 7 | | 9 | 87 | 82 | 76 | 72 |
| | 4 | 21 | 19 | 16 | 14 | | 10 | 103 | 97 | 91 | 86 |
| | 5 | 31 | 28 | 25 | 22 | | 11 | 120 | 97 | 91 | 86 |

(续)

| $n_2$ | $n_1$ | $\alpha$ | | | | $n_2$ | $n_1$ | $\alpha$ | | | |
|---|---|---|---|---|---|---|---|---|---|---|---|
| | | 0.05 | 0.025 | 0.01 | 0.005 | | | 0.05 | 0.025 | 0.01 | 0.005 |
| 16 | 12 | 138 | 131 | 124 | 119 | 18 | 14 | 187 | 179 | 170 | 163 |
| | 13 | 156 | 150 | 142 | 136 | | 15 | 208 | 200 | 190 | 184 |
| | 14 | 176 | 169 | 161 | 155 | | 16 | 231 | 222 | 212 | 206 |
| | 15 | 197 | 190 | 181 | 175 | | 17 | 255 | 246 | 235 | 228 |
| | 16 | 219 | 211 | 202 | 196 | | 18 | 280 | 270 | 259 | 252 |
| 17 | 2 | 6 | 5 | 3 | — | 19 | 1 | 1 | — | — | — |
| | 3 | 15 | 12 | 10 | 8 | | 2 | 7 | 5 | 4 | 3 |
| | 4 | 25 | 21 | 18 | 16 | | 3 | 16 | 13 | 10 | 9 |
| | 5 | 35 | 32 | 28 | 25 | | 4 | 27 | 23 | 19 | 17 |
| | 6 | 47 | 43 | 39 | 36 | | 5 | 38 | 34 | 30 | 27 |
| | 7 | 61 | 56 | 51 | 47 | | 6 | 51 | 46 | 41 | 38 |
| | 8 | 75 | 70 | 64 | 60 | | 7 | 65 | 60 | 54 | 50 |
| | 9 | 90 | 84 | 78 | 74 | | 8 | 80 | 74 | 68 | 64 |
| | 10 | 106 | 100 | 93 | 89 | | 9 | 96 | 90 | 83 | 78 |
| | 11 | 123 | 117 | 110 | 105 | | 10 | 113 | 107 | 99 | 94 |
| | 12 | 142 | 135 | 127 | 122 | | 11 | 131 | 124 | 116 | 111 |
| | 13 | 161 | 154 | 146 | 140 | | 12 | 150 | 143 | 134 | 129 |
| | 14 | 182 | 174 | 165 | 159 | | 13 | 171 | 163 | 154 | 148 |
| | 15 | 203 | 195 | 186 | 180 | | 14 | 192 | 183 | 174 | 168 |
| | 16 | 225 | 217 | 207 | 201 | | 15 | 214 | 205 | 195 | 189 |
| | 17 | 249 | 240 | 230 | 223 | | 16 | 237 | 228 | 218 | 210 |
| 18 | 2 | 7 | 5 | 3 | — | | 17 | 262 | 252 | 241 | 234 |
| | 3 | 15 | 13 | 10 | 8 | | 18 | 287 | 277 | 265 | 258 |
| | 4 | 26 | 22 | 19 | 16 | | 19 | 313 | 303 | 291 | 283 |
| | 5 | 37 | 33 | 29 | 26 | 20 | 1 | 1 | — | — | — |
| | 6 | 49 | 45 | 40 | 37 | | 2 | 7 | 5 | 4 | 3 |
| | 7 | 63 | 58 | 52 | 49 | | 3 | 17 | 14 | 11 | 9 |
| | 8 | 77 | 72 | 66 | 62 | | 4 | 28 | 24 | 20 | 18 |
| | 9 | 93 | 87 | 81 | 76 | | 5 | 40 | 35 | 31 | 28 |
| | 10 | 110 | 103 | 96 | 92 | | 6 | 53 | 48 | 43 | 39 |
| | 11 | 127 | 121 | 113 | 108 | | 7 | 67 | 62 | 56 | 52 |
| | 12 | 146 | 139 | 131 | 125 | | 8 | 83 | 77 | 70 | 66 |
| | 13 | 166 | 158 | 150 | 144 | | 9 | 99 | 93 | 85 | 81 |

(续)

| $n_2$ | $n_1$ | $\alpha$ | | | | $n_2$ | $n_1$ | $\alpha$ | | | |
|---|---|---|---|---|---|---|---|---|---|---|---|
| | | 0.05 | 0.025 | 0.01 | 0.005 | | | 0.05 | 0.025 | 0.01 | 0.005 |
| 20 | 10 | 117 | 110 | 102 | 97 | 20 | 16 | 243 | 234 | 223 | 215 |
| | 11 | 135 | 128 | 119 | 114 | | 17 | 268 | 258 | 246 | 239 |
| | 12 | 155 | 147 | 138 | 132 | | 18 | 294 | 283 | 271 | 263 |
| | 13 | 175 | 167 | 158 | 151 | | 19 | 320 | 309 | 297 | 289 |
| | 14 | 197 | 188 | 178 | 172 | | 20 | 348 | 337 | 324 | 315 |
| | 15 | 220 | 210 | 200 | 193 | | | | | | |

### 附表 11　多重比较中的 $q_\alpha(k, f)$ 值

$\alpha = 0.05$

| $f$ | $k$ | | | | | | | | | |
|---|---|---|---|---|---|---|---|---|---|---|
| | 2 | 3 | 4 | 5 | 6 | 7 | 8 | 9 | 10 | 11 |
| 1 | 17.97 | 26.98 | 32.82 | 37.08 | 40.41 | 43.12 | 45.40 | 47.36 | 49.07 | 50.59 |
| 2 | 6.08 | 8.33 | 9.80 | 10.88 | 11.74 | 12.44 | 13.03 | 13.54 | 13.99 | 14.39 |
| 3 | 4.50 | 5.91 | 6.82 | 7.50 | 8.04 | 8.48 | 8.85 | 9.18 | 9.46 | 9.72 |
| 4 | 3.93 | 5.04 | 5.76 | 6.29 | 6.71 | 7.05 | 7.35 | 7.60 | 7.83 | 8.03 |
| 5 | 3.64 | 4.60 | 5.22 | 5.67 | 6.03 | 6.33 | 6.58 | 9.80 | 6.99 | 7.17 |
| 6 | 3.46 | 4.34 | 4.90 | 5.30 | 5.63 | 5.90 | 6.12 | 6.32 | 6.49 | 6.65 |
| 7 | 3.34 | 4.16 | 4.68 | 5.06 | 5.36 | 5.61 | 5.82 | 6.00 | 6.16 | 6.30 |
| 8 | 3.26 | 4.04 | 4.53 | 4.89 | 5.17 | 5.40 | 5.60 | 5.77 | 5.92 | 6.05 |
| 9 | 3.20 | 3.95 | 4.41 | 4.76 | 5.02 | 5.24 | 5.43 | 5.59 | 5.74 | 5.87 |
| 10 | 3.15 | 3.88 | 4.33 | 4.65 | 4.91 | 5.12 | 5.30 | 5.46 | 5.60 | 5.72 |
| 11 | 3.11 | 3.82 | 4.26 | 4.57 | 4.82 | 5.03 | 5.20 | 5.35 | 5.49 | 5.61 |
| 12 | 3.08 | 3.77 | 4.20 | 4.51 | 4.75 | 4.95 | 5.12 | 5.27 | 5.39 | 5.51 |
| 13 | 3.06 | 3.73 | 4.15 | 4.45 | 4.69 | 4.88 | 5.05 | 5.19 | 5.32 | 5.43 |
| 14 | 3.03 | 3.70 | 4.11 | 4.41 | 4.64 | 4.83 | 4.99 | 5.13 | 5.25 | 5.36 |
| 15 | 3.01 | 3.67 | 4.08 | 4.37 | 4.59 | 4.78 | 4.94 | 5.08 | 5.20 | 5.31 |
| 16 | 3.00 | 3.65 | 4.05 | 4.33 | 4.56 | 4.74 | 4.90 | 5.03 | 5.15 | 5.26 |
| 17 | 2.98 | 3.63 | 4.02 | 4.30 | 4.52 | 4.70 | 4.86 | 4.99 | 5.11 | 5.21 |
| 18 | 2.97 | 3.61 | 4.00 | 4.28 | 4.49 | 4.67 | 4.82 | 4.96 | 5.07 | 5.17 |
| 19 | 2.96 | 3.59 | 3.98 | 4.25 | 4.47 | 4.65 | 4.79 | 4.92 | 5.04 | 5.14 |
| 20 | 2.95 | 3.58 | 3.96 | 4.23 | 4.45 | 4.62 | 4.77 | 4.90 | 5.01 | 5.11 |
| 24 | 2.92 | 3.53 | 3.90 | 4.17 | 4.37 | 4.54 | 4.68 | 4.81 | 4.92 | 5.01 |
| 30 | 2.89 | 3.49 | 3.85 | 4.10 | 4.30 | 4.46 | 4.60 | 4.72 | 4.82 | 4.92 |

(续)

| $f$ | $k$ | | | | | | | | | |
|---|---|---|---|---|---|---|---|---|---|---|
| | 2 | 3 | 4 | 5 | 6 | 7 | 8 | 9 | 10 | 11 |
| 40 | 2.86 | 3.44 | 3.79 | 4.04 | 4.23 | 4.39 | 4.52 | 4.63 | 4.73 | 4.82 |
| 60 | 2.83 | 3.40 | 3.74 | 3.98 | 4.16 | 4.31 | 4.44 | 4.55 | 4.65 | 4.73 |
| 120 | 2.80 | 3.36 | 3.68 | 3.92 | 4.10 | 4.24 | 4.36 | 4.47 | 4.56 | 4.64 |
| ∞ | 2.77 | 3.31 | 3.63 | 3.86 | 4.03 | 4.17 | 4.29 | 4.39 | 4.47 | 4.55 |

| $f$ | $k$ | | | | | | | | |
|---|---|---|---|---|---|---|---|---|---|
| | 12 | 13 | 14 | 15 | 16 | 17 | 18 | 19 | 20 |
| 1 | 51.96 | 53.20 | 54.33 | 55.36 | 56.32 | 57.22 | 58.04 | 58.83 | 59.56 |
| 2 | 14.75 | 15.08 | 15.38 | 15.65 | 15.91 | 16.14 | 16.37 | 16.57 | 16.77 |
| 3 | 9.95 | 10.15 | 10.35 | 10.52 | 10.69 | 10.84 | 10.98 | 11.11 | 11.24 |
| 4 | 8.21 | 8.37 | 8.52 | 8.66 | 8.79 | 8.91 | 9.03 | 9.13 | 9.23 |
| 5 | 7.32 | 7.47 | 7.60 | 7.72 | 7.83 | 7.93 | 8.03 | 8.12 | 8.21 |
| 6 | 6.79 | 6.92 | 7.03 | 7.14 | 7.24 | 7.34 | 7.43 | 7.51 | 7.59 |
| 7 | 6.43 | 6.55 | 6.66 | 6.76 | 6.85 | 6.94 | 7.02 | 7.10 | 7.17 |
| 8 | 6.18 | 6.29 | 6.39 | 6.48 | 6.57 | 6.65 | 6.73 | 6.80 | 6.87 |
| 9 | 5.98 | 6.09 | 6.19 | 6.28 | 6.36 | 6.44 | 6.51 | 6.58 | 6.64 |
| 10 | 5.83 | 5.93 | 6.03 | 6.11 | 6.19 | 6.27 | 6.34 | 6.40 | 6.47 |
| 11 | 5.71 | 5.81 | 5.90 | 5.98 | 6.06 | 6.13 | 6.20 | 6.27 | 6.33 |
| 12 | 5.61 | 5.71 | 5.80 | 5.88 | 5.95 | 6.02 | 6.09 | 6.15 | 6.21 |
| 13 | 5.53 | 5.63 | 5.71 | 5.79 | 5.86 | 5.93 | 5.99 | 6.05 | 6.11 |
| 14 | 5.46 | 5.55 | 5.64 | 5.71 | 5.79 | 5.85 | 5.91 | 5.97 | 6.03 |
| 15 | 5.40 | 5.49 | 5.57 | 5.65 | 5.72 | 5.78 | 5.85 | 5.90 | 5.96 |
| 16 | 5.35 | 5.44 | 5.52 | 5.59 | 5.66 | 5.73 | 5.79 | 5.84 | 5.90 |
| 17 | 5.31 | 5.39 | 5.47 | 5.54 | 5.61 | 5.67 | 5.73 | 5.79 | 5.84 |
| 18 | 5.27 | 5.35 | 5.43 | 5.50 | 5.57 | 5.63 | 5.69 | 5.74 | 5.79 |
| 19 | 5.23 | 5.31 | 5.39 | 5.46 | 5.53 | 5.59 | 5.65 | 5.70 | 5.75 |
| 20 | 5.20 | 5.28 | 5.36 | 5.43 | 5.49 | 5.55 | 5.61 | 5.66 | 5.71 |
| 24 | 5.10 | 5.18 | 5.25 | 5.32 | 5.38 | 5.44 | 5.49 | 5.55 | 5.59 |
| 30 | 5.00 | 5.08 | 5.15 | 5.21 | 5.27 | 5.33 | 5.38 | 5.43 | 5.47 |
| 40 | 4.90 | 4.98 | 5.04 | 5.11 | 5.16 | 5.22 | 5.27 | 5.31 | 5.36 |
| 60 | 4.81 | 4.88 | 4.94 | 5.00 | 5.06 | 5.11 | 5.15 | 5.20 | 5.24 |
| 120 | 4.71 | 4.78 | 4.84 | 4.90 | 4.95 | 5.00 | 5.04 | 5.09 | 5.13 |
| ∞ | 4.62 | 4.68 | 4.74 | 4.80 | 4.85 | 4.89 | 4.93 | 4.97 | 5.01 |

$\alpha = 0.01$

| f | k | | | | | | | | | |
|---|---|---|---|---|---|---|---|---|---|---|
|  | 2 | 3 | 4 | 5 | 6 | 7 | 8 | 9 | 10 | 11 |
| 1 | 90.03 | 135.0 | 164.3 | 185.6 | 202.2 | 215.8 | 227.2 | 237.0 | 245.6 | 253.2 |
| 2 | 14.04 | 19.02 | 22.29 | 24.72 | 26.63 | 28.20 | 29.53 | 30.68 | 31.69 | 32.59 |
| 3 | 8.26 | 10.62 | 12.17 | 13.33 | 14.24 | 15.00 | 15.64 | 16.20 | 16.69 | 17.13 |
| 4 | 6.51 | 8.12 | 9.17 | 9.96 | 10.58 | 11.10 | 11.55 | 11.93 | 12.27 | 12.57 |
| 5 | 5.70 | 6.98 | 7.80 | 8.42 | 8.91 | 9.32 | 9.67 | 9.97 | 10.24 | 10.48 |
| 6 | 5.24 | 6.33 | 7.03 | 7.56 | 7.97 | 8.32 | 8.61 | 8.87 | 9.10 | 9.30 |
| 7 | 4.95 | 5.92 | 6.54 | 7.01 | 7.37 | 7.68 | 7.94 | 8.17 | 8.37 | 8.55 |
| 8 | 4.75 | 5.64 | 6.20 | 6.62 | 6.96 | 7.24 | 7.47 | 7.68 | 7.86 | 8.03 |
| 9 | 4.60 | 5.43 | 5.96 | 6.35 | 6.66 | 6.91 | 7.13 | 7.33 | 7.49 | 7.65 |
| 10 | 4.48 | 5.27 | 5.77 | 6.14 | 6.43 | 6.67 | 6.87 | 7.05 | 7.21 | 7.36 |
| 11 | 4.39 | 5.15 | 5.62 | 5.97 | 6.25 | 6.48 | 6.67 | 6.84 | 6.99 | 7.13 |
| 12 | 4.32 | 5.05 | 5.50 | 5.84 | 6.10 | 6.32 | 6.51 | 6.67 | 6.81 | 6.94 |
| 13 | 4.26 | 4.96 | 5.40 | 5.73 | 5.98 | 6.19 | 6.37 | 6.53 | 6.67 | 6.79 |
| 14 | 4.21 | 4.89 | 5.32 | 5.63 | 5.88 | 6.08 | 6.26 | 6.41 | 6.54 | 6.66 |
| 15 | 4.17 | 4.84 | 5.25 | 5.56 | 5.80 | 5.99 | 6.16 | 6.31 | 6.44 | 6.55 |
| 16 | 4.13 | 4.79 | 5.19 | 5.49 | 5.72 | 5.92 | 6.08 | 6.22 | 6.35 | 6.46 |
| 17 | 4.10 | 4.74 | 5.14 | 5.43 | 5.66 | 5.85 | 6.01 | 6.15 | 6.27 | 6.38 |
| 18 | 4.07 | 4.70 | 5.09 | 5.38 | 5.60 | 5.79 | 5.94 | 6.08 | 6.20 | 6.31 |
| 19 | 4.05 | 4.67 | 5.05 | 5.33 | 5.55 | 5.73 | 5.89 | 6.02 | 6.14 | 6.25 |
| 20 | 4.02 | 4.64 | 5.02 | 5.29 | 5.51 | 5.69 | 5.84 | 5.97 | 6.09 | 6.19 |
| 24 | 3.96 | 4.55 | 4.91 | 5.17 | 5.37 | 5.54 | 5.69 | 5.81 | 5.92 | 6.02 |
| 30 | 3.89 | 4.45 | 4.80 | 5.05 | 5.24 | 5.40 | 5.54 | 5.65 | 5.76 | 5.85 |
| 40 | 3.82 | 4.37 | 4.70 | 4.93 | 5.11 | 5.26 | 5.39 | 5.50 | 5.60 | 5.69 |
| 60 | 3.76 | 4.28 | 4.59 | 4.82 | 4.99 | 5.13 | 5.25 | 5.36 | 5.45 | 5.53 |
| 120 | 3.70 | 4.20 | 4.50 | 4.71 | 4.87 | 5.01 | 5.12 | 5.21 | 5.30 | 5.37 |
| ∞ | 3.64 | 412 | 440 | 4.60 | 4.76 | 4.88 | 4.99 | 5.08 | 5.16 | 5.23 |

| f | k | | | | | | | | |
|---|---|---|---|---|---|---|---|---|---|
|  | 12 | 13 | 14 | 15 | 16 | 17 | 18 | 19 | 20 |
| 1 | 260.0 | 266.2 | 271.8 | 277.0 | 281.8 | 286.3 | 290.4 | 294.3 | 298.0 |
| 2 | 33.40 | 34.13 | 34.81 | 35.43 | 36.00 | 36.53 | 37.03 | 37.50 | 37.95 |
| 3 | 17.53 | 17.89 | 18.22 | 18.52 | 18.81 | 19.07 | 19.32 | 19.55 | 19.77 |
| 4 | 12.84 | 13.09 | 13.32 | 13.53 | 13.73 | 13.91 | 14.08 | 14.24 | 14.40 |

(续)

| f | k | | | | | | | | |
|---|---|---|---|---|---|---|---|---|---|
| | 12 | 13 | 14 | 15 | 16 | 17 | 18 | 19 | 20 |
| 5 | 10.70 | 10.89 | 11.08 | 11.24 | 1.40 | 11.55 | 1.68 | 11.81 | 11.93 |
| 6 | 9.48 | 9.65 | 9.81 | 9.95 | 10.08 | 10.21 | 0.32 | 10.43 | 10.54 |
| 7 | 8.71 | 8.86 | 9.00 | 9.12 | 9.24 | 9.35 | 9.46 | 9.55 | 9.65 |
| 8 | 8.18 | 8.31 | 8.44 | 8.55 | 8.66 | 8.76 | 8.85 | 8.94 | 9.03 |
| 9 | 7.78 | 7.91 | 8.03 | 8.13 | 8.23 | 8.33 | 8.41 | 8.49 | 8.57 |
| 10 | 7.49 | 7.60 | 7.71 | 7.81 | 7.91 | 7.99 | 8.08 | 8.15 | 8.23 |
| 11 | 7.25 | 7.36 | 7.46 | 7.56 | 7.65 | 7.73 | 7.81 | 7.88 | 7.95 |
| 12 | 7.06 | 7.17 | 7.26 | 7.36 | 7.44 | 7.52 | 7.59 | 7.66 | 7.73 |
| 13 | 6.90 | 7.01 | 7.10 | 7.19 | 7.27 | 7.35 | 7.42 | 7.48 | 7.55 |
| 14 | 6.77 | 6.87 | 6.96 | 7.05 | 7.13 | 7.20 | 7.27 | 7.33 | 7.39 |
| 15 | 6.66 | 6.76 | 6.84 | 6.93 | 7.00 | 7.07 | 7.14 | 7.20 | 7.26 |
| 16 | 6.56 | 6.66 | 6.74 | 6.82 | 6.90 | 6.97 | 7.03 | 7.09 | 7.15 |
| 17 | 6.48 | 6.57 | 6.66 | 6.73 | 6.81 | 6.87 | 6.94 | 7.00 | 7.05 |
| 18 | 6.41 | 6.50 | 6.58 | 6.65 | 6.73 | 6.79 | 6.85 | 6.91 | 6.97 |
| 19 | 6.34 | 6.43 | 6.51 | 6.58 | 6.65 | 6.72 | 6.78 | 6.84 | 6.89 |
| 20 | 6.28 | 6.37 | 6.45 | 6.52 | 6.59 | 6.65 | 6.71 | 6.77 | 6.82 |
| 24 | 6.11 | 6.19 | 6.26 | 6.33 | 6.39 | 6.45 | 6.51 | 6.56 | 6.61 |
| 30 | 5.93 | 6.01 | 6.08 | 6.14 | 6.20 | 6.26 | 6.31 | 6.36 | 6.41 |
| 40 | 5.76 | 5.83 | 5.90 | 5.96 | 6.02 | 6.07 | 6.12 | 6.16 | 6.21 |
| 60 | 5.60 | 5.67 | 5.73 | 5.78 | 5.84 | 5.89 | 5.93 | 5.97 | 6.01 |
| 120 | 5.44 | 5.50 | 5.56 | 5.61 | 5.66 | 5.71 | 5.75 | 5.79 | 5.83 |
| ∞ | 5.29 | 5.35 | 5.40 | 5.45 | 5.49 | 5.54 | 5.57 | 5.61 | 5.65 |

附表 12  Duncan 多重比较 $q'_\alpha(d, f)$ 临界值表

$\alpha = 0.05$

| f | d | | | | | | | | | | | | |
|---|---|---|---|---|---|---|---|---|---|---|---|---|---|
| | 2 | 3 | 4 | 5 | 6 | 7 | 8 | 9 | 10 | 12 | 14 | 16 | 18 | 20 |
| 1 | 18.0 | 18.0 | 18.0 | 18.0 | 18.0 | 18.0 | 18.0 | 18.0 | 18.0 | 18.0 | 18.0 | 18.0 | 18.0 | 18.0 |
| 2 | 6.09 | 6.09 | 6.09 | 6.09 | 6.09 | 6.09 | 6.09 | 6.09 | 6.09 | 6.09 | 6.09 | 6.09 | 6.09 | 6.09 |
| 3 | 4.50 | 4.50 | 4.50 | 4.50 | 4.50 | 4.50 | 4.50 | 4.50 | 4.50 | 4.50 | 4.50 | 4.50 | 4.50 | 4.50 |
| 4 | 3.93 | 4.01 | 4.02 | 4.02 | 4.02 | 4.02 | 4.02 | 4.02 | 4.02 | 4.02 | 4.02 | 4.02 | 4.02 | 4.02 |
| 5 | 3.64 | 3.74 | 3.79 | 3.83 | 3.83 | 3.83 | 3.83 | 3.83 | 3.83 | 3.83 | 3.83 | 3.83 | 3.83 | 3.83 |

（续）

| $f$ | $d$ | | | | | | | | | | | | |
|---|---|---|---|---|---|---|---|---|---|---|---|---|---|
| | 2 | 3 | 4 | 5 | 6 | 7 | 8 | 9 | 10 | 12 | 14 | 16 | 18 | 20 |
| 6 | 3.46 | 3.58 | 3.64 | 3.68 | 3.68 | 3.68 | 3.68 | 3.68 | 3.68 | 3.68 | 3.68 | 3.68 | 3.68 |
| 7 | 3.35 | 3.57 | 3.54 | 3.58 | 3.60 | 3.61 | 3.61 | 3.61 | 3.61 | 3.61 | 3.61 | 3.61 | 3.61 |
| 8 | 3.26 | 3.39 | 3.47 | 3.52 | 3.55 | 3.56 | 3.56 | 3.56 | 3.56 | 3.56 | 3.56 | 3.56 | 3.56 |
| 9 | 3.20 | 3.34 | 3.41 | 3.47 | 3.50 | 3.52 | 3.52 | 3.52 | 3.52 | 3.52 | 3.52 | 3.52 | 3.52 |
| 10 | 3.15 | 3.30 | 3.37 | 3.43 | 3.46 | 3.47 | 3.47 | 3.47 | 3.47 | 3.47 | 3.47 | 3.47 | 3.48 |
| 11 | 3.11 | 3.27 | 3.35 | 3.39 | 3.43 | 3.44 | 3.45 | 3.46 | 3.46 | 3.46 | 3.46 | 3.47 | 3.48 |
| 12 | 3.08 | 3.23 | 3.33 | 3.36 | 3.40 | 3.42 | 3.44 | 3.44 | 3.46 | 3.46 | 3.46 | 3.47 | 3.48 |
| 13 | 3.06 | 3.21 | 3.30 | 3.35 | 3.38 | 3.41 | 3.42 | 3.44 | 3.45 | 3.45 | 3.46 | 3.46 | 3.47 |
| 14 | 3.03 | 3.18 | 3.27 | 3.33 | 3.37 | 3.39 | 3.41 | 3.42 | 3.44 | 3.45 | 3.46 | 3.47 | 3.47 |
| 15 | 3.01 | 3.16 | 3.25 | 3.31 | 3.36 | 3.38 | 3.40 | 3.42 | 3.43 | 3.44 | 3.45 | 3.46 | 3.47 | 3.47 |
| 16 | 3.00 | 3.15 | 3.23 | 3.30 | 3.34 | 3.37 | 3.39 | 3.41 | 3.43 | 3.44 | 3.45 | 3.46 | 3.47 | 3.47 |
| 17 | 2.98 | 3.13 | 3.22 | 3.28 | 3.33 | 3.36 | 3.38 | 3.40 | 3.42 | 3.44 | 3.45 | 3.46 | 3.47 | 3.47 |
| 18 | 2.97 | 3.12 | 3.21 | 3.27 | 3.32 | 3.35 | 3.37 | 3.39 | 3.41 | 3.43 | 3.45 | 3.46 | 3.47 | 3.47 |
| 19 | 2.96 | 3.11 | 3.19 | 3.26 | 3.31 | 3.35 | 3.37 | 3.39 | 3.41 | 3.43 | 3.44 | 3.46 | 3.47 | 3.47 |
| 20 | 2.95 | 3.10 | 3.18 | 3.25 | 3.30 | 3.34 | 3.36 | 3.38 | 3.40 | 3.43 | 3.44 | 3.46 | 3.47 | 3.47 |
| 22 | 2.93 | 3.08 | 3.17 | 3.24 | 3.29 | 3.32 | 3.35 | 3.37 | 3.39 | 3.42 | 3.44 | 3.45 | 3.46 | 3.47 |
| 24 | 2.92 | 3.07 | 3.15 | 3.22 | 3.28 | 3.31 | 3.34 | 3.37 | 3.38 | 3.41 | 3.44 | 3.45 | 3.46 | 3.47 |
| 26 | 2.91 | 3.06 | 3.14 | 3.21 | 3.27 | 3.30 | 3.34 | 3.36 | 3.38 | 3.41 | 3.43 | 3.45 | 3.46 | 3.47 |
| 28 | 2.90 | 3.04 | 3.13 | 3.20 | 3.26 | 3.30 | 3.33 | 3.35 | 3.37 | 3.40 | 3.43 | 3.45 | 3.46 | 3.47 |
| 30 | 2.89 | 3.04 | 3.12 | 3.20 | 3.25 | 3.29 | 3.32 | 3.35 | 3.37 | 3.40 | 3.43 | 3.44 | 3.46 | 3.47 |
| 40 | 2.86 | 3.01 | 3.10 | 3.17 | 3.22 | 3.27 | 3.30 | 3.33 | 3.35 | 3.39 | 3.42 | 3.44 | 3.46 | 3.47 |
| 60 | 2.83 | 2.98 | 3.08 | 3.14 | 3.20 | 3.24 | 3.28 | 3.31 | 3.33 | 3.37 | 3.40 | 3.43 | 3.45 | 3.47 |
| 100 | 2.80 | 2.95 | 3.05 | 3.12 | 3.18 | 3.22 | 3.26 | 3.29 | 3.32 | 3.36 | 3.40 | 3.42 | 3.45 | 3.47 |
| $\infty$ | 2.77 | 2.92 | 3.02 | 3.09 | 3.15 | 3.19 | 3.23 | 3.26 | 3.29 | 3.34 | 3.38 | 3.41 | 3.44 | 3.47 |

$$\alpha = 0.01$$

| $f$ | $d$ | | | | | | | | | | | | |
|---|---|---|---|---|---|---|---|---|---|---|---|---|---|
| | 2 | 3 | 4 | 5 | 6 | 7 | 8 | 9 | 10 | 12 | 14 | 16 | 18 | 20 |
| 1 | 90.0 | 90.0 | 90.0 | 90.0 | 90.0 | 90.0 | 90.0 | 90.0 | 90.0 | 90.0 | 90.0 | 90.0 | 90.0 | 90.0 |
| 2 | 14.0 | 14.0 | 14.0 | 14.0 | 14.0 | 14.0 | 14.0 | 14.0 | 14.0 | 14.0 | 14.0 | 14.0 | 14.0 | 14.0 |
| 3 | 8.26 | 8.50 | 8.60 | 8.70 | 8.80 | 8.90 | 8.90 | 9.00 | 9.00 | 9.00 | 9.10 | 9.20 | 9.30 | 9.30 |
| 4 | 6.51 | 6.80 | 6.90 | 7.00 | 7.10 | 7.10 | 7.20 | 7.20 | 7.30 | 7.30 | 7.40 | 7.40 | 7.50 | 7.50 |

(续)

| f | d | | | | | | | | | | | | |
|---|---|---|---|---|---|---|---|---|---|---|---|---|---|
| | 2 | 3 | 4 | 5 | 6 | 7 | 8 | 9 | 10 | 12 | 14 | 16 | 18 | 20 |
| 5 | 5.70 | 5.96 | 6.11 | 6.18 | 6.26 | 6.33 | 6.40 | 6.44 | 6.50 | 6.60 | 6.60 | 6.70 | 6.70 | 6.80 |
| 6 | 5.24 | 5.51 | 5.65 | 5.73 | 5.81 | 5.88 | 5.95 | 6.00 | 6.00 | 6.10 | 6.20 | 6.20 | 6.30 | 6.30 |
| 7 | 4.95 | 5.22 | 5.37 | 5.45 | 5.53 | 5.61 | 5.69 | 5.73 | 5.80 | 5.80 | 5.90 | 5.90 | 6.00 | 6.00 |
| 8 | 4.74 | 5.00 | 5.14 | 5.23 | 5.32 | 5.40 | 5.47 | 5.51 | 5.50 | 5.60 | 5.70 | 5.70 | 5.80 | 5.80 |
| 9 | 4.60 | 4.86 | 4.99 | 5.08 | 5.17 | 5.25 | 5.32 | 5.36 | 5.40 | 5.50 | 5.50 | 5.60 | 5.70 | 5.70 |
| 10 | 4.48 | 4.73 | 4.88 | 4.96 | 5.06 | 5.13 | 5.20 | 5.24 | 5.28 | 5.36 | 5.42 | 5.48 | 5.54 | 5.55 |
| 11 | 4.39 | 4.63 | 4.77 | 4.86 | 4.94 | 5.01 | 5.06 | 5.12 | 5.15 | 5.24 | 5.28 | 5.34 | 5.38 | 5.39 |
| 12 | 4.32 | 4.55 | 4.68 | 4.76 | 4.84 | 4.92 | 4.96 | 5.02 | 5.07 | 5.13 | 5.17 | 5.22 | 5.23 | 5.26 |
| 13 | 4.26 | 4.48 | 4.62 | 4.69 | 4.74 | 4.84 | 4.88 | 4.94 | 4.98 | 5.04 | 5.08 | 5.13 | 5.14 | 5.15 |
| 14 | 4.21 | 4.42 | 4.55 | 4.63 | 4.70 | 4.78 | 4.83 | 4.87 | 4.91 | 4.96 | 5.00 | 5.04 | 5.06 | 5.07 |
| 15 | 4.17 | 4.37 | 4.50 | 4.58 | 4.64 | 4.72 | 4.77 | 4.81 | 4.84 | 4.90 | 4.94 | 4.97 | 4.99 | 5.00 |
| 16 | 4.13 | 4.34 | 4.45 | 4.54 | 4.60 | 4.67 | 4.72 | 4.76 | 4.79 | 4.84 | 4.88 | 4.91 | 4.93 | 4.94 |
| 17 | 4.10 | 4.30 | 4.41 | 4.50 | 4.56 | 4.63 | 4.68 | 4.72 | 4.75 | 4.80 | 4.83 | 4.86 | 4.88 | 4.89 |
| 18 | 4.07 | 4.27 | 3.38 | 4.46 | 4.53 | 4.59 | 4.64 | 4.68 | 4.71 | 4.76 | 4.79 | 4.82 | 4.84 | 4.85 |
| 19 | 4.05 | 4.24 | 4.35 | 4.43 | 4.50 | 4.56 | 4.61 | 4.64 | 4.67 | 4.72 | 4.76 | 4.79 | 4.81 | 4.82 |
| 20 | 4.02 | 4.22 | 4.33 | 4.40 | 4.47 | 4.53 | 4.58 | 4.61 | 4.65 | 4.69 | 4.73 | 4.76 | 4.78 | 4.79 |
| 22 | 3.99 | 4.17 | 4.28 | 4.36 | 4.42 | 4.48 | 4.53 | 4.57 | 4.60 | 4.65 | 4.68 | 4.71 | 4.74 | 4.75 |
| 24 | 3.96 | 4.14 | 4.24 | 4.33 | 4.39 | 4.44 | 4.49 | 4.53 | 4.57 | 4.62 | 4.64 | 4.67 | 4.70 | 4.72 |
| 26 | 3.93 | 4.11 | 4.21 | 4.30 | 4.36 | 4.41 | 4.46 | 4.50 | 4.53 | 4.58 | 4.62 | 4.65 | 4.67 | 4.69 |
| 28 | 3.91 | 4.08 | 4.18 | 4.28 | 4.34 | 4.39 | 4.43 | 4.47 | 4.51 | 4.56 | 4.60 | 4.62 | 4.65 | 4.67 |
| 30 | 3.89 | 4.06 | 4.16 | 4.22 | 4.32 | 4.36 | 4.41 | 4.45 | 4.48 | 4.54 | 4.58 | 4.61 | 4.63 | 4.65 |
| 40 | 3.82 | 3.99 | 4.10 | 4.17 | 4.24 | 4.30 | 4.34 | 4.37 | 4.41 | 4.46 | 4.51 | 4.54 | 4.57 | 4.59 |
| 60 | 3.76 | 3.92 | 4.03 | 4.12 | 4.17 | 4.23 | 4.27 | 4.31 | 4.34 | 4.39 | 4.44 | 4.47 | 4.50 | 4.53 |
| 100 | 3.71 | 3.86 | 3.93 | 4.06 | 4.11 | 4.17 | 4.21 | 4.25 | 4.29 | 4.35 | 4.38 | 4.42 | 4.45 | 4.48 |
| ∞ | 3.64 | 3.80 | 3.90 | 3.98 | 4.04 | 4.09 | 4.14 | 4.17 | 4.20 | 4.26 | 4.31 | 4.34 | 4.38 | 4.41 |

### 附表 13　相关系数检验法的临界值表

| 自由度 | $\alpha$ | | | | |
|---|---|---|---|---|---|
| | 0.10 | 0.05 | 0.02 | 0.01 | 0.001 |
| 1 | 0.987 69 | 0.996 92 | 0.999 507 | 0.999 877 | 0.999 998 8 |
| 2 | 0.900 00 | 0.950 00 | 0.980 00 | 0.990 00 | 0.999 00 |
| 3 | 0.805 4 | 0.878 3 | 0.934 33 | 0.958 73 | 0.991 16 |

(续)

| 自由度 | α | | | | |
| --- | --- | --- | --- | --- | --- |
| | 0.10 | 0.05 | 0.02 | 0.01 | 0.001 |
| 4 | 0.729 3 | 0.811 4 | 0.882 2 | 0.917 20 | 0.974 06 |
| 5 | 0.669 4 | 0.754 5 | 0.832 9 | 0.874 5 | 0.950 74 |
| 6 | 0.621 5 | 0.706 7 | 0.788 7 | 0.834 3 | 0.924 93 |
| 7 | 0.582 2 | 0.666 4 | 0.749 8 | 0.797 7 | 0.898 2 |
| 8 | 0.549 4 | 0.631 9 | 0.715 5 | 0.764 6 | 0.872 1 |
| 9 | 0.521 4 | 0.602 1 | 0.685 1 | 0.734 8 | 0.847 1 |
| 10 | 0.497 3 | 0.576 0 | 0.658 1 | 0.707 9 | 0.823 3 |
| 11 | 0.476 2 | 0.552 9 | 0.633 9 | 0.683 5 | 0.801 0 |
| 12 | 0.457 5 | 0.532 4 | 0.612 0 | 0.661 4 | 0.780 0 |
| 13 | 0.440 9 | 0.513 9 | 0.592 3 | 0.641 1 | 0.760 3 |
| 14 | 0.425 9 | 0.497 3 | 0.574 2 | 0.622 6 | 0.742 0 |
| 15 | 0.412 4 | 0.482 1 | 0.557 7 | 0.605 5 | 0.724 6 |
| 16 | 0.400 0 | 0.468 3 | 0.542 5 | 0.589 7 | 0.708 4 |
| 17 | 0.388 7 | 0.455 5 | 0.528 5 | 0.575 1 | 0.693 2 |
| 18 | 0.378 3 | 0.443 8 | 0.515 5 | 0.561 4 | 0.678 7 |
| 19 | 0.368 7 | 0.432 9 | 0.503 4 | 0.548 7 | 0.665 2 |
| 20 | 0.359 8 | 0.422 7 | 0.492 1 | 0.536 8 | 0.652 4 |
| 25 | 0.323 3 | 0.380 9 | 0.445 1 | 0.486 9 | 0.597 4 |
| 30 | 0.296 0 | 0.349 4 | 0.409 3 | 0.448 7 | 0.554 1 |
| 35 | 0.274 6 | 0.324 6 | 0.381 0 | 0.418 2 | 0.518 9 |
| 40 | 0.257 3 | 0.304 4 | 0.357 8 | 0.393 2 | 0.489 6 |
| 45 | 0.242 8 | 0.287 5 | 0.338 4 | 0.372 1 | 0.464 8 |
| 50 | 0.230 6 | 0.273 2 | 0.321 8 | 0.354 1 | 0.443 3 |
| 60 | 0.210 8 | 0.250 0 | 0.294 8 | 0.324 8 | 0.407 8 |
| 70 | 0.195 4 | 0.231 9 | 0.273 7 | 0.301 7 | 0.379 9 |
| 80 | 0.182 9 | 0.217 2 | 0.256 5 | 0.283 0 | 0.356 8 |
| 90 | 0.172 6 | 0.205 0 | 0.242 2 | 0.267 3 | 0.337 5 |
| 100 | 0.163 8 | 0.194 6 | 0.230 1 | 0.254 0 | 0.321 1 |

# 习题答案

## 第1章

1. (1) $\Omega=\{$红白，红红，白红，白白$\}$。

   (2) $\Omega=\{$红白，红黄，白红，白黄，黄红，黄白$\}$。

   (3) $\Omega=\{$正正正，正正反，正反正，正反反，反正正，反正反，反反正，反反反$\}$。

   (4) $\Omega=\{$反，正反，正正反，正正正反，正正正正反，…$\}$，共有可列无穷多个样本点。

2. (1) $ABC$。 (2) $\overline{ABC}$ 或 $\bar{A}\cup\bar{B}\cup\bar{C}$。 (3) $\overline{A\cup B\cup C}$ 或 $\bar{A}\cap\bar{B}\cap\bar{C}$。 (4) $A\cap B\cap\bar{C}$。

   (5) $A\cup B\cup C$。 (6) $AB\cup BC\cup AC$。 (7) $\overline{AB}C\cup A\overline{B}C\cup AB\overline{C}\cup ABC$。

   (8) $A$，$B$，$C$ 至多有两个发生等价于 $A$，$B$，$C$ 不都发生，故可以表示为 $\overline{ABC}$。

   (9) $A\bar{B}\bar{C}\cup\bar{A}B\bar{C}\cup\bar{A}\bar{B}C$。 (10) $AB\bar{C}\cup A\bar{B}C\cup\bar{A}BC$。

3. (1) 错误。理由如下：
$$(A\cup B)-B=(A\cup B)\cap\bar{B}=(A\cap\bar{B})\cup(B\cap\bar{B})=A\cap\bar{B}=A-B$$

   (2) 错误。理由如下：
$$(A-B)\cup B=(A\cap\bar{B})\cup B=(A\cup B)\cap(\bar{B}\cup B)=A\cup B$$

4. $\dfrac{5}{18}$。

5. (1) 有放回情形：2件中全是合格品、仅有一件合格品和没有合格品的概率分别为 $\dfrac{4}{9}$，$\dfrac{4}{9}$，$\dfrac{1}{9}$。

   (2) 无放回情形：2件中全是合格品、仅有一件合格品和没有合格品的概率分别为 $\dfrac{2}{5}$，$\dfrac{8}{15}$，$\dfrac{1}{15}$。

6. $\dfrac{3}{7}$。

7. $\dfrac{24}{49}$。

8. (1) $\dfrac{37}{216}$； (2) $\dfrac{19}{216}$。

9. $\dfrac{1}{50\ 400}$。

10. (1) $\dfrac{C_{12}^3 C_4^1 \cdot C_9^3 C_3^1 \cdot C_6^3 C_2^1}{C_{16}^4 C_{12}^4 C_8^4}$； (2) $\dfrac{C_4^1 C_{12}^3 C_4^4}{C_{16}^4 C_{12}^4 C_8^4}$； (3) $\dfrac{C_4^1 C_3^3 C_{12}^1 \cdot C_3^1 C_1^1 C_{11}^3 \cdot C_2^1 C_8^4}{C_{16}^4 C_{12}^4 C_8^4}$。

11. $\dfrac{50}{81}$。

12. (1) $\frac{7}{8}$；(2) $\frac{1}{2}+\frac{\ln 2}{2}$。

13. $\frac{\pi-2}{\pi}$。

14. (1) 1‰；(2) 11‰；(3) 28‰；(4) 98‰；(5) 72‰；(6) 4‰。

15. (1) $\frac{1}{5}$；(2) $\frac{4}{5}$；(3) $\frac{3}{10}$。

16. $\frac{15}{24}$，$\frac{7}{16}$。

17. $\frac{1}{5}$。

18. $\frac{1}{2}$。

19. $\frac{1}{n+1}$。

20. $\frac{3}{35}$。

21. 0.44。

22. $\frac{26}{63}$。

23. $\frac{1}{2}$。

24. (1) $\frac{4}{9}$；(2) $\frac{1}{2}$。

25. (1) 0.65；(2) $\frac{56}{65}$。

26. (1) 0.908；(2) 0.88。

27. 0.998。

28. $P(A)=\frac{1}{4}$。

29. $P(A)=\frac{2}{3}$。

30. (1) 0.296；(2) 0.952。

31. $P(A)=P(B)=P(C)=\frac{1}{2}$，$P(AB)=P(AC)=P(BC)=\frac{1}{4}$，$P(ABC)=\frac{1}{4}$，满足 $P(AB)=P(A)P(B)$，$P(AC)=P(A)P(C)$，$P(BC)=P(B)P(C)$，不满足 $P(ABC)=P(A)P(B)P(C)$，故 $A$，$B$，$C$ 两两独立，但不相互独立。

32. $1-(1-p)^4-4p(1-p)^3$。

33. 0.87。

34. (1) 0.9；(2) 81/82。

## 第 2 章

1. $\dfrac{2}{3} - e^{-2}$。

2. (1) $a=1$,$b=-1$,$c=0$；(2) $\dfrac{8}{9}$。

3. 

| $X$ | 0 | 1 | 2 | 3 |
|---|---|---|---|---|
| $P$ | $\dfrac{1}{8}$ | $\dfrac{3}{8}$ | $\dfrac{3}{8}$ | $\dfrac{1}{8}$ |

$$F(x)=\begin{cases} 0, & x<0 \\ \dfrac{1}{8}, & 0\leqslant x<1 \\ \dfrac{1}{2}, & 1\leqslant x<2 \\ \dfrac{7}{8}, & 2\leqslant x<3 \\ 1, & 3\leqslant x \end{cases}$$

4. 

| $X$ | $-1$ | 0 | 1 |
|---|---|---|---|
| $P$ | $\dfrac{1}{4}$ | $\dfrac{1}{4}$ | $\dfrac{1}{2}$ |

5. 

| $X$ | 1 | 2 | 3 |
|---|---|---|---|
| $P$ | $\dfrac{1}{2}$ | $\dfrac{1}{3}$ | $\dfrac{1}{6}$ |

6. 

| $X$ | 3 | 4 | 5 |
|---|---|---|---|
| $P$ | $\dfrac{1}{10}$ | $\dfrac{3}{10}$ | $\dfrac{6}{10}$ |

7. $c=\dfrac{e^{\lambda}}{1-e^{-\lambda}}$。

8. (1) 0.321；(2) 0.243。

9. 0.62。

10. (1) 0.349；(2) 0.581；(3) 0.343；(4) 0.692。

11. $e^{-8}$。

12. 略。

13. $P(X=k)=\left(\dfrac{13}{28}\right)^{k-1}\dfrac{15}{28}$, $k=1, 2, \cdots$

14. 略。

15. $4p^2(1-p)^3$。

16. (1) 0.6, 0.75, 0; (2) $f(x)=\begin{cases}\dfrac{1}{2}, & 0<x<1 \\ 1, & 1\leqslant x<1.5 \\ 0, & 其他\end{cases}$

17. $\dfrac{\sqrt{5}}{3}$。

18. $A=\dfrac{e^{-\frac{1}{4}}}{\sqrt{\pi}}$。

19. (1) $k=\dfrac{2}{\pi}$; (2) $F(x)=\begin{cases}0, & x<0 \\ \dfrac{2}{\pi}\arctan x, & x\geqslant 0\end{cases}$; (3) $\dfrac{1}{2}$。

20. (1) 1; (2) $\dfrac{1}{4}$, $\dfrac{8}{9}$; (3) $f(x)=\begin{cases}2x, & 0\leqslant x<1 \\ 0, & 其他\end{cases}$。

21. 0.2。

22. 略。

23. 0.682。

24. $e^{-\frac{1}{3}}-e^{-3}$。

25. $\dfrac{11}{16}$。

26.

| Y | −5 | −2 | 7 | 22 |
|---|---|---|---|---|
| P | 0.1 | 0.5 | 0.3 | 0.1 |

27. $F(y)=\begin{cases}0, & y<\dfrac{1}{2} \\ 0.3, & \dfrac{1}{2}\leqslant y<\dfrac{\sqrt{3}}{2} \\ 1, & y\geqslant \dfrac{\sqrt{3}}{2}\end{cases}$。

28. $F_Y(y)=\begin{cases}\Phi(y), & y\geqslant 1 \\ 0, & y<1\end{cases}$。

29. $F_Y(y)=\begin{cases}0, & y<0 \\ 1-e^{-\lambda y}, & 0\leqslant y<1 \\ 1, & y\geqslant 1\end{cases}$。

30. $f_Y(y) = \begin{cases} 1, & 0 \leq y \leq 1 \\ 0, & \text{其他} \end{cases}$。

31. 略。

32. $f_Y(y) = \begin{cases} \dfrac{1}{2\sqrt{y}} e^{-\sqrt{y}}, & y > 1 \\ 0, & y \leq 1 \end{cases}$。

33. $f_Y(y) = \begin{cases} \dfrac{1}{\pi\sqrt{1-y^2}}, & -1 < y < 1 \\ 0, & \text{其他} \end{cases}$。

34. (1) $F(y) = \begin{cases} 0, & y < -1 \\ \Phi(1), & -1 \leq y < 1 \\ 1, & y \geq 1 \end{cases}$; (2) $F(y) = \begin{cases} 0, & y \leq 0 \\ \Phi(\ln y), & y > 0 \end{cases}$;

(3) $F(y) = \begin{cases} 0, & y \leq 0 \\ 2\Phi(y) - 1, & y > 0 \end{cases}$。

35. 0,1。

36. 0, $\dfrac{4}{\pi} - 1$。

37. 2。

38. $\dfrac{19}{6}$。

39. $\sigma\sqrt{\dfrac{2}{\pi}}$。

40. 10。

41. 0,1。

42. 1,4。

## 第3章

1. $F(t, s)$。

2. $a = -\dfrac{1}{\pi}$, $b = \dfrac{\pi}{2}$, $c = -1$。

3. $f(x, y) = \begin{cases} 5^{-x-y}(\ln 5)^2, & x \geq 0, y \geq 0 \\ 0, & \text{其他} \end{cases}$。

4. (1)

| X | Y | |
|---|---|---|
|   | 0 | 1 |
| 0 | $\dfrac{1}{9}$ | $\dfrac{2}{9}$ |
| 1 | $\dfrac{2}{9}$ | $\dfrac{4}{9}$ |

(2)

| X | Y | |
|---|---|---|
|   | 0 | 1 |
| 0 | $\dfrac{1}{12}$ | $\dfrac{1}{4}$ |
| 1 | $\dfrac{1}{4}$ | $\dfrac{5}{12}$ |

5. $\dfrac{1}{8}$；$\dfrac{1}{2}$；$\dfrac{7}{8}$。

6.

| $(X, Y)$ | $(-1, 1)$ | $(0, 0)$ | $(1, 1)$ |
|---|---|---|---|
| $P$ | $\dfrac{1}{2}$ | $\dfrac{1}{3}$ | $\dfrac{1}{6}$ |

7.

| $(X, Y)$ | $(-1, 0)$ | $(0, -1)$ | $(0, 1)$ | $(1, 0)$ |
|---|---|---|---|---|
| $P$ | $\dfrac{1}{4}$ | $\dfrac{1}{4}$ | $\dfrac{1}{4}$ | $\dfrac{1}{4}$ |

8. $\dfrac{7}{8}$。

9. (1) $f(x, y) = \begin{cases} \dfrac{10}{3}, & 0<x<1, \ x^4<y<x \\ 0, & 其他 \end{cases}$；(2) $\dfrac{19}{48}$。

10. (1) 24；(2) $\dfrac{1}{16}$；(3) $\dfrac{3}{8}$。

11. (1) $P\{Y=1\} = \dfrac{3}{4}$，$P\{Y=2\} = \dfrac{1}{4}$。

(2) $Y=1$ 的条件下 $X$ 的条件分布律为 $P\{X=1|Y=1\} = \dfrac{1}{2}$，$P\{X=2|Y=1\} = \dfrac{1}{2}$，

$Y=2$ 的条件下 $X$ 的条件分布律为 $P\{X=1|Y=2\} = \dfrac{1}{2}$，$P\{X=2|Y=2\} = \dfrac{1}{2}$。

(3) 独立。

12. $a=0.2$，$b=0.3$。

13. 当 $-1<x<1$ 且 $x\neq 0$ 时，$f_{Y|X}(y|x) = \dfrac{f(x, y)}{f_X(x)} = \begin{cases} \dfrac{2y}{1-x^4}, & x^2<y<1 \\ 0, & 其他 \end{cases}$；

当 $0<y<1$ 时，$f_{X|Y}(x|y) = \dfrac{f(x, y)}{f_Y(y)} = \begin{cases} \dfrac{3x^2}{2y^{\frac{3}{2}}}, & -\sqrt{y}<x<\sqrt{y} \\ 0, & 其他 \end{cases}$。

14. (1) $f_X(x) = \begin{cases} 6(x-x^2), & 0<x<1 \\ 0, & 其他 \end{cases}$；$f_Y(y) = \begin{cases} 6(\sqrt{y}-y), & 0<y<1 \\ 0, & 其他 \end{cases}$，不独立。

(2) 当 $0<y<1$ 时，$f_{X|Y}(x|y) = \dfrac{f(x, y)}{f_Y(y)} = \begin{cases} \dfrac{1}{\sqrt{y}-y}, & y<x<\sqrt{y} \\ 0, & 其他 \end{cases}$。

(3) $\dfrac{1}{3}$。

15. (1) $f_X(x) = \begin{cases} x e^{-x}, & x>0 \\ 0, & 其他 \end{cases}$；$f_Y(y) = \begin{cases} e^{-y}, & y>0 \\ 0, & 其他 \end{cases}$，不独立。

(2) 当 $x>0$ 时，$f_{Y|X}(y|x)=\dfrac{f(x,y)}{f_X(x)}=\begin{cases}\dfrac{1}{x}, & 0<y<x \\ 0, & 其他\end{cases}$。

(3) $\dfrac{1}{2}$。

16. (1) $f(x,y)=\begin{cases}\dfrac{1}{x}, & 0<y<x<1 \\ 0, & 其他\end{cases}$；(2) $f_Y(y)=\begin{cases}-\ln y, & 0<y<1 \\ 0, & 其他\end{cases}$；(3) $\ln 2$。

17. $e^{-1}$。

18. $1-e^{-8}$。

19. (1) $\dfrac{1}{2}$；(2) $\dfrac{1}{2}$。

20. $\dfrac{1}{2}$。

21. $\dfrac{1}{4}$。

22. $\dfrac{7}{8}$。

23.
(1)

| X | Y | | | | $p_i.$ |
|---|---|---|---|---|---|
|   | 1 | 2 | 3 | 4 | |
| 1 | 0 | $\dfrac{1}{12}$ | $\dfrac{1}{12}$ | $\dfrac{1}{12}$ | $\dfrac{1}{4}$ |
| 2 | $\dfrac{1}{12}$ | 0 | $\dfrac{1}{12}$ | $\dfrac{1}{12}$ | $\dfrac{1}{4}$ |
| 3 | $\dfrac{1}{12}$ | $\dfrac{1}{12}$ | 0 | $\dfrac{1}{12}$ | $\dfrac{1}{4}$ |
| 4 | $\dfrac{1}{12}$ | $\dfrac{1}{12}$ | $\dfrac{1}{12}$ | 0 | $\dfrac{1}{4}$ |
| $p._j$ | $\dfrac{1}{4}$ | $\dfrac{1}{4}$ | $\dfrac{1}{4}$ | $\dfrac{1}{4}$ | |

(2)

| U | V | | | $p_i.$ |
|---|---|---|---|---|
|   | 1 | 2 | 3 | |
| 2 | $\dfrac{1}{6}$ | 0 | 0 | $\dfrac{1}{6}$ |
| 3 | $\dfrac{1}{6}$ | $\dfrac{1}{6}$ | 0 | $\dfrac{1}{3}$ |

| U | V | | | $p_i.$ |
|---|---|---|---|---|
| | 1 | 2 | 3 | |
| 4 | $\frac{1}{6}$ | $\frac{1}{6}$ | $\frac{1}{6}$ | $\frac{1}{2}$ |
| $p._j$ | $\frac{1}{2}$ | $\frac{1}{3}$ | $\frac{1}{6}$ | |

24. $F_Z(x) = 1 - [1-F(x)]^2$。

25. (1) $f_Z(z) = \begin{cases} 3e^{-3z}, & z>0 \\ 0, & z\leqslant 0 \end{cases}$；(2) $f_Z(z) = \begin{cases} \dfrac{2}{(z+2)^2}, & z>0 \\ 0, & z\leqslant 0 \end{cases}$。

26. (1) $f_Z(z) = \begin{cases} 2(1-z), & 0<z<1 \\ 0, & \text{其他} \end{cases}$；(2) $f_Z(z) = \begin{cases} z, & 0\leqslant z<1 \\ 2-z, & 1\leqslant z<2 \\ 0, & \text{其他} \end{cases}$。

(3) $f_Z(z) = \begin{cases} 2(1-z), & 0<z<1 \\ 0, & \text{其他} \end{cases}$；(4) $f_Z(z) = \begin{cases} -\ln z, & 0<z<1 \\ 0, & \text{其他} \end{cases}$。

27. (1) $f_Z(z) = \dfrac{1}{2\sqrt{\pi}} e^{-\frac{z^2}{4}}$；(2) $f_Z(z) = \begin{cases} \dfrac{1}{2} e^{-\frac{z}{2}}, & z\geqslant 0 \\ 0, & z\leqslant 0 \end{cases}$。

28. (1) $f_Z(z) = \begin{cases} z, & 0\leqslant z<1 \\ 2-z, & 1\leqslant z<2 \\ 0, & \text{其他} \end{cases}$；(2) $f_Z(z) = \begin{cases} 2(1+z), & -1<z<0 \\ 0, & \text{其他} \end{cases}$。

29. $F(z) = \dfrac{1}{4}\Phi(z+1) + \dfrac{3}{4}\Phi(z-1)$。

30. $\dfrac{1}{2}$。

31. $-\dfrac{\sqrt{3}}{3}$。

32. $\dfrac{1}{3}$，$\dfrac{2}{9}$。

33. $\dfrac{7}{6}$，$\dfrac{7}{6}$，$-\dfrac{1}{36}$，$-\dfrac{1}{11}$，$\dfrac{5}{9}$。

34. $\dfrac{85}{18}$。

35. 10 次。

36. 5。

37. $-0.9$。

38. $\dfrac{2}{\sqrt{\pi}}$，$2-\dfrac{4}{\pi}$。

39. (1) $\dfrac{10}{11}$；(2) $\dfrac{1}{11}$。

## 第 4 章

1. $\dfrac{1}{8}$。

2. D。

3. C。

4. B。

5. C。

6. 246。

7. (1)0;  (2)0.034。

8. (1)0.894 4;  (2)0.137 9。

## 第 5 章

1. $f(x_1, \cdots, x_{10}) = \left(\dfrac{1}{\sqrt{2\pi}\sigma}\right)^{10} \exp\left\{-\dfrac{1}{2\sigma^2}\sum\limits_{i=1}^{10}(x_i-\mu)^2\right\}$。

2. $0.2^1 \cdot 0.7^6 \cdot 0.1^1 = 0.002\ 352\ 98$。

3. 略。

4. $T_1, T_2, T_3, T_4, T_6, T_8, T_9$ 是统计量。

5. (1)$\bar{x}=108.3$, $s^2=276.233\ 3$;  (2)$A_2=11\ 977.5$, $B_2=248.61$;

(3)$F_{10}(x)=\begin{cases} 0, & x<82 \\ \dfrac{1}{10}, & 82\leqslant x<86 \\ \dfrac{2}{10}, & 86\leqslant x<95 \\ \dfrac{3}{10}, & 95\leqslant x<106 \\ \dfrac{5}{10}, & 106\leqslant x<114 \\ \dfrac{6}{10}, & 114\leqslant x<118 \\ \dfrac{7}{10}, & 118\leqslant x<121 \\ \dfrac{9}{10}, & 121\leqslant x<134 \\ 1, & x\geqslant 134 \end{cases}$。

6. $\dfrac{1}{2}$, $\dfrac{1}{12n}$, $\dfrac{1}{12}$。

7. $m$,$\dfrac{2m}{n}$,$2m$。

8. (1) $\overline{X} \sim N(1,\dfrac{1}{6})$；(2) $\Phi\left(\dfrac{\sqrt{6}}{2}\right)-0.5$；(3) $2[1-\Phi(1)]$；(4) $1-[\Phi(3)]^6$，$1-[\Phi(1)]^6$。

9. $2\left[1-\Phi\left(\dfrac{6}{\sqrt{17}}\right)\right]$。

10. $a=\dfrac{1}{4}$，$b=\dfrac{1}{2}$。

11. $c=\sqrt{2}$。

12. $C=4$，$(2,8)$。

13. 略。

14. $P(X<1)=0.5$。

15. (1) 0.93； (2) 0.948； (3) 0.98。

16. $\dfrac{2\sigma^4}{n-1}$。

17. $C=\sqrt{\dfrac{n}{n+1}}$，$n-1$。

18. 0.482。

## 第 6 章

1. B。
2. B。
3. A。
4. C。
5. (1) 0.3；(2) 0.3 。
6. (1) $\overline{X}$；(2) 0.9。
7. 6.4，9.3。
8. $2\overline{X}-1$。
9. 矩估计值为 $\dfrac{3}{2}\overline{X}$，最大似然估计值为 $X_{(n)}$。
10. 估计值为 $\dfrac{5}{8}$，最大似然估计值为 $\dfrac{5}{8}$。
11. (1) $X_{(n)}$；(2) $X_{(1)}$。
12. (1) $2\overline{X}-\dfrac{1}{2}$；(2) 不是。
13. (1) $\exp\left(-\dfrac{n}{\sum_{i=1}^{n}\ln x_i}\right)$；(2) $1-\Phi(1-\overline{X})$。
14. D。

15. D。

16. 两个估计量均为无偏估计量，$\frac{1}{2}x_1+\frac{7}{8}x_2+\frac{5}{8}x_3$ 较 $\frac{4}{5}x_1+\frac{6}{5}x_3$ 更有效。

17. B。

18. A。

19. $\frac{2S}{\sqrt{n}}t_{\frac{\alpha}{2}}(n-1)$。

20. (0.052, 0.140)。

21. (1) (188.39, 207.99)；(2) (188.44, 2.709 4)。

22. (−2.368, −2.024)。

23. (1) (0.93, 7.11)；(2) (0.14, 5.14)。

24. (0.39, 9.05)。

# 第 7 章

1. B。
2. D。
3. 能。
4. 拒绝原假设。
5. 是
6. 拒绝原假设，认为新、旧技术的均值差大于 2。
7. 拒绝原假设。
8. 是。
9. 是。
10. 是。
11. 接受原假设。
12. 否。
13. 不合格。
14. 是。
15. 能。
16. 不能。
17. (1)是；(2)否。
18. (1)是；(2)否。
19. 不能。
20. 否。
21. 能。
22. 否。
23. 是。
24. 是。
25. 是。

26. 是。

27. 是。

28. 是。

29. 否。

## 第 8 章

1. 18，3，21。

2.

| 来源 | 平方和 | 自由度 | 均方 | F 比 |
|------|--------|--------|------|------|
| 因子 $A$ | 5.1 | 3 | 1.7 | 5.667 |
| 误差 | 3.6 | 12 | 0.3 | |
| 总和 | 8.7 | 15 | | |

显著。

3. 有。

4. 有。

5. 饲料和品种两个因素都对仔猪的生长有显著影响。

6. 交互作用对苗高没有显著影响，不同土壤、不同肥料对苗高有显著影响。

## 第 9 章

1. 略。

2. 略。

3. 略。

4. 略。

5. B。

6. A。

7. A。

8. $y = 0.521\,501 + 0.009\,492x$。

9. $y = -62.963\,4 + 2.136\,6x_1 + 0.400\,2x_2$。